本書で学習する内容

本書でWordの応用的かつ実用的な機能を学んで、ビジネスで役立つ本物のスキルを身に付けましょう。

図形や図表を使って ポスターを作ろう

第1章 図形や図表を使った文書の作成

ワーク・ライフ・バランス 推進プロジェクト

仕事も生活も充実できる「働き方」を！

自分に合った働き方をしよう

- テレワークの積極的な活用
- 選べる勤務時間制度の新設

休み方を考えよう

- 連続5日間の夏季休暇制度の新設
- 男性の育児休暇／介護休暇の取得支援

コミュニケーションをとろう

- オンラインミーティングの活用
- 社内ポータルサイトの活性化

株式会社 FOM ヘ

文字のサイズを大きくするだけでなく、SmartArtグラフィックで箇条書きを入れたり、図形を入れたりして、バランスよく配置しよう！

SmartArtグラフィックには、スタイリッシュな図表が盛りだくさん！

背景に色を付けたり、縦書きを組み合わせたりして、目を引くレイアウトにしよう！

Wordでもこんなにできる！
画像の編集機能を使おう

第2章 写真を使った文書の作成

Vol.25-013

FOM NEWS

本社、新オフィスへ移転

さわやかな秋晴れの10月25日（土）・26日（日）に、本社オフィスの移転作業を行いました。

これまで東京地区は、営業部門は新宿オフィス、管理・企画・開発部門は御徒町オフィスで業務を行っていましたが、このたび、オフィスを統合することになりました。オフィスがひとつになり、今後は迅速に、円滑に業務を行うことができるようになります。お客様へのサービス向上につながるよう、新しい場所で、新しい気持ちで業務に取り組みましょう。

さて、新しいオフィスは、東京駅や品川駅、羽田空港からも近い「田町」です。出張でお越しの際は、新幹線でも飛行機でも非常に便利なところです。最近は出張も少なくなりましたが、ぜひ東京出張の際は、新しいオフィスにも足をお運びください。

オフィスフロアのご紹介

テレワークが定着してきたこともあり、なかなか新オフィスに行く機会がない方もいるでしょう。

新オフィスのコンセプトは「新しい発想ができる環境」です。そのため、今までのような事務用デスクや椅子はありません。カフェのようなワーキングコーナー、開放感のあるミーティングコーナーなどがフロア内に配置されており、所属部門に関係なく好きな場所で自由に作業できます。アイデアが浮かばない…、考えがまとまらない…、そんなときは運動不足解消もかねて、気分転換にオフィスに出社しませんか？

また、現在、愛犬（小型犬）と一緒に出社できるフロアも計画中です。来春以降になると思いますが、トライアルを実施する予定です。どうぞご期待ください！

発行：FOM ヘルシーフーズ 広報室

使いたい部分だけに写真をトリミングして、色や特殊な効果を設定しよう！

写真の背景を削除して、見せたい部分を目立たせよう！

縦横比を指定して、写真をトリミングしよう！

Excelデータを利用して案内状や宛名ラベルを作成しよう

第3章 差し込み印刷

	A	B	C	D	E	F	G	H	I
1	会員番号	氏名	郵便番号	住所	電話番号	職業	誕生月	来店回数	担当者
2	20001	阿部 由香	135-0091	東京都港区台場X-X-X	080-5500-XXXX	会社員	4月	8	高橋
3	20002	加藤 秀子	101-0021	東京都千代田区外神田X-X-X	090-3222-XXXX	自営業	12月	10	高橋
4	20003	笹本 光子	231-0023	神奈川県横浜市中区山下町X-X-X	045-131-XXXX	公務員	8月	1	横井
5	20004	田村 優菜	181-0001	東京都三鷹市井の頭X-X-X	090-9939-XXXX	会社員	3月	4	高橋
6	20005	中島 久子	179-0085	東京都練馬区早宮X-X-X	090-2390-XXXX	自営業	6月	6	及川
7	20006	木下 優紀	105-0022	東京都港区海岸X-X-X	03-5444-XXXX	会社員	9月	7	横井
8	20007	清水 雅美	222-0022	神奈川県横浜市港北区篠原東X-X-X	080-1232-XXXX	主婦	1月	7	横井
9	20008	江田 京子	220-0023	神奈川県横浜市西区平沼X-X-X	090-9812-XXXX	会社員	10月	8	及川
10	20009	島田 あかね	220-0034	神奈川県横浜市西区赤門町X-X-X	090-3491-XXXX	会社員	5月	9	高橋

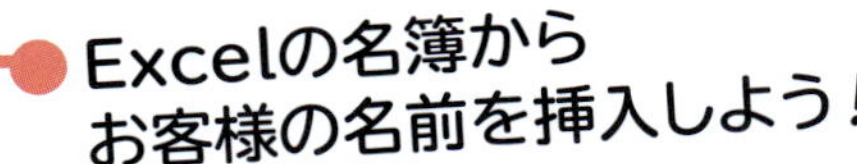
Excelの名簿から
お客様の名前を挿入しよう！

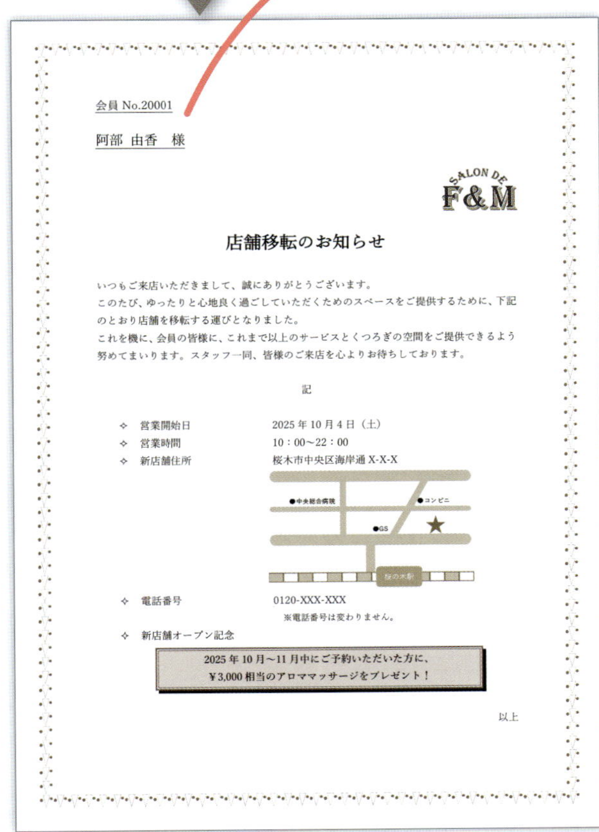
会員 No.20001

阿部 由香　様

SALON DE F&M

店舗移転のお知らせ

いつもご来店いただきまして、誠にありがとうございます。
このたび、ゆったりと心地良く過ごしていただくためのスペースをご提供するために、下記のとおり店舗を移転する運びとなりました。
これを機に、会員の皆様に、これまで以上のサービスとくつろぎの空間をご提供できるよう努めてまいります。スタッフ一同、皆様のご来店を心よりお待ちしております。

記

- 営業開始日　2025年10月4日（土）
- 営業時間　10：00～22：00
- 新店舗住所　桜木市中央区海岸通 X-X-X
- 電話番号　0120-XXX-XXX
  ※電話番号は変わりません。
- 新店舗オープン記念

2025年10月～11月中にご予約いただいた方に、
¥3,000相当のアロママッサージをプレゼント！

以上

〒231-0023 神奈川県横浜市中区山下町 X-X-X 笹本 光子　様	〒222-0022 神奈川県横浜市港北区篠原東 X-X-X 清水 雅美　様
〒220-0023 神奈川県横浜市西区平沼 X-X-X 江田 京子　様	〒220-0034 神奈川県横浜市西区赤門町 X-X-X 島田 あかね　様
〒249-0002 神奈川県逗子市山の根 X-X-X 鈴木 千尋　様	〒224-0016 神奈川県横浜市都筑区あゆみが丘 X-X-X 宮崎 小春　様
〒231-0062 神奈川県横浜市中区桜木町 X-X-X 磯崎 里美　様	〒231-0035 神奈川県横浜市中区千歳町 X-X-X 石黒 佐知子　様
〒230-0063 神奈川県横浜市鶴見区鶴見 X-X-X 岡本 奈緒　様	〒230-0051 神奈川県横浜市鶴見区鶴見中央 X-X-X 原田 香織　様
〒231-0062 神奈川県横浜市中区桜木町 X-X-X 戸田 若菜　様	

Excelの名簿から
必要なデータを絞り込んで、
ラベルシールに印刷しよう！

長文作成で使える機能をマスターしよう

第4章 長文の作成

見出しから
目次を作成しよう！

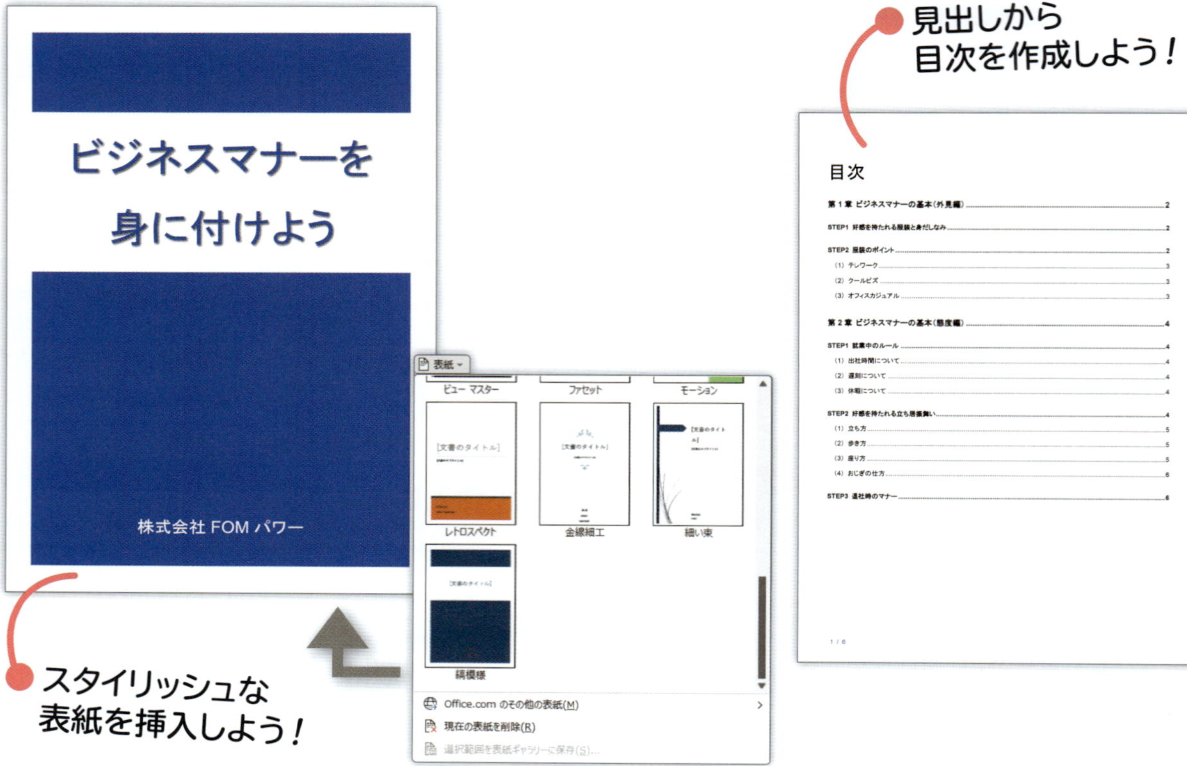

スタイリッシュな
表紙を挿入しよう！

文書全体に統一した
デザインを設定しよう！

奇数ページと偶数ページで
別のヘッダーとフッターを設定できる！

校閲機能をマスターして業務効率をアップしよう

第5章 文書の校閲

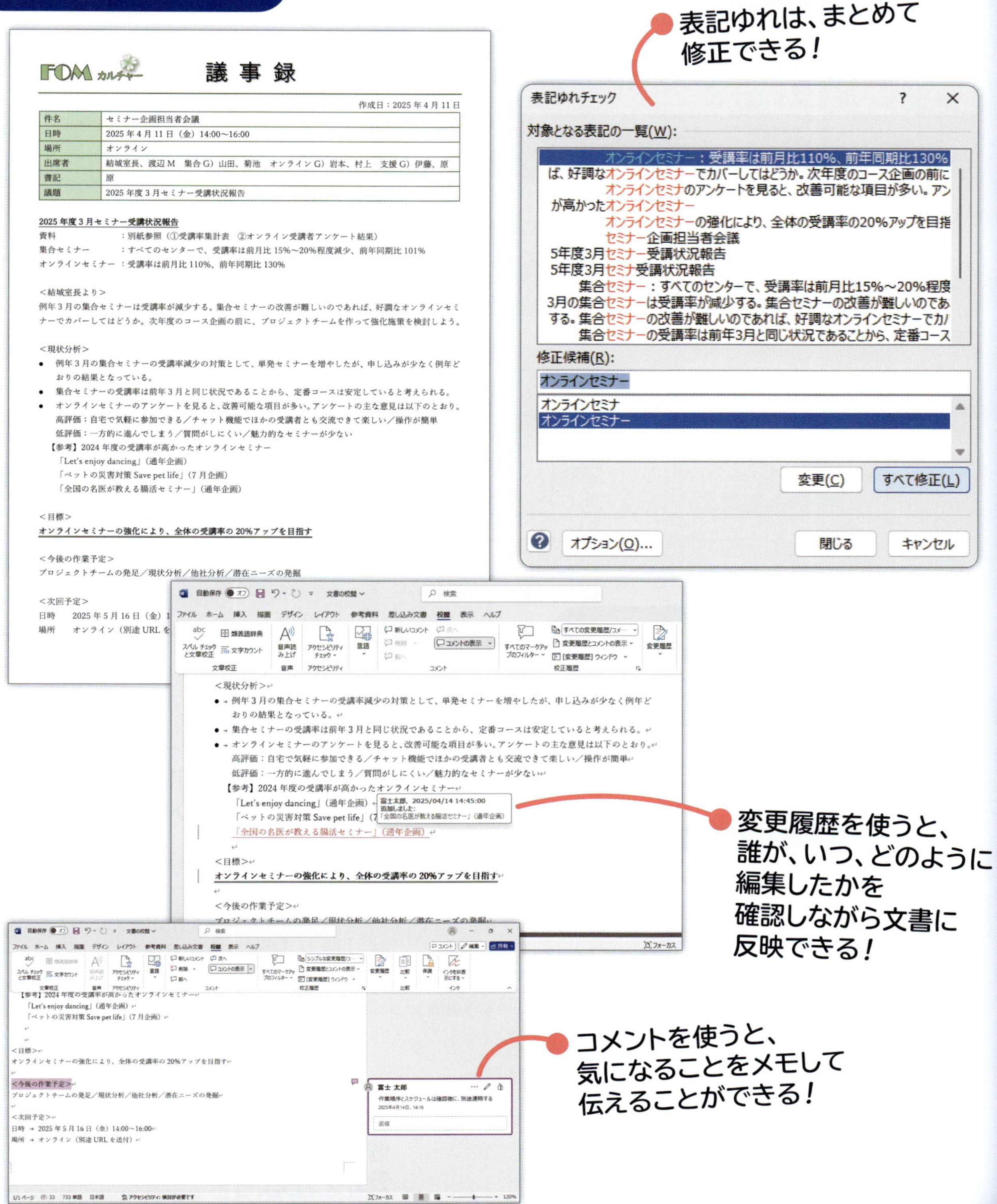

FOM カルチャー　議事録

作成日：2025年4月11日

件名	セミナー企画担当者会議
日時	2025年4月11日（金）14:00～16:00
場所	オンライン
出席者	結城室長、渡辺M　集合G）山田、菊池　オンラインG）岩本、村上　支援G）伊藤、原
書記	原
議題	2025年度3月セミナー受講状況報告

2025年度3月セミナー受講状況報告

資料　：別紙参照（①受講率集計表　②オンライン受講者アンケート結果）

集合セミナー　：すべてのセンターで、受講率は前月比15%～20%程度減少、前年同期比101%

オンラインセミナー：受講率は前月比110%、前年同期比130%

<結城室長より>

例年3月の集合セミナーは受講率が減少する。集合セミナーの改善が難しいのであれば、好調なオンラインセミナーでカバーしてはどうか。次年度のコース企画の前に、プロジェクトチームを作って強化施策を検討しよう。

<現状分析>

- 例年3月の集合セミナーの受講率減少の対策として、単発セミナーを増やしたが、申し込みが少なく例年どおりの結果となっている。
- 集合セミナーの受講率は前年3月と同じ状況であることから、定番コースは安定していると考えられる。
- オンラインセミナーのアンケートを見ると、改善可能な項目が多い。アンケートの主な意見は以下のとおり。
  高評価：自宅で気軽に参加できる／チャット機能でほかの受講者とも交流できて楽しい／操作が簡単
  低評価：一方的に進んでしまう／質問がしにくい／魅力的なセミナーが少ない

【参考】2024年度の受講率が高かったオンラインセミナー
「Let's enjoy dancing」（通年企画）
「ペットの災害対策 Save pet life」（7月企画）
「全国の名医が教える腸活セミナー」（通年企画）

<目標>

オンラインセミナーの強化により、全体の受講率の20%アップを目指す

<今後の作業予定>

プロジェクトチームの発足／現状分析／他社分析／潜在ニーズの発掘

<次回予定>

日時　2025年5月16日（金）14:00～16:00

場所　オンライン（別途URLを送付）

表記ゆれは、まとめて修正できる！
変更履歴を使うと、誰が、いつ、どのように編集したかを確認しながら文書に反映できる！
コメントを使うと、気になることをメモして伝えることができる！

Wordの便利で役立つ機能を使ってみよう

第6章 Excelデータを利用した文書の作成

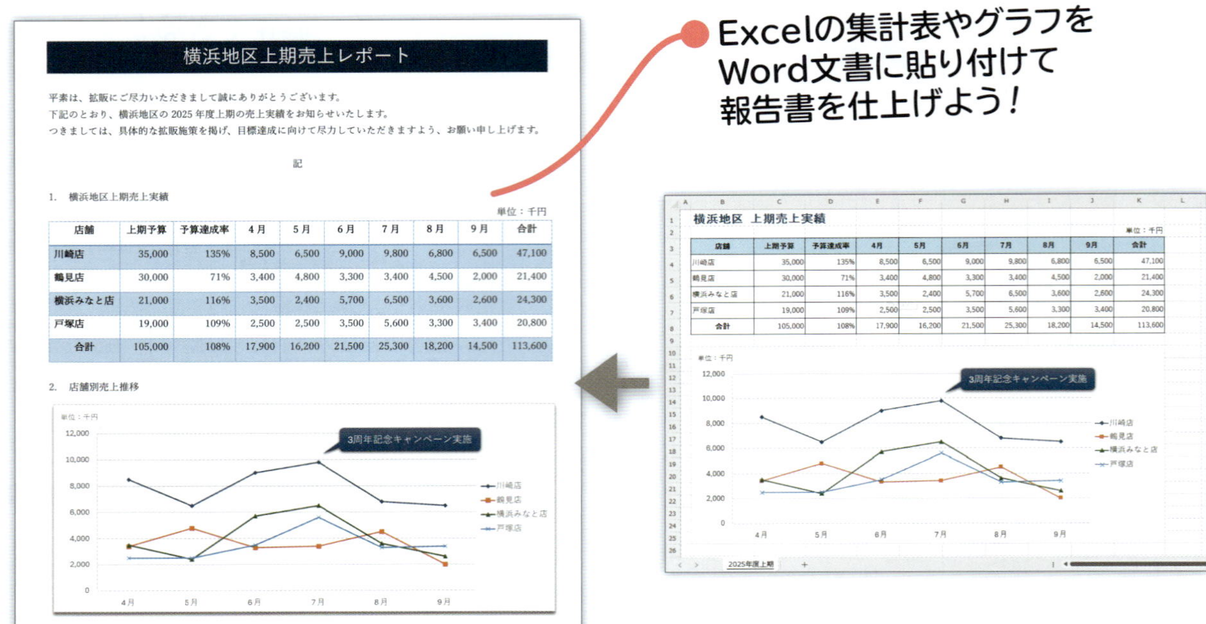

Excelの集計表やグラフを
Word文書に貼り付けて
報告書を仕上げよう！
横浜地区上期売上レポート
3周年記念キャンペーン実施

第7章 文書の検査と保護

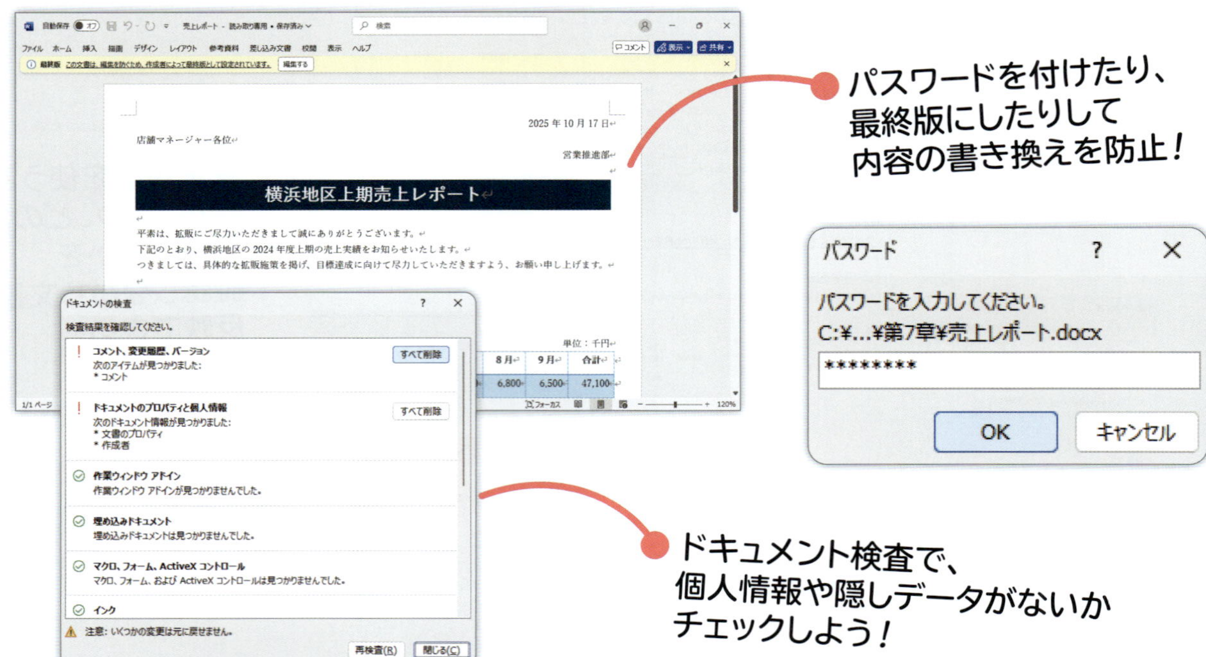

第8章 便利な機能

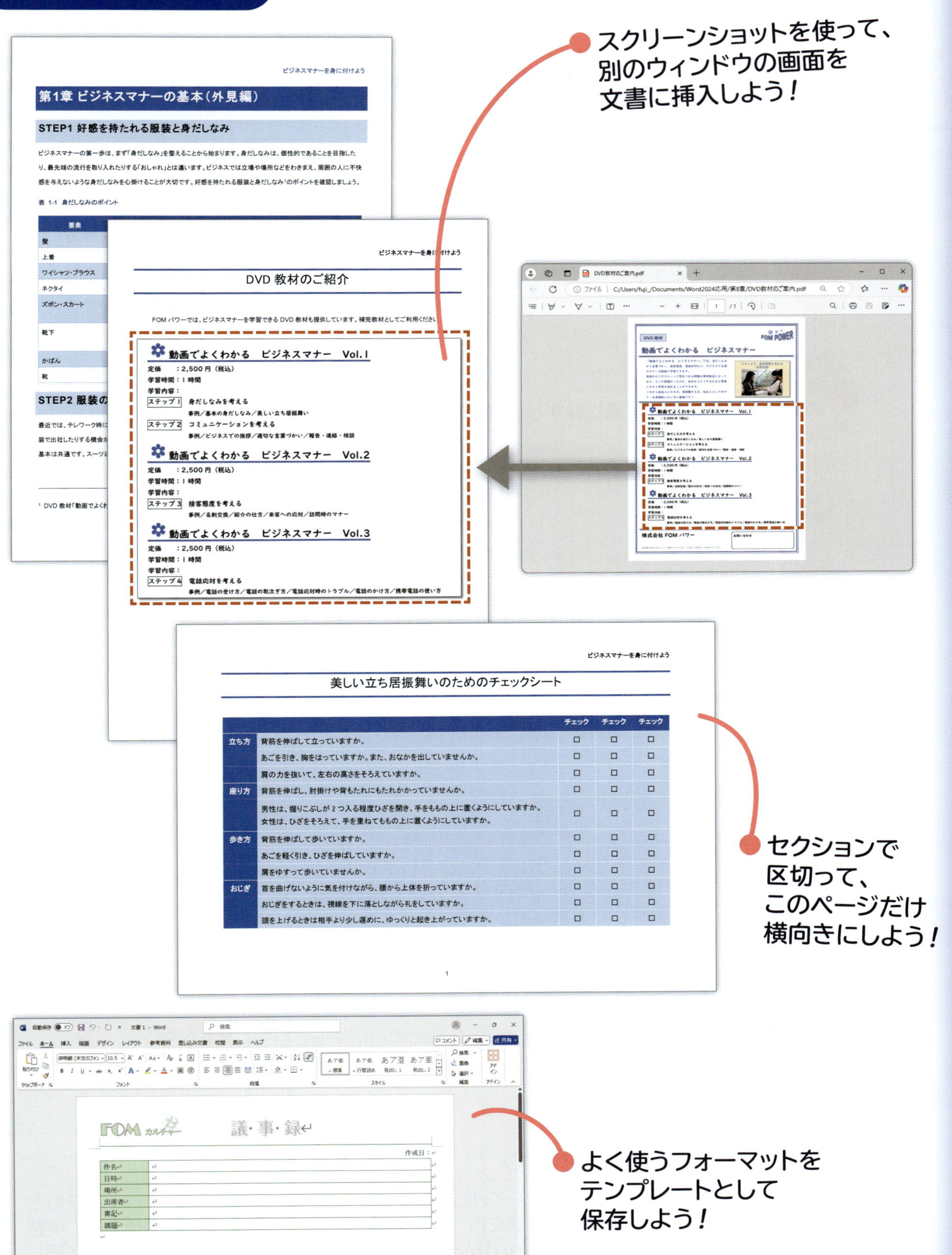
スクリーンショットを使って、
別のウィンドウの画面を
文書に挿入しよう！
セクションで
区切って、
このページだけ
横向きにしよう！
よく使うフォーマットを
テンプレートとして
保存しよう！
DVD 教材のご紹介
美しい立ち居振舞いのためのチェックシート
議・事・録

本書を使った学習の進め方

本書の各章は、次のような流れで学習を進めると、効果的な構成になっています。

1 学習目標を確認

学習をはじめる前に、「**この章で学ぶこと**」で学習目標を確認しましょう。
学習目標を明確にすると、習得すべきポイントが整理できます。

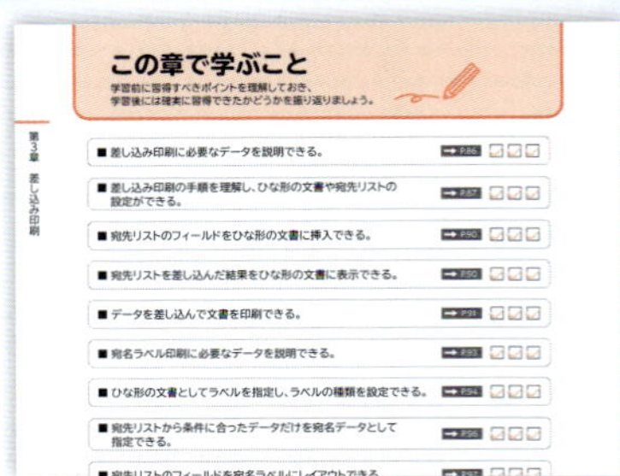

この章で学ぶこと

学習前に習得すべきポイントを理解しておき、
学習後には確実に習得できたかどうかを振り返りましょう。

第3章 差し込み印刷

- ■ 差し込み印刷に必要なデータを説明できる。
- ■ 差し込み印刷の手順を理解し、ひな形の文書や宛先リストの設定ができる。
- ■ 宛先リストのフィールドをひな形の文書に挿入できる。
- ■ 宛先リストを差し込んだ結果をひな形の文書に表示できる。
- ■ データを差し込んで文書を印刷できる。
- ■ 宛名ラベル印刷に必要なデータを説明できる。
- ■ ひな形の文書としてラベルを指定し、ラベルの種類を設定できる。
- ■ 宛先リストから条件に合ったデータだけを宛名データとして指定できる。

2 章の学習

学習目標を意識しながら、機能や操作を学習しましょう。

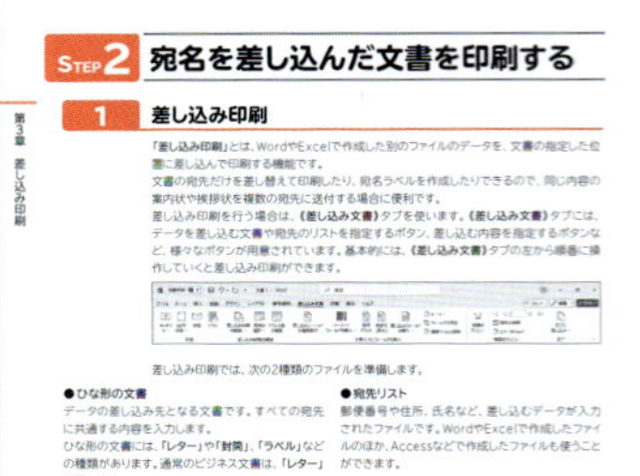

STEP 2 宛名を差し込んだ文書を印刷する

1 差し込み印刷

第3章 差し込み印刷

「**差し込み印刷**」とは、WordやExcelで作成した別のファイルのデータを、文書の指定した位置に差し込んで印刷する機能です。
文書の宛先だけを差し替えて印刷したり、宛名ラベルを作成したりできるので、同じ内容の案内状や挨拶状を複数の宛先に送付する場合に便利です。
差し込み印刷を行う場合は、**《差し込み文書》**タブを使います。**《差し込み文書》**タブには、データを差し込む文書や宛先のリストを指定するボタン、差し込む内容を指定するボタンなど、様々なボタンが用意されています。基本的には、**《差し込み文書》**タブの左から順番に操作していくと差し込み印刷ができます。

差し込み印刷では、次の2種類のファイルを準備します。

●ひな形の文書
データの差し込み先となる文書です。すべての宛先に共通する内容を入力します。
ひな形の文書には、「**レター**」や「**封筒**」、「**ラベル**」などの種類があります。通常のビジネス文書は、「**レター**」を使います。

●宛先リスト
郵便番号や住所、氏名など、差し込むデータが入力されたファイルです。WordやExcelで作成したファイルのほか、Accessなどで作成したファイルも使うことができます。

3 練習問題にチャレンジ

章の学習が終わったら、章末の「**練習問題**」にチャレンジしましょう。
章の内容がどれくらい理解できているかを確認できます。

練習問題

PDF 標準解答 ▶ P.8

OPEN 第3章練習問題

あなたは、食品会社に勤務しており、モニター商品の当選者に発送する案内状を作成することになりました。
完成図のような文書を作成しましょう。

●完成図

モニター募集　当選のお知らせ

4 学習成果をチェック

章のはじめの「**この章で学ぶこと**」に戻って、学習目標を達成できたかどうかをチェックしましょう。
十分に習得できなかった内容については、該当ページを参照して復習しましょう。

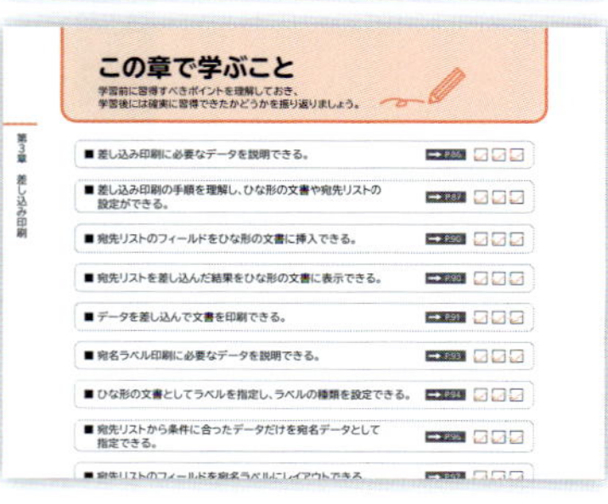

この章で学ぶこと

学習前に習得すべきポイントを理解しておき、
学習後には確実に習得できたかどうかを振り返りましょう。

第3章 差し込み印刷

- ■ 差し込み印刷に必要なデータを説明できる。
- ■ 差し込み印刷の手順を理解し、ひな形の文書や宛先リストの設定ができる。
- ■ 宛先リストのフィールドをひな形の文書に挿入できる。
- ■ 宛先リストを差し込んだ結果をひな形の文書に表示できる。
- ■ データを差し込んで文書を印刷できる。
- ■ 宛名ラベル印刷に必要なデータを説明できる。
- ■ ひな形の文書としてラベルを指定し、ラベルの種類を設定できる。
- ■ 宛先リストから条件に合ったデータだけを宛名データとして指定できる。

5 総合問題にチャレンジ

すべての章の学習が終わったら、「**総合問題**」にチャレンジしましょう。
本書の内容がどれくらい理解できているかを確認できます。

6 実践問題で力試し

「**実践問題**」は、ビジネスシーンにおける上司や先輩からの指示・アドバイスをもとに、Wordの機能や操作手順を自ら考えて解く問題です。本書の学習の仕上げに実践問題にチャレンジして、Wordがどれくらい使いこなせるようになったかを確認しましょう。

はじめに

多くの書籍の中から、**「Word 2024応用 Office 2024／Microsoft 365対応」**を手に取っていただき、ありがとうございます。
本書は、Wordを使いこなしたい方、さらにスキルアップを目指したい方を対象に、図形や写真を使ったデザイン性のあるチラシやポスターを作成する方法、差し込み印刷、スタイルを利用して見栄えのする長文に仕上げる方法、コメントや変更履歴などを使って文書を校閲する方法など、Wordを使いこなすための様々な機能をわかりやすく解説しています。また、各章末の練習問題、総合問題、そして実務を想定した実践問題の3種類の練習問題を用意しています。これらの多様な問題を通して学習内容を復習することで、Wordの操作方法を確実にマスターできます。

巻末には、作業の効率化に役立つ**「ショートカットキー一覧」**を収録しています。

本書は、根強い人気の**「よくわかる」**シリーズの開発チームが、積み重ねてきたノウハウをもとに作成しており、講習会や授業の教材としてご利用いただくほか、自己学習の教材としても最適です。

本書を学習することで、Wordの知識を深め、実務にいかしていただければ幸いです。

なお、文字の入力から文書の作成、印刷までの基本操作については、**「よくわかる Microsoft Word 2024基礎 Office 2024／Microsoft 365対応」**（FPT2416）をご利用ください。

本書を購入される前に必ずご一読ください
本書に記載されている操作方法は、2025年1月時点の次の環境で動作確認しております。
・Windows 11（バージョン24H2　ビルド26100.2894）
・Word 2024（バージョン2411　ビルド16.0.18227.20082）
本書発行後のWindowsやOfficeのアップデートによって機能が更新された場合には、本書の記載のとおりに操作できなくなる可能性があります。あらかじめご了承のうえ、ご購入・ご利用ください。

2025年4月1日
FOM出版

目次

練習問題・総合問題・実践問題の標準解答は、FOM出版のホームページで提供しています。P.5「5 学習ファイルと標準解答のご提供について」を参照してください。

本書をご利用いただく前に

本書で学習を進める前に、ご一読ください。

1 本書の記述について

操作の説明のために使用している記号には、次のような意味があります。

記述	意味	例
[ ]	キーボード上のキーを示します。	[Ctrl] [Enter]
[ ]+[ ]	複数のキーを押す操作を示します。	[Ctrl]+[End] ([Ctrl]を押しながら[End]を押す)
《 》	ボタン名やダイアログボックス名、タブ名、項目名など画面の表示を示します。	《ページの色》をクリックします。 《フォント》ダイアログボックスが表示されます。 《デザイン》タブを選択します。
「 」	重要な語句や機能名、画面の表示、入力する文字などを示します。	「トリミング」といいます。 「75」と入力します。

学習の前に開くファイル

知っておくべき重要な内容

STEP UP 知っていると便利な内容

※ 補足的な内容や注意すべき内容

学習した内容の確認問題

Let's Try Answer 確認問題の答え

問題を解くためのヒント

2 製品名の記載について

本書では、次の名称を使用しています。

正式名称	本書で使用している名称
Windows 11	Windows 11 または Windows
Microsoft Word 2024	Word 2024 または Word
Microsoft Excel 2024	Excel 2024 または Excel

3 学習環境について

本書を学習するには、次のソフトが必要です。
また、インターネットに接続できる環境で学習することを前提にしています。

Word 2024　または　Microsoft 365のWord
Excel 2024　または　Microsoft 365のExcel

◆本書の開発環境

本書を開発した環境は、次のとおりです。

OS	Windows 11 Pro（バージョン24H2　ビルド26100.2894）
アプリ	Microsoft Office Home and Business 2024 （バージョン2411　ビルド16.0.18227.20082）
ディスプレイの解像度	1280×768ピクセル
その他	・WindowsにMicrosoftアカウントでサインインし、インターネットに接続した状態 ・OneDriveと同期していない状態

※本書は、2025年1月時点のWord 2024またはMicrosoft 365のWordに基づいて解説しています。
今後のアップデートによって機能が更新された場合には、本書の記載のとおりに操作できなくなる可能性があります。

POINT OneDriveの設定

WindowsにMicrosoftアカウントでサインインすると、同期が開始され、パソコンに保存したファイルがOneDriveに自動的に保存されます。初期の設定では、デスクトップ、ドキュメント、ピクチャの3つのフォルダーがOneDriveと同期するように設定されています。
本書はOneDriveと同期していない状態で操作しています。
OneDriveと同期している場合は、一時的に同期を停止すると、本書の記載と同じ手順で学習できます。
OneDriveとの同期を一時停止および再開する方法は、次のとおりです。

一時停止

◆通知領域の《OneDrive》→《ヘルプと設定》→《同期の一時停止》→停止する時間を選択
※時間が経過すると自動的に同期が開始されます。

再開

◆通知領域の《OneDrive》→《ヘルプと設定》→《同期の再開》

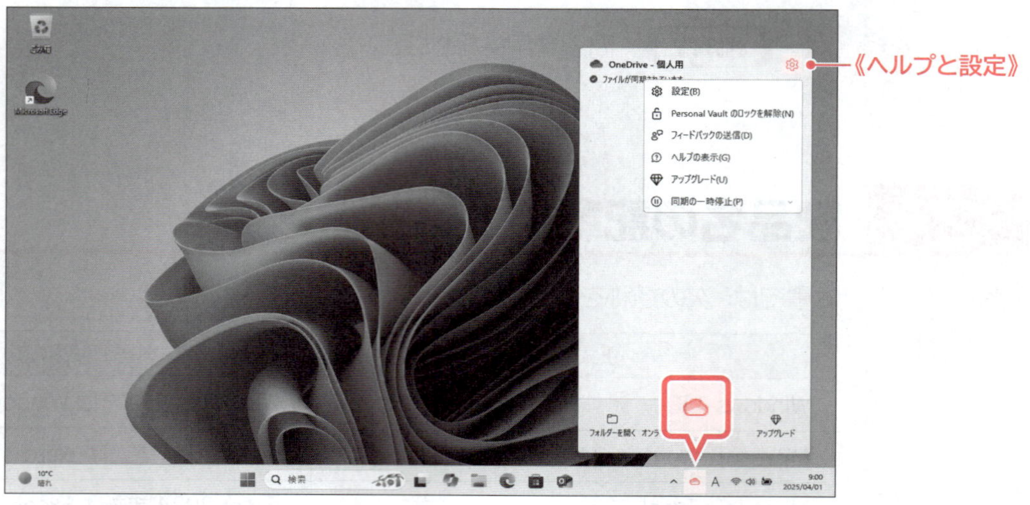

4 学習時の注意事項について

お使いの環境によっては、次のような内容について本書の記載と異なる場合があります。ご確認のうえ、学習を進めてください。

◆画面図のボタンの形状

本書に掲載している画面図は、ディスプレイの解像度を**「1280×768ピクセル」**、ウィンドウを最大化した環境を基準にしています。
ディスプレイの解像度やウィンドウのサイズなど、お使いの環境によっては、画面図のボタンの形状やサイズ、位置が異なる場合があります。
ボタンの操作は、ポップヒントに表示されるボタン名を参考に操作してください。

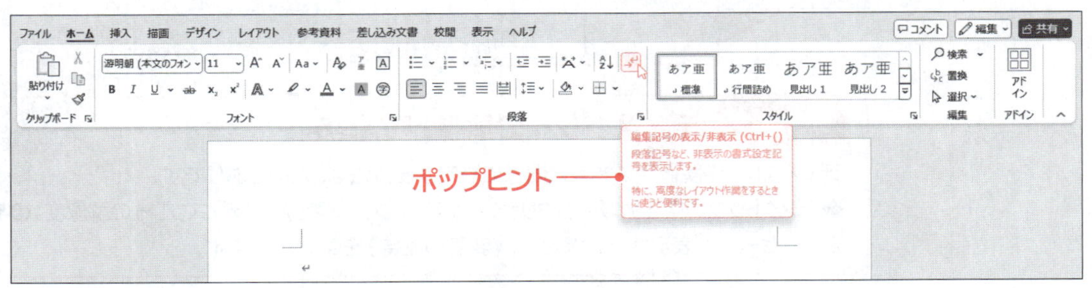

ディスプレイの解像度が高い場合／ウィンドウのサイズが大きい場合

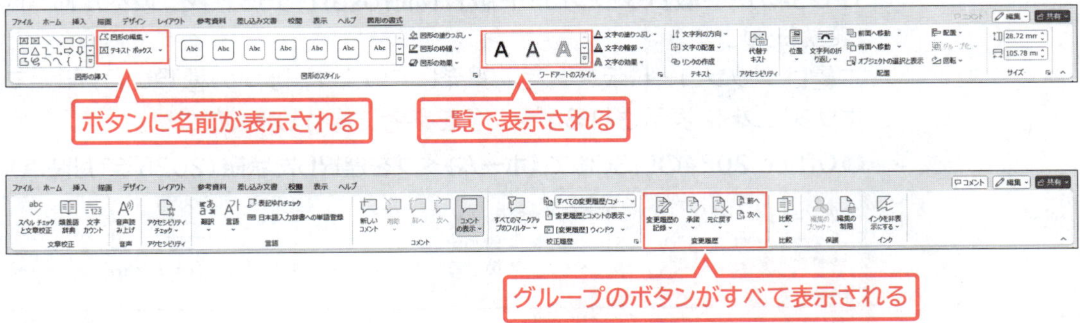

ディスプレイの解像度が低い場合／ウィンドウのサイズが小さい場合

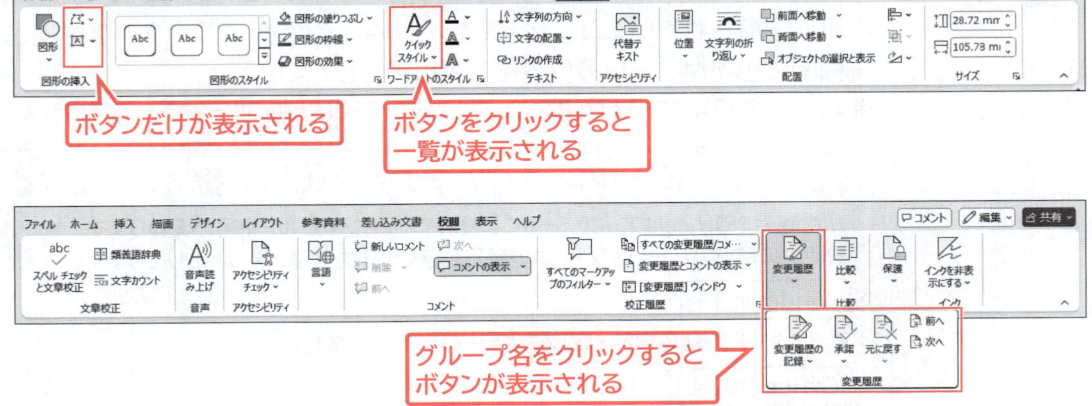

◆《ファイル》タブの《その他》コマンド

《ファイル》タブのコマンドは、画面の左側に一覧で表示されます。お使いの環境によっては、下側のコマンドが**《その他》**にまとめられている場合があります。目的のコマンドが表示されていない場合は、**《その他》**をクリックしてコマンドを表示してください。

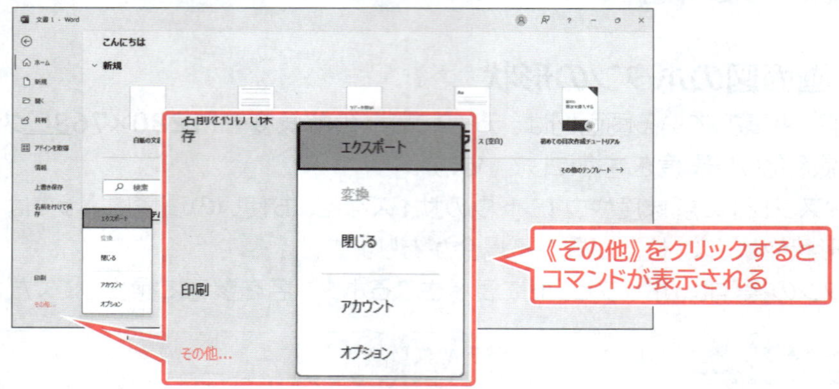

POINT ディスプレイの解像度の設定

ディスプレイの解像度を本書と同様に設定する方法は、次のとおりです。

◆デスクトップの空き領域を右クリック→《ディスプレイ設定》→《ディスプレイの解像度》の▼→《1280×768》

※メッセージが表示される場合は、《変更の維持》をクリックします。

◆Officeの種類に伴う注意事項

Microsoftが提供するOfficeには**「ボリュームライセンス（LTSC）版」「プレインストール版」「POSAカード版」「ダウンロード版」「Microsoft 365」**などがあり、画面やコマンドが異なることがあります。

本書はダウンロード版をもとに開発しています。ほかの種類のOfficeで操作する場合は、ポップヒントに表示されるボタン名を参考に操作してください。

●Office 2024のLTSC版で《ホーム》タブを選択した状態（2025年1月時点）

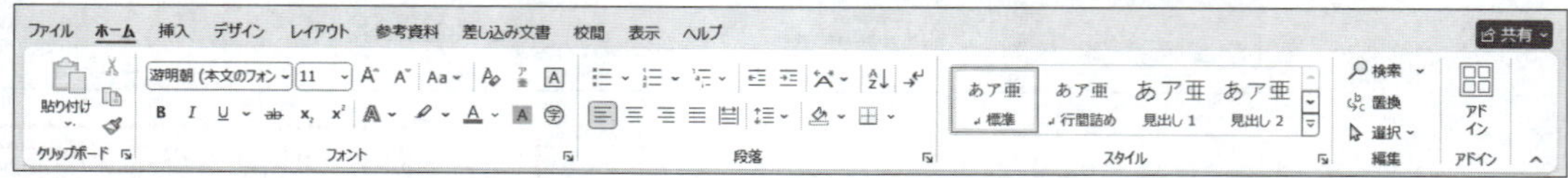

※お使いの環境のOfficeの種類は、《ファイル》タブ→《アカウント》で表示される画面で確認できます。

◆アップデートに伴う注意事項

WindowsやOfficeは、アップデートによって不具合が修正され、機能が向上する仕様となっているため、アップデート後に、コマンドやスタイル、色などの名称が変更される場合があります。

本書に記載されているコマンドやスタイルなどの名称が表示されない場合は、掲載している画面図の色が付いている位置を参考に操作してください。

※本書の最新情報については、P.8に記載されているFOM出版のホームページにアクセスして確認してください。

POINT お使いの環境のバージョン・ビルド番号を確認する

WindowsやOfficeはアップデートにより、バージョンやビルド番号が変わります。
お使いの環境のバージョン・ビルド番号を確認する方法は、次のとおりです。

Windows 11

◆《スタート》→《設定》→《システム》→《バージョン情報》

Office 2024

◆《ファイル》タブ→《アカウント》→《（アプリ名）のバージョン情報》

※お使いの環境によっては、《アカウント》が表示されていない場合があります。その場合は、《その他》→《アカウント》を選択します。

◆Wordの設定

本書に掲載しているWordのサンプル画面は、編集記号を表示した環境を基準にしています。本書と同様にWordの画面に編集記号を表示する方法は、次のとおりです。

①**《ホーム》**タブを選択します。

②**《段落》**グループの**《編集記号の表示/非表示》**をクリックします。

※ボタンが濃い灰色になります。

5 学習ファイルと標準解答のご提供について

本書で使用する学習ファイルと標準解答のPDFファイルは、FOM出版のホームページで提供しています。

ホームページアドレス

https://www.fom.fujitsu.com/goods/

※アドレスを入力するとき、間違いがないか確認してください。

ホームページ検索用キーワード

FOM出版

1 学習ファイル

学習ファイルはダウンロードしてご利用ください。

◆ダウンロード

学習ファイルをダウンロードする方法は、次のとおりです。

①ブラウザーを起動し、FOM出版のホームページを表示します。

※アドレスを直接入力するか、キーワードでホームページを検索します。

②**《ダウンロード》**をクリックします。

③**《アプリケーション》**の**《Word》**をクリックします。

④**《Word 2024応用 Office 2024／Microsoft 365対応　FPT2417》**をクリックします。

⑤**《学習ファイル》**の**《学習ファイルのダウンロード》**をクリックします。

⑥本書に関する質問に回答します。

⑦学習ファイルの利用に関する説明を確認し、**《OK》**をクリックします。

⑧**《学習ファイル》**の**「fpt2417.zip」**をクリックします。

⑨ダウンロードが完了したら、ブラウザーを終了します。

※ダウンロードしたファイルは、《ダウンロード》に保存されます。

◆ダウンロードしたファイルの解凍

ダウンロードしたファイルは圧縮されているので、解凍（展開）します。ダウンロードしたファイル**「fpt2417.zip」**を**《ドキュメント》**に解凍する方法は、次のとおりです。

①デスクトップ画面を表示します。

②タスクバーの**《エクスプローラー》**をクリックします。

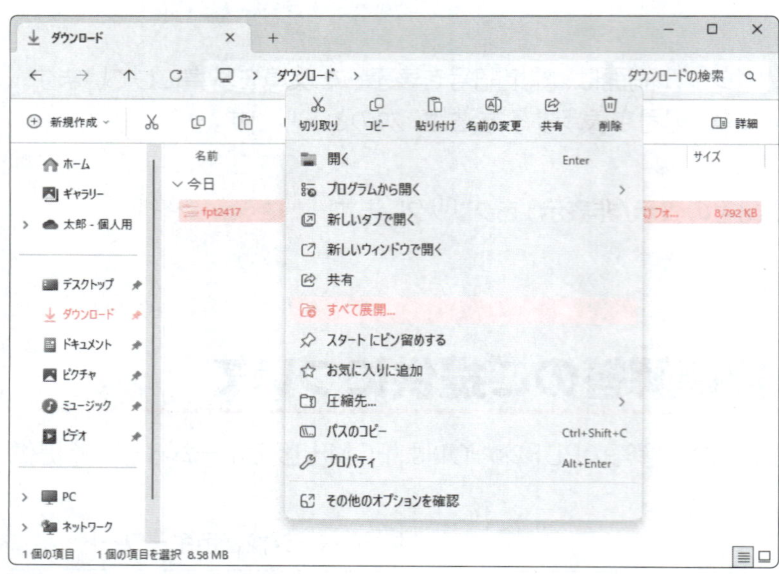

③左側の一覧から**《ダウンロード》**を選択します。

④ファイル**「fpt2417」**を右クリックします。

⑤**《すべて展開》**をクリックします。

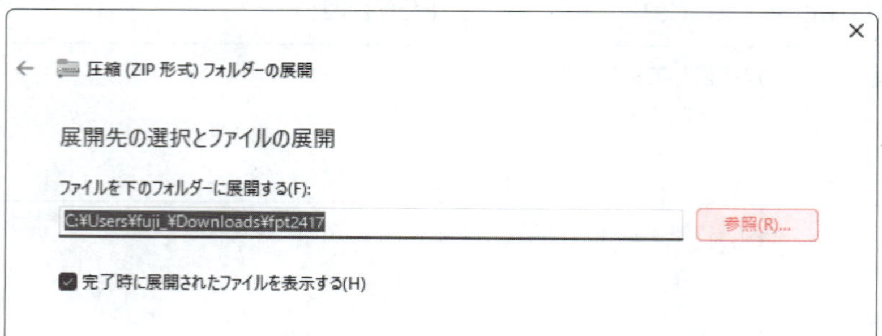

⑥**《参照》**をクリックします。

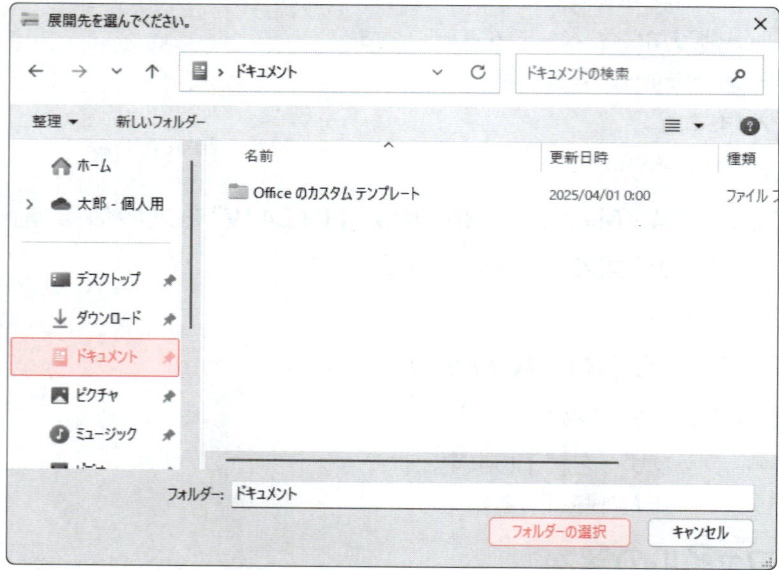

⑦左側の一覧から**《ドキュメント》**を選択します。

※《ドキュメント》が表示されていない場合は、スクロールして調整します。

⑧**《フォルダーの選択》**をクリックします。

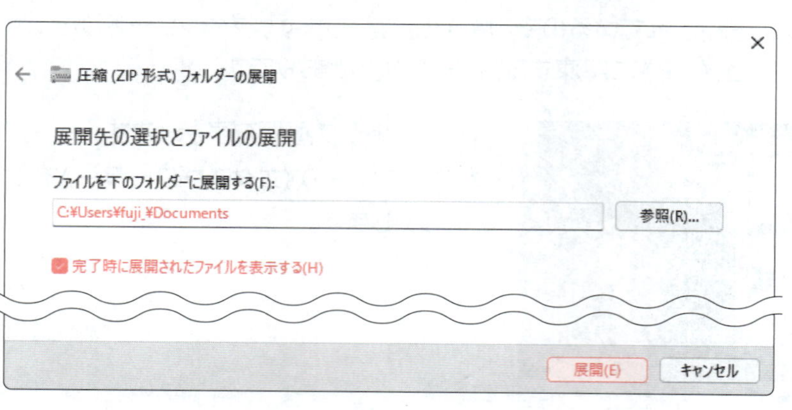

⑨**《ファイルを下のフォルダーに展開する》**が**「C:¥Users¥(ユーザー名)¥Documents」**に変更されます。

⑩**《完了時に展開されたファイルを表示する》**を☑にします。

⑪**《展開》**をクリックします。

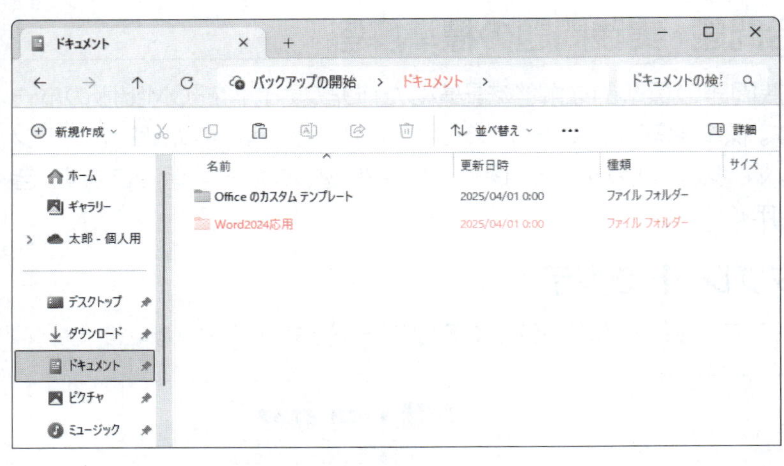

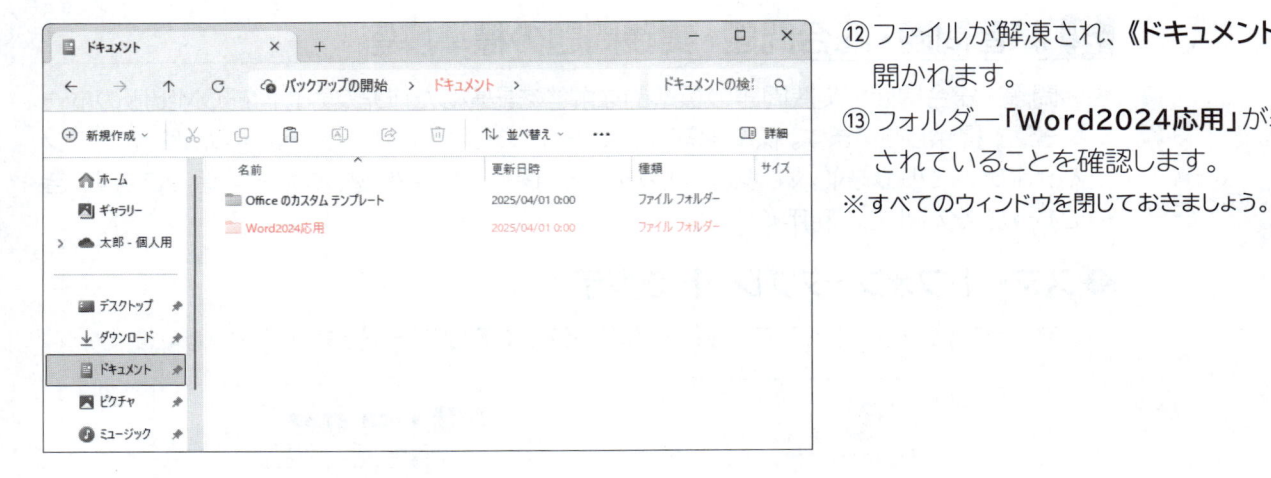

⑫ファイルが解凍され、**《ドキュメント》**が開かれます。

⑬フォルダー**「Word2024応用」**が表示されていることを確認します。

※すべてのウィンドウを閉じておきましょう。

◆学習ファイルの一覧

フォルダー**「Word2024応用」**には、学習ファイルが入っています。タスクバーの**《エクスプローラー》**→**《ドキュメント》**をクリックし、一覧からフォルダーを開いて確認してください。

※ご利用の前に、フォルダー内の「ご利用の前にお読みください.pdf」をご確認ください。

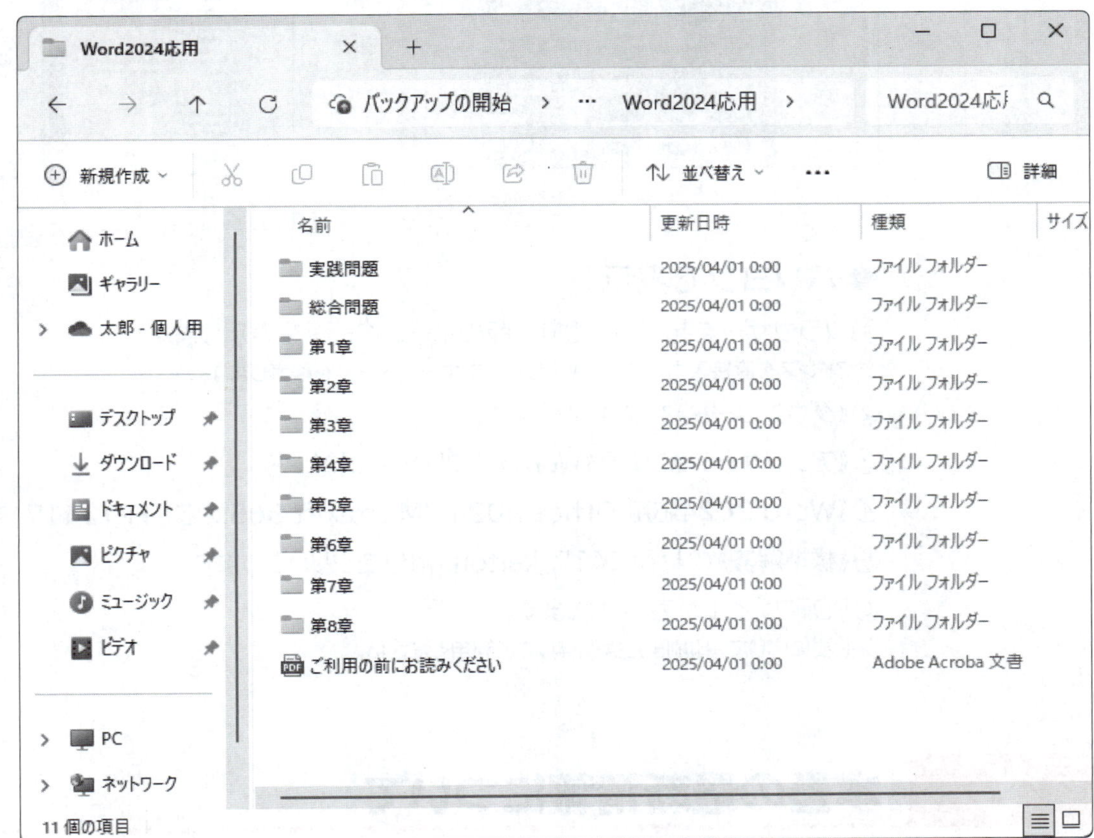

◆学習ファイルの場所

本書では、学習ファイルの場所を**《ドキュメント》**内のフォルダー**「Word2024応用」**としています。**《ドキュメント》**以外の場所に解凍した場合は、フォルダーを読み替えてください。

◆学習ファイル利用時の注意事項

ダウンロードした学習ファイルを開く際、そのファイルが安全かどうかを確認するメッセージが表示される場合があります。学習ファイルは安全なので、**《編集を有効にする》**をクリックして、編集可能な状態にしてください。

保護ビュー 注意―インターネットから入手したファイルは、ウイルスに感染している可能性があります。編集する必要がなければ、保護ビューのままにしておくことをお勧めします。 編集を有効にする(E)

2 練習問題・総合問題・実践問題の標準解答

練習問題・総合問題・実践問題の標準的な解答を記載したPDFファイルをFOM出版のホームページで提供しています。標準解答は、スマートフォンやタブレットで表示したり、パソコンでWordのウィンドウを並べて表示したりすると、操作手順を確認しながら学習できます。自分にあったスタイルでご利用ください。

◆スマートフォン・タブレットで表示

①スマートフォン・タブレットで、各問題のページにあるQRコードを読み取ります。

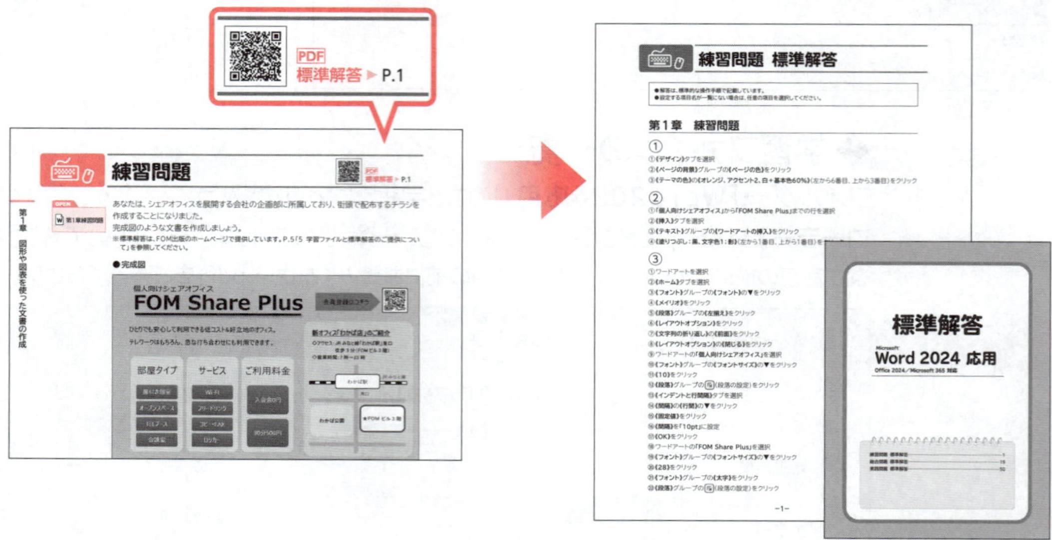

◆パソコンで表示

①ブラウザーを起動し、FOM出版のホームページを表示します。

※アドレスを直接入力するか、キーワードでホームページを検索します。

②**《ダウンロード》**をクリックします。

③**《アプリケーション》**の**《Word》**をクリックします。

④**《Word 2024応用 Office 2024/Microsoft 365対応　FPT2417》**をクリックします。

⑤**《標準解答》**の**「fpt2417_kaitou.pdf」**をクリックします。

⑥PDFファイルが表示されます。

※必要に応じて、印刷または保存してご利用ください。

6 本書の最新情報について

本書に関する最新のQ&A情報や訂正情報、重要なお知らせなどについては、FOM出版のホームページでご確認ください。

ホームページアドレス

https://www.fom.fujitsu.com/goods/

※アドレスを入力するとき、間違いがないか確認してください。

ホームページ検索用キーワード

FOM出版

第1章

図形や図表を使った文書の作成

この章で学ぶこと

学習前に習得すべきポイントを理解しておき、
学習後には確実に習得できたかどうかを振り返りましょう。

STEP 1 作成する文書を確認する

1 作成する文書の確認

次のような文書を作成しましょう。

テーマの色の設定
ページの色の設定

ワーク・ライフ・バランス
推進プロジェクト

ワードアートの挿入
ワードアートの書式設定
文字幅・行間隔の設定

図形の作成
図形の書式設定
図形の表示順序の変更
図形の配置の変更
図形のグループ化

仕事も生活も充実できる「働き方」を！

自分に合った働き方をしよう
・テレワークの積極的な活用
・選べる勤務時間制度の新設

休み方を考えよう
・連続5日間の夏季休暇制度の新設
・男性の育児休暇／介護休暇の取得支援

コミュニケーションをとろう
・オンラインミーティングの活用
・社内ポータルサイトの活性化

SmartArtグラフィックの挿入
SmartArtグラフィックへの図形の追加
SmartArtグラフィックのレイアウトの変更
SmartArtグラフィックの色の変更

画像の挿入

株式会社 FOM ヘルシーフーズ

テキストボックスの作成
テキストボックスの書式設定
文字間隔の設定

STEP 2 テーマを適用する

1 テーマ

「テーマ」とは、文書全体の配色やフォント、段落の間隔、効果などを組み合わせて登録したものです。それぞれのテーマには、色やフォントの持つイメージに合わせて**「イオン」**や**「オーガニック」**、**「スライス」**などの名前が付けられており、文書のイメージに合わせてテーマを選択できます。
また、テーマのうち、フォントだけを適用したり、色だけを適用したりすることもできます。
初期の設定では、**「Office」**というテーマが適用されています。

2 テーマの色の設定

作成する文書のイメージに合わせて、テーマの色を**「マーキー」**に変更しましょう。
※入力する文字のフォントは個別に設定するため、テーマの色だけを設定します。

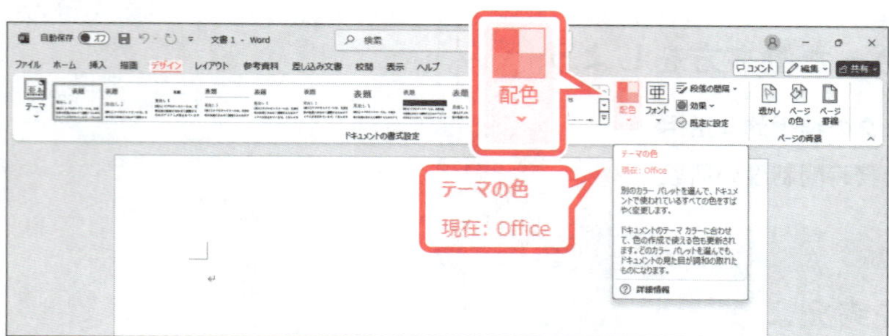

①**《デザイン》**タブを選択します。
②**《ドキュメントの書式設定》**グループの**《テーマの色》**をポイントします。
③現在のテーマの色が**「Office」**になっていることを確認します。

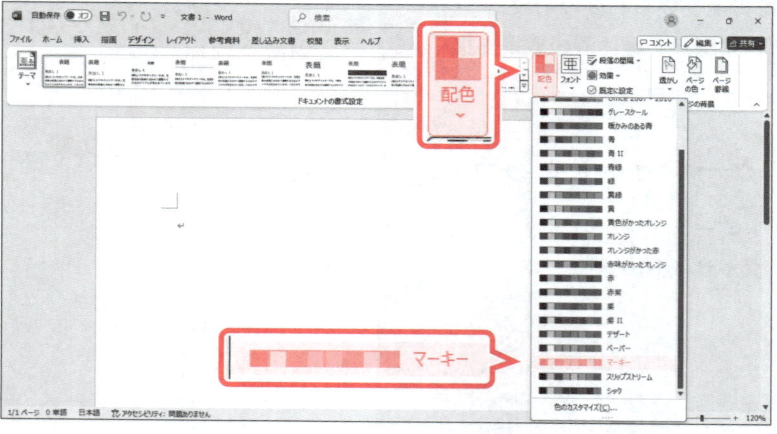

④**《ドキュメントの書式設定》**グループの**《テーマの色》**をクリックします。
⑤**《マーキー》**をクリックします。
※一覧に表示されていない場合は、スクロールして調整します。

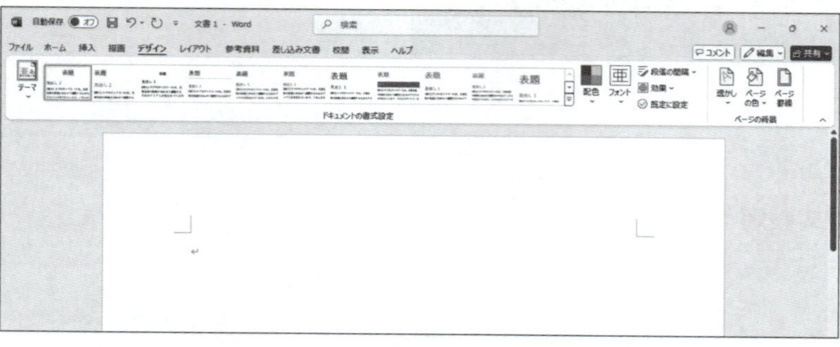

テーマの色が変更されます。
※ボタンの色が変更されます。

STEP UP テーマの構成

テーマは、配色・フォント・効果で構成されています。テーマを適用すると、リボンのボタンの配色・フォント・効果の一覧が変更されます。テーマを適用し、そのテーマの配色・フォント・効果を使うと、文書全体を統一したデザインにできます。
テーマ「Office」が設定されている場合のリボンのボタンに表示される内容は、次のとおりです。

●配色

《ホーム》タブの《フォントの色》や《塗りつぶし》などの一覧に表示される色は、テーマの配色に対応しています。

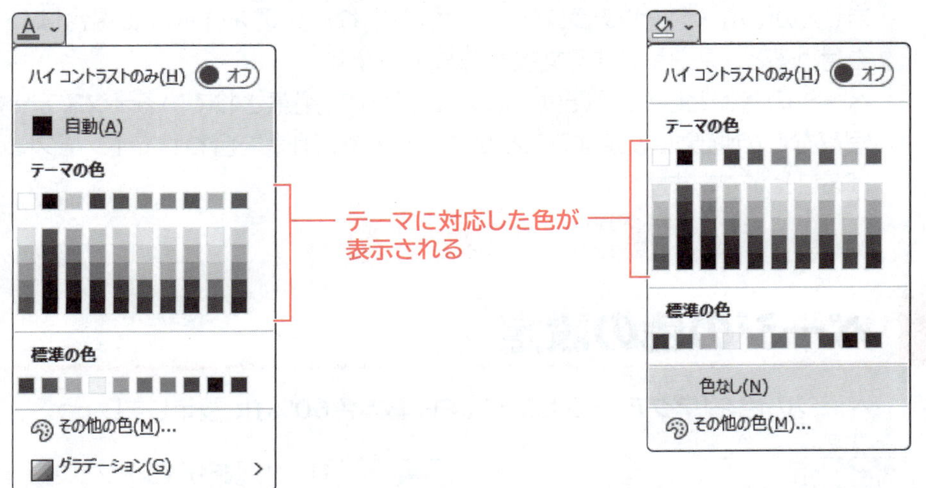

●フォント

《ホーム》タブの《フォント》をクリックすると、一番上に表示されるフォントは、テーマのフォントに対応しています。

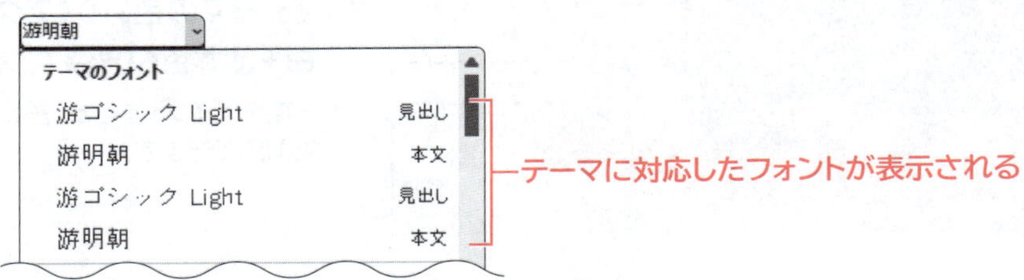

●効果

図形やSmartArtグラフィック、テキストボックスなどのオブジェクトを選択したときに表示される《図形の書式》タブや《書式》タブのスタイルの一覧は、テーマの効果に対応しています。

STEP 3 ページの背景色を設定する

1 ページの色

「ページの色」とは、文書の背景の色のことです。通常、ビジネス文書には背景の色は設定しませんが、ポスターやチラシなどデザインされた文書を作成する場合は、ページの背景に色を付けると、見栄えのする文書が作成できます。
ページの背景として、色だけではなく、Wordで用意されているテクスチャや自分で用意した写真などの画像も設定することができるので、用途に合わせてインパクトのある文書に仕上げることができます。

2 ページの色の設定

ページの色を**「アクア、アクセント1、白+基本色60%」**に設定しましょう。

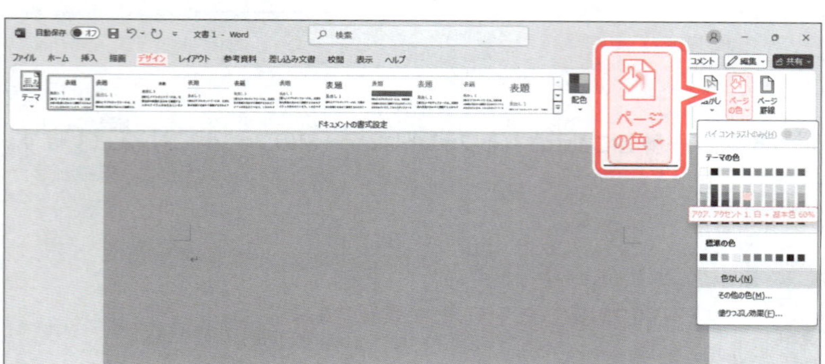

①**《デザイン》**タブを選択します。
②**《ページの背景》**グループの**《ページの色》**をクリックします。
③**《テーマの色》**の**《アクア、アクセント1、白+基本色60%》**をクリックします。
※一覧をポイントすると、設定後のイメージを画面で確認できます。

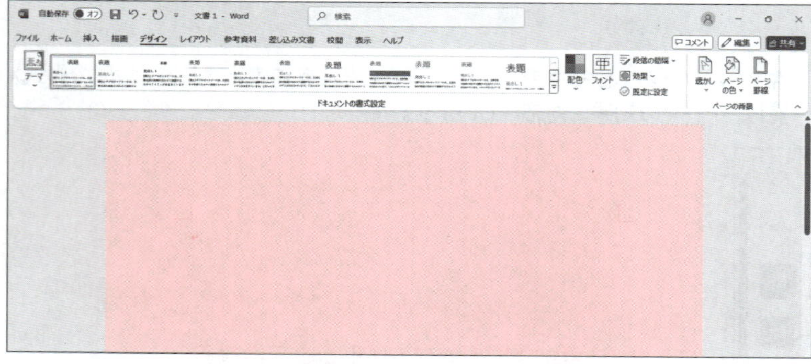

ページの背景に色が設定されます。

POINT リアルタイムプレビュー

一覧の選択肢をポイントして、設定後のイメージを確認できる機能を「リアルタイムプレビュー」といいます。設定前に確認できるため、繰り返し設定しなおす手間を省くことができます。

POINT 用紙サイズの変更

用紙サイズは、文書を作成している途中でも変更できますが、レイアウトが大幅に崩れてしまうことがあるため、最初に用紙サイズを設定してから、文書を作成するとよいでしょう。
用紙サイズを変更する方法は、次のとおりです。

◆《レイアウト》タブ→《ページ設定》グループの《ページサイズの選択》

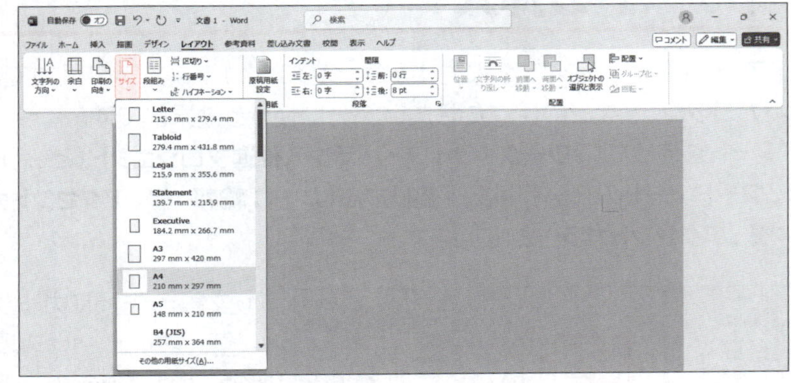

STEP UP ページの背景にテクスチャや画像を設定する

ページの背景にテクスチャや画像を設定する方法は、次のとおりです。

テクスチャ

◆《デザイン》タブ→《ページの背景》グループの《ページの色》→《塗りつぶし効果》→《テクスチャ》タブ→一覧から選択

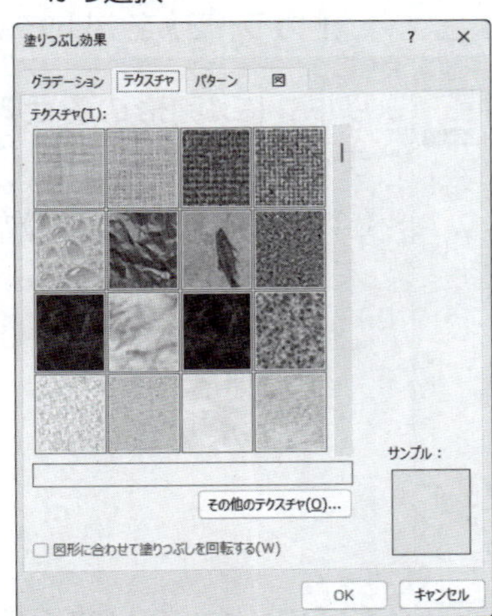

画像

◆《デザイン》タブ→《ページの背景》グループの《ページの色》→《塗りつぶし効果》→《図》タブ→《図の選択》→画像を選択

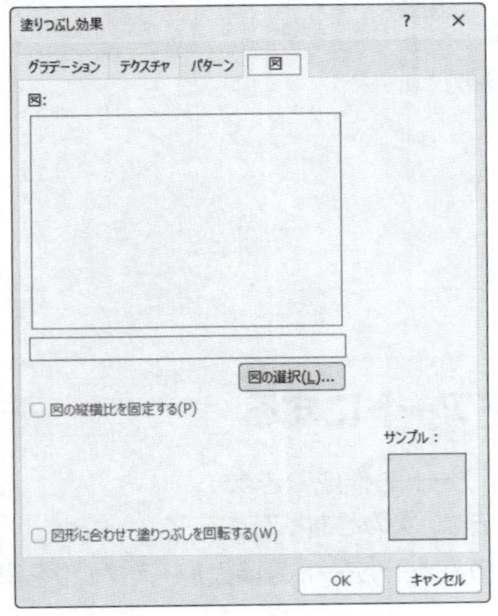

STEP 4 ワードアートを挿入する

1 ワードアートの挿入

「ワードアート」を使って文字を入力すると、グラフィカルな文字を入力できます。ポスターやチラシ、パンフレットなどの目立たせたい部分に使うと効果的です。
ワードアートを使って、**「ワーク・ライフ・バランス推進プロジェクト」**というタイトルを挿入しましょう。ワードアートのスタイルは、**「塗りつぶし：白；輪郭：緑、アクセントカラー2；影（ぼかしなし）：緑、アクセントカラー2」**にします。

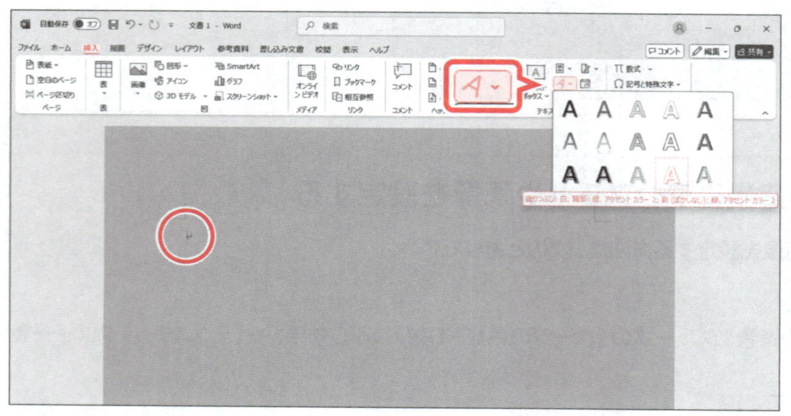

①文書の先頭にカーソルがあることを確認します。

※ワードアートはカーソルのある位置に挿入されます。

②**《挿入》**タブを選択します。

③**《テキスト》**グループの**《ワードアートの挿入》**をクリックします。

④**《塗りつぶし：白；輪郭：緑、アクセントカラー2；影（ぼかしなし）：緑、アクセントカラー2》**をクリックします。

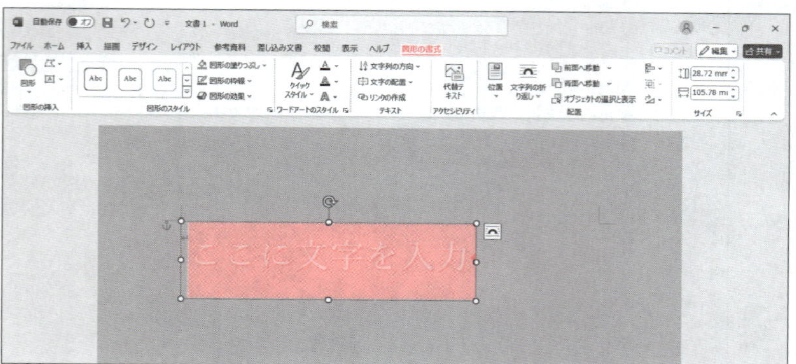

リボンに**《図形の書式》**タブが表示されます。

⑤**《ここに文字を入力》**が選択されていることを確認します。

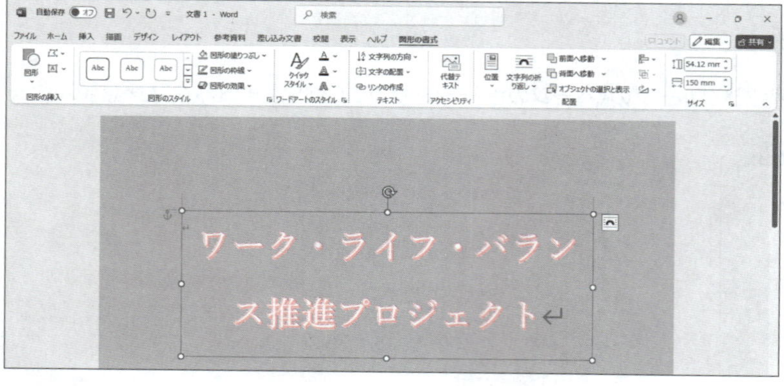

⑥**「ワーク・ライフ・バランス推進プロジェクト」**と入力します。

STEP UP 入力済みの文字をワードアートにする

すでに入力されている文字を使って、あとからワードアートを作成できます。
入力済みの文字を使ってワードアートを作成する方法は、次のとおりです。

◆文字を選択→《挿入》タブ→《テキスト》グループの《ワードアートの挿入》→スタイルを選択

2 ワードアートの書式設定

ワードアートの文字は、フォントやフォントサイズ、フォントの色を変更したり、輪郭を太くしたりすることができます。また、文字の幅や行と行の間隔を調整することもできます。

1 フォント・フォントサイズ・輪郭の設定

挿入したワードアートに、次のように書式を設定しましょう。

左揃え
フォント　　　：メイリオ
フォントサイズ：75
文字の輪郭　　：太さ　1.5pt

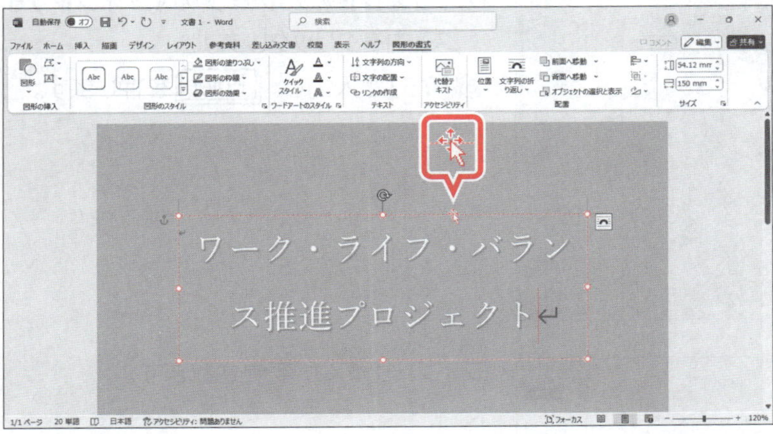

ワードアートを選択します。

①ワードアート内にカーソルがあり、枠線が点線になっていることを確認します。

②ワードアートの枠線をクリックします。

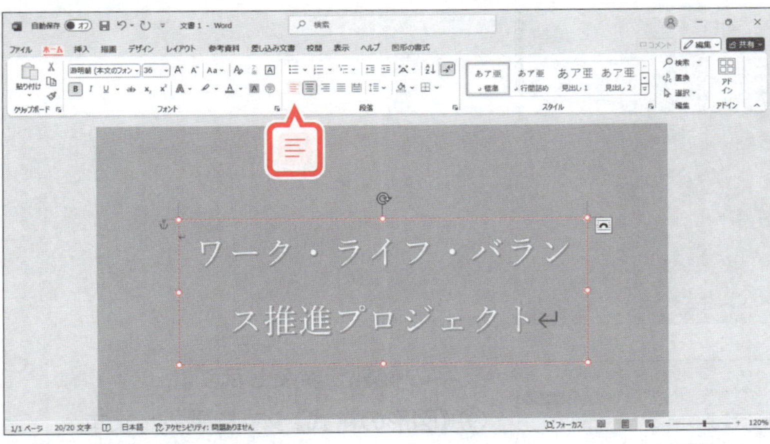

ワードアートの枠線が実線になり、ワードアートが選択されます。

文字の配置を変更します。

③**《ホーム》**タブを選択します。

④**《段落》**グループの**《左揃え》**をクリックします。

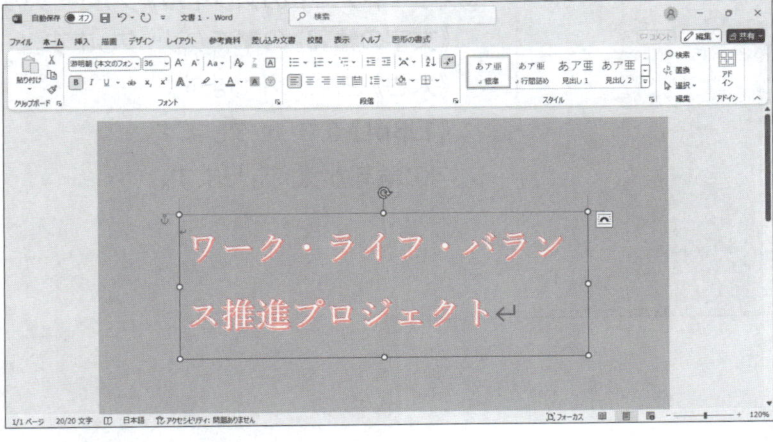

文字の配置が変更されます。

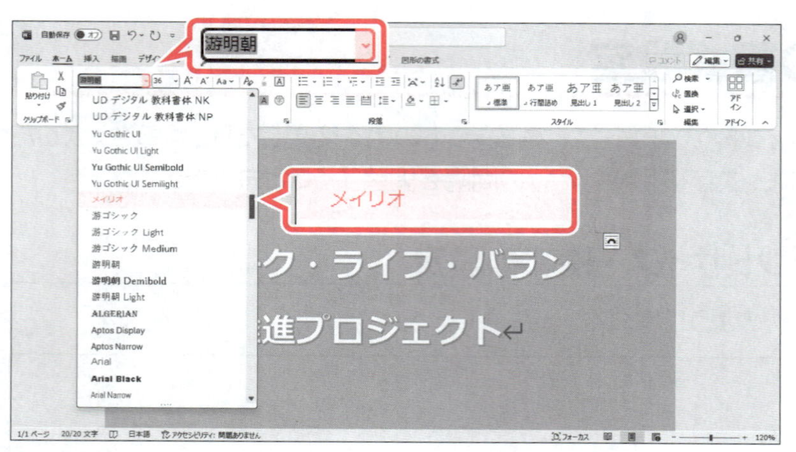

フォントを変更します。

⑤**《フォント》**グループの**《フォント》**の▼をクリックします。

⑥**《メイリオ》**をクリックします。

※一覧に表示されていない場合は、スクロールして調整します。

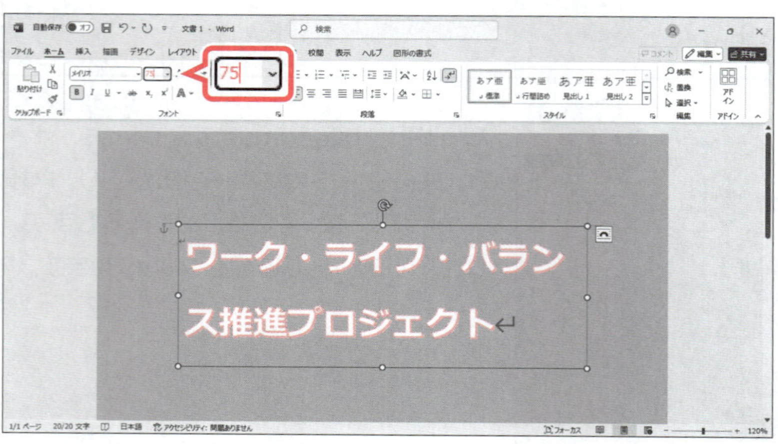

フォントが変更されます。

フォントサイズを変更します。

⑦**《フォント》**グループの**《フォントサイズ》**内をクリックします。

⑧**「75」**と入力し、Enterを押します。

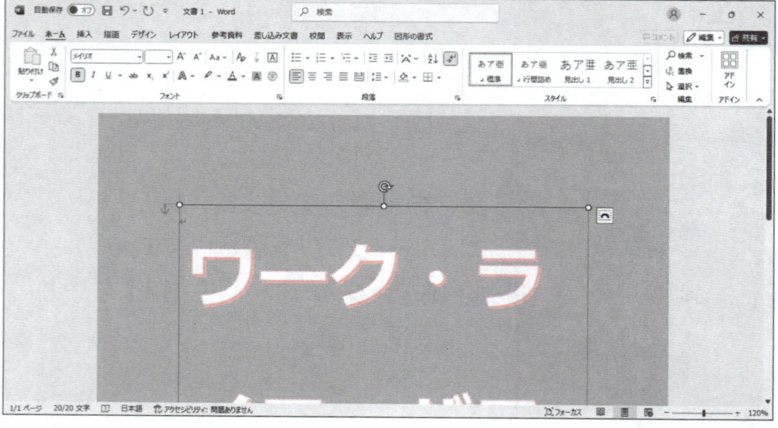

フォントサイズが変更されます。

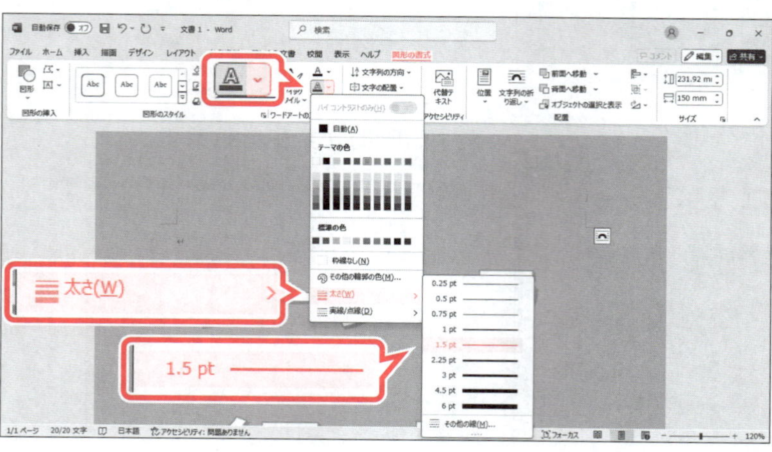

文字の輪郭を変更します。

⑨**《図形の書式》**タブを選択します。

⑩**《ワードアートのスタイル》**グループの**《文字の輪郭》**の▼をクリックします。

⑪**《太さ》**をポイントします。

⑫**《1.5pt》**をクリックします。

文字の輪郭が太くなります。

2 文字幅・行間隔の設定

文字の幅や行と行の間隔を次のように設定しましょう。

> **文字幅：倍率　55%**
> **行間隔：固定値　100pt**

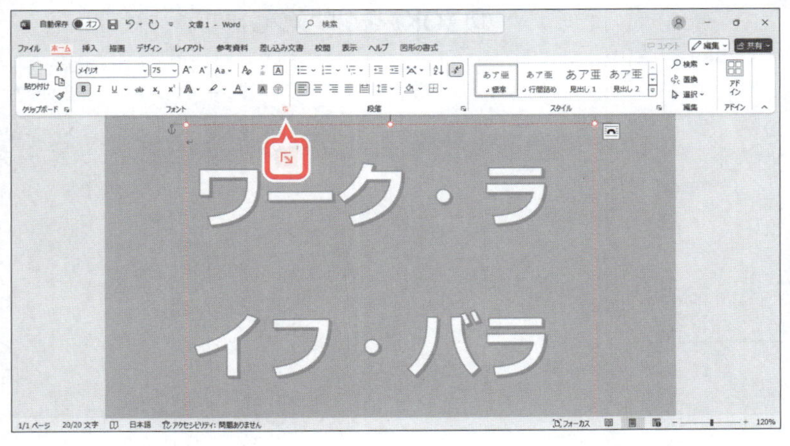

①ワードアートが選択されていることを確認します。

※ワードアートの2行目が表示されるように、スクロールして調整します。

文字幅を変更します。

②**《ホーム》**タブを選択します。

③**《フォント》**グループの（フォント）をクリックします。

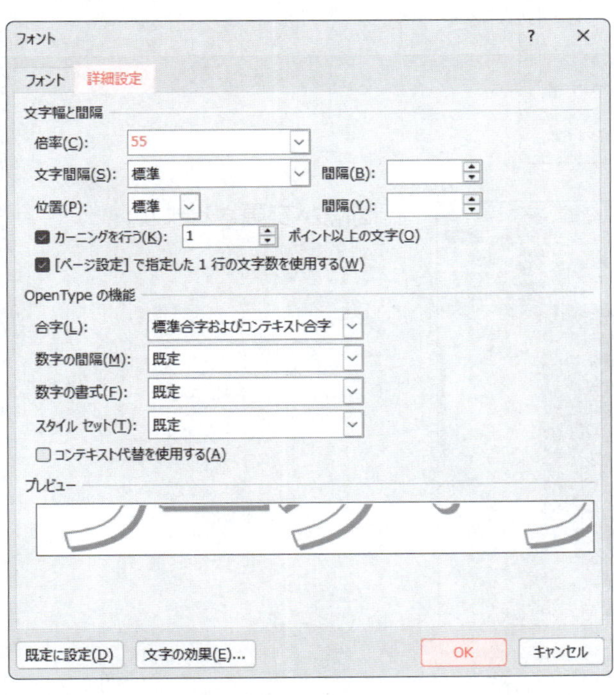

《フォント》ダイアログボックスが表示されます。

④**《詳細設定》**タブを選択します。

⑤**《文字幅と間隔》**の**《倍率》**に**「55」**と入力します。

⑥**《OK》**をクリックします。

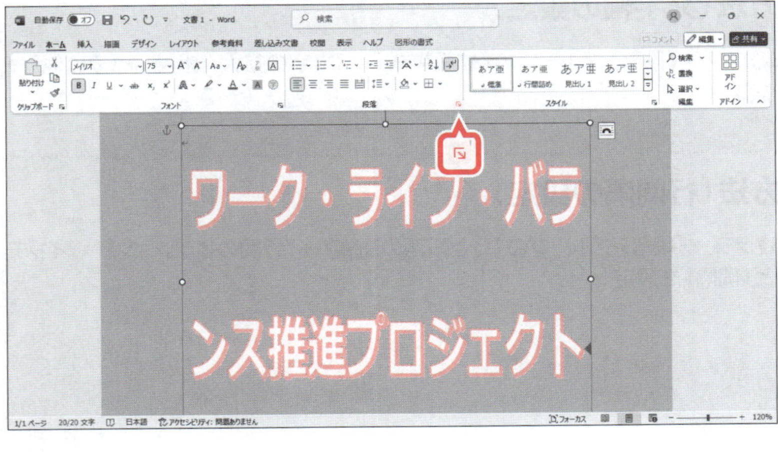

文字幅が変更されます。

行間隔を変更します。

⑦**《段落》**グループの（段落の設定）をクリックします。

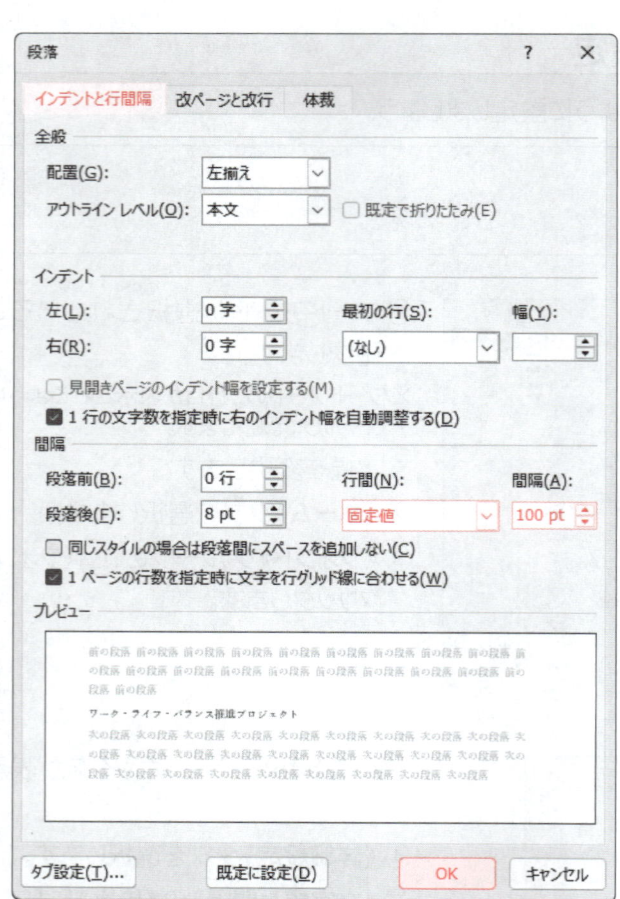

《段落》ダイアログボックスが表示されます。
⑧《インデントと行間隔》タブを選択します。
⑨《間隔》の《行間》の▼をクリックします。
⑩《固定値》をクリックします。
⑪《間隔》を「100pt」に設定します。
※《間隔》に「100」と入力すると効率的です。
⑫《OK》をクリックします。

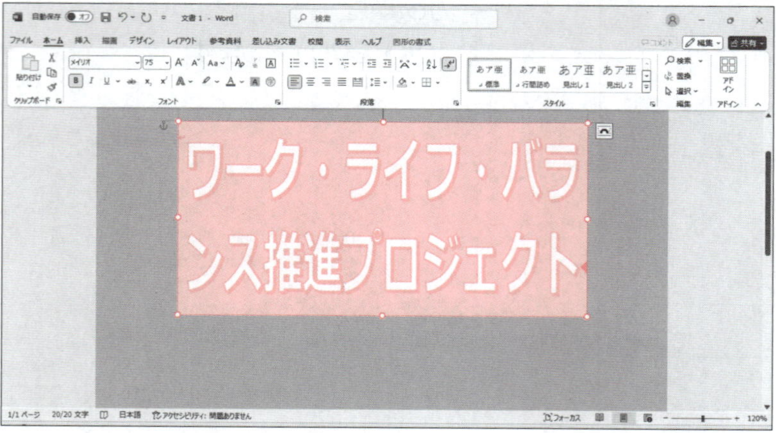

行間隔が変更されます。

STEP UP その他の方法（文字幅の設定）

◆ワードアートを選択→《ホーム》タブ→《段落》グループの《拡張書式》→《文字の拡大/縮小》→《その他》→《詳細設定》タブ→《倍率》を設定

STEP UP その他の方法（行間隔の設定）

◆ワードアートを選択→《ホーム》タブ→《段落》グループの《行と段落の間隔》→《行間のオプション》→《インデントと行間隔》タブ→《行間》と《間隔》を設定

3 ワードアートの移動とサイズ変更

ワードアートを移動する場合は、ワードアートの枠線をドラッグします。また、ワードアートのサイズを変更する場合は、枠線に表示される○（ハンドル）をドラッグします。

1 文字列の折り返しの設定

ワードアートの文字列の折り返しを**「上下」**に設定し、文書の上余白に移動します。
ワードアートの文字列の折り返しを**「上下」**に設定した場合、**《文字列と一緒に移動する》**が◉の状態では文書の上下の余白部分に移動できないため、**《ページ上の位置を固定》**を◉にします。
ワードアートの文字列の折り返しを、次のように設定しましょう。

文字列の折り返し ：上下
位置 ：ページ上の位置を固定

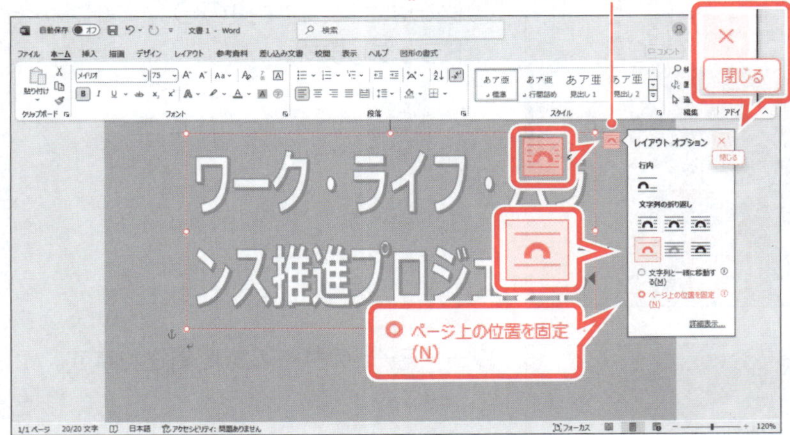

①ワードアートが選択されていることを確認します。
②**《レイアウトオプション》**をクリックします。
③**《文字列の折り返し》**の**《上下》**をクリックします。
④**《ページ上の位置を固定》**を◉にします。
⑤**《レイアウトオプション》**の**《閉じる》**をクリックします。
※お使いの環境によっては、《レイアウトオプション》の表示位置が異なる場合があります。

《レイアウトオプション》が閉じられます。
文字列の折り返しが上下に変更されます。
※本文に文字を入力していないため、表示は変わりません。

STEP UP その他の方法（文字列の折り返し）

◆ワードアートを選択→《図形の書式》タブ→《配置》グループの《文字列の折り返し》

STEP UP ページ上の位置を固定

《ページ上の位置を固定》を◉にしておくと、本文内の文字を削除したり移動したりしても、ワードアートの位置を固定できます。

2 ワードアートの移動とサイズ変更

ワードアートをページの左上に移動しましょう。また、タイトルの1行目に**「ワーク・ライフ・バランス」**、2行目に**「推進プロジェクト」**と表示されるように、ワードアートのサイズを変更しましょう。

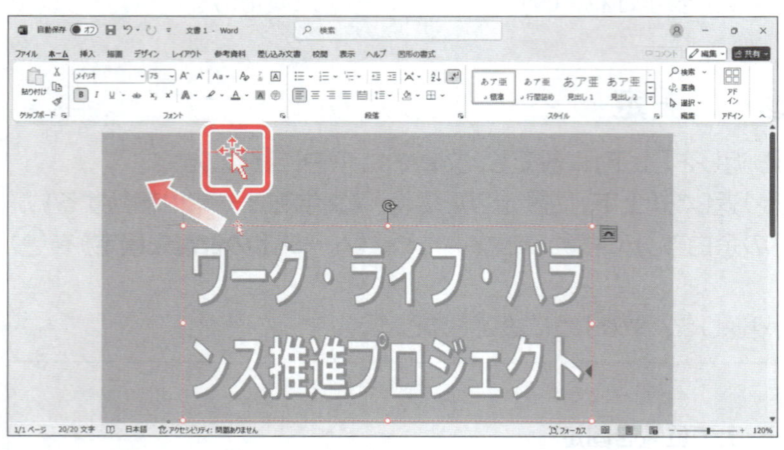

①ワードアートが選択されていることを確認します。

②図のように、枠線をドラッグします。

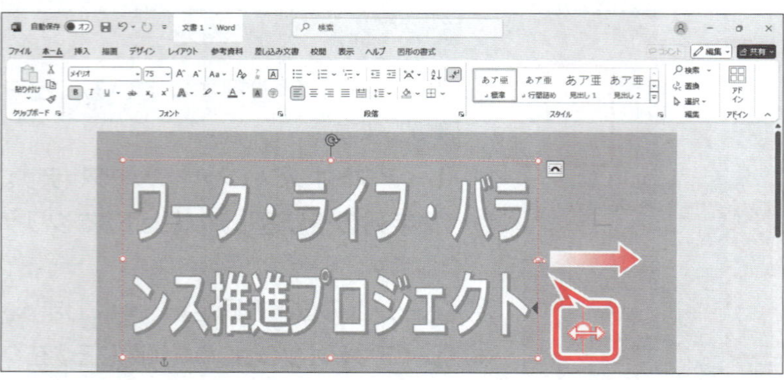

ワードアートが移動します。

③図のように、右中央の○（ハンドル）をドラッグします。

ワードアートのサイズが変更されます。

POINT 配置ガイド

ワードアートや図形、画像を移動したりサイズを変更したりすると、本文と余白の境界やページの中央などに配置の目安となる「配置ガイド」という緑色の線が表示されます。ワードアートや図形、画像を本文の左右や中央にそろえて配置したり、文字と画像の高さを合わせて配置したりするときなどの目安として利用できます。

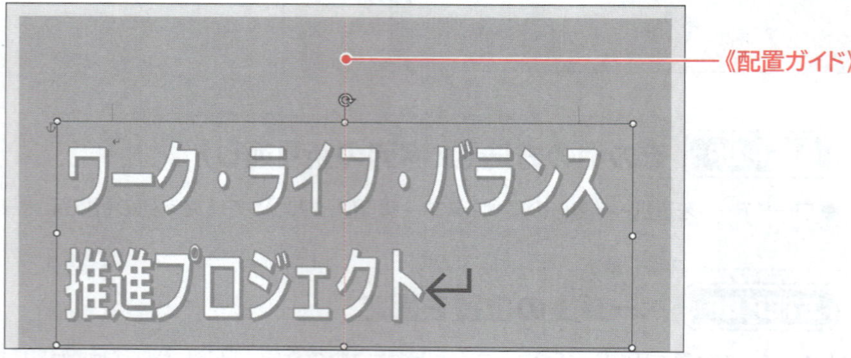

STEP 5 SmartArtグラフィックを挿入する

1 SmartArtグラフィック

「**SmartArtグラフィック**」とは、複数の図形や矢印などを組み合わせて、情報の相互関係を視覚的にわかりやすく表現したものです。SmartArtグラフィックは、**「リスト」**や**「手順」**、**「循環」**、**「階層構造」**などに分類されています。組織図やプロセス図など、目的に応じたデザイン性の高い図表を簡単に作成できます。
また、図表の中に画像を入れて表現力のある図表に仕上げることもできます。

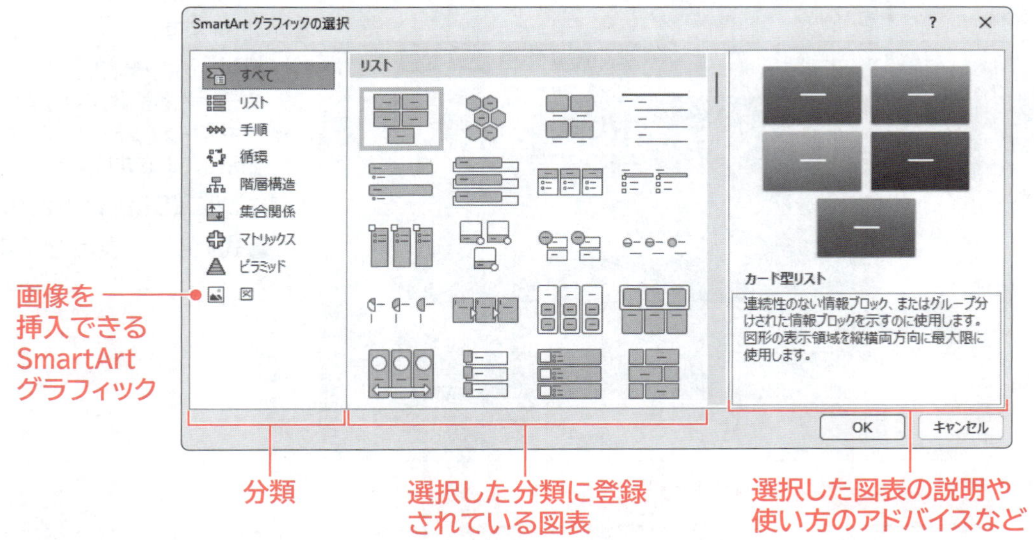

2 SmartArtグラフィックの挿入

SmartArtグラフィック「**縦方向箇条書きリスト**」を挿入し、次のように入力しましょう。

> **自分に合った働き方をしよう**
> 　**テレワークの積極的な活用**
> 　**選べる勤務時間制度の新設**
> **休み方を考えよう**
> 　**連続5日間の夏季休暇制度の新設**
> 　**男性の育児休暇／介護休暇の取得支援**

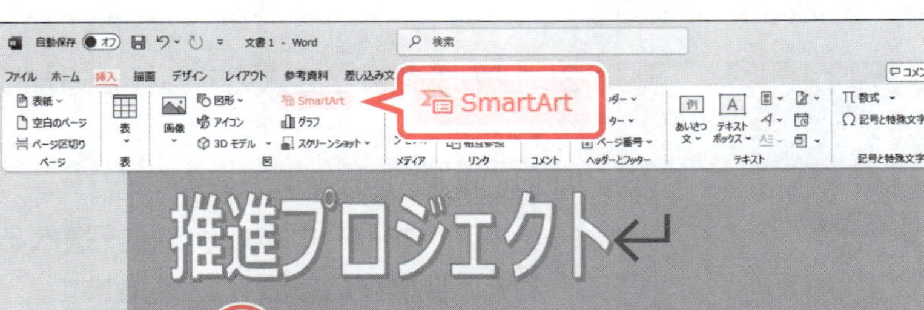

①ワードアートの下の行にカーソルを移動します。
※SmartArtグラフィックはカーソルのある位置に挿入されます。
②《**挿入**》タブを選択します。
③《**図**》グループの《**SmartArtグラフィックの挿入**》をクリックします。

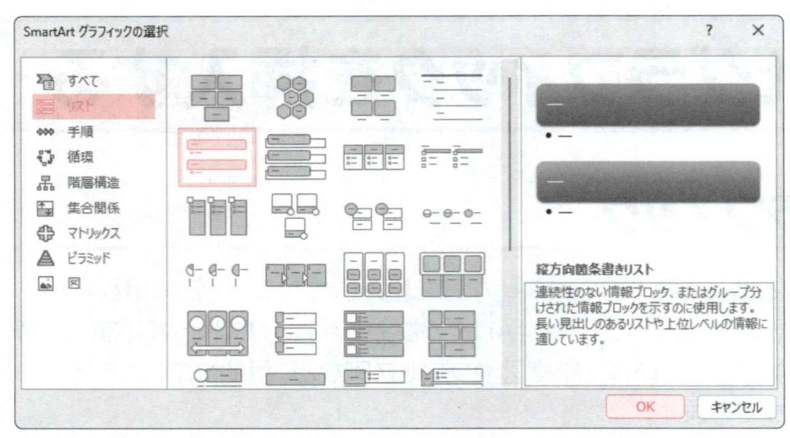

《SmartArtグラフィックの選択》ダイアログボックスが表示されます。

④左側の一覧から**《リスト》**を選択します。

⑤中央の一覧から**《縦方向箇条書きリスト》**を選択します。

⑥**《OK》**をクリックします。

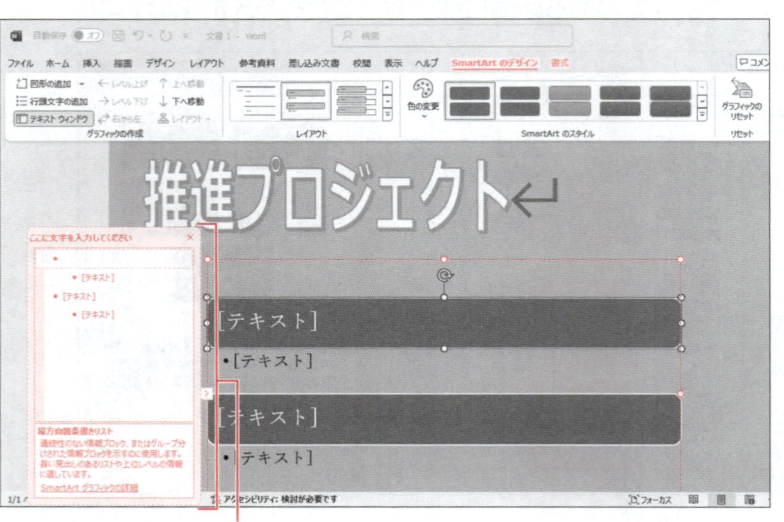

図表が挿入され、テキストウィンドウが表示されます。

※お使いの環境によっては、テキストウィンドウが表示される位置が異なる場合があります。

※テキストウィンドウが表示されていない場合は、表示しておきましょう。

リボンに**《SmartArtのデザイン》**タブと**《書式》**タブが表示されます。

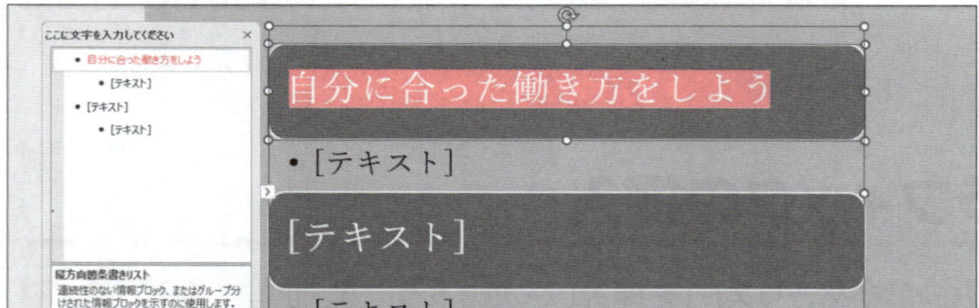

1つ目のリストのタイトルを入力します。

⑦テキストウィンドウの1行目に**「自分に合った働き方をしよう」**と入力します。

※自動的に図表にも入力されます。

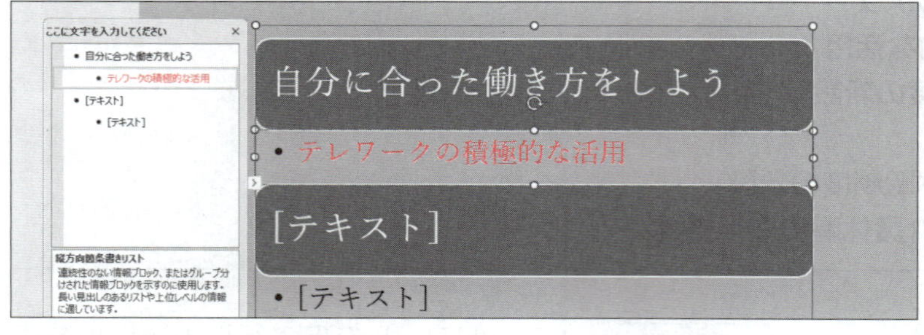

1つ目の箇条書きを入力します。

⑧【↓】を押します。

⑨テキストウィンドウの2行目に**「テレワークの積極的な活用」**と入力します。

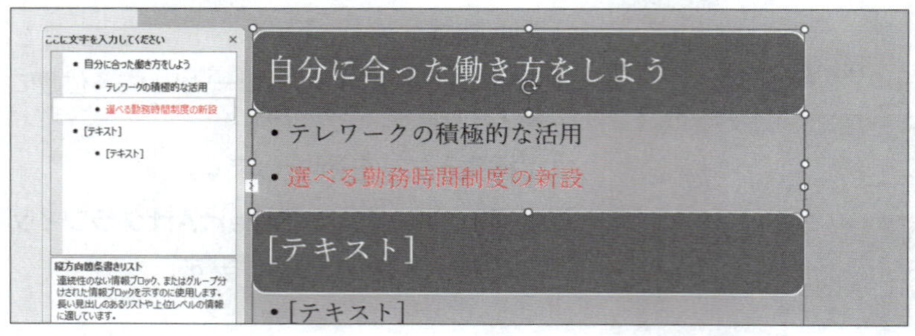

2つ目の箇条書きを入力する行を追加します。

⑩【Enter】を押します。

⑪テキストウィンドウの3行目に**「選べる勤務時間制度の新設」**と入力します。

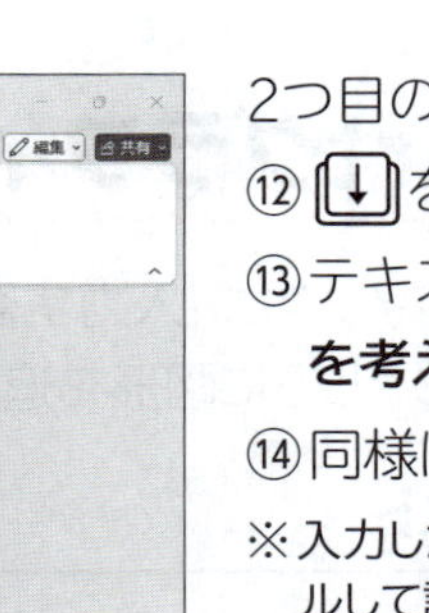

2つ目のリストのタイトルを入力します。

⑫ [↓] を押します。

⑬テキストウィンドウの4行目に**「休み方を考えよう」**と入力します。

⑭同様に、残りの箇条書きを入力します。

※入力した内容が確認できない場合は、スクロールして調整します。

テキストウィンドウを閉じます。

⑮**《閉じる》**をクリックします。

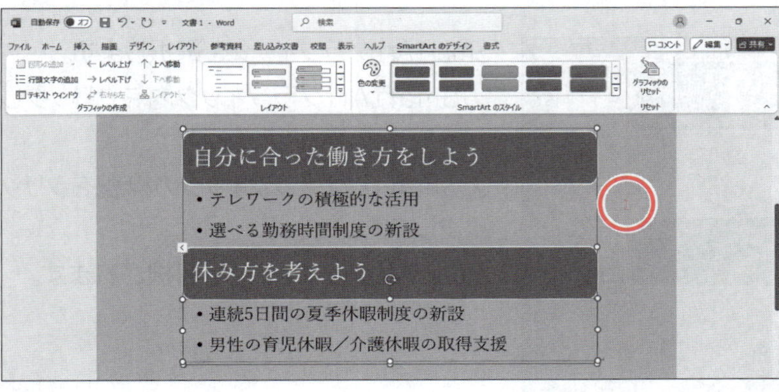

SmartArtグラフィックの選択を解除します。

⑯SmartArtグラフィック以外の場所をクリックします。

SmartArtグラフィックの選択が解除されます。

STEP UP その他の方法（SmartArtグラフィックへの文字の入力）

◆SmartArtグラフィックの図形を選択→文字を入力

POINT テキストウィンドウの表示・非表示

SmartArtグラフィックを作成すると、初期の設定ではテキストウィンドウが表示されます。このテキストウィンドウを使うと効率よく文字を入力できます。

テキストウィンドウの表示・非表示を切り替える方法は、次のとおりです。

◆SmartArtグラフィックを選択→◀／▶

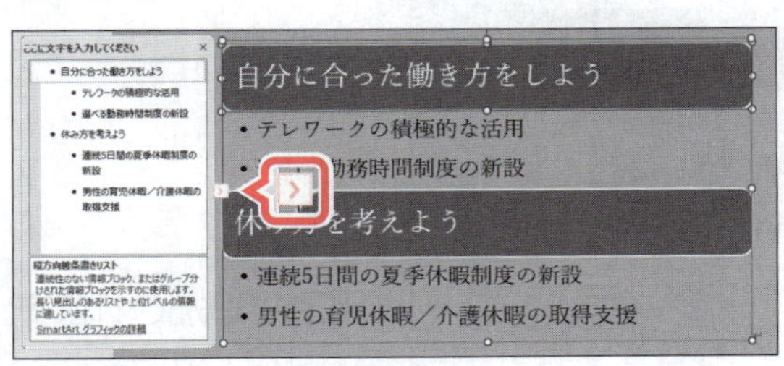

POINT 箇条書きの削除

作成したSmartArtグラフィックの箇条書きの項目が多い場合は、箇条書きを削除できます。不要な箇条書きを削除するには、カーソルを移動し、[Back Space] を2回押します。

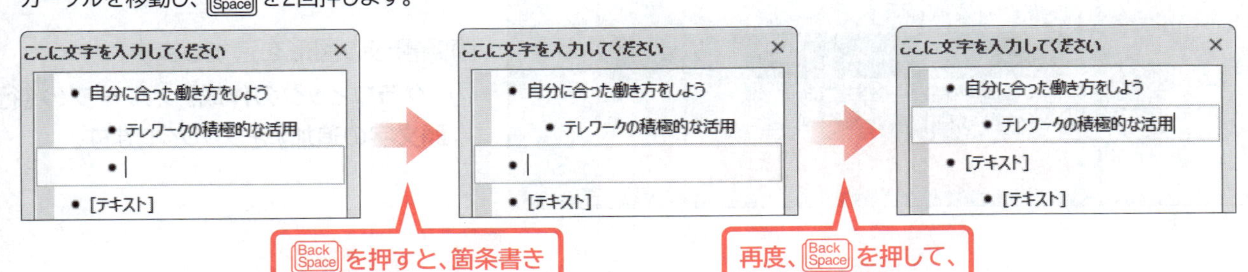

3 SmartArtグラフィックへの図形の追加

SmartArtグラフィックは、入力する文字や項目の数に応じて図形を追加できます。
2つ目のリストのうしろに図形を追加して、次のように図形に3つ目のリストを入力しましょう。

●3つ目のリスト

コミュニケーションをとろう
　　オンラインミーティングの活用
　　社内ポータルサイトの活性化

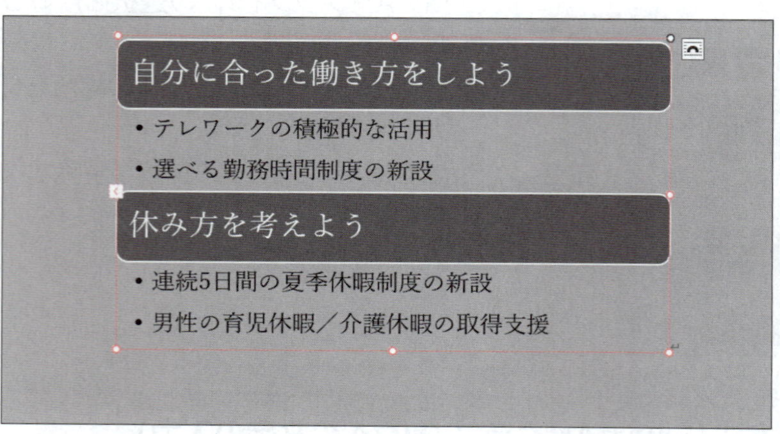

SmartArtグラフィックを選択します。

①SmartArtグラフィック内をクリックします。

②SmartArtグラフィックの枠線をクリックします。

SmartArtグラフィックが選択されます。

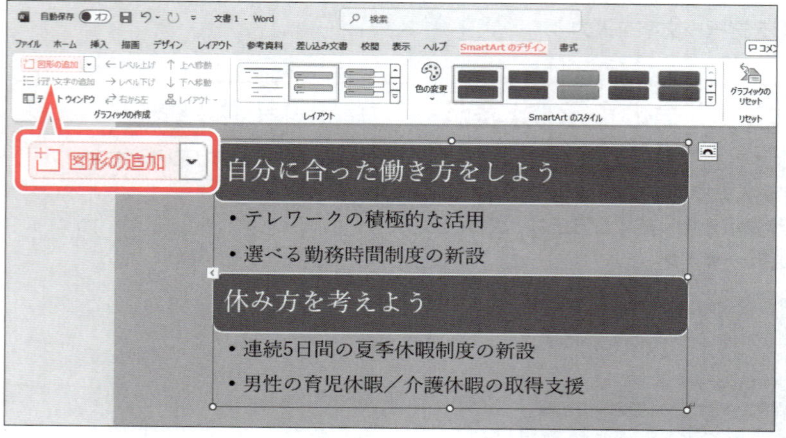

リストのタイトルの図形を追加します。

③**《SmartArtのデザイン》**タブを選択します。

④**《グラフィックの作成》**グループの**《図形の追加》**をクリックします。

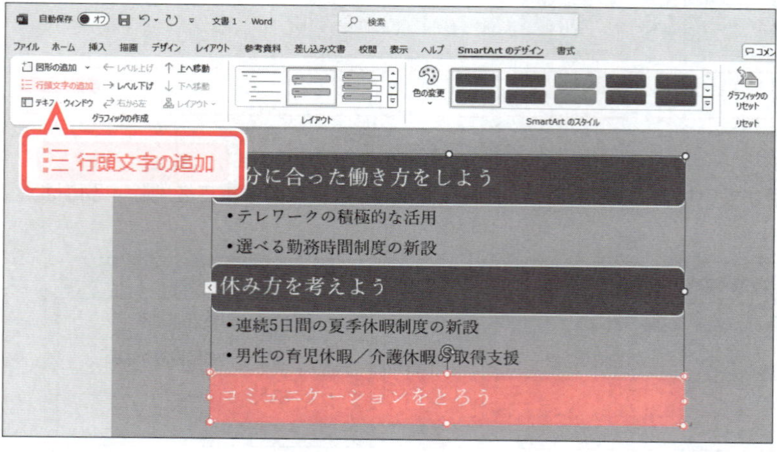

図形が追加されます。

文字を入力します。

⑤追加した図形が選択されていることを確認します。

⑥**「コミュニケーションをとろう」**と入力します。

箇条書きの図形を追加します。

⑦**《グラフィックの作成》**グループの**《行頭文字の追加》**をクリックします。

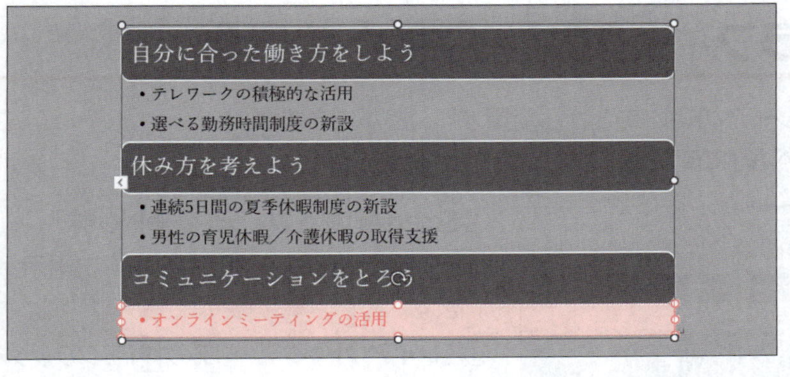

箇条書きの図形が追加され、行頭文字が表示されます。
1つ目の箇条書きを入力します。

⑧**「オンラインミーティングの活用」**と入力します。

行頭文字を追加します。

⑨ Enter を押します。

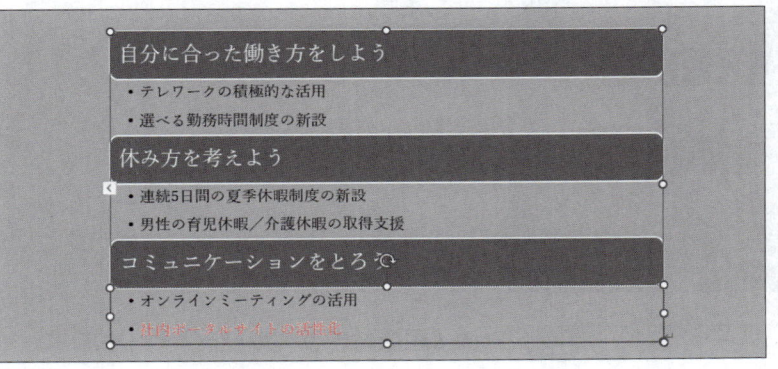

2つ目の行頭文字が追加されます。
2つ目の箇条書きを入力します。

⑩**「社内ポータルサイトの活性化」**と入力します。

POINT 先頭に図形を追加する

SmartArtグラフィックの先頭に図形を追加する方法は、次のとおりです。

◆SmartArtグラフィックを選択→《SmartArtのデザイン》タブ→《グラフィックの作成》グループの《図形の追加》の▼→《前に図形を追加》

STEP UP テキストウィンドウを使った図形の追加・レベルの変更

テキストウィンドウに項目を追加して、SmartArtグラフィックに図形を追加することもできます。
テキストウィンドウの行の最後にカーソルを移動して Enter を押すと、次の行に新しい項目が追加されます。
行内にカーソルがある状態で Tab を押して項目のレベルを下げたり、 Shift ＋ Tab を押して項目のレベルを上げたりすることができます。

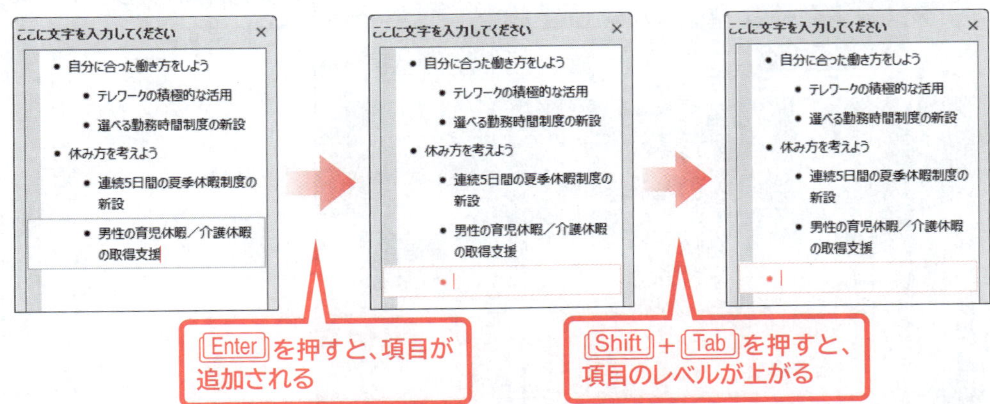

4 SmartArtグラフィックのレイアウトの変更

SmartArtグラフィックのレイアウトは、あとから変更することができます。
レイアウトを**「画像付きラベル」**に変更しましょう。

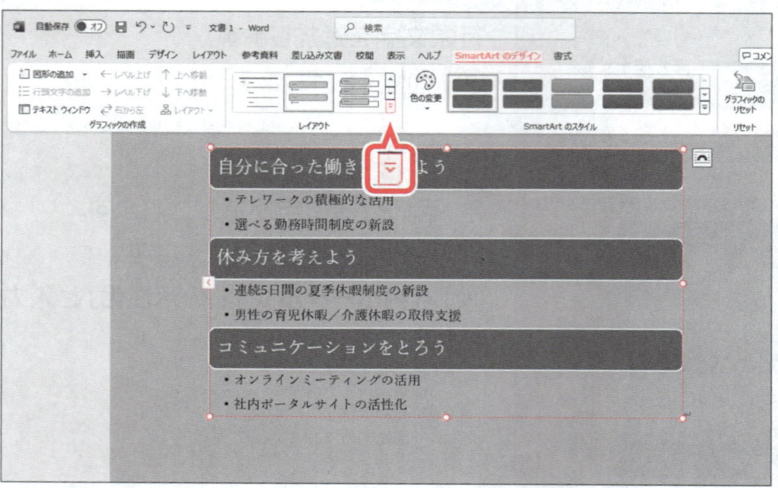

①SmartArtグラフィックを選択します。
②**《SmartArtのデザイン》**タブを選択します。
③**《レイアウト》**グループの[▼]をクリックします。

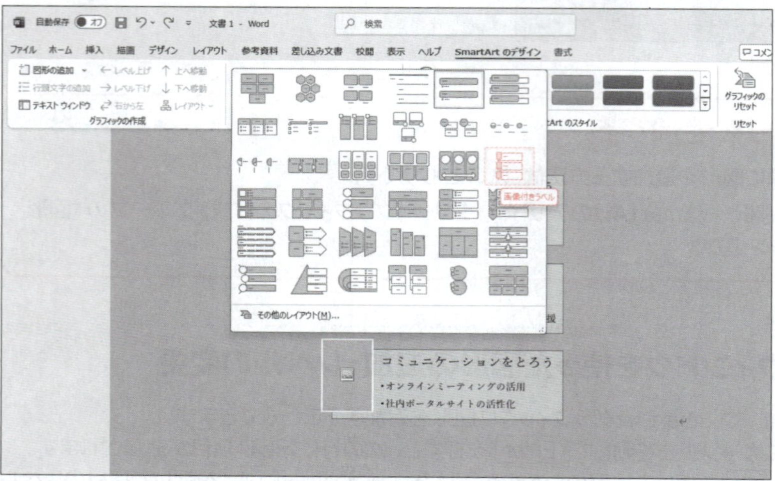

④**《画像付きラベル》**をクリックします。

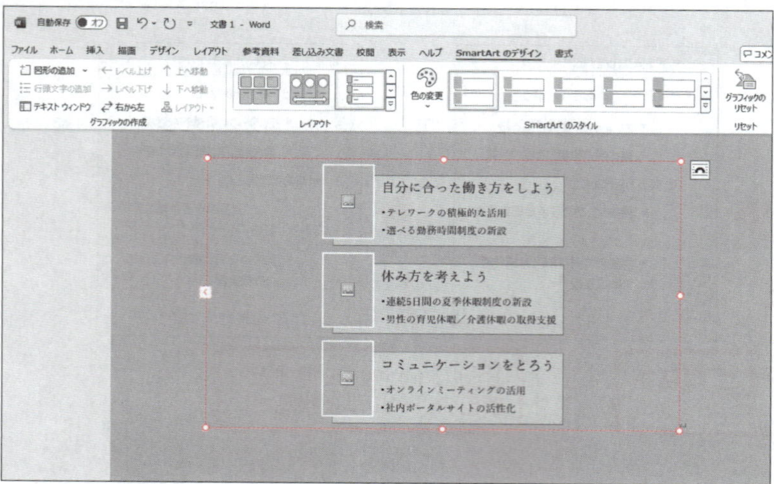

SmartArtグラフィックのレイアウトが変更されます。

POINT レイアウトの変更

一覧に表示されないレイアウトに変更する方法は、次のとおりです。

◆SmartArtグラフィックを選択→《SmartArtのデザイン》タブ→《レイアウト》グループの[▼]→《その他のレイアウト》

5 SmartArtグラフィックの移動とサイズ変更

SmartArtグラフィックを移動したり、サイズを変更したりする場合は、ページ全体のレイアウトを見ながら行うと全体のイメージがつかめて作業がしやすくなります。ページ全体のレイアウトを見るには、表示倍率を変更します。

1 表示倍率の変更

ページ全体を表示しましょう。

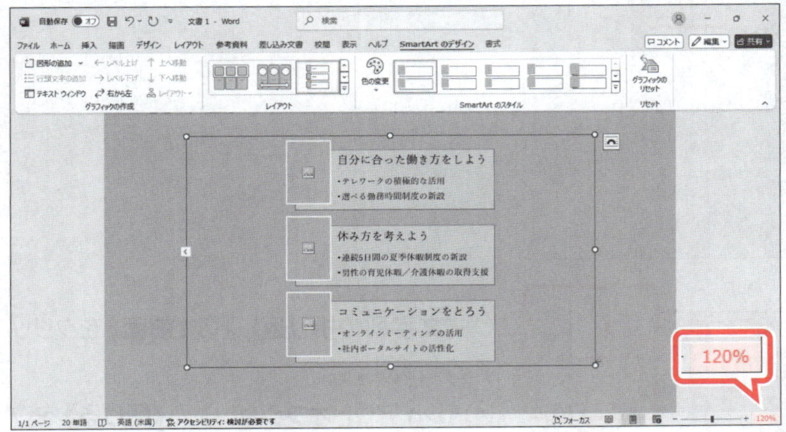

①ステータスバーの《120%》をクリックします。

※お使いの環境によっては、表示されている数値が異なる場合があります。

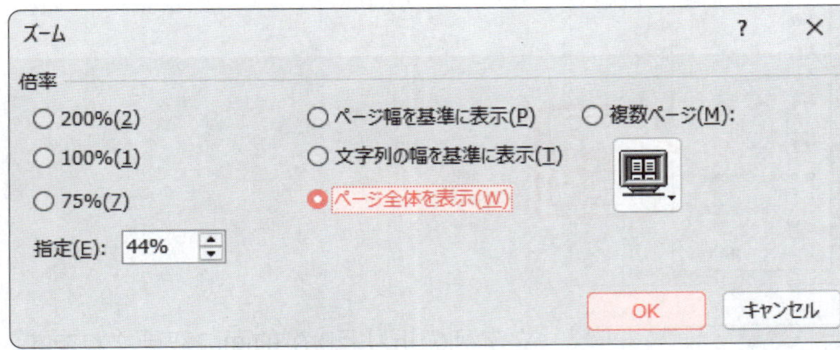

《ズーム》ダイアログボックスが表示されます。

②《ページ全体を表示》を⦿にします。

③《OK》をクリックします。

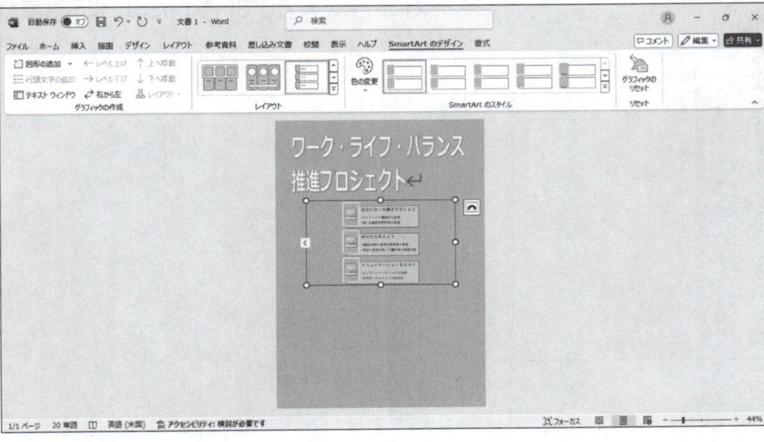

ページ全体が表示されます。

STEP UP その他の方法(表示倍率の変更)

◆《表示》タブ→《ズーム》グループの《ズーム》

2 文字列の折り返しの設定

SmartArtグラフィックはカーソルのある位置に挿入され、文字列の折り返しが**「行内」**に設定されます。ページ上の自由な位置に移動する場合は、文字列の折り返しを**「行内」**以外の設定にする必要があります。
SmartArtグラフィックの文字列の折り返しを**「前面」**に変更しましょう。

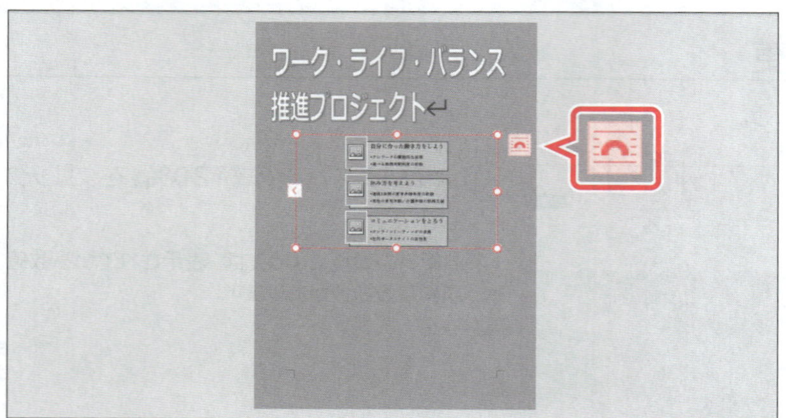

①SmartArtグラフィックを選択します。
②**《レイアウトオプション》**をクリックします。

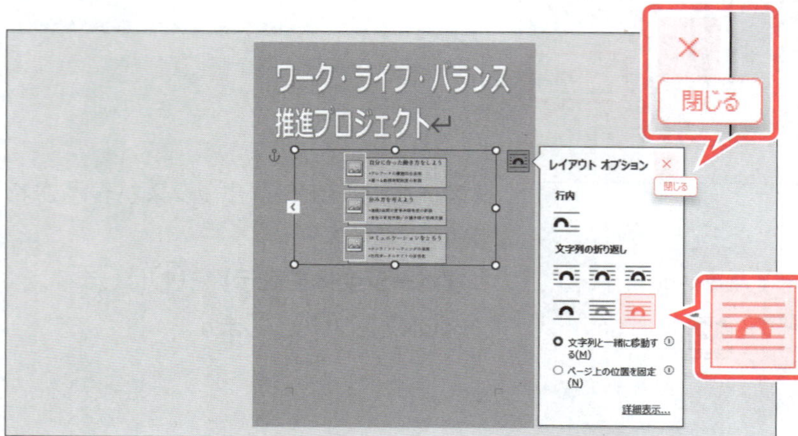

③**《文字列の折り返し》**の**《前面》**をクリックします。
④**《レイアウトオプション》**の**《閉じる》**をクリックします。

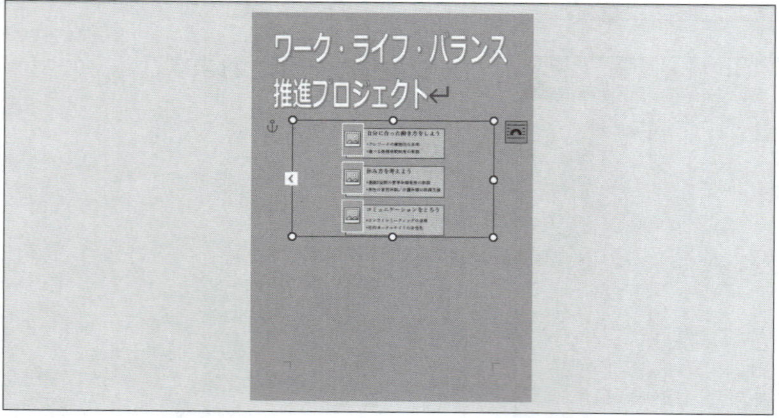

文字列の折り返しが前面に変更されます。
※本文に文字を入力していないため、表示は変わりません。

STEP UP その他の方法（文字列の折り返し）

◆SmartArtグラフィックを選択→《書式》タブ→《配置》グループの《文字列の折り返し》

❸ SmartArtグラフィックの移動とサイズ変更

SmartArtグラフィックをページの右端に移動し、サイズを変更しましょう。

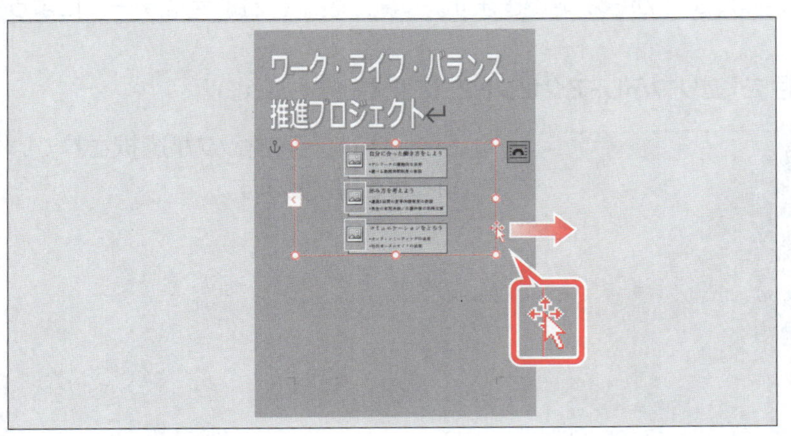

①SmartArtグラフィックが選択されていることを確認します。

②図のように、枠線をドラッグします。

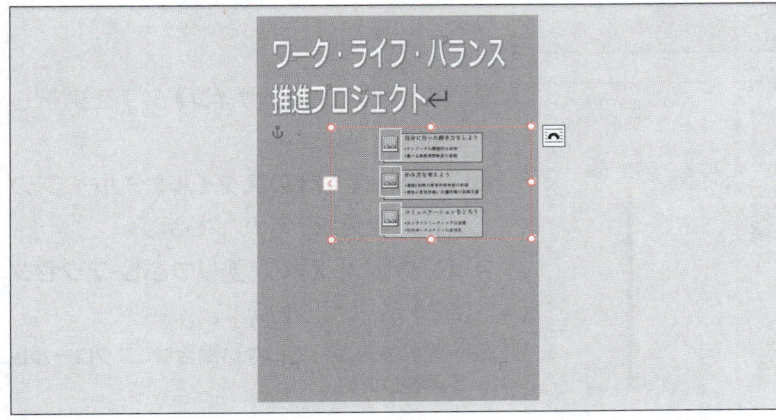

SmartArtグラフィックが移動します。

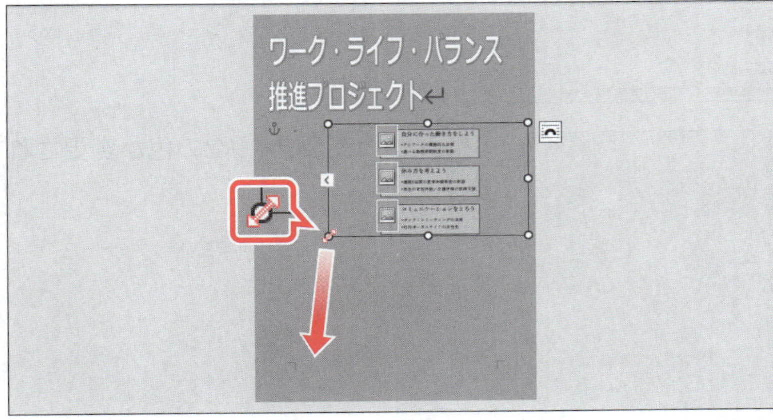

③図のように、左下の○（ハンドル）をドラッグします。

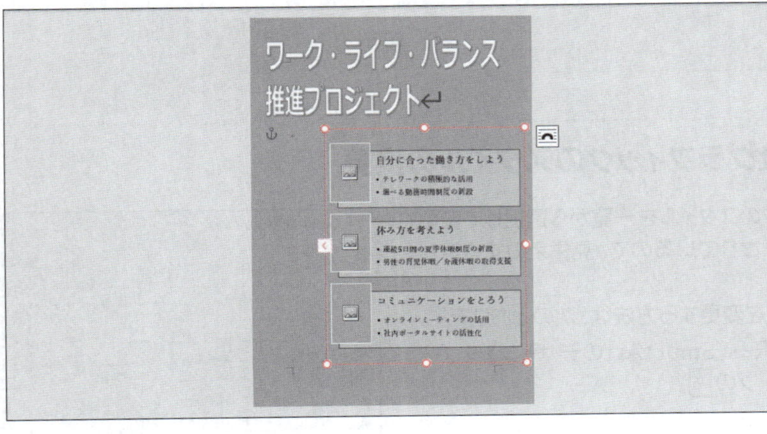

SmartArtグラフィックのサイズが変更されます。

STEP UP 図形のサイズの調整

SmartArtグラフィック内の図形のサイズは、個別に調整できます。

図形のサイズを個別に変更する方法は、次のとおりです。

◆図形を選択→《書式》タブ→《図形》グループの《拡大》／《縮小》

6 SmartArtグラフィックの色の変更

SmartArtグラフィックの色は、あとから変更できます。一覧に表示される色はテーマによって異なります。
SmartArtグラフィックの色を**「塗りつぶし-アクセント2」**に変更しましょう。

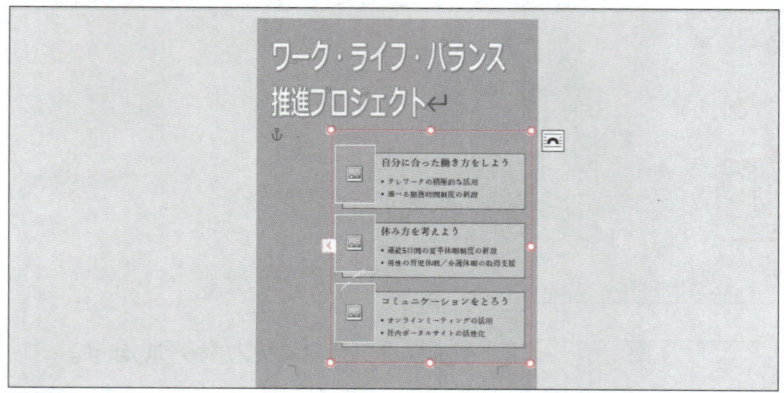

①SmartArtグラフィックが選択されていることを確認します。

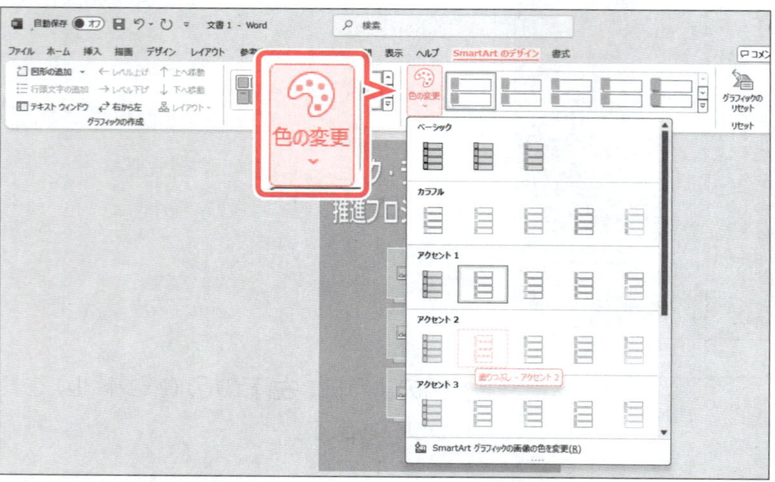

②**《SmartArtのデザイン》**タブを選択します。
③**《SmartArtのスタイル》**グループの**《色の変更》**をクリックします。
④**《アクセント2》**の**《塗りつぶし-アクセント2》**をクリックします。
※一覧に表示されていない場合は、スクロールして調整します。

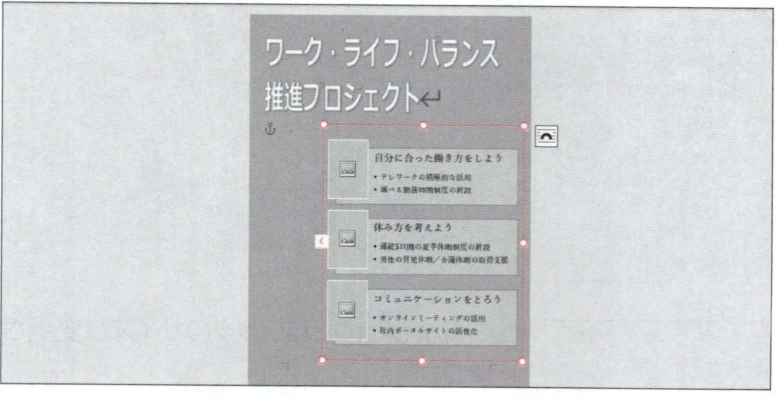

SmartArtグラフィックの色が変更されます。

STEP UP SmartArtグラフィックのスタイルの変更

作成したSmartArtグラフィックのスタイルを一覧から選択して変更できます。様々なスタイルが用意されているので、見栄えのするデザインを設定できます。
SmartArtグラフィックのスタイルを変更する方法は、次のとおりです。
◆SmartArtグラフィックを選択→《SmartArtのデザイン》タブ→《SmartArtのスタイル》グループの[▽]

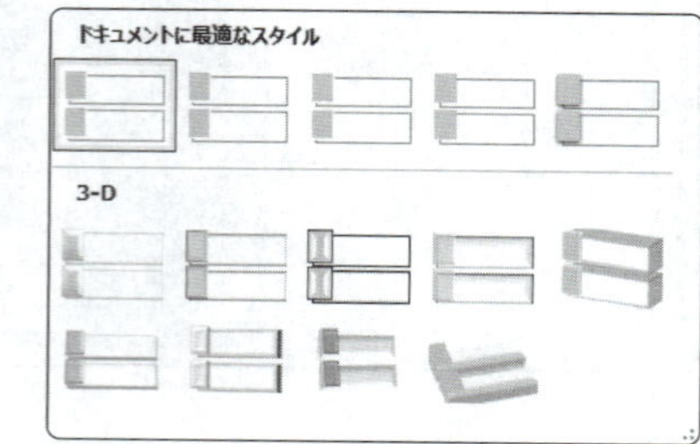

第1章 図形や図表を使った文書の作成

7 SmartArtグラフィックの文字の書式設定

SmartArtグラフィック内の文字に、次のように書式を設定しましょう。

フォント：游ゴシック 太字

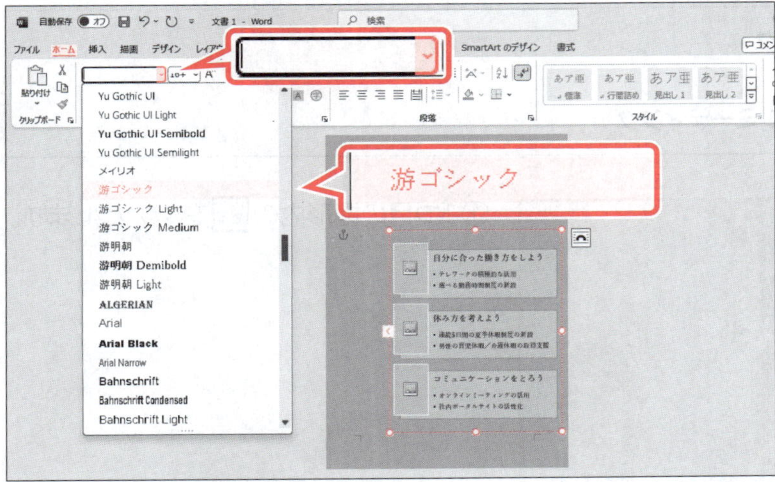

①SmartArtグラフィックが選択されていることを確認します。
②《ホーム》タブを選択します。
③《フォント》グループの《フォント》の▼をクリックします。
④《游ゴシック》をクリックします。
※一覧に表示されていない場合は、スクロールして調整します。

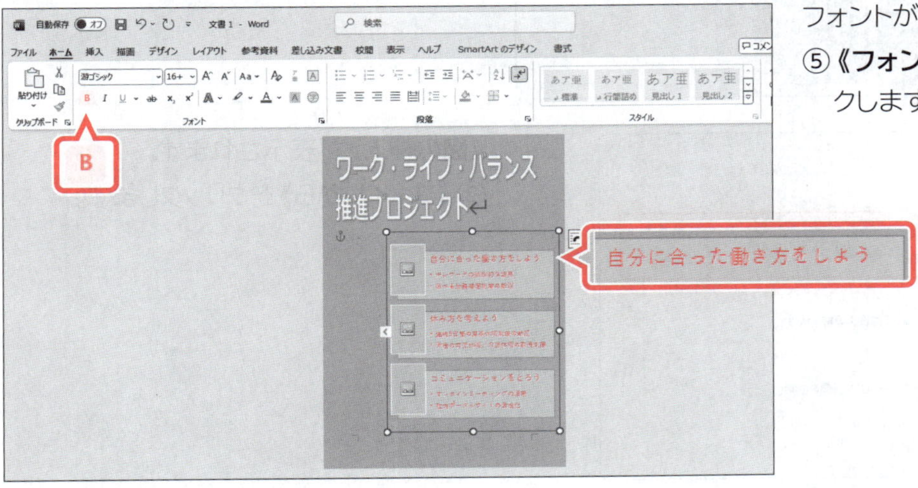

フォントが変更されます。
⑤《フォント》グループの《太字》をクリックします。

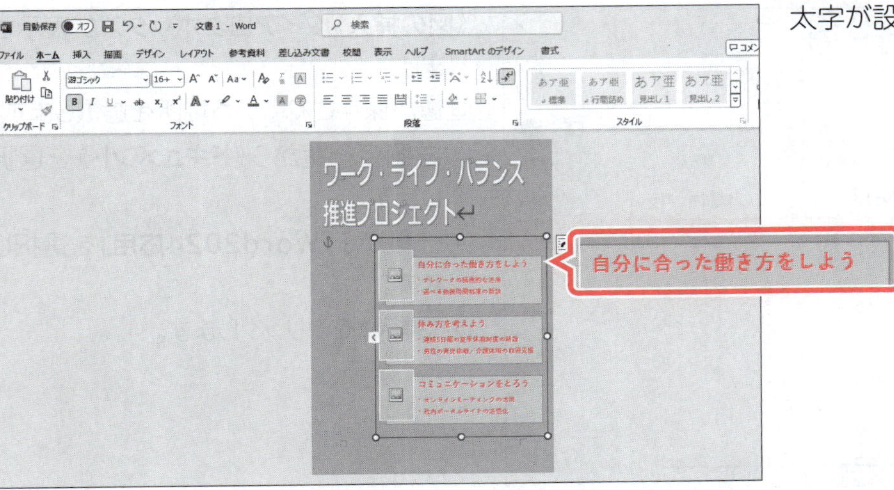

太字が設定されます。

1
2
3
4
5
6
7
8
総合問題
実践問題
索引

STEP 6 図形に画像を挿入する

1 画像の挿入

SmartArtグラフィック内の図形に、次の画像を挿入しましょう。

1つ目の図形：テレワーク
2つ目の図形：休暇
3つ目の図形：オンラインミーティング

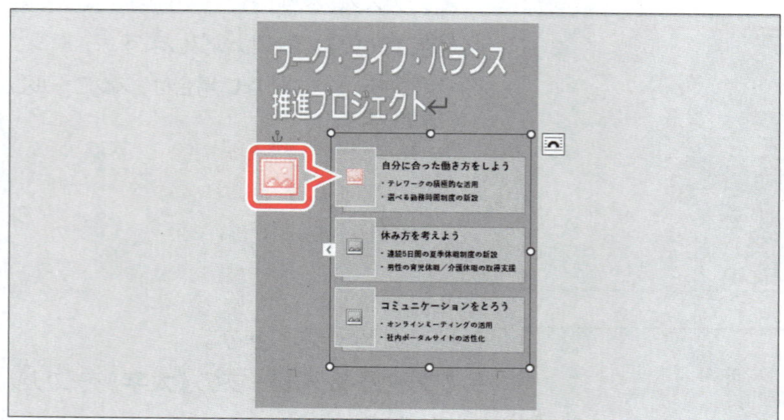

①1つ目の図形内の をクリックします。

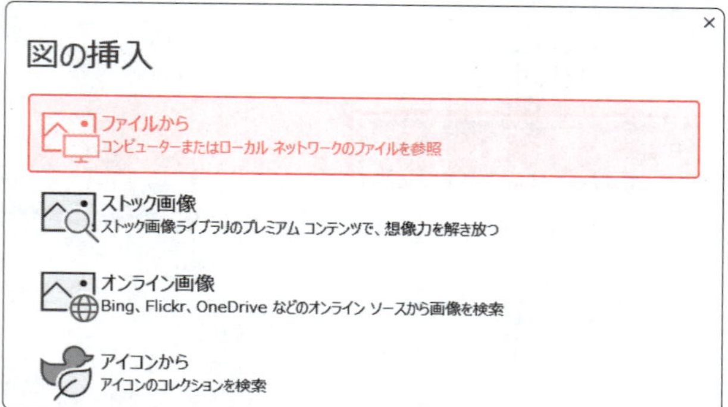

《図の挿入》が表示されます。
②《ファイルから》をクリックします。

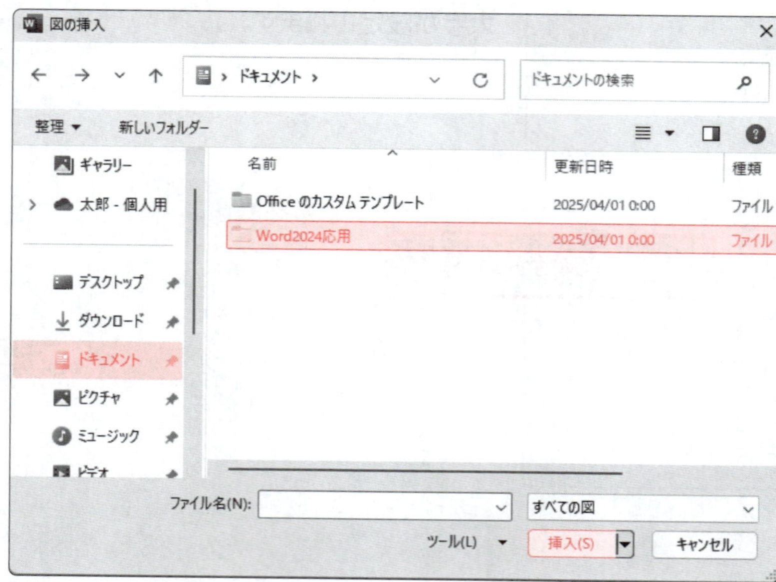

《図の挿入》ダイアログボックスが表示されます。
画像が保存されている場所を選択します。
③左側の一覧から《ドキュメント》を選択します。
④一覧から「Word2024応用」を選択します。
⑤《挿入》をクリックします。

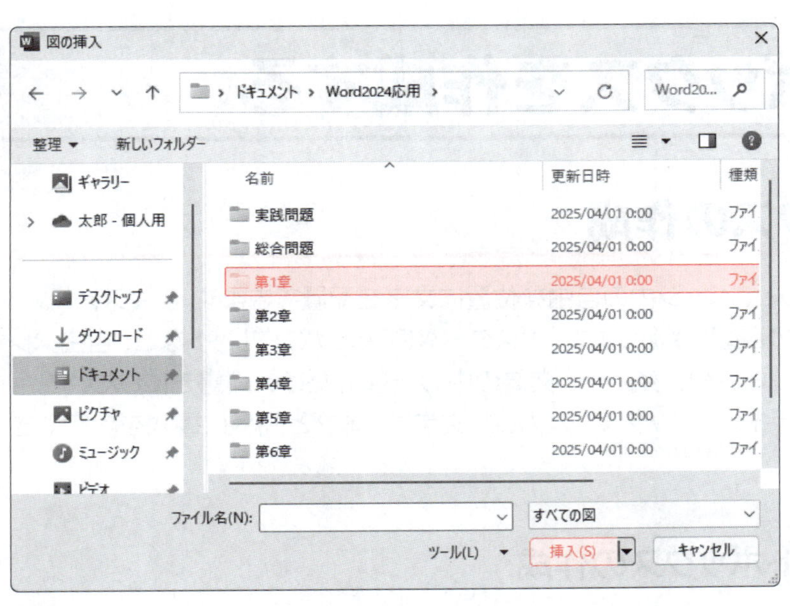

⑥一覧から**「第1章」**を選択します。
⑦**《挿入》**をクリックします。

挿入する画像を選択します。
⑧一覧から**「テレワーク」**を選択します。
⑨**《挿入》**をクリックします。

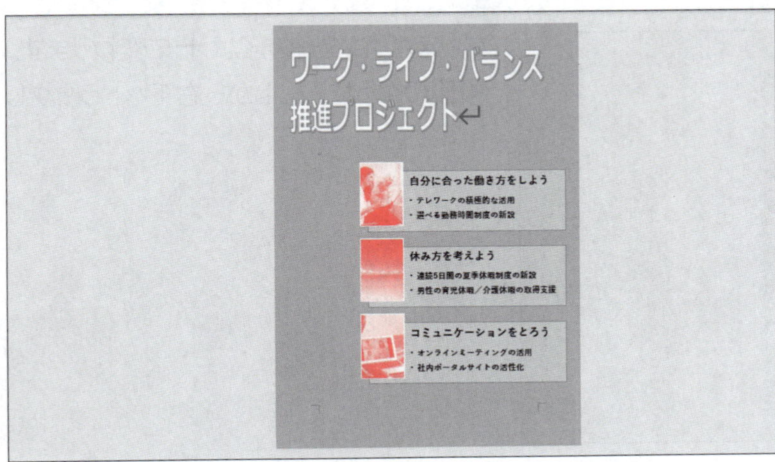

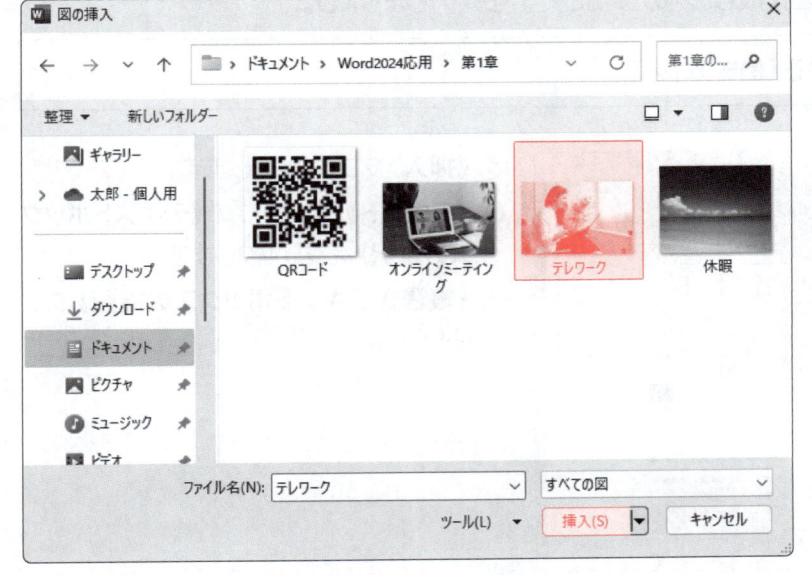

画像が挿入されます。
⑩同様に、2つ目と3つ目の図形に画像を挿入します。
※SmartArtグラフィックの選択を解除しておきましょう。

STEP UP **図形に画像を挿入**

が表示されていない図形に画像を挿入することもできます。同様の手順で、SmartArtグラフィック以外の図形にも画像を挿入できます。
図形に画像を挿入する方法は、次のとおりです。
◆図形を右クリック→《図形の書式設定》→《塗りつぶしと線》→《塗りつぶし》→《(●)塗りつぶし（図またはテクスチャ）》→《画像ソース》の《挿入する》

STEP 7 テキストボックスを作成する

1 テキストボックスの作成

「テキストボックス」を使うと、ページ内の自由な位置に文字を配置できます。テキストボックスには、横書きと縦書きの2種類があります。ポスターやチラシ、パンフレットなど、自由なレイアウトの文書を作成する場合や、横書きの文書の中の一部分だけを縦書きにしたい場合などに使うと便利です。テキストボックスに入力した文字は、本文と同様に書式を設定できます。

1 縦書きテキストボックスの作成

縦書きテキストボックスを作成し、次のように文字を入力しましょう。

仕事も生活も充実できる「働き方」を！

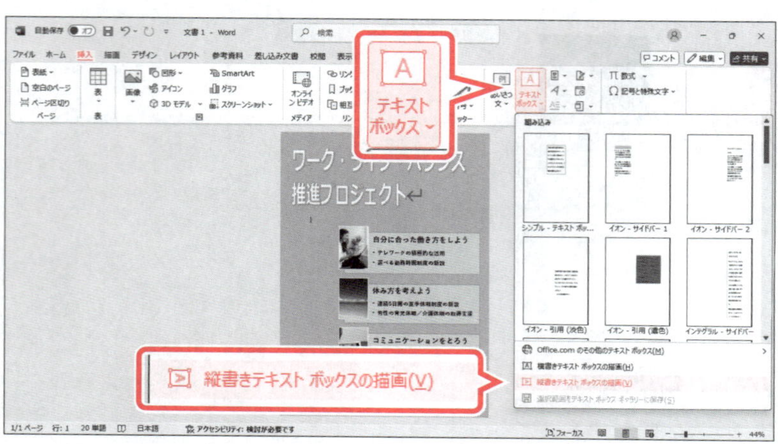

①《**挿入**》タブを選択します。

②《**テキスト**》グループの《**テキストボックスの選択**》をクリックします。

③《**縦書きテキストボックスの描画**》をクリックします。

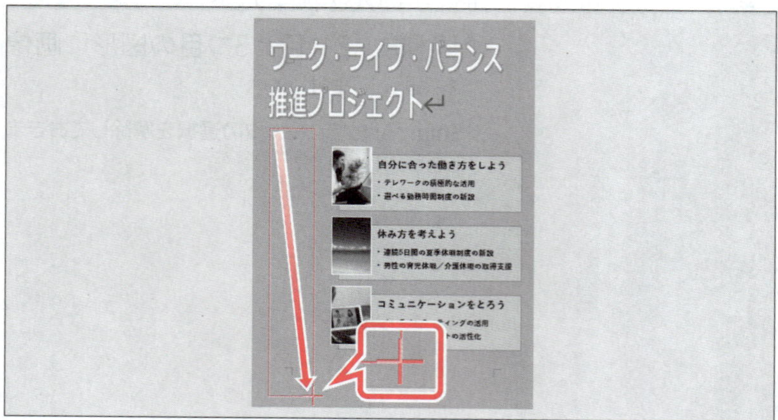

マウスポインターの形が＋に変わります。

④図のように、左上から右下へドラッグします。

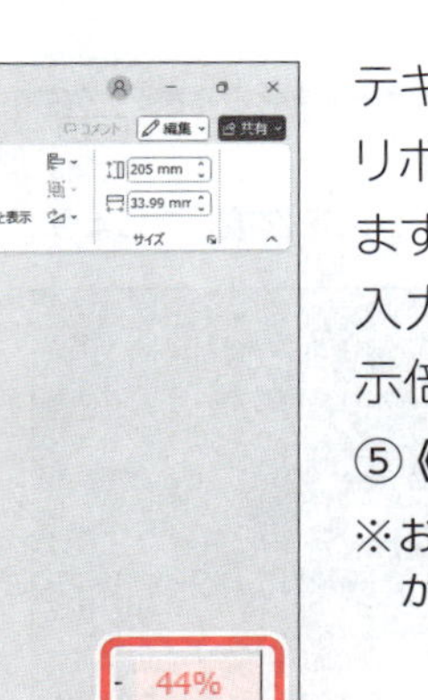

テキストボックスが作成されます。
リボンに**《図形の書式》**タブが表示されます。
入力する文字を確認しやすいように、表示倍率を変更します。
⑤**《44%》**をクリックします。
※お使いの環境によっては、表示されている数値が異なる場合があります。

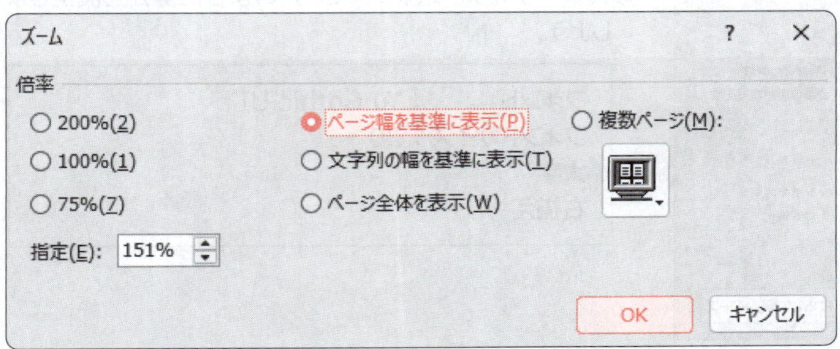

《ズーム》ダイアログボックスが表示されます。
⑥**《ページ幅を基準に表示》**を◉にします。
⑦**《OK》**をクリックします。

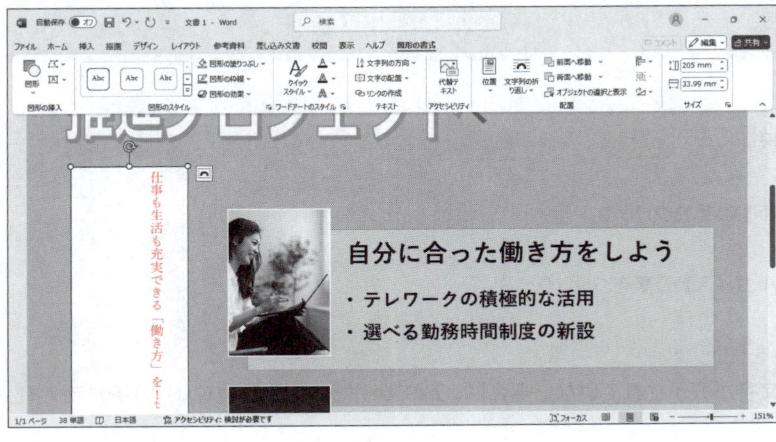

表示倍率が変更されます。
⑧テキストボックス内にカーソルがあることを確認します。
⑨次のように文字を入力します。

仕事も生活も充実できる「働き方」を！

STEP UP 文字列の方向

テキストボックスに表示する文字列の方向は、テキストボックスを作成したあとでも変更できます。
文字列の方向を変更する方法は、次のとおりです。
◆テキストボックスを選択→《図形の書式》タブ→《テキスト》グループの《文字列の方向》

POINT テキストボックスの選択

テキストボックス内をクリックすると、カーソルが表示され、周囲に点線（----）の囲みが表示されます。この状態のとき、文字を編集したり文字の一部の書式を設定したりできます。この点線上をクリックすると、テキストボックスが選択され、周囲に実線（――）の囲みが表示されます。この状態のとき、テキストボックスやテキストボックス内のすべての文字に書式を設定できます。

●テキストボックス内にカーソルがある状態

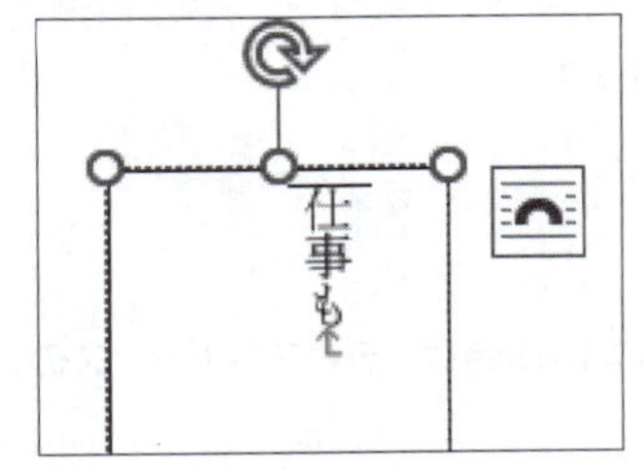

●テキストボックスが選択されている状態

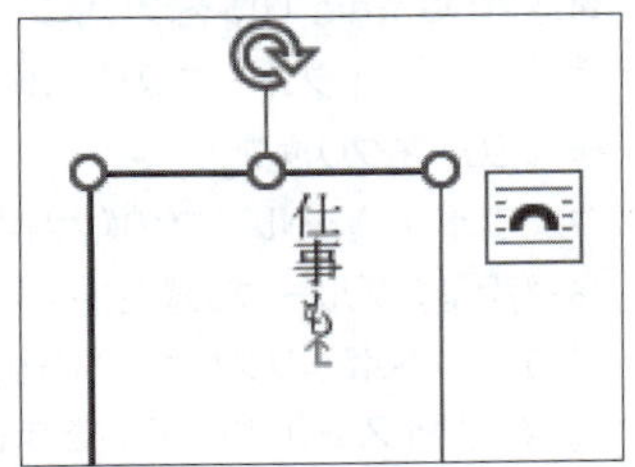

ためしてみよう

次のように、テキストボックスを作成しましょう。

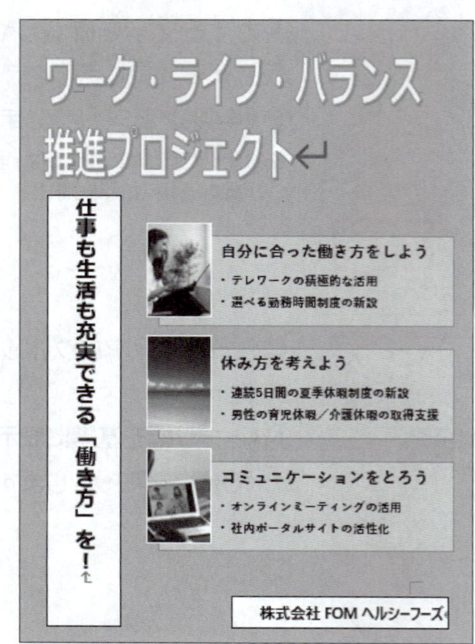

① 縦書きテキストボックスに、次のように書式を設定しましょう。

フォント　　　：メイリオ フォントサイズ：28 太字

② 図を参考に、ページの右下に横書きテキストボックスを作成し、「株式会社FOMヘルシーフーズ」と入力しましょう。

③ 横書きテキストボックスに、次のように書式を設定しましょう。

フォント　　　：Yu Gothic UI フォントサイズ：20 太字 右揃え

①

①縦書きテキストボックスを選択
②《ホーム》タブを選択
③《フォント》グループの《フォント》の▼をクリック
④《メイリオ》をクリック
⑤《フォント》グループの《フォントサイズ》の▼をクリック
⑥《28》をクリック
⑦《フォント》グループの《太字》をクリック
※テキストボックスにすべての文字が表示されていない場合は、テキストボックスの○（ハンドル）をドラッグして、サイズを調整しておきましょう。

②

①《挿入》タブを選択
②《テキスト》グループの《テキストボックスの選択》をクリック
③《横書きテキストボックスの描画》をクリック
④上の図を参考に、左上から右下へドラッグ
⑤テキストボックスに「株式会社FOMヘルシーフーズ」と入力

③

①横書きテキストボックスを選択
②《ホーム》タブを選択
③《フォント》グループの《フォント》の▼をクリック
④《Yu Gothic UI》をクリック
⑤《フォント》グループの《フォントサイズ》の▼をクリック
⑥《20》をクリック
⑦《フォント》グループの《太字》をクリック
⑧《段落》グループの《右揃え》をクリック
※テキストボックスにすべての文字が表示されていない場合は、テキストボックスの○（ハンドル）をドラッグして、サイズを調整しておきましょう。

2 文字間隔の設定

文字と文字の間隔を広くしたり狭くしたりできます。
縦書きテキストボックス内の文字の文字間隔を**「2pt」**に設定し、間隔を広くして枠いっぱいに表示されるようにしましょう。

※操作しやすいように、画面の表示倍率を《ページ全体を表示》にしておきましょう。

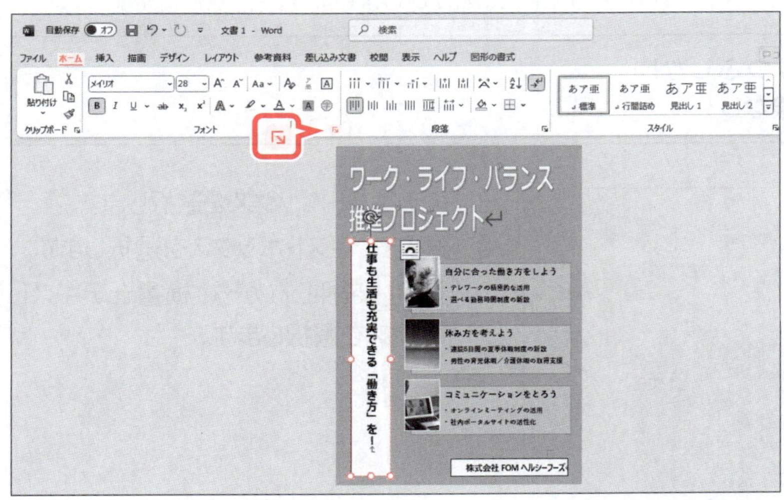

①縦書きテキストボックスを選択します。
②**《ホーム》**タブを選択します。
③**《フォント》**グループの（フォント）をクリックします。

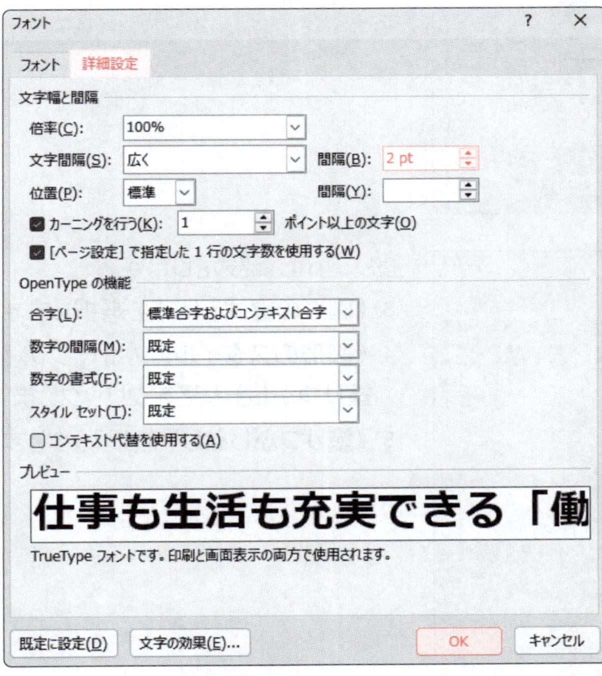

《フォント》ダイアログボックスが表示されます。
④**《詳細設定》**タブを選択します。
⑤**《文字間隔》**の**《間隔》**を**「2pt」**に設定します。
※《間隔》に「2」と入力すると効率的です。
※《文字間隔》が《広く》に自動的に変わります。
⑥**《OK》**をクリックします。

文字間隔が広くなります。
※テキストボックスにすべての文字が表示されていない場合は、テキストボックスの○（ハンドル）をドラッグして、サイズを調整しておきましょう。

2 テキストボックスの書式設定

テキストボックスには、塗りつぶしや枠線の色などの書式を設定できます。
塗りつぶしや枠線をなしに設定して文字だけの表示にしたり、塗りつぶしや枠線を強調して目立たせたりすることができます。
作成した2つのテキストボックスに、次のように書式を設定しましょう。

図形の塗りつぶし	**：塗りつぶしなし**
図形の枠線	**：枠線なし**

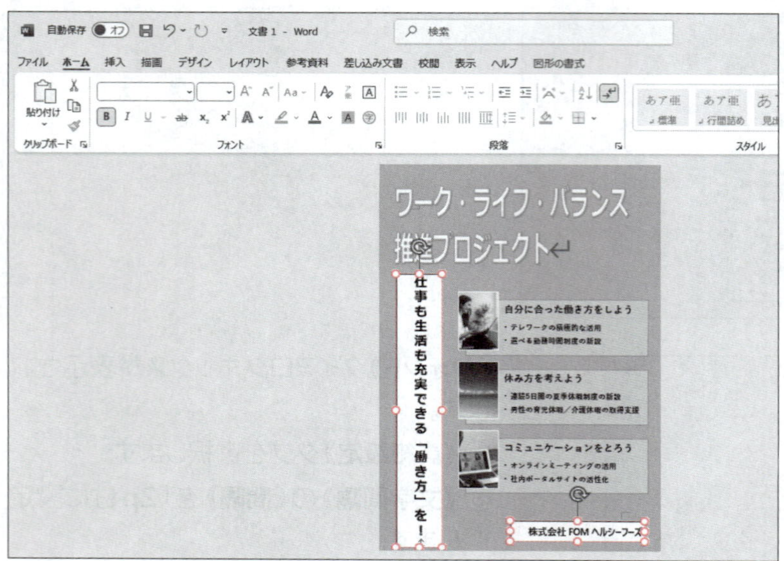

2つのテキストボックスを選択します。

①縦書きテキストボックスを選択します。

②Shiftを押しながら、横書きテキストボックスを選択します。

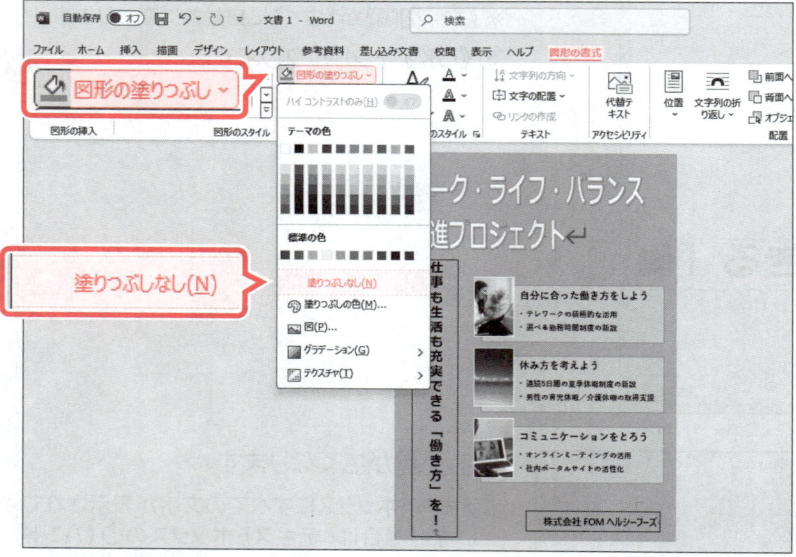

塗りつぶしを設定します。

③**《図形の書式》**タブを選択します。

④**《図形のスタイル》**グループの**《図形の塗りつぶし》**の▼をクリックします。

⑤**《塗りつぶしなし》**をクリックします。

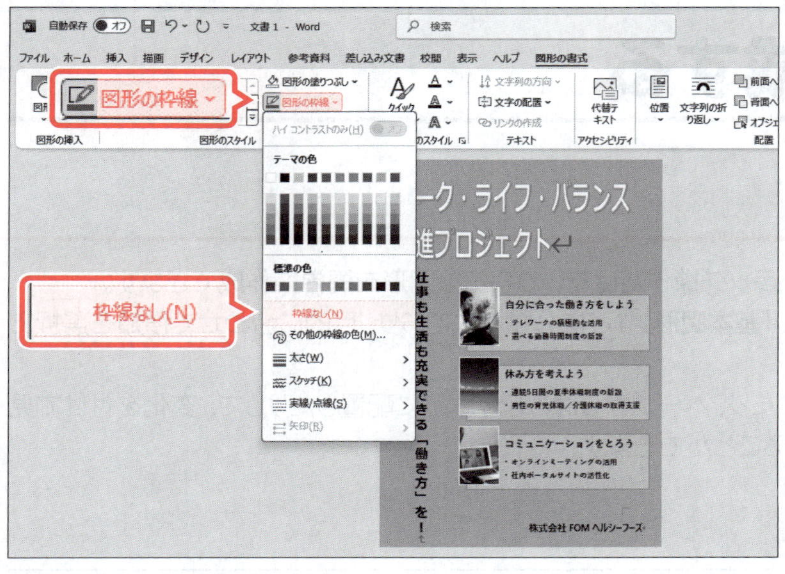

塗りつぶしなしに設定されます。

枠線を設定します。

⑥**《図形のスタイル》**グループの**《図形の枠線》**の▼をクリックします。

⑦**《枠線なし》**をクリックします。

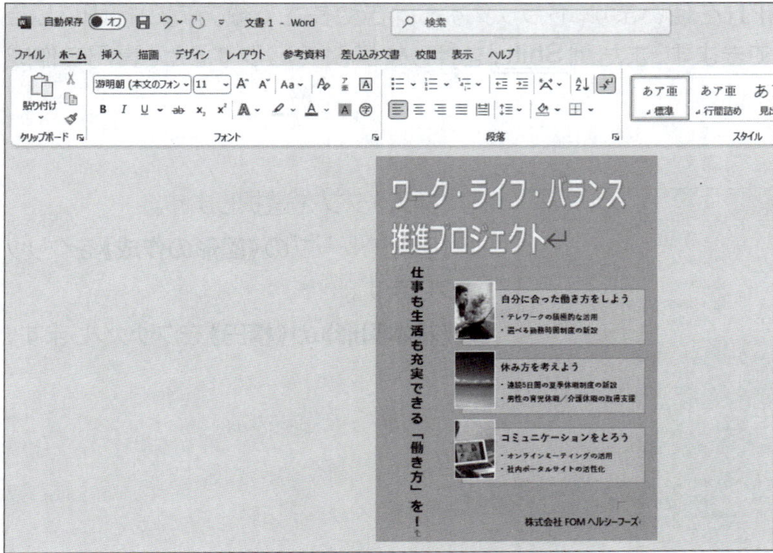

枠線なしに設定されます。

※テキストボックス以外の場所をクリックし、選択を解除しておきましょう。

POINT 複数のオブジェクトの選択

テキストボックスや図形などの複数のオブジェクトに対して同じ操作を行う場合は、複数のオブジェクトを選択してから操作を行うと効率よく作業できます。
複数のオブジェクトを選択する方法は、次のとおりです。

◆1つ目のオブジェクトを選択→Shiftを押しながら、2つ目以降のオブジェクトを選択

Step 8 図形を作成する

1 図形の作成

「図形の作成」を使うと、ドラッグ操作だけでいろいろな図形を簡単に作成できます。
図形は、**「線」**や**「四角形」**、**「基本図形」**などに分類されており、目的に合わせて種類を選択できます。
複数の図形を組み合わせたり、ページからはみ出すように配置したりして、変化を付けて見栄えのする文書に仕上げることができます。

1 円の作成

円を作成する場合は、**「楕円」**を使います。ドラッグする向きや長さで縦方向の楕円にしたり、横方向の楕円にしたりできます。また、Shift を押しながらドラッグすると、真円を作成することができます。
真円を作成しましょう。

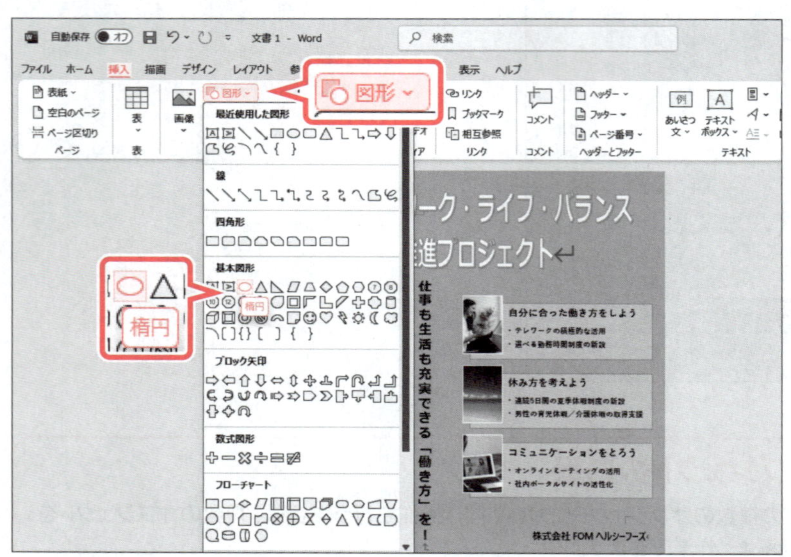

①**《挿入》**タブを選択します。
②**《図》**グループの**《図形の作成》**をクリックします。
③**《基本図形》**の**《楕円》**をクリックします。

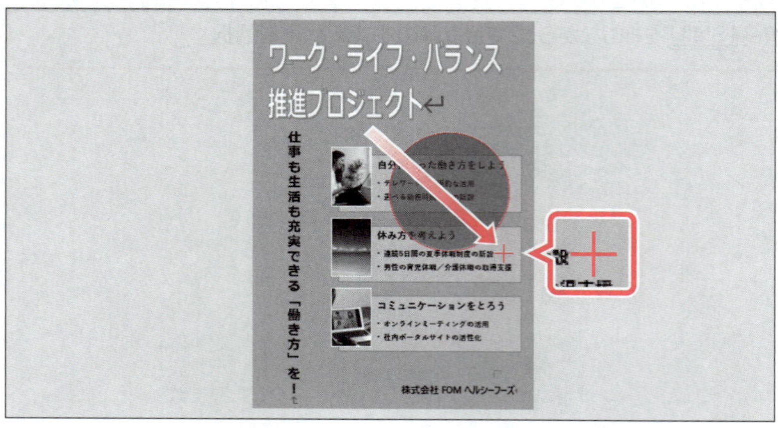

マウスポインターの形が＋に変わります。
④Shift を押しながら、図のようにドラッグします。

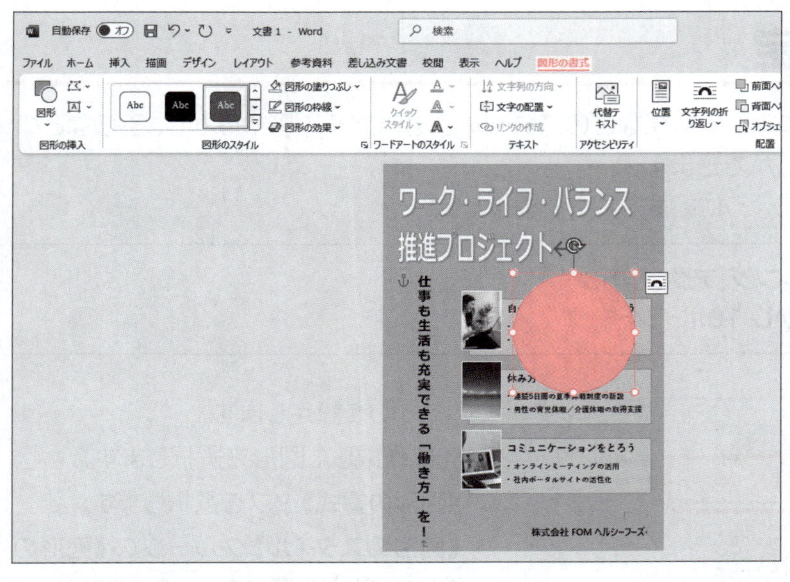

真円が作成され、周りに○（ハンドル）が表示されます。
リボンに**《図形の書式》**タブが表示されます。

2 図形のコピー

図形をコピーするには、コピー元の図形を Ctrl を押しながらドラッグします。
作成した真円をコピーして重ねて表示しましょう。

①作成した図形が選択されていることを確認します。
② Ctrl を押しながら、図のようにドラッグします。
ドラッグ中、マウスポインターの形が✥に変わります。

図形がコピーされます。

1
2
3
4
5
6
7
8
総合問題
実践問題
索引

2 図形の書式設定

作成した図形には、塗りつぶしや枠線などのスタイルを設定したり、影やぼかし、3-Dなどの効果を設定したりすることができます。
先に作成した図形に、次のように書式を設定しましょう。

図形の塗りつぶし	**：オレンジ、アクセント3**
図形の効果	**：ぼかし 10ポイント**

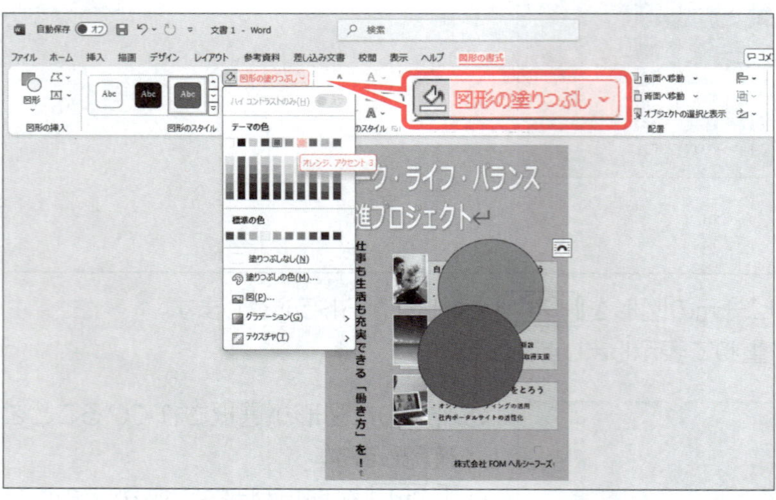

塗りつぶしを設定します。
①先に作成した図形を選択します。
②**《図形の書式》**タブを選択します。
③**《図形のスタイル》**グループの**《図形の塗りつぶし》**の▼をクリックします。
④**《テーマの色》**の**《オレンジ、アクセント3》**をクリックします。

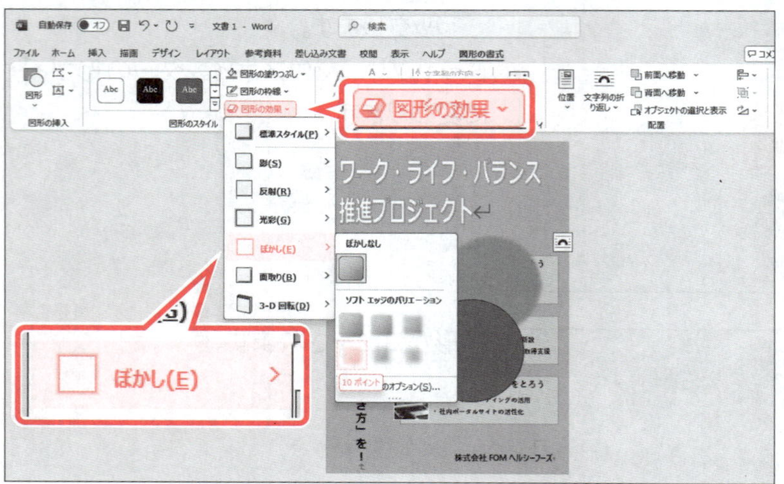

図形が設定した色で塗りつぶされます。
効果を設定します。
⑤**《図形のスタイル》**グループの**《図形の効果》**をクリックします。
⑥**《ぼかし》**をポイントします。
⑦**《ソフトエッジのバリエーション》**の**《10ポイント》**をクリックします。

図形の周りにぼかしの効果が設定されます。

Let's Try

ためしてみよう

あとから作成した図形に、次のように書式を設定しましょう。

図形の塗りつぶし	：白、背景1
図形の効果	：ぼかし 10ポイント

① あとから作成した図形を選択
② 《図形の書式》タブを選択
③ 《図形のスタイル》グループの《図形の塗りつぶし》の▼をクリック
④ 《テーマの色》の《白、背景1》（左から1番目、上から1番目）をクリック
⑤ 《図形のスタイル》グループの《図形の効果》をクリック
⑥ 《ぼかし》をポイント
⑦ 《ソフトエッジのバリエーション》の《10ポイント》（左から1番目、上から2番目）をクリック

3 図形の表示順序

重なっている図形の表示順序を変更することができます。図形を重ねて作成すると、あとから作成した図形が前面に表示されます。**「前面へ移動」**や**「背景へ移動」**を使うと、図形の表示順序を変更できます。
オレンジの円が白い円の前面に表示されるように表示順序を変更しましょう。

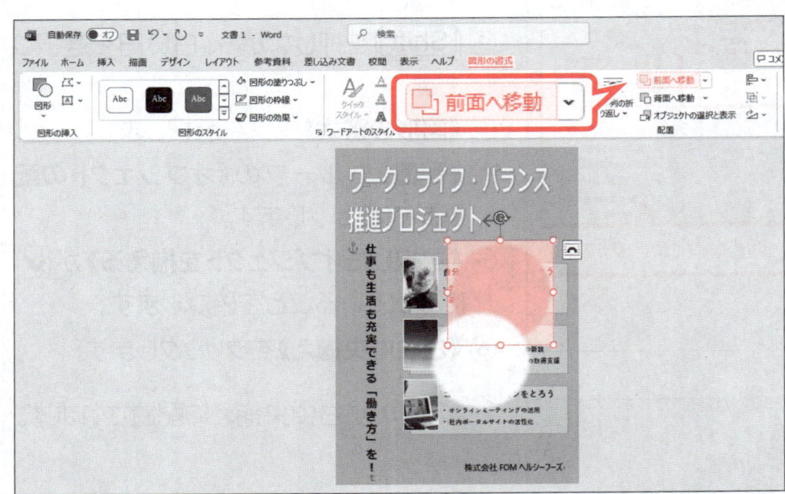

①オレンジの円を選択します。
②**《図形の書式》**タブを選択します。
③**《配置》**グループの**《前面へ移動》**をクリックします。

オレンジの円が白い円の前面に表示されます。

POINT 前面へ移動

《図形の書式》タブの《前面へ移動》の▼をクリックすると、次のように表示順序を選択できます。

●**前面へ移動**
選択されている図形が1つ前に表示されます。

●**最前面へ移動**
選択されている図形が一番前に表示されます。

●**テキストの前面へ移動**
選択されている図形が本文に入力されている文字の前に表示されます。

POINT 背面へ移動

《図形の書式》タブの《配置》グループには、《背面へ移動》もあります。選択している図形をほかの図形や文字のうしろに表示する場合に使います。

4 図形の配置

複数の図形を上側でそろえたり、中心でそろえたりできます。複数の図形を整列させる場合、手動で行うと微調整に時間がかかることもあります。**《図形の書式》**タブの**「オブジェクトの配置」**を使うと、一度に整列できるので便利です。
2つの円の中心の縦位置がそろうように、左右中央揃えに配置しましょう。

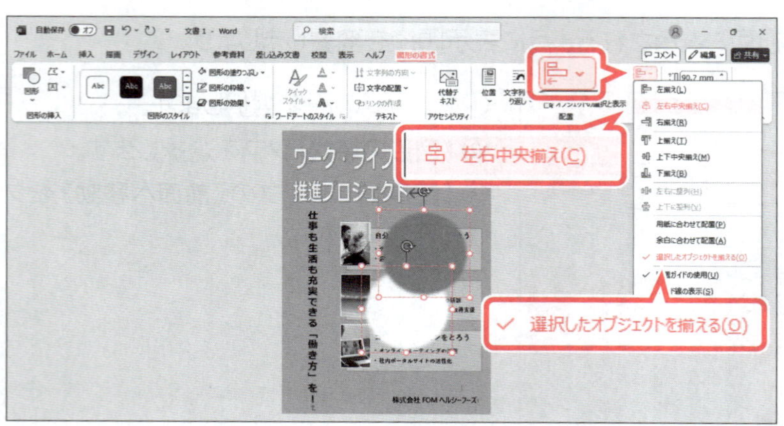

①オレンジの円が選択されていることを確認します。
②Shiftを押しながら、白い円を選択します。
③**《図形の書式》**タブを選択します。
④**《配置》**グループの**《オブジェクトの配置》**をクリックします。
⑤**《選択したオブジェクトを揃える》**が☑になっていることを確認します。
⑥**《左右中央揃え》**をクリックします。

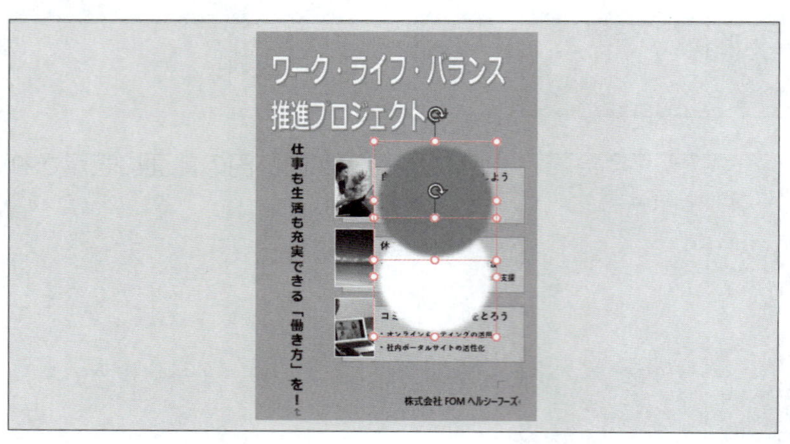

2つの円が左右中央揃えに配置されます。

POINT 図形の整列

《図形の書式》タブの《オブジェクトの配置》を使うと、左右中央揃え以外に、次のように複数の図形を整列できます。

●上下中央揃え

上下の両端のオブジェクト間の中心位置を基準に配置します。

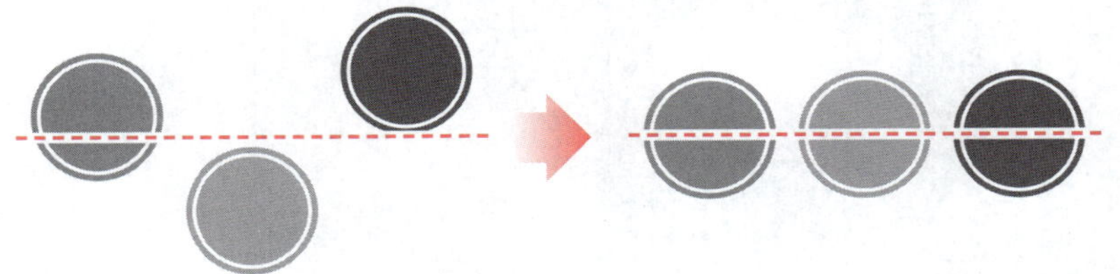

●左右に整列

左右の両端のオブジェクト内で、左右の間隔をそろえて配置します。左右に整列する前に、両端のオブジェクトの位置を決めておきます。

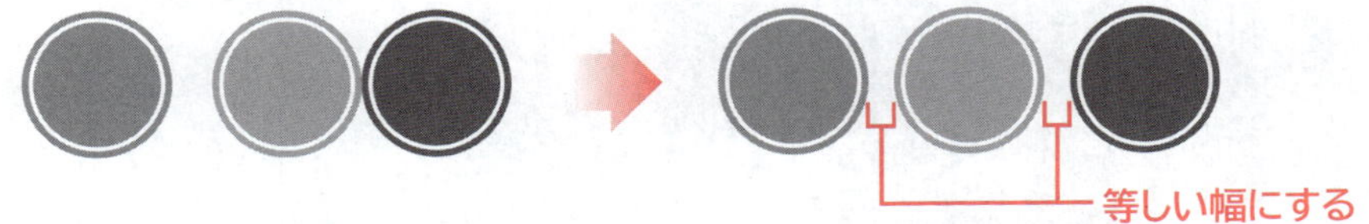

●上下に整列

上下の両端のオブジェクト内で、上下の間隔をそろえて配置します。上下に整列する前に、両端のオブジェクトの位置を決めておきます。

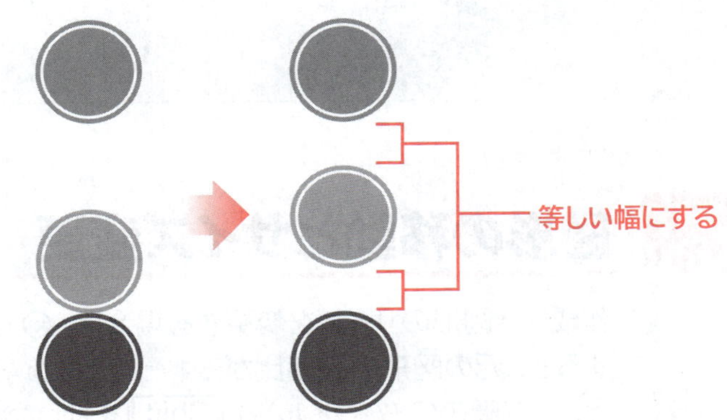

5 図形のグループ化

「グループ化」とは、複数の図形を1つの図形として扱えるようにまとめることです。
複数の図形に対して、位置関係（重なり具合や間隔など）を保持したまま移動したり、サイズを変更したりする場合は、グループ化すると便利です。
2つの円をグループ化し、回転しましょう。

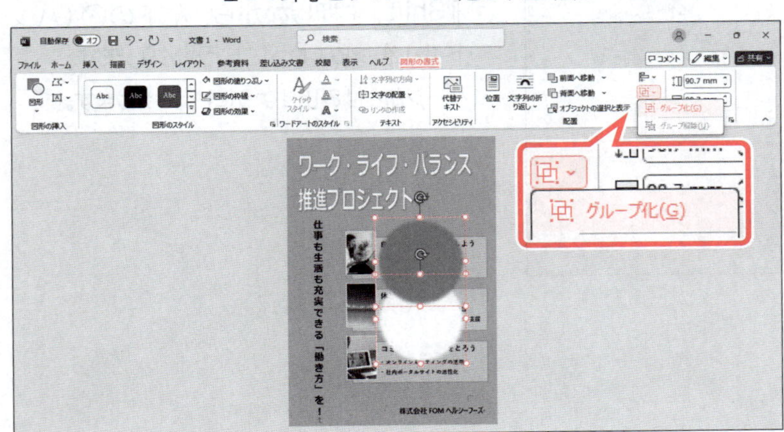

2つの円をグループ化します。

①オレンジの円と白い円が選択されていることを確認します。

②**《図形の書式》**タブを選択します。

③**《配置》**グループの**《オブジェクトのグループ化》**をクリックします。

④**《グループ化》**をクリックします。

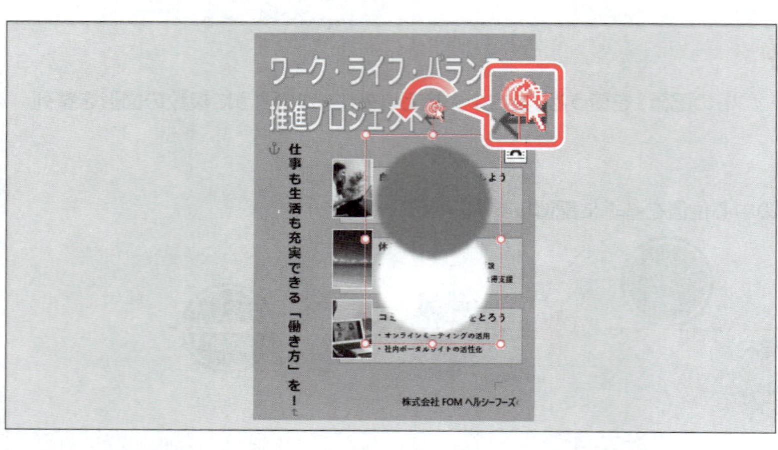

2つの円がグループ化されます。

図形を回転します。

⑤図のように、図形の上側に表示される（ハンドル）をドラッグします。

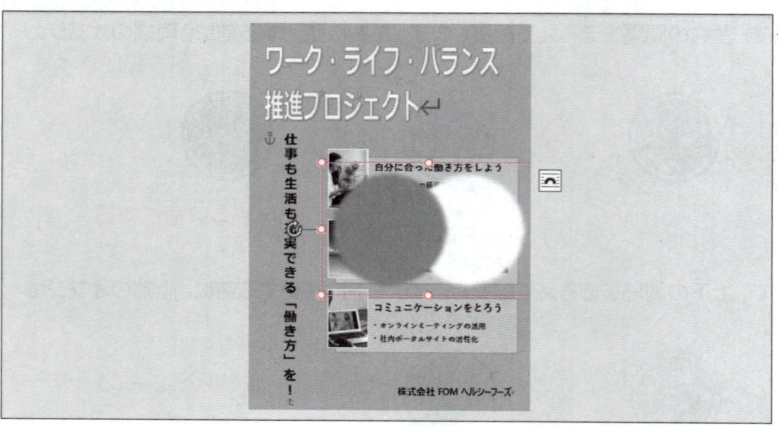

図形が回転されます。

6　図形の移動とサイズ変更

作成した図形のサイズを変更する場合は、○（ハンドル）をドラッグします。そのままドラッグすると、元の図形の縦横比が変わってしまうため、縦横比を保ったままサイズを変更する場合は、四隅の○（ハンドル）を Shift を押しながらドラッグします。

1　図形の移動とサイズ変更

真円の状態を保って2つの円のサイズを変更し、ページの上部に移動しましょう。

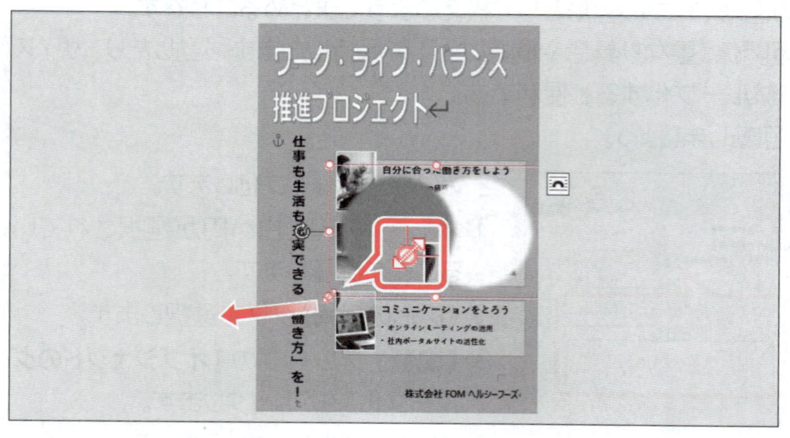

サイズを変更します。

①図形が選択されていることを確認します。

② Shift を押しながら、左下の○（ハンドル）を図のようにドラッグします。

※ページからはみ出すようにドラッグします。

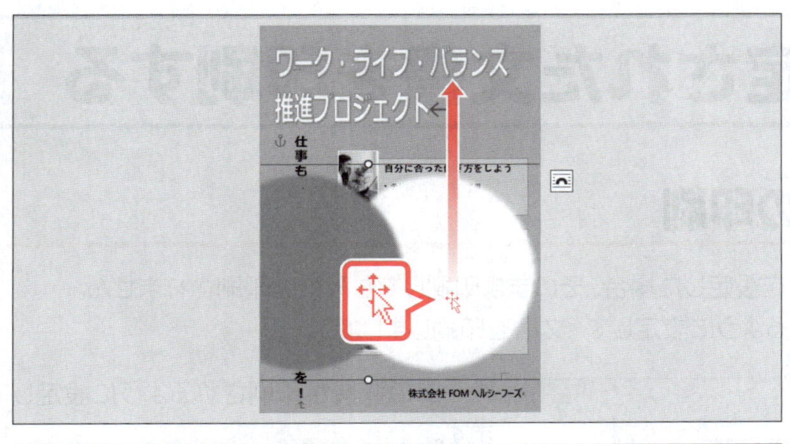

サイズが変更されます。

上方向へ移動します。

③図のように、上方向にドラッグします。

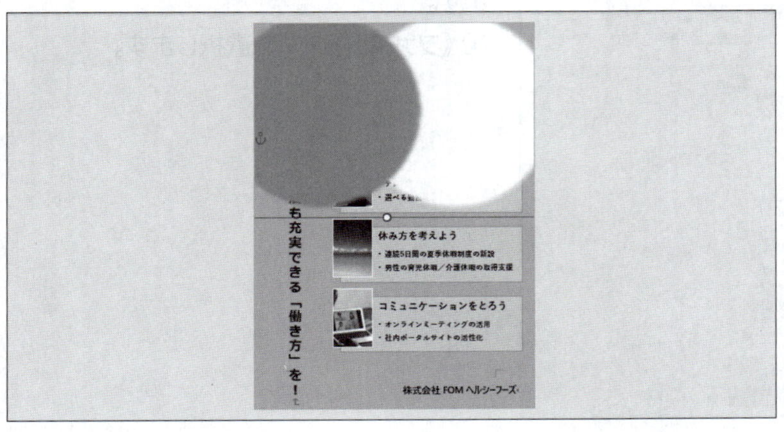

図形が移動します。

2 図形の表示順序の変更

SmartArtグラフィックやテキストボックスが見えるように、2つの円の表示順序を最背面に変更しましょう。

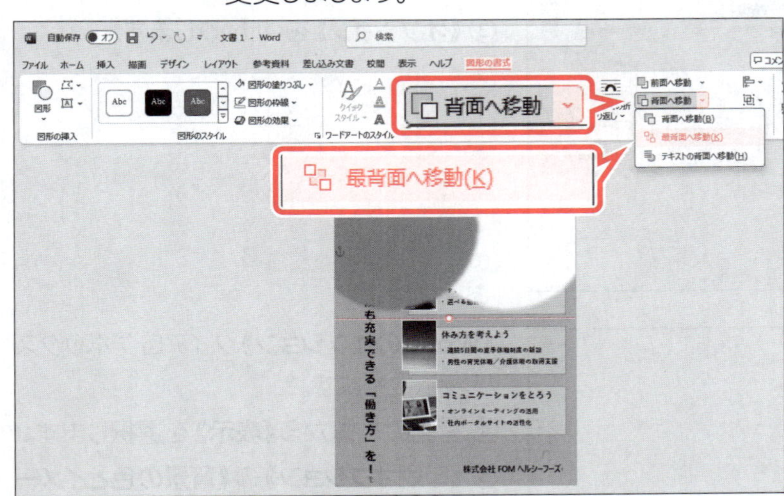

①図形が選択されていることを確認します。

②**《図形の書式》**タブを選択します。

③**《配置》**グループの**《背面へ移動》**の▼をクリックします。

④**《最背面へ移動》**をクリックします。

図形が一番うしろに移動され、SmartArtグラフィックやテキストボックスが表示されます。

※図形の選択を解除しておきましょう。

STEP 9　背景の設定された文書を印刷する

1　ページの背景の印刷

ページの背景に色や画像を設定した場合、そのまま印刷しても背景は印刷されません。
ページの背景も印刷されるように設定して、文書を印刷しましょう。

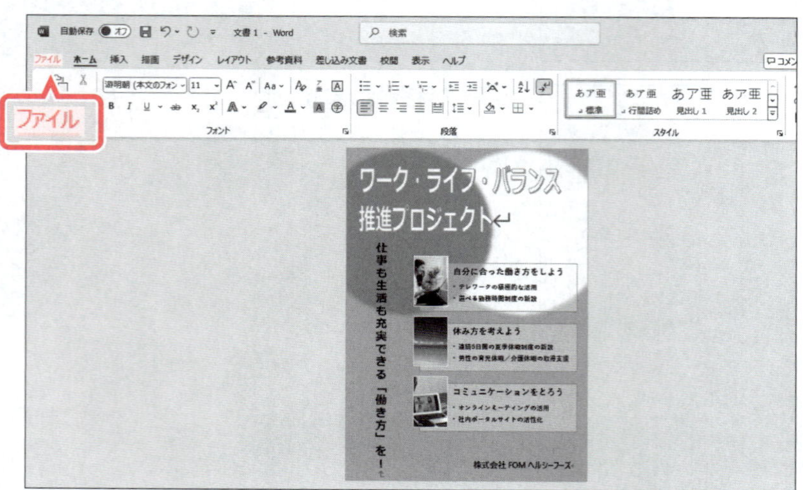

ページの背景が印刷されるように設定します。

①**《ファイル》**タブを選択します。

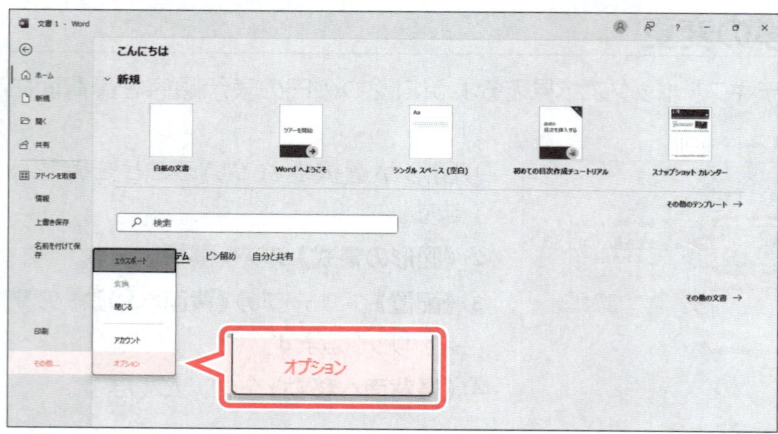

②**《その他》**をクリックします。

※お使いの環境によっては、《その他》が表示されていない場合があります。その場合は、③に進みます。

③**《オプション》**をクリックします。

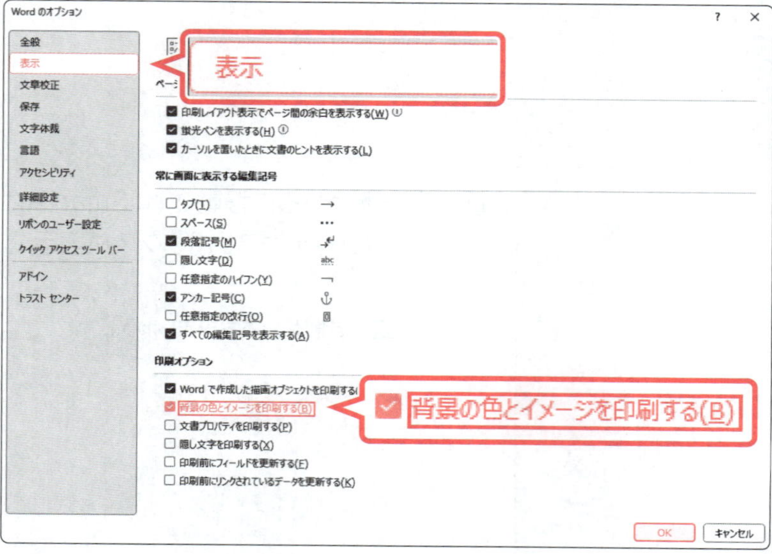

《Wordのオプション》ダイアログボックスが表示されます。

④左側の一覧から**《表示》**を選択します。

⑤**《印刷オプション》**の**《背景の色とイメージを印刷する》**を☑にします。

⑥**《OK》**をクリックします。

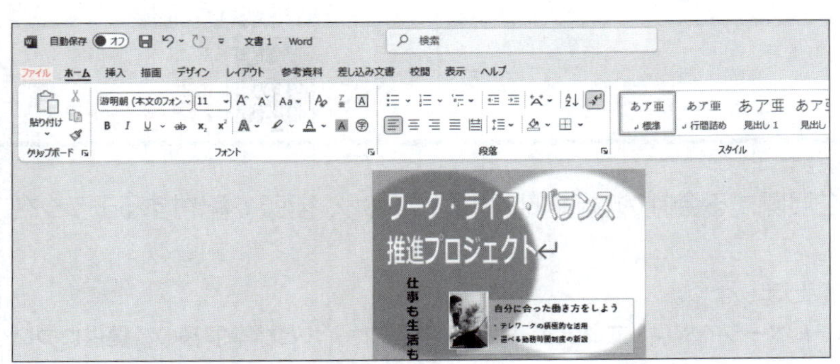

文書を印刷します。
⑦《ファイル》タブを選択します。

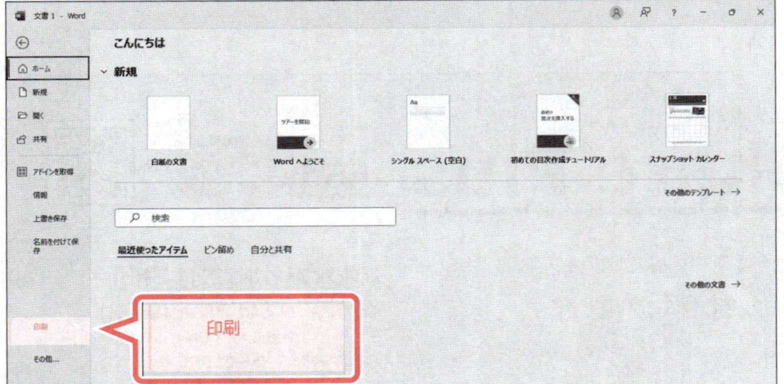

⑧《印刷》をクリックします。

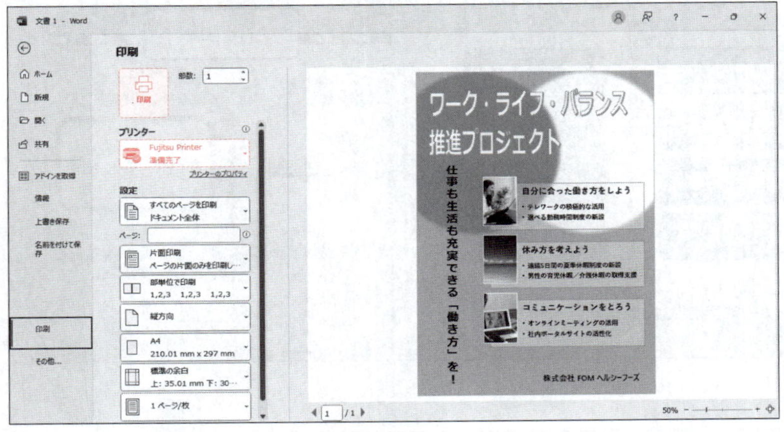

⑨《プリンター》に出力するプリンターの名前が表示されていることを確認します。
※表示されていない場合は、▼をクリックし、一覧から選択します。
⑩《印刷》をクリックします。
※文書に「図形や図表を使った文書の作成完成」と名前を付けて、フォルダー「第1章」に保存し、閉じておきましょう。

POINT フチなし印刷

フチなし印刷に対応しているプリンターでは、用紙の周囲ギリギリまで印刷できます。フチなし印刷を実行するときは、プリンターのフチなし印刷の設定を有効にしておく必要があります。

POINT 拡大縮小印刷

A4サイズで作成した文書をA3サイズやB5サイズに拡大／縮小して印刷することができます。
レイアウトを変更せずに用紙サイズだけを指定したい場合に便利です。
◆《ファイル》タブ→《印刷》→《1ページ/枚》の▼→《用紙サイズの指定》の▶→用紙サイズを選択

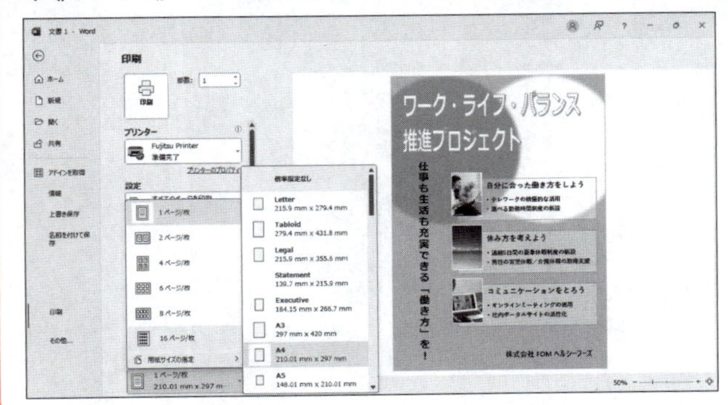

練習問題

PDF 標準解答 ▶ P.1

OPEN 第1章練習問題

あなたは、シェアオフィスを展開する会社の企画部に所属しており、街頭で配布するチラシを作成することになりました。
完成図のような文書を作成しましょう。

※標準解答は、FOM出版のホームページで提供しています。P.5「5　学習ファイルと標準解答のご提供について」を参照してください。

●完成図

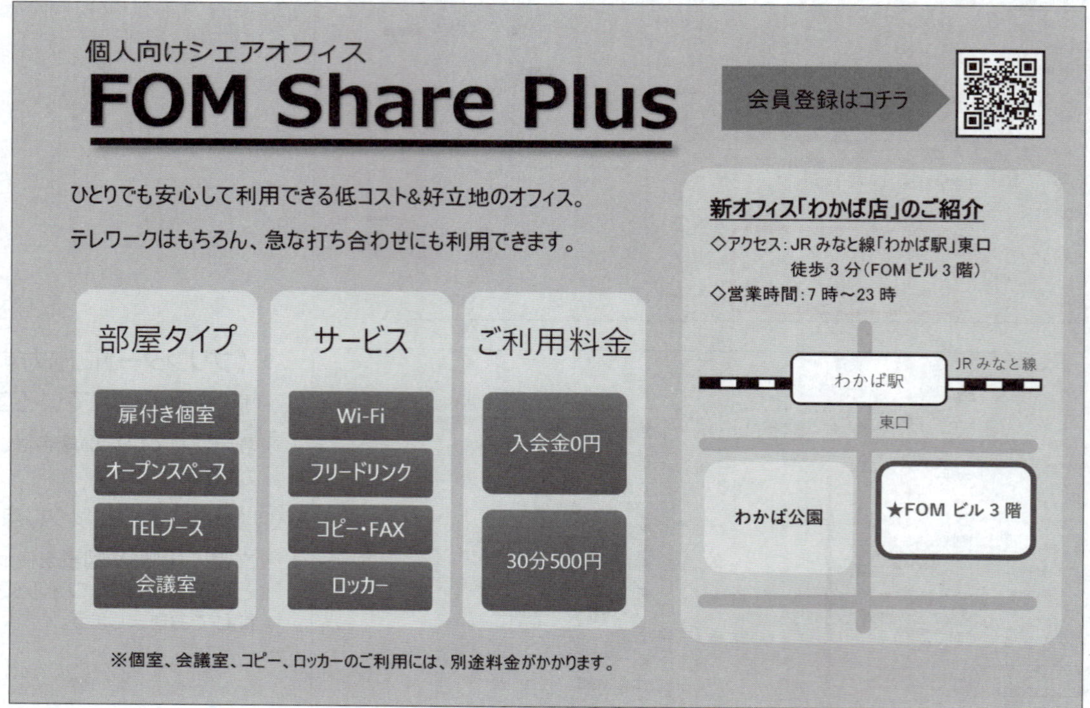

■地図について
本練習問題で使用している地図は、図形を組み合わせて作成しています。図形を使った地図の作成方法については、特典「図形を使った地図の作成」でご紹介しています。
※特典については、表紙裏の「ご購入者特典」を参照してください。

① ページの色を**「オレンジ、アクセント2、白+基本色60%」**に設定しましょう。

② 1行目の**「個人向けシェアオフィス」**と2行目の**「FOM Share Plus」**の文字を使って、ワードアートを挿入しましょう。ワードアートのスタイルは**「塗りつぶし：黒、文字色1；影」**にします。

HINT 入力済みの文字をワードアートにするには、文字を選択してから《挿入》タブ→《テキスト》グループの《ワードアートの挿入》を使います。

③ ワードアートに、次のように書式を変更しましょう。

●全体

フォント　　　　　：メイリオ
左揃え
文字列の折り返し：前面

●1行目「個人向けシェアオフィス」

フォントサイズ：10
行間　　　　　：固定値　10pt

●2行目「FOM Share Plus」

フォントサイズ：28
太字
行間　　　　　：固定値　30pt

※完成図を参考に、ワードアートの位置を調整しておきましょう。

④ 完成図を参考に、ワードアートの右側に**「矢印：五方向」**の図形を作成し、**「会員登録はコチラ」**と入力しましょう。
次に、作成した図形に次のように書式を設定しましょう。

図形の塗りつぶし：オレンジ、アクセント2
図形の枠線　　　：枠線なし
フォント　　　　：MS UI Gothic
フォントサイズ　：9
太字
フォントの色　　：黒、テキスト1

⑤ 右上の正方形の図形に、フォルダー**「第1章」**の画像**「QRコード」**を挿入しましょう。

HINT 図形に画像を挿入するには、図形を右クリック→《図形の書式設定》を使います。

⑥ 完成図を参考にワードアートの下側に**「線」**の図形を作成し、次のように書式を設定しましょう。

枠線の色　：黒、テキスト1
枠線の太さ：3pt
図形の効果：影　オフセット：右下

⑦ 文書の最後にSmartArtグラフィック**「グループリスト」**を挿入し、テキストウィンドウを使って次のように入力しましょう。

部屋タイプ	サービス	ご利用料金
扉付き個室	Wi-Fi	入会金0円
オープンスペース	フリードリンク	30分500円
TELブース	コピー・FAX	
会議室	ロッカー	

⑧ SmartArtグラフィックに、次のように書式を設定しましょう。

フォント　：Yu Gothic UI
文字列の折り返し：前面
色　：塗りつぶし-濃色2
スタイル　：グラデーション

HINT SmartArtグラフィックのスタイルを変更するには、《SmartArtのデザイン》タブ→《SmartArtのスタイル》グループの▽を使います。

※完成図を参考に、SmartArtグラフィックの位置とサイズを調整しておきましょう。

⑨ SmartArtグラフィックの下側に横書きテキストボックスを作成し、次のように文字を入力しましょう。

※個室、会議室、コピー、ロッカーのご利用には、別途料金がかかります。

※「※」は「こめ」と入力して変換します。

⑩ テキストボックスに、次のように書式を設定しましょう。

図形の塗りつぶし：塗りつぶしなし
図形の枠線　：枠線なし
フォント　：MS UI Gothic
フォントサイズ　：7

※完成図を参考に、テキストボックスの位置とサイズを調整しておきましょう。

⑪ フォルダー**「第1章」**の文書**「新オフィス」**の図形をすべてコピーして、文書に貼り付けましょう。

HINT 文書「新オフィス」のすべての図形はグループ化されています。すべての図形をコピーするには、グループ化された図形全体を選択します。

※完成図を参考に、図形の位置を調整しておきましょう。

※文書に「第1章練習問題完成」と名前を付けて、フォルダー「第1章」に保存し、閉じておきましょう。
※文書「新オフィス」を保存せずに閉じておきましょう。

第2章

写真を使った文書の作成

この章で学ぶこと

学習前に習得すべきポイントを理解しておき、
学習後には確実に習得できたかどうかを振り返りましょう。

■ 標準のフォントとフォントサイズを変更できる。 → P.58

■ 文書内に別のファイルの内容を挿入できる。 → P.61

■ 挿入した文字に設定されている書式をクリアできる。 → P.63

■ 画像をトリミングできる。 → P.66

■ 画像のトリミングを編集できる。 → P.67

■ 画像の明るさやコントラストを調整できる。 → P.70

■ 画像の色を変更できる。 → P.71

■ 画像にアート効果を設定できる。 → P.72

■ 画像を回転できる。 → P.75

■ 画像の背景を削除できる。 → P.76

■ 画像に文字列の折り返しを設定できる。 → P.79

Step 1 作成する文書を確認する

1 作成する文書の確認

次のような文書を作成しましょう。

ページレイアウトの設定
（標準のフォント、フォントサイズの変更）

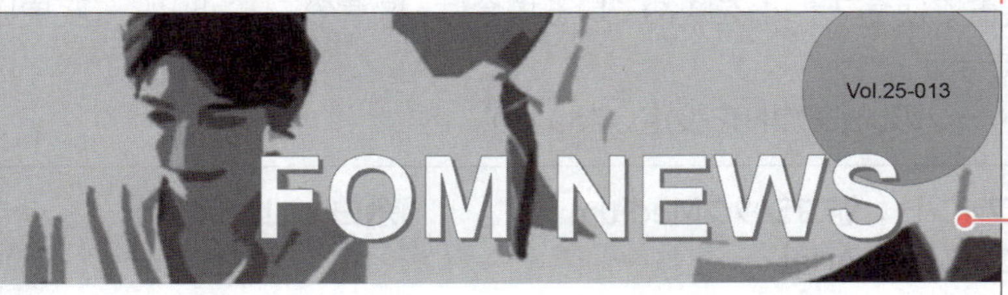

画像の挿入
画像のトリミング
画像の明るさやコントラストの調整
画像の色の変更
アート効果の設定

本社、新オフィスへ移転

さわやかな秋晴れの10月25日（土）・26日（日）に、本社オフィスの移転作業を行いました。これまで東京地区は、営業部門は新宿オフィス、管理・企画・開発部門は御徒町オフィスで業務を行っていましたが、このたび、オフィスを統合することになりました。オフィスがひとつになり、今後は迅速に、円滑に業務を行うことができるようになります。お客様へのサービス向上につながるよう、新しい場所で、新しい気持ちで業務に取り組みましょう。

さて、新しいオフィスは、東京駅や品川駅、羽田空港からも近い「田町」です。出張でお越しの際は、新幹線でも飛行機でも非常に便利なところです。最近は出張も少なくなりましたが、ぜひ東京出張の際は、新しいオフィスにも足をお運びください。

画像の挿入
画像の回転
背景の削除
文字列の折り返しの設定

オフィスフロアのご紹介

テレワークが定着してきたこともあり、なかなか新オフィスに行く機会がない方もいるでしょう。

新オフィスのコンセプトは「新しい発想ができる環境」です。そのため、今までのような事務用デスクや椅子はありません。カフェのようなワーキングコーナー、開放感のあるミーティングコーナーなどがフロア内に配置されており、所属部門に関係なく好きな場所で自由に作業できます。アイデアが浮かばない…、考えがまとまらない…、そんなときは運動不足解消もかねて、気分転換にオフィスに出社しませんか？

また、現在、愛犬（小型犬）と一緒に出社できるフロアも計画中です。来春以降になると思いますが、トライアルを実施する予定です。どうぞご期待ください！

発行：FOM ヘルシーフーズ 広報室

テキストファイルの挿入
書式のクリア

画像の挿入
画像のトリミング（縦横比の指定）
図の変更

STEP 2 ページのレイアウトを設定する

1 標準のフォントとフォントサイズの変更

OPEN
写真を使った文書の作成

文章や画像、図形などの情報量が多い文書を作成する場合は、余白を狭くしたり、標準のフォントサイズを小さくしたりして、1ページ内の情報量を増やします。
ページの端に、画像や図形などを配置することを決めている場合は、その部分を余白として設定しておくと、文字が画像や図形で隠れてしまうことを防ぐことができ、操作しやすくなります。また、文書で使うフォントを決めている場合は、標準のフォントとして変更しておくと効率よく入力できます。
次のように、ページのレイアウトを設定しましょう。

日本語用のフォント：游ゴシックMedium	余白：上 30mm
英数字用のフォント：Arial	左 35mm
フォントサイズ　：10	下・右 15mm
	行数：35行

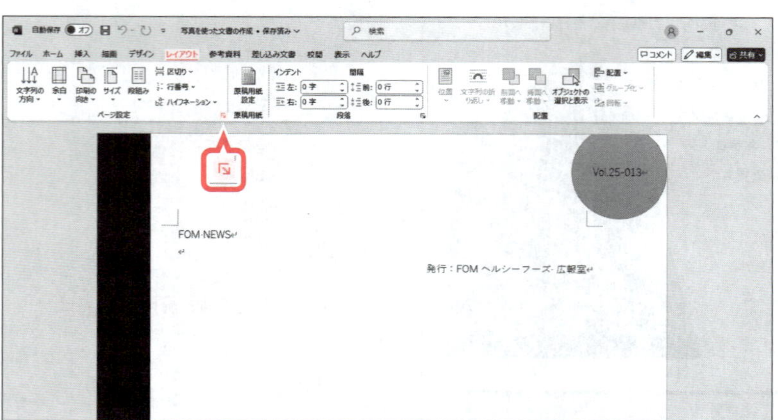

①《レイアウト》タブを選択します。
②《ページ設定》グループの ⧉（ページ設定）をクリックします。
※操作しやすいように、画面の表示倍率を調整しておきましょう。ここでは120%にしています。

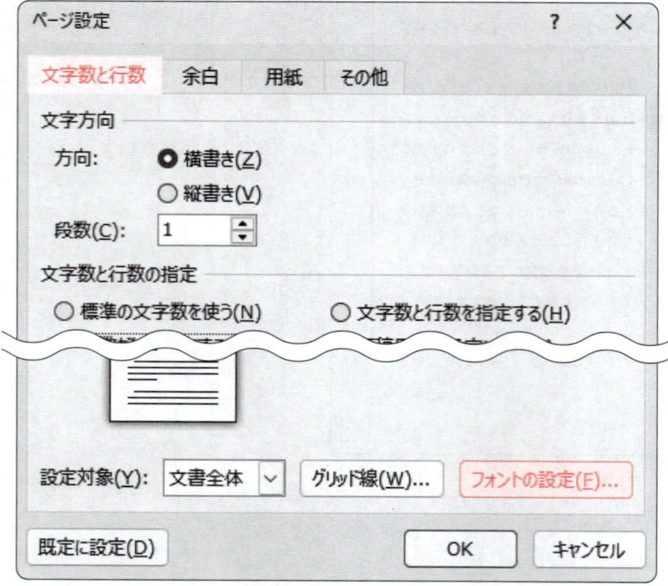

《ページ設定》ダイアログボックスが表示されます。
③《文字数と行数》タブを選択します。
④《フォントの設定》をクリックします。

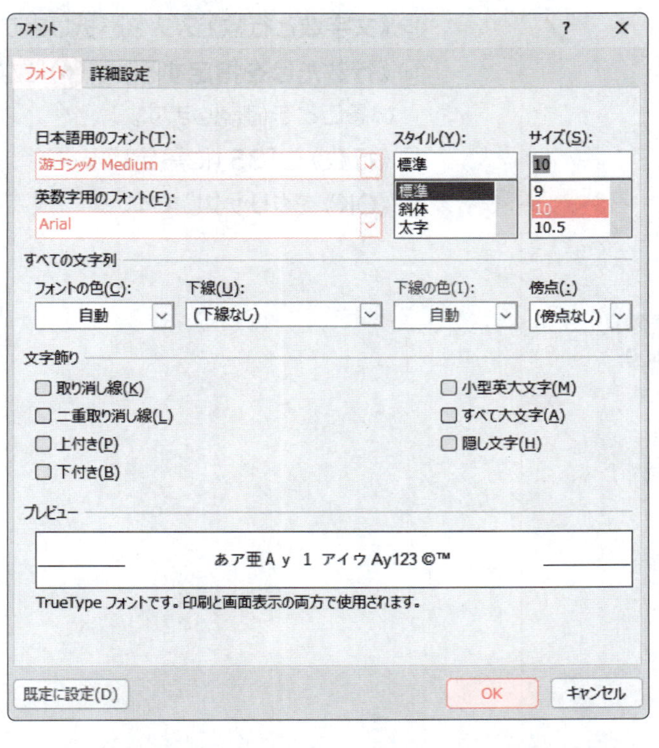

《フォント》ダイアログボックスが表示されます。

⑤《**フォント**》タブを選択します。

⑥《**日本語用のフォント**》の▼をクリックします。

⑦《**游ゴシックMedium**》をクリックします。

※一覧に表示されていない場合は、スクロールして調整します。

⑧《**英数字用のフォント**》の▼をクリックします。

⑨《**Arial**》をクリックします。

※一覧に表示されていない場合は、スクロールして調整します。

⑩《**サイズ**》の一覧から《**10**》を選択します。

⑪《**OK**》をクリックします。

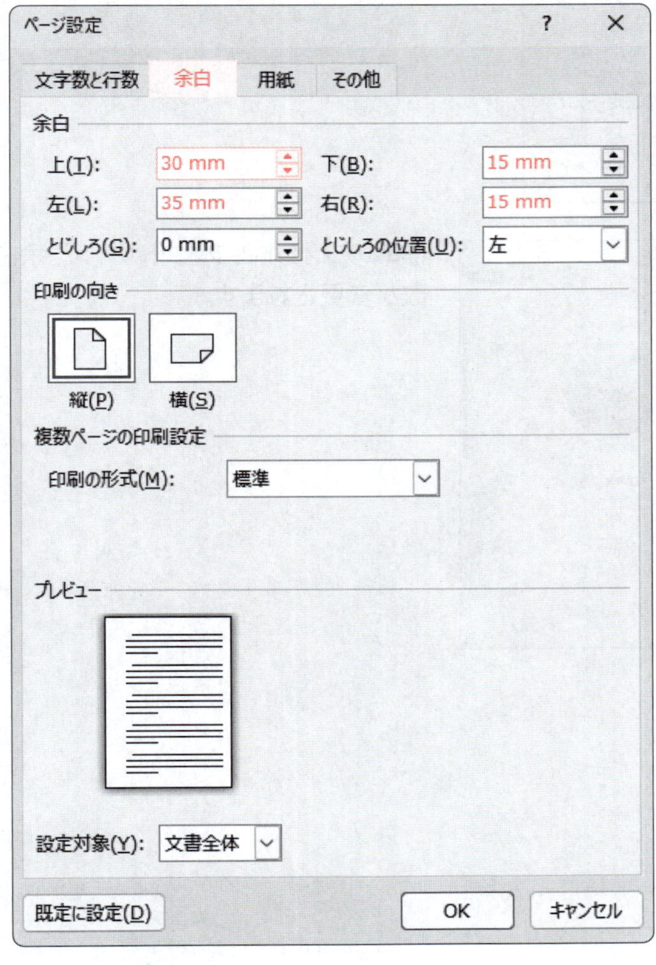

《ページ設定》ダイアログボックスに戻ります。

⑫《**余白**》タブを選択します。

⑬《**上**》を「**30mm**」に設定します。

⑭同様に、《**左**》を「**35mm**」、《**下**》と《**右**》を「**15mm**」に設定します。

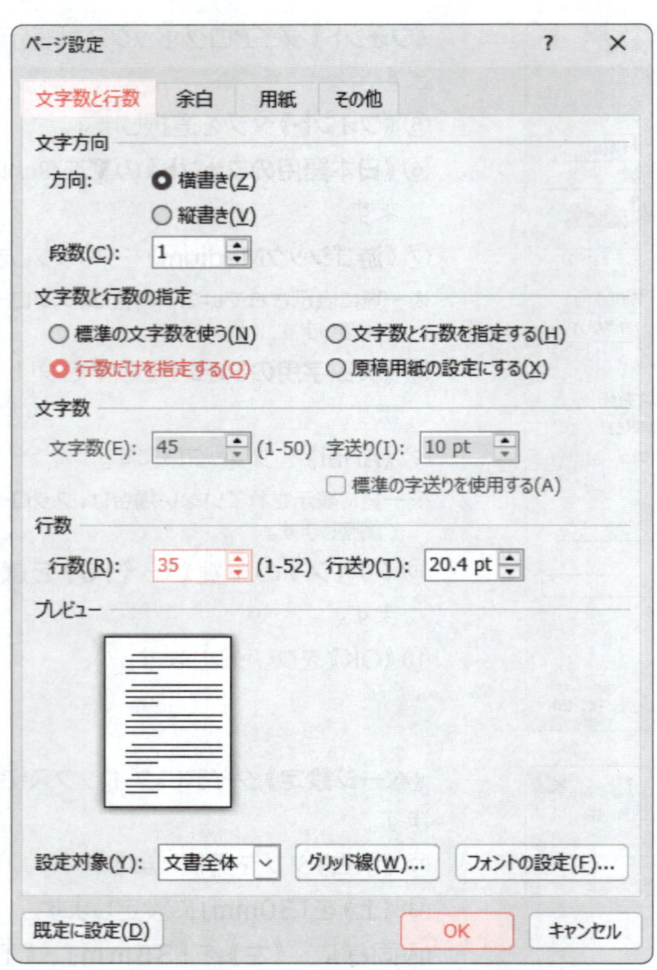

⑮《文字数と行数》タブを選択します。
⑯《行数だけを指定する》が◉になっていることを確認します。
⑰《行数》を「35」に設定します。
⑱《OK》をクリックします。

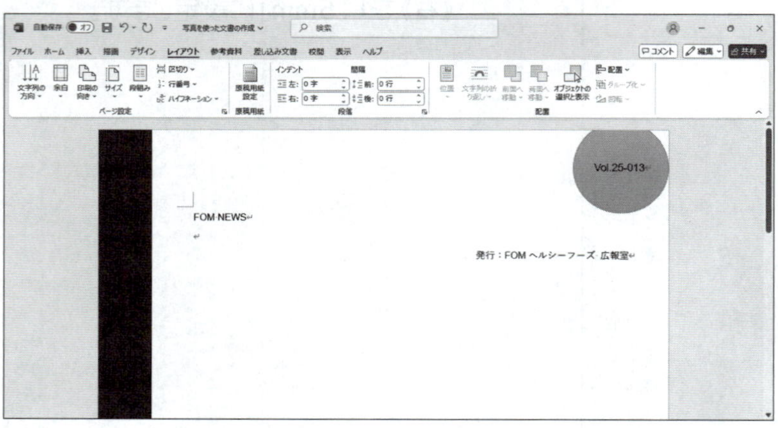

標準のフォントとフォントサイズ、余白、行数が変更されます。

Step 3 ファイルを挿入する

1 テキストファイルの挿入

作成中の文書に、別のファイルから文章を挿入できます。指定した位置に挿入できるので、複数のファイルに入力された文章を1つにまとめるときなどに使うと便利です。
作成中の文書に、テキストファイル**「社内報原稿」**を挿入しましょう。

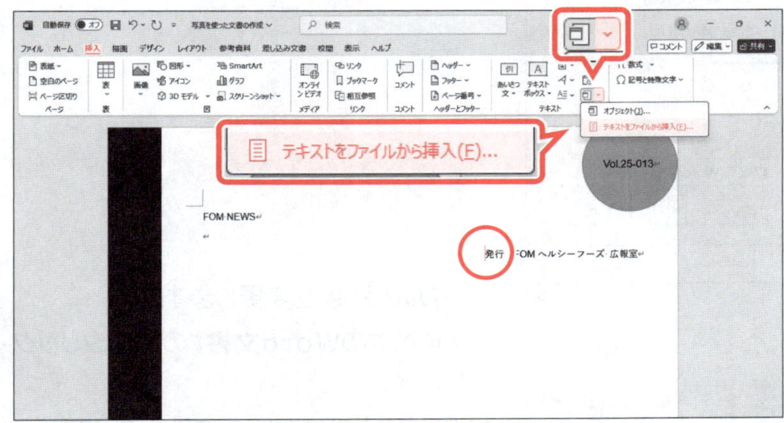

①**「発行：FOMヘルシーフーズ　広報室」**の行の先頭にカーソルを移動します。
②**《挿入》**タブを選択します。
③**《テキスト》**グループの**《オブジェクト》**の▼をクリックします。
④**《テキストをファイルから挿入》**をクリックします。

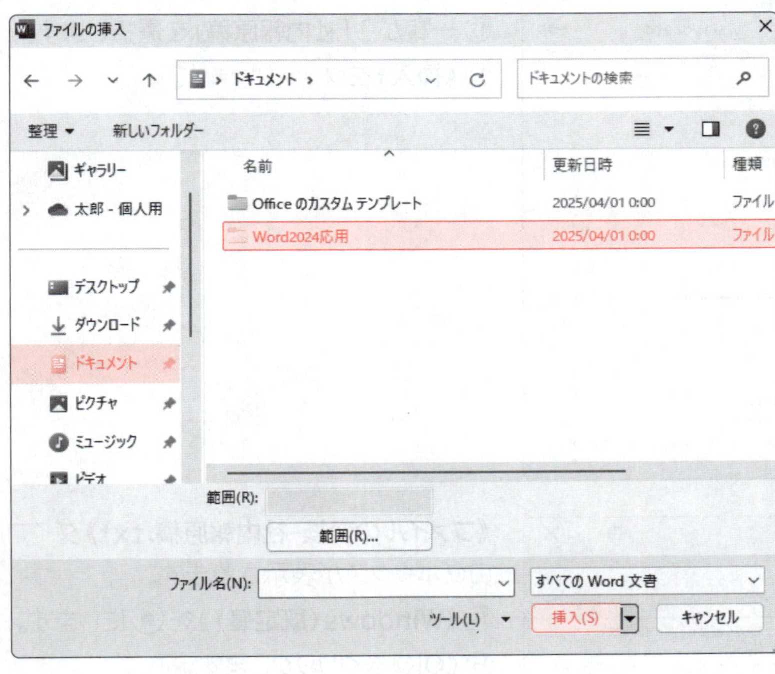

《ファイルの挿入》ダイアログボックスが表示されます。
ファイルが保存されている場所を選択します。
⑤左側の一覧から**《ドキュメント》**を選択します。
⑥一覧から**「Word2024応用」**を選択します。
⑦**《挿入》**をクリックします。

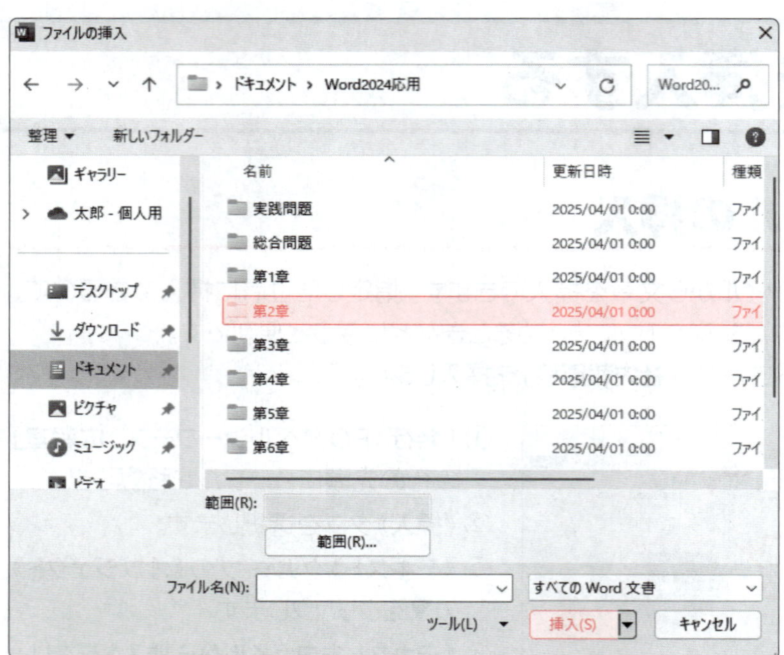

⑧一覧から**「第2章」**を選択します。
⑨**《挿入》**をクリックします。

ファイルの挿入
ドキュメント › Word2024応用 › 第2章
名前 更新日時 種類
今月のお弁当 2025/04/01 0:00 テキスト
社内報原稿 2025/04/01 0:00 テキスト
ファイル名(N): 社内報原稿
テキスト ファイル
ツール(L) 挿入(S) キャンセル

ファイルの種類を変更します。
⑩**《すべてのWord文書》**の▼をクリックします。
⑪**《テキストファイル》**をクリックします。
⑫一覧から**「社内報原稿」**を選択します。
⑬**《挿入》**をクリックします。

ファイルの変換 - 社内報原稿.txt
このファイルの読み込みに使用するエンコード方法を選択してください。
エンコード方法：
Windows (既定値)(W) MS-DOS(D) その他(O):
中央ヨーロッパ言語 (Windows)
日本語 (EUC)
日本語 (JIS 0208-1990 および 0212
日本語 (JIS)
日本語 (Mac)
プレビュー(V):
本社、新オフィスへ移転
さわやかな秋晴れの 10 月 25 日（土）・26 日（日）に、本社オフィスの移転作業を行いました。
これまで東京地区は、営業部門は新宿オフィス、管理・企画・開発部門は御徒町オフィスで業務を行っていましたが、このたび、オフィスを統合することになりました。オフィスがひとつになり、今後は迅速に、円滑に業務を行うことができるようになります。
OK キャンセル

《ファイルの変換-社内報原稿.txt》ダイアログボックスが表示されます。
⑭**《Windows（既定値）》**を◉にします。
⑮**《OK》**をクリックします。

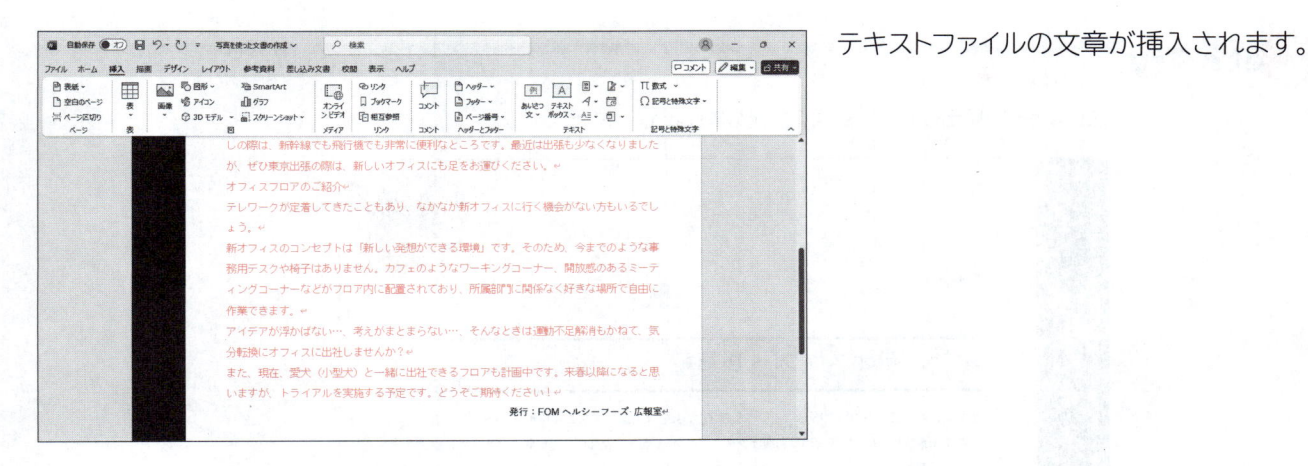

テキストファイルの文章が挿入されます。

2 書式のクリア

挿入されたテキストファイルの文章には、メモ帳のアプリの既定のフォントとフォントサイズの書式が設定されています。挿入先の文書の書式を適用させるには、書式をクリアします。
挿入した文章の書式をクリアしましょう。

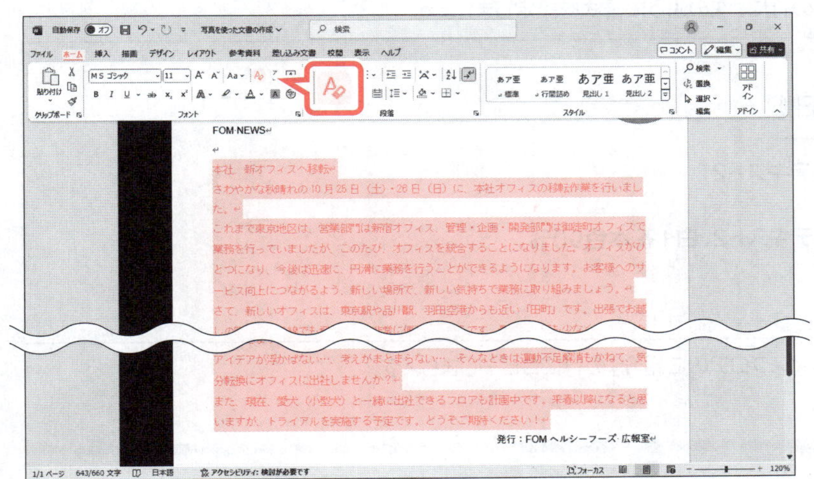

挿入した文章を選択します。

①**「本社、新オフィスへ移転」**の行から**「…どうぞご期待ください！」**の行までを選択します。

②**《ホーム》**タブを選択します。

③**《フォント》**グループの**《すべての書式をクリア》**をクリックします。

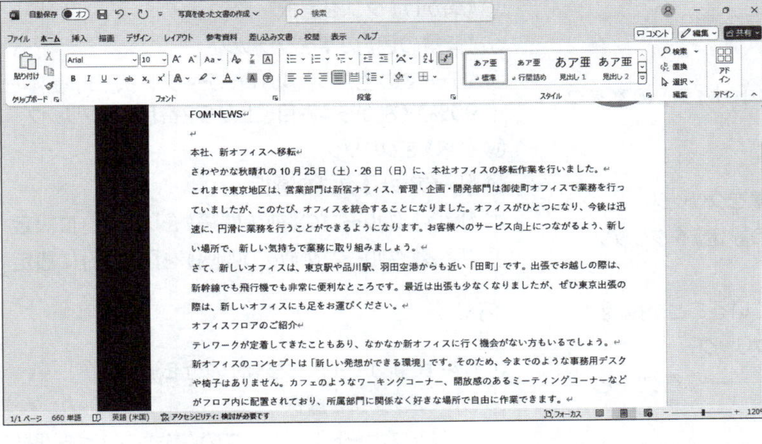

書式がクリアされ、作成中の文書の書式が適用されます。

※選択を解除しておきましょう。

STEP UP Word文書を挿入した場合

Word文書を挿入すると、元の文書の書式がそのまま挿入されます。挿入先の文書の書式やデザインと合わせる場合は、必要に応じて書式を設定しなおしたり、書式をクリアしたりするとよいでしょう。

ためしてみよう

次のように、見出しの行に書式を設定しましょう。

Vol.25-013

FOM NEWS

本社、新オフィスへ移転

さわやかな秋晴れの10月25日（土）・26日（日）に、本社オフィスの移転作業を行いました。
これまで東京地区は、営業部門は新宿オフィス、管理・企画・開発部門は御徒町オフィスで業務を行っていましたが、このたび、オフィスを統合することになりました。オフィスがひとつになり、今後は迅速に、円滑に業務を行うことができるようになります。お客様へのサービス向上につながるよう、新しい場所で、新しい気持ちで業務に取り組みましょう。
さて、新しいオフィスは、東京駅や品川駅、羽田空港からも近い「田町」です。出張でお越しの際は、新幹線でも飛行機でも非常に便利なところです。最近は出張も少なくなりましたが、ぜひ東京出張の際は、新しいオフィスにも足をお運びください。

オフィスフロアのご紹介

テレワークが定着してきたこともあり、なかなか新オフィスに行く機会がない方もいるでしょう。

①「本社、新オフィスへ移転」の行に、次のように書式を設定しましょう。

フォントサイズ　：20
段落罫線　　　　：上側と下側
罫線の種類　　　：――――――
罫線の色　　　　：濃い青、テキスト2
罫線の太さ　　　：3pt
段落の網かけ　　：濃い青、テキスト2、白+基本色90%
段落前の間隔　　：0.5行
段落後の間隔　　：0.5行

② ①で設定した書式を、「オフィスフロアのご紹介」の行にコピーしましょう。

①

①「本社、新オフィスへ移転」の行を選択
②《ホーム》タブを選択
③《フォント》グループの《フォントサイズ》の▼をクリック
④《20》をクリック
⑤《段落》グループの《罫線》の▼をクリック
⑥《線種とページ罫線と網かけの設定》をクリック
⑦《罫線》タブを選択
⑧《設定対象》が《段落》になっていることを確認
⑨ 左側の《種類》から《指定》をクリック
⑩ 中央の《種類》から《――――――》をクリック
⑪《色》の▼をクリック
⑫《テーマの色》の《濃い青、テキスト2》（左から4番目、上から1番目）をクリック
⑬《線の太さ》の▼をクリック
⑭《3pt》をクリック
⑮《プレビュー》の[上罫線]と[下罫線]をクリック
⑯《網かけ》タブを選択
⑰《背景の色》の▼をクリック
⑱《テーマの色》の《濃い青、テキスト2、白+基本色90%》（左から4番目、上から2番目）をクリック
⑲《OK》をクリック
⑳《レイアウト》タブを選択
㉑《段落》グループの《前の間隔》を「0.5行」に設定
㉒《段落》グループの《後の間隔》を「0.5行」に設定

②

①「本社、新オフィスへ移転」の行を選択
②《ホーム》タブを選択
③《クリップボード》グループの《書式のコピー/貼り付け》をクリック
④「オフィスフロアのご紹介」の行の左端をクリック

STEP 4 写真を編集する

1 画像のトリミング

画像の不要な部分を非表示にして必要な部分だけを残すことを**「トリミング」**といいます。
画像の中の一部分だけを使いたい場合などは、トリミングを使うとよいでしょう。
画像編集ソフトを使ってトリミング済みの画像ファイルを作成しておくこともできますが、Wordのトリミング機能を使うと、文書全体のバランスを見ながら必要な部分を決めることができます。

1 画像の挿入

タイトル「**FOM NEWS**」の背面に表示する画像を挿入しましょう。

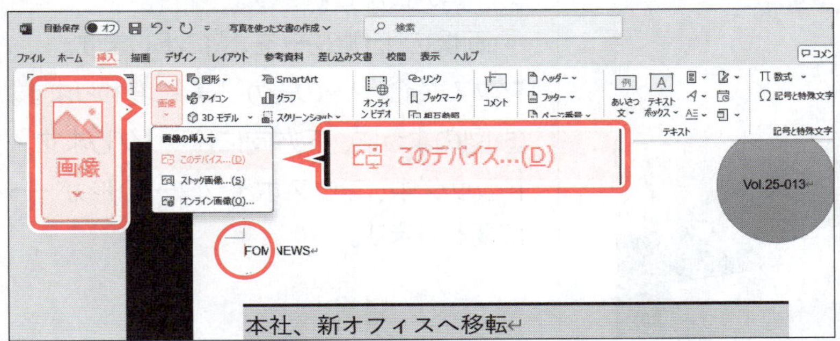

①文書の先頭にカーソルを移動します。
※ Ctrl + Home を押すと、効率よく移動できます。
②**《挿入》**タブを選択します。
③**《図》**グループの**《画像を挿入します》**をクリックします。
④**《このデバイス》**をクリックします。

《図の挿入》ダイアログボックスが表示されます。
⑤左側の一覧から**《ドキュメント》**を選択します。
⑥一覧から**「Word2024応用」**を選択します。
⑦**《挿入》**をクリックします。
⑧一覧から**「第2章」**を選択します。
⑨**《挿入》**をクリックします。
⑩一覧から**「オフィス1」**を選択します。
⑪**《挿入》**をクリックします。

画像が挿入されます。
リボンに**《図の形式》**タブが表示されます。

2 トリミング

挿入した画像をトリミングして、必要な部分だけを残しましょう。

①画像が選択されていることを確認します。

②**《図の形式》**タブを選択します。

③**《サイズ》**グループの**《トリミング》**をクリックします。

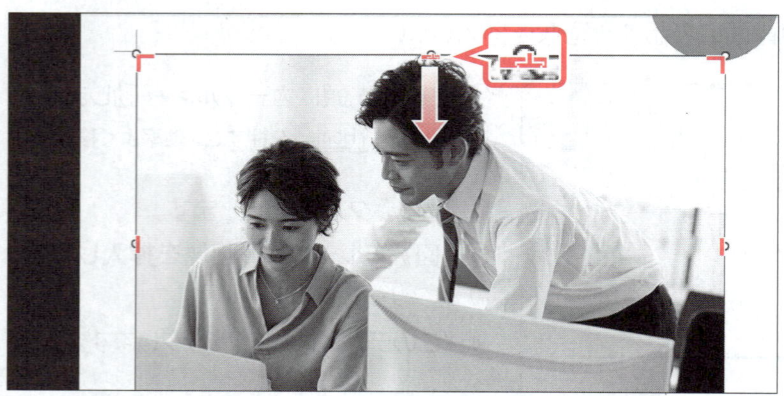

画像の周りに┓や━などのトリミングハンドルが表示されます。

④画像の上側の━をポイントします。

マウスポインターの形が、┻に変わります。

⑤図のように、下方向にドラッグします。

ドラッグ中、マウスポインターの形が┼に変わります。

画像の上側がトリミングされて、表示されない部分がグレーで表示されます。

⑥同様に、画像の下側の━をポイントし、図のように上方向にドラッグします。

画像の下側がトリミングされて、表示されない部分がグレーで表示されます。

トリミングを確定します。

⑦画像以外の場所をクリックします。

トリミングが確定します。

STEP UP **画像のサイズ変更とトリミング**

画像のサイズを小さくすると何が写っているのかわからなくなる場合は、トリミングを使って、画像の必要な部分を切り出してからサイズを変更するとよいでしょう。

3 トリミングの編集

トリミングは画像の表示部分を設定しているだけで、非表示の部分の画像を削除したわけではありません。再度、画像をトリミングの編集状態にすると、画像の表示範囲や位置を変更することができます。
画像の表示位置を変更しましょう。

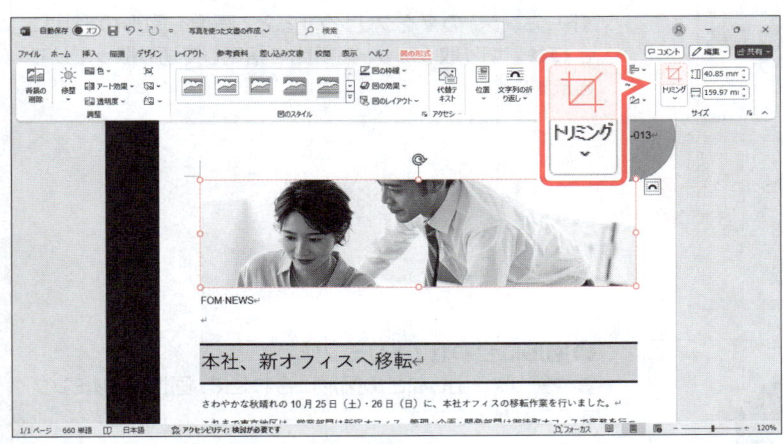

①画像を選択します。
②**《図の形式》**タブを選択します。
③**《サイズ》**グループの**《トリミング》**をクリックします。

編集状態になり、表示されない部分がグレーで表示されます。
④図のように、上方向にドラッグします。
※ Shift を押しながら上方向にドラッグすると、垂直方向に画像を移動できます。

画像の表示位置が変更されます。
トリミングを確定します。
⑤画像以外の場所をクリックします。

トリミングが確定します。

POINT トリミング

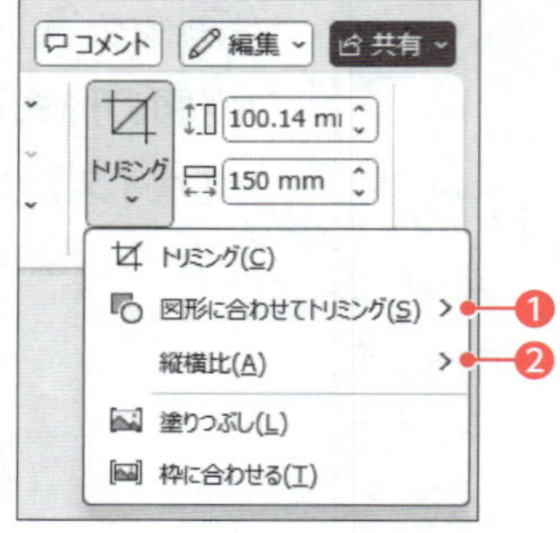

《トリミング》の▼をクリックすると、画像を図形の形状に合わせて切り取ったり、縦横比を指定して切り取ったりできます。

❶図形に合わせてトリミング
雲や星、吹き出しなどの図形に合わせて、画像をトリミングすることができます。

※図形に合わせてトリミングを実行すると、画像のサイズに合わせてトリミングされます。図形の大きさや、図形の中に表示する画像の範囲や位置を調整したい場合は、《トリミング》をクリックして編集します。

❷縦横比
画像をトリミングするときに「1:1」や「2:3」など、縦と横のサイズの比率を指定することができます。

Let's Try ためしてみよう

次のように、画像を挿入してトリミングしましょう。

オフィスフロアのご紹介

テレワークが定着してきたこともあり、なかなか新オフィスに行く機会がない方もいるでしょう。
新オフィスのコンセプトは「新しい発想ができる環境」です。そのため、今までのような事務用デスクや椅子はありません。カフェのようなワーキングコーナー、開放感のあるミーティングコーナーなどがフロア内に配置されており、所属部門に関係なく好きな場所で自由に作業できます。
アイデアが浮かばない…、考えがまとまらない…、そんなときは運動不足解消もかねて、気分転換にオフィスに出社しませんか？
また、現在、愛犬（小型犬）と一緒に出社できるフロアも計画中です。来春以降になると思いますが、トライアルを実施する予定です。どうぞご期待ください！

発行：FOM ヘルシーフーズ 広報室

① 画像「フロア1」を「テレワークが定着してきたこともあり…」の行の先頭に挿入しましょう。
② 画像「フロア1」を縦横比「1：1」でトリミングし、図を参考に表示位置を変更しましょう。

HINT 縦横比を指定して画像をトリミングするには、《図の形式》タブ→《サイズ》グループの《トリミング》の▼→《縦横比》を使います。

③ 画像「フロア1」の文字列の折り返しを「四角形」に設定し、サイズと位置を調整しましょう。
④ 画像「フロア1」の枠線の色を「濃い青、テキスト2」、太さを「2.25pt」に設定しましょう。
⑤ 画像「フロア1」を真下にコピーし、画像を「フロア2」に変更しましょう。

HINT 画像を変更するには、《図の形式》タブ→《調整》グループの《図の変更》を使います。

Let's Try Answer

①

① 「テレワークが定着してきたこともあり…」の行の先頭にカーソルを移動
② 《挿入》タブを選択
③ 《図》グループの《画像を挿入します》をクリック
④ 《このデバイス》をクリック
⑤ フォルダー「第2章」を開く
※「第2章」が表示されていない場合は、《ドキュメント》→「Word2024応用」→「第2章」を選択します。
⑥ 一覧から「フロア1」を選択
⑦ 《挿入》をクリック

②

① 画像「フロア1」を選択
② 《図の形式》タブを選択
③ 《サイズ》グループの《トリミング》の▼をクリック
④ 《縦横比》をポイント
⑤ 《四角形》の《1：1》をクリック
⑥ 上の図を参考に、画像を上方向にドラッグして表示位置を変更
⑦ 画像以外の場所をクリックしてトリミングを確定

③

① 画像「フロア1」を選択
② 《レイアウトオプション》をクリック
③ 《文字列の折り返し》の《四角形》をクリック
④ 《レイアウトオプション》の《閉じる》をクリック
⑤ 画像のサイズと位置を調整

④

① 画像「フロア1」を選択
② 《図の形式》タブを選択
③ 《図のスタイル》グループの《図の枠線》の▼をクリック
④ 《テーマの色》の《濃い青、テキスト2》（左から4番目、上から1番目）をクリック
⑤ 《図のスタイル》グループの《図の枠線》の▼をクリック
⑥ 《太さ》をポイント
⑦ 《2.25pt》をクリック

⑤

① Ctrl + Shift を押しながら、画像を下方向にドラッグしてコピー
② コピーした画像を選択
③ 《図の形式》タブを選択
④ 《調整》グループの《図の変更》をクリック
⑤ 《このデバイス》をクリック
⑥ フォルダー「第2章」を開く
⑦ 一覧から「フロア2」を選択
⑧ 《挿入》をクリック

2 画像の明るさやコントラストの調整

明るすぎたり暗すぎたりする画像に対して、明るさやコントラスト（明暗の差）を調整できます。画像**「オフィス1」**の明るさを**「+20%」**、コントラストを**「−20%」**に調整しましょう。

①画像**「オフィス1」**を選択します。

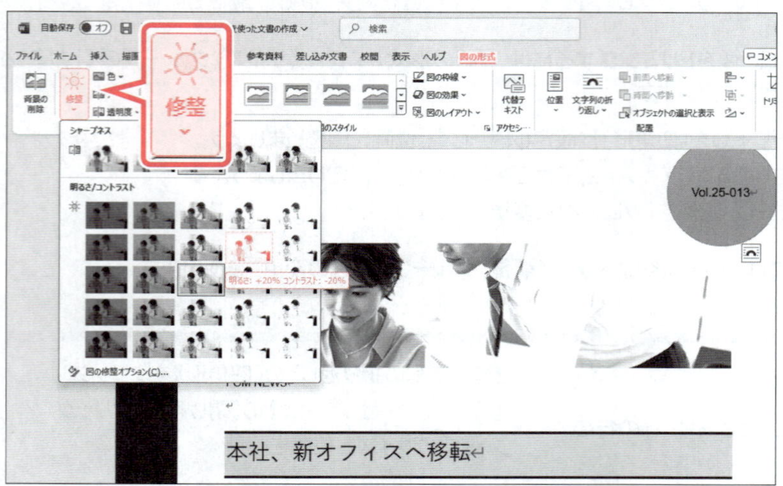

②**《図の形式》**タブを選択します。

③**《調整》**グループの**《修整》**をクリックします。

④**《明るさ/コントラスト》**の**《明るさ：+20% コントラスト：−20%》**をクリックします。

画像の明るさとコントラストが調整されます。

POINT 画像の明るさとコントラストの解除

調整した明るさとコントラストを元の状態に戻すには、《修整》をクリックして表示される《明るさ：0%（標準） コントラスト：0%（標準）》を選択します。

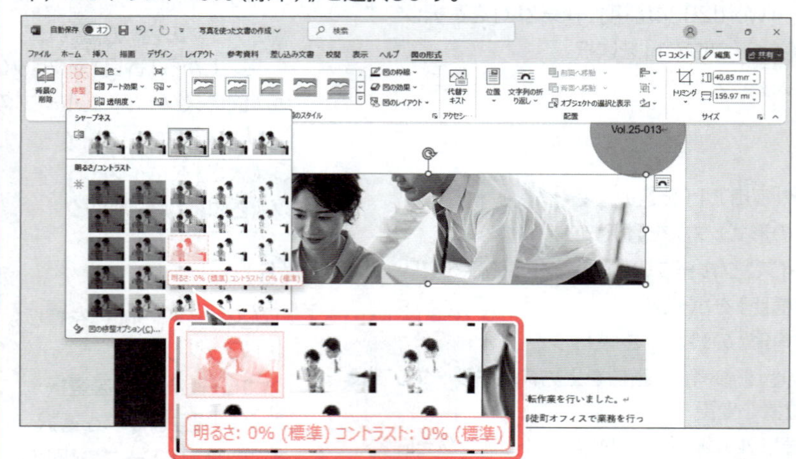

3 画像の色の変更

画像の彩度（鮮やかさ）を調整したり、セピアや白黒、テーマに合わせた色などの効果を設定したりできます。テーマに合わせた色合いに変更しておくと、文書のテーマを変更した場合に、画像の色も合わせて変更されるので、全体のイメージを統一できます。
画像**「オフィス1」**の色を**「緑、アクセント6（濃）」**に変更しましょう。

①画像**「オフィス1」**が選択されていることを確認します。

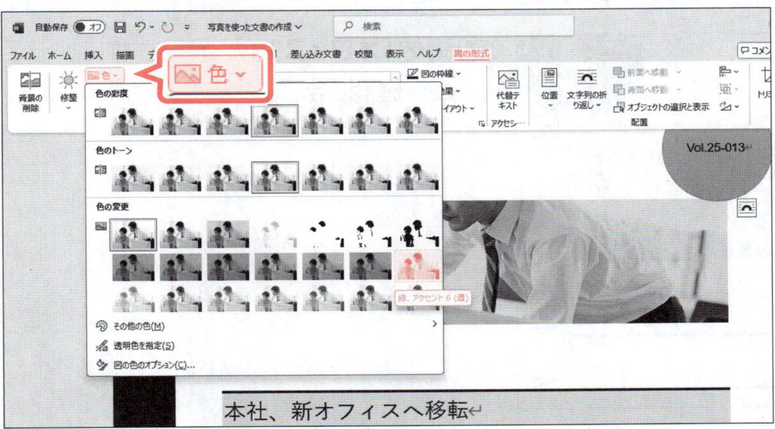

②**《図の形式》**タブを選択します。
③**《調整》**グループの**《色》**をクリックします。
④**《色の変更》**の**《緑、アクセント6（濃）》**をクリックします。

画像の色が変更されます。

STEP UP 色の彩度とトーン

《図の形式》タブの《色》を使うと、「色の彩度」や「色のトーン」の調整もできます。
色の彩度は、鮮やかさを0～400%の間で指定できます。0%に近いほど色が失われグレースケールに近くなり、数値が大きくなるにつれ鮮やかさが増します。また、色のトーンは、色温度を4700～11200Kの間で指定でき、数値が大きくなるほどあたたかみのある色合いに調整できます。

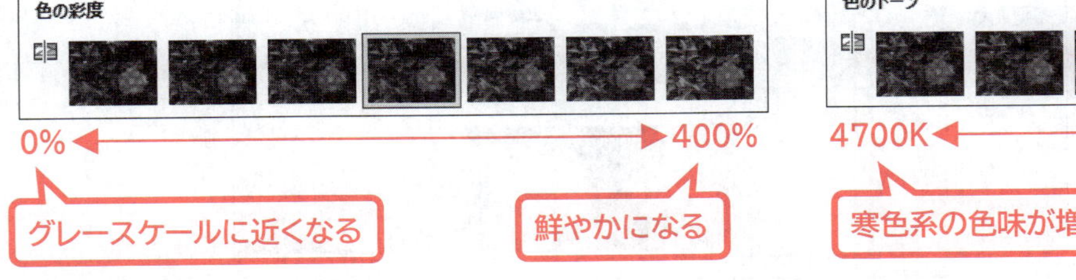

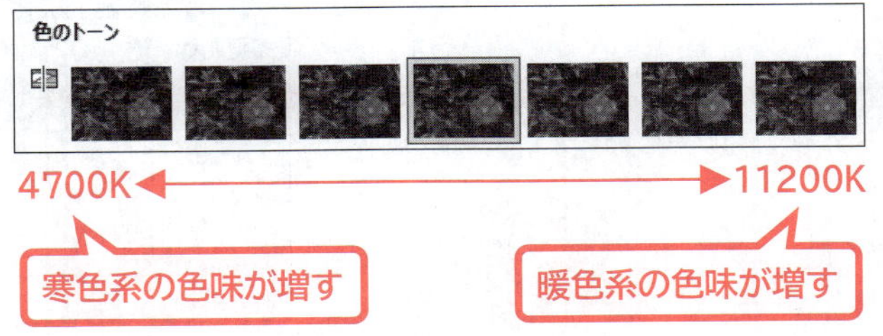

4 アート効果の設定

「アート効果」を使うと、画像に**「線画」「テクスチャライザー」「パステル（滑らか）」**などの効果を付けることができます。

●線画

●パステル（滑らか）

●テクスチャライザー

画像**「オフィス1」**にアート効果**「カットアウト」**を設定しましょう。

①画像**「オフィス1」**が選択されていることを確認します。

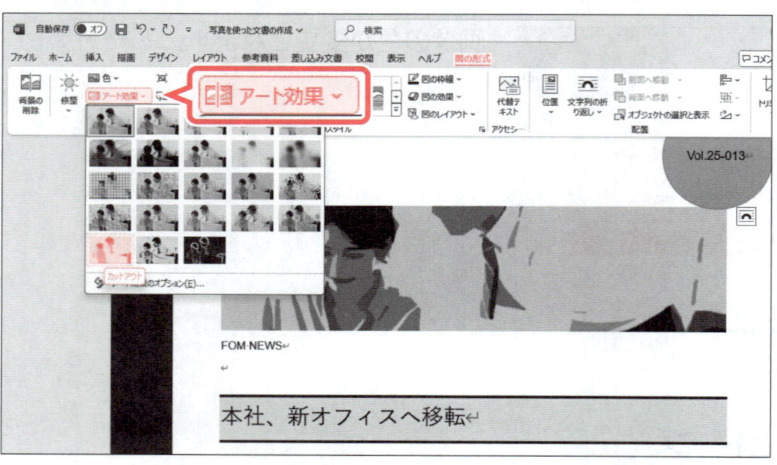

②**《図の形式》**タブを選択します。

③**《調整》**グループの**《アート効果》**をクリックします。

④**《カットアウト》**をクリックします。

画像にカットアウトのアート効果が設定されます。

POINT 図のリセット

《図の形式》タブの《図のリセット》を使うと、画像に行った様々な修整を一度に取り消すことができます。

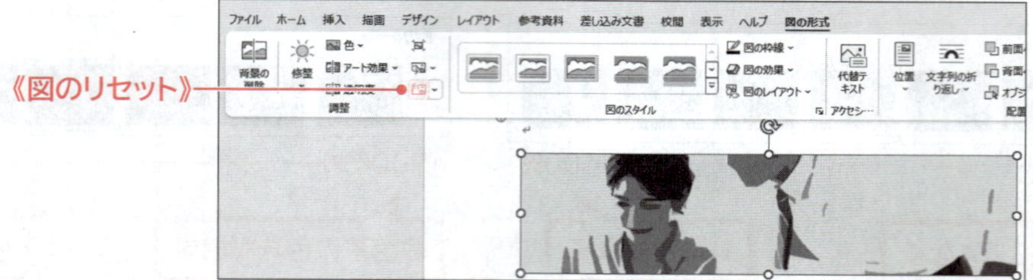

Let's Try ためしてみよう

次のように、ワードアートと画像を編集しましょう。

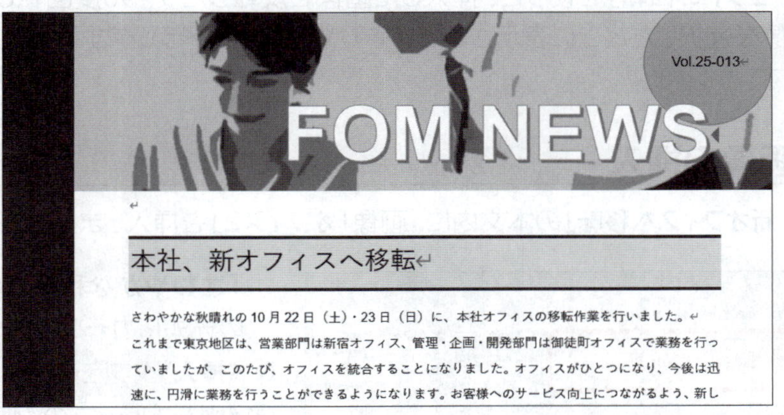

①「FOM NEWS」の行に、次のように書式を設定しましょう。

ワードアートのスタイル	：塗りつぶし：白；輪郭：オレンジ、アクセントカラー2；影（ぼかしなし）：オレンジ、アクセントカラー2
文字列の折り返し	：前面
フォントサイズ	：60

② 画像「オフィス1」の文字列の折り返しを「四角形」「ページ上の位置を固定」に設定し、図を参考にサイズと位置を調整しましょう。

③ 画像「オフィス1」が最背面、ワードアートが最前面に表示されるように設定しましょう。

④ 図を参考に、ワードアートの位置を調整しましょう。

Let's Try Answer

①

①「FOM NEWS」の行を選択
※↵を含めて選択します。
②《挿入》タブを選択
③《テキスト》グループの《ワードアートの挿入》をクリック
④《塗りつぶし：白；輪郭：オレンジ、アクセントカラー2；影（ぼかしなし）：オレンジ、アクセントカラー2》（左から4番目、上から3番目）をクリック
⑤ ワードアートが選択されていることを確認
⑥《レイアウトオプション》をクリック
⑦《文字列の折り返し》の《前面》をクリック
⑧《レイアウトオプション》の《閉じる》をクリック
⑨《ホーム》タブを選択
⑩《フォント》グループの《フォントサイズ》内をクリック
⑪「60」と入力し、Enter を押す

②

① 画像「オフィス1」を選択
②《レイアウトオプション》をクリック
③《文字列の折り返し》の《四角形》をクリック
④《ページ上の位置を固定》を◉にする
⑤《レイアウトオプション》の《閉じる》をクリック
⑥ 画像のサイズと位置を調整

③

① 画像「オフィス1」を選択
②《図の形式》タブを選択
③《配置》グループの《背面へ移動》の▼をクリック
④《最背面へ移動》をクリック
⑤ ワードアートを選択
⑥《図形の書式》タブを選択
⑦《配置》グループの《前面へ移動》の▼をクリック
⑧《最前面へ移動》をクリック

④

① ワードアートの位置を調整

5 画像の回転

「オブジェクトの回転」を使うと、挿入した画像を反転したり、90度回転したりできます。また、画像を選択したときに表示される（ハンドル）をドラッグすると、任意の角度に回転できます。

1 画像の挿入

「本社、新オフィスへ移転」の本文内に、画像**「オフィス2」**を挿入しましょう。

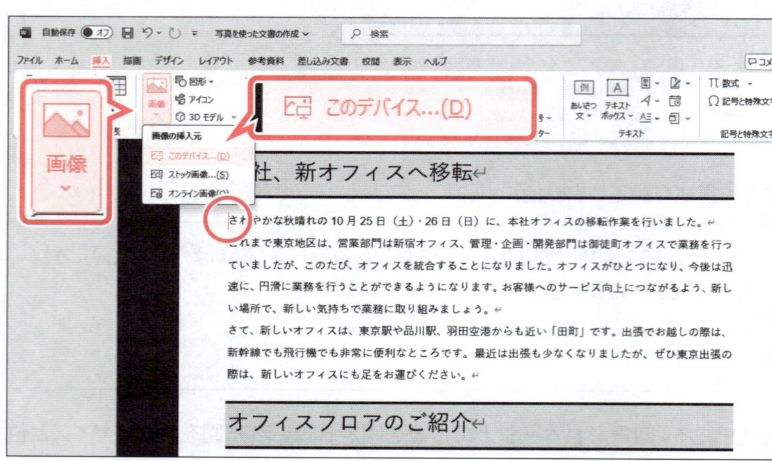

①**「さわやかな秋晴れの…」**で始まる行の先頭にカーソルを移動します。

②**《挿入》**タブを選択します。

③**《図》**グループの**《画像を挿入します》**をクリックします。

④**《このデバイス》**をクリックします。

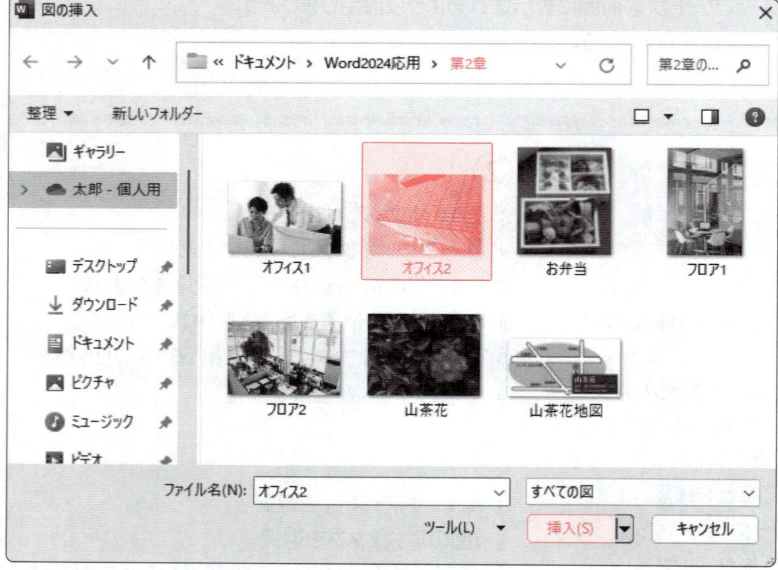

《図の挿入》ダイアログボックスが表示されます。

⑤フォルダー**「第2章」**が表示されていることを確認します。

※「第2章」が表示されていない場合は、《ドキュメント》→「Word2024応用」→「第2章」を選択します。

⑥一覧から**「オフィス2」**を選択します。

⑦**《挿入》**をクリックします。

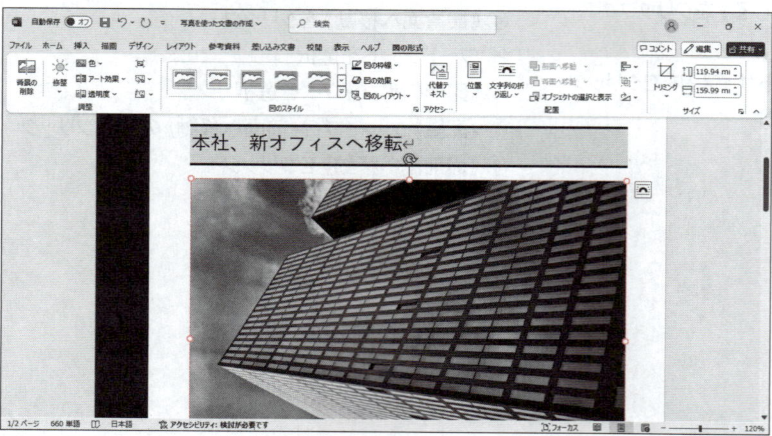

画像が挿入されます。

2 画像の回転

画像「**オフィス2**」を回転して向きを変更しましょう。

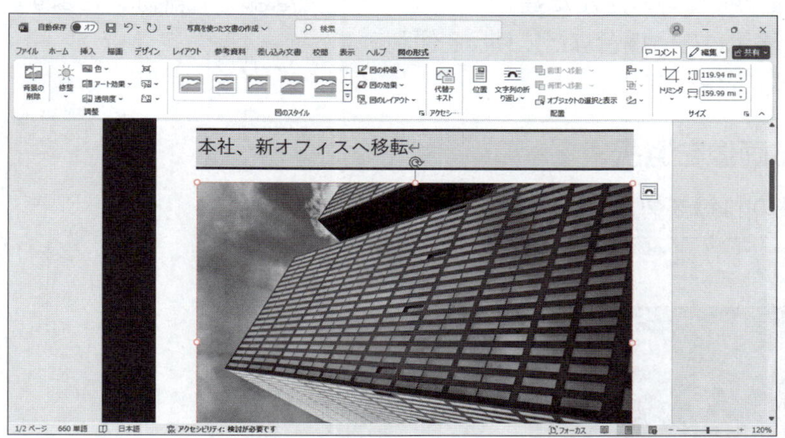

①画像「**オフィス2**」が選択されていることを確認します。

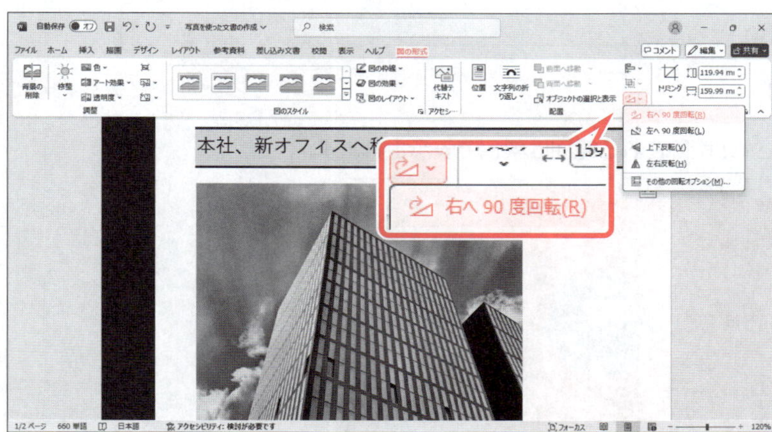

②《**図の形式**》タブを選択します。

③《**配置**》グループの《**オブジェクトの回転**》をクリックします。

④《**右へ90度回転**》をクリックします。

画像が回転されます。

Let's Try ためしてみよう

次のように、画像「オフィス2」の上部をトリミングしましょう。

Let's Try Answer

① 画像「オフィス2」を選択

②《図の形式》タブを選択

③《サイズ》グループの《トリミング》をクリック

④ 画像の上側の ━ をポイントし、上の図を参考に、下方向にドラッグ

⑤ 画像以外の場所をクリックしてトリミングを確定

6 背景の削除

「背景の削除」を使うと、撮影時に写り込んだ建物や人物など不要な部分を削除できます。
画像の中の一部分だけを表示したい場合などに使うと便利です。
背景を削除する手順は、次のとおりです。

1 背景を削除する画像を選択

画像を選択し、《背景の削除》をクリックします。

2 背景の自動認識

背景が自動的に認識され、削除される範囲は紫色で表示されます。

3 削除範囲の調整

認識された範囲を調整する場合は、《保持する領域としてマーク》や《削除する領域としてマーク》を使って、範囲を調整します。

4 削除範囲の確定

《背景の削除を終了して、変更を保持する》をクリックして、削除する範囲を確定します。
再度、《背景の削除》をクリックすると範囲を調整できます。

1 背景の削除

画像**「オフィス2」**の背景を削除し、ビルだけを残しましょう。

①画像**「オフィス2」**を選択します。

※操作しやすいように、画面の表示倍率を調整しておきましょう。ここでは80%にしています。

②**《図の形式》**タブを選択します。

③**《調整》**グループの**《背景の削除》**をクリックします。

リボンに**《背景の削除》**タブが表示されます。また、背景が自動的に認識され、削除される領域は紫色で表示されます。

※トリミングした範囲に枠線が表示されます。

削除する範囲を調整します。

④**《背景の削除》**タブを選択します。

⑤**《設定し直す》**グループの**《保持する領域としてマーク》**をクリックします。

マウスポインターの形が✎に変わります。

⑥図のように、ドラッグします。

※ドラッグ中、緑色の線が表示されます。

ドラッグした範囲が保持する領域として認識されます。

⑦同様に、保持する範囲と削除する範囲をマークしていきます。

※削除する領域としてマークする場合は、《削除する領域としてマーク》をクリックして、削除する範囲を指定します。

削除する範囲を確定します。

⑧《閉じる》グループの《**背景の削除を終了して、変更を保持する**》をクリックします。

背景が削除され、ビルだけが残ります。

POINT 《背景の削除》タブ

《背景の削除》をクリックすると、リボンに《背景の削除》タブが表示され、リボンが切り替わります。
《背景の削除》タブでは、次のようなことができます。

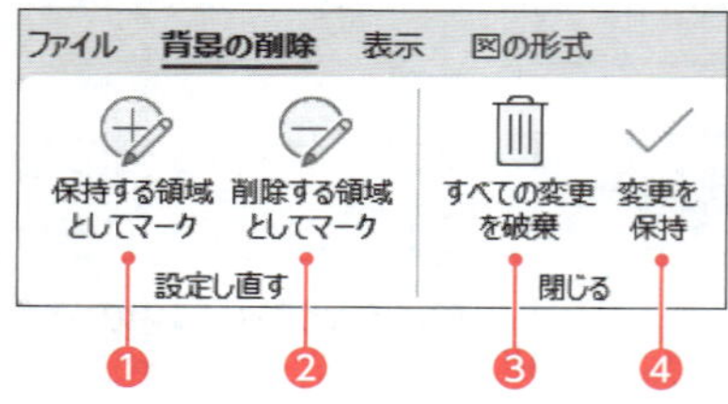

❶保持する領域としてマーク
削除する範囲として認識された部分を、削除しないように設定します。

❷削除する領域としてマーク
保持する範囲として認識された部分を、削除するように設定します。

❸背景の削除を終了して、変更を破棄する
変更内容を破棄して、背景の削除を終了します。

❹背景の削除を終了して、変更を保持する
変更内容を保持して、背景の削除を終了します。

POINT 背景の削除を自然に見せる

画像の状態によっては、背景の削除で不要な部分をきれいに切り取るのは難しい場合もあります。そのようなときは、ぼかしの効果を設定すると、切り取った輪郭を目立たなくすることができます。
画像にぼかしの効果を設定する方法は、次のとおりです。

◆画像を選択→《図の形式》タブ→《図のスタイル》グループの《図の効果》→《ぼかし》

ぼかしを設定した状態

2 文字列の折り返しの設定

画像の形に合わせて、文字を配置するには、文字列の折り返しを**「外周」**に設定します。
《レイアウト》ダイアログボックスを使うと、文字列の折り返しの設定と合わせて、文字を回り込ませる位置や画像との間隔などの設定ができます。
画像**「オフィス2」**の文字列の折り返しを次のように設定しましょう。

折り返しの種類と配置	**：外周**
左右の折り返し	**：左側**
文字列との間隔	**：左 10mm**

①画像**「オフィス2」**が選択されていることを確認します。

※操作しやすいように、画面の表示倍率を調整しておきましょう。ここでは120%にしています。

②**《レイアウトオプション》**をクリックします。

③**《詳細表示》**をクリックします。

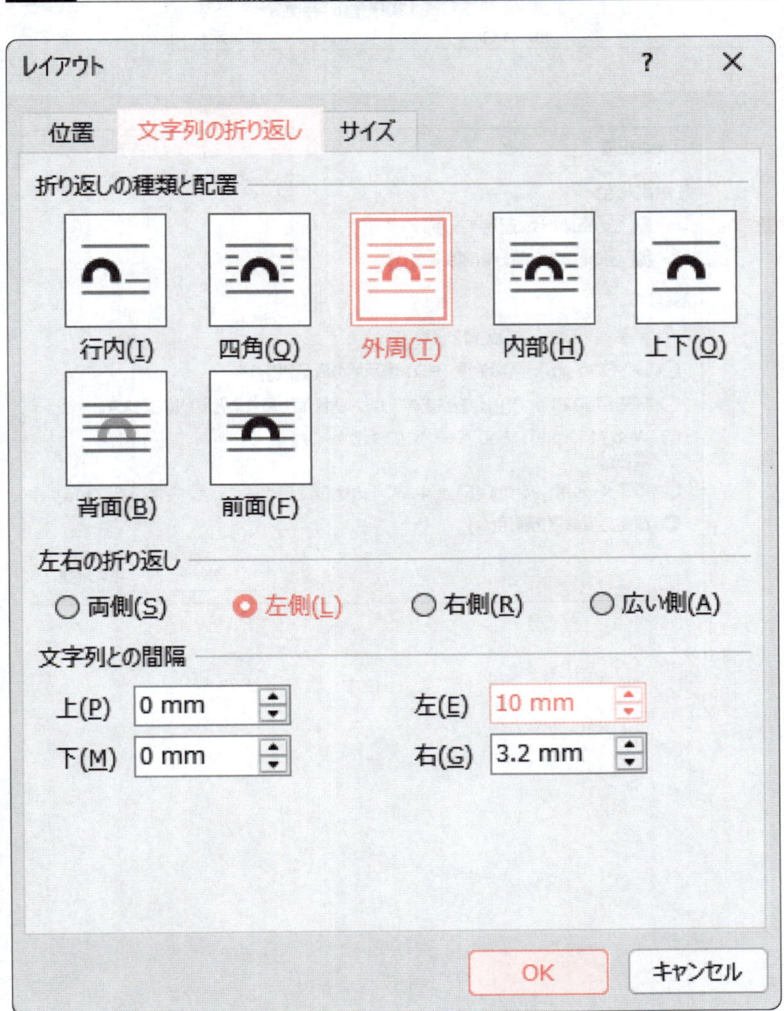

《レイアウト》ダイアログボックスが表示されます。

④**《文字列の折り返し》**タブを選択します。

⑤**《折り返しの種類と配置》**の**《外周》**をクリックします。

⑥**《左右の折り返し》**の**《左側》**を◉にします。

⑦**《文字列との間隔》**の**《左》**を**「10mm」**に設定します。

⑧**《OK》**をクリックします。

1
2
3
4
5
6
7
8
総合問題
実践問題
索引

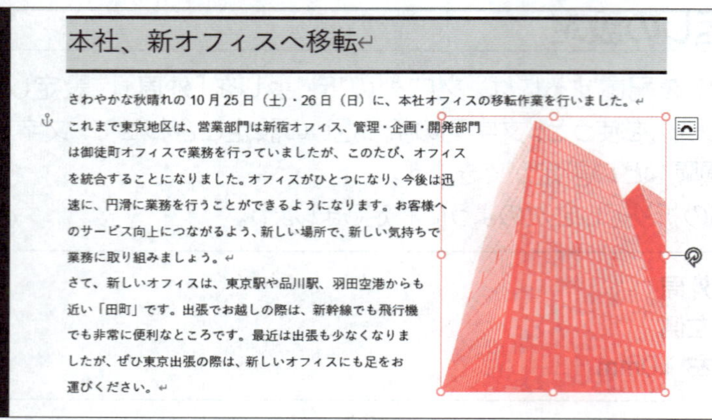

⑨図のように、画像のサイズを変更し、本文の右側に移動します。

切り取ったビルの形に沿って、本文の文字が折り返されます。

※文書に「写真を使った文書の作成完成」と名前を付けて、フォルダー「第2章」に保存し、閉じておきましょう。

STEP UP 図の圧縮

挿入した画像の解像度によっては、文書のファイルサイズが大きくなる場合があります。文書をメールで送ったり、サーバー上で共有したりする場合は、文書内の画像の解像度を変更したり、トリミング部分を削除したりして、画像を圧縮するとよいでしょう。

画像を圧縮する方法は、次のとおりです。

◆画像を選択→《図の形式》タブ→《調整》グループの《図の圧縮》

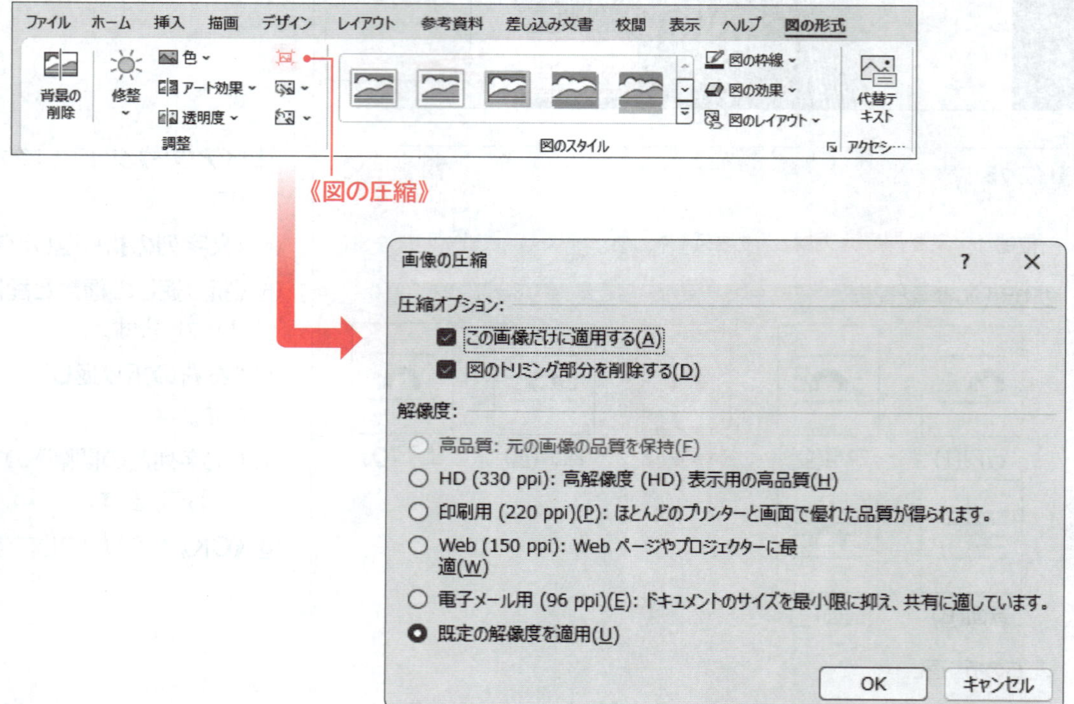

練習問題

PDF 標準解答 ▶ P.4

OPEN
新しい文書

あなたは、仕出し弁当店のスタッフで、今月のお持ち帰り用弁当のチラシを作成することになりました。
完成図のような文書を作成しましょう。

●完成図

1
2
3
4
5
6
7
8
総合問題
実践問題
索引

①次のように、ページを設定しましょう。

日本語用のフォント：Meiryo UI	フォントサイズ：14
英数字用のフォント：日本語用と同じ	余白　：上 95mm 左・右 23mm
太字	ページの色　：テクスチャ 紙

HINT ページの色にテクスチャを設定するには、《デザイン》タブ→《ページの背景》グループの《ページの色》→《塗りつぶし効果》→《テクスチャ》タブを使います。

②フォルダー**「第2章」**の画像**「山茶花」**を挿入し、文字列の折り返しを**「前面」**、**「ページ上の位置を固定」**に設定しましょう。

③完成図を参考に、画像をトリミングしましょう。
次に、挿入した画像に**「シャープネス：50%」**、**「明るさ：+20%　コントラスト：−40%」**、アート効果**「パステル：滑らか」**を設定しましょう。

※完成図を参考に、画像の位置とサイズを調整しておきましょう。

④画像**「山茶花」**の上に表示されるように、ワードアートを使って1行目に**「仕出し弁当」**、2行目に**「山茶花」**と挿入しましょう。ワードアートのスタイルは**「塗りつぶし：白；輪郭：濃い青緑、アクセントカラー1；光彩：濃い青緑、アクセントカラー1」**にします。

HINT 画像を選択してからワードアートを挿入すると、画像の上にワードアートを表示できます。

⑤挿入したワードアートに、次のように書式を設定しましょう。

●全体

フォント　：游明朝 左揃え 文字の輪郭：薄い灰色、背景2

●2行目「山茶花」

フォントサイズ：80

※完成図を参考に、ワードアートの位置を調整しておきましょう。

⑥文書の先頭に、フォルダー**「第2章」**のテキストファイル**「今月のお弁当」**を挿入しましょう。
次に、挿入した文章の書式をクリアしましょう。

⑦**「今月のお弁当「匠の膳」　1,800円（税込）」**のフォントを**「MSP明朝」**、フォントサイズを**「26」**、フォントの色を**「濃い赤」**に設定しましょう。

⑧**「◇お品書き◇」**のフォントサイズを**「22」**に設定しましょう。

⑨**「◇お品書き◇」**の左側に、フォルダー**「第2章」**の画像**「お弁当」**を挿入し、背景を削除しましょう。次に、文字列の折り返しを**「四角」**に設定し、画像の右側と文字列との間隔を**「10mm」**に設定しましょう。

※完成図を参考に、画像の位置とサイズを調整しておきましょう。

⑩文書の最後に、フォルダー**「第2章」**の画像**「山茶花地図」**を挿入し、文字列の折り返しを**「前面」**に設定しましょう。

※完成図を参考に、画像の位置とサイズを調整しておきましょう。

※文書に「第2章練習問題完成」と名前を付けて、フォルダー「第2章」に保存し、閉じておきましょう。

第3章

差し込み印刷

この章で学ぶこと

学習前に習得すべきポイントを理解しておき、
学習後には確実に習得できたかどうかを振り返りましょう。

- ■ 差し込み印刷に必要なデータを説明できる。 → P.86 ☐☐☐
- ■ 差し込み印刷の手順を理解し、ひな形の文書や宛先リストの設定ができる。 → P.87 ☐☐☐
- ■ 宛先リストのフィールドをひな形の文書に挿入できる。 → P.90 ☐☐☐
- ■ 宛先リストを差し込んだ結果をひな形の文書に表示できる。 → P.90 ☐☐☐
- ■ データを差し込んで文書を印刷できる。 → P.91 ☐☐☐
- ■ 宛名ラベル印刷に必要なデータを説明できる。 → P.93 ☐☐☐
- ■ ひな形の文書としてラベルを指定し、ラベルの種類を設定できる。 → P.94 ☐☐☐
- ■ 宛先リストから条件に合ったデータだけを宛名データとして指定できる。 → P.96 ☐☐☐
- ■ 宛先リストのフィールドを宛名ラベルにレイアウトできる。 → P.97 ☐☐☐
- ■ 宛名ラベルに書式を設定し、すべてのラベルに反映できる。 → P.99 ☐☐☐
- ■ 宛先リストを差し込んだ結果を宛名ラベルに表示できる。 → P.100 ☐☐☐
- ■ データを差し込んで宛名ラベルを印刷できる。 → P.101 ☐☐☐

STEP 1 作成する文書を確認する

1 作成する文書の確認

次のような文書を作成しましょう。

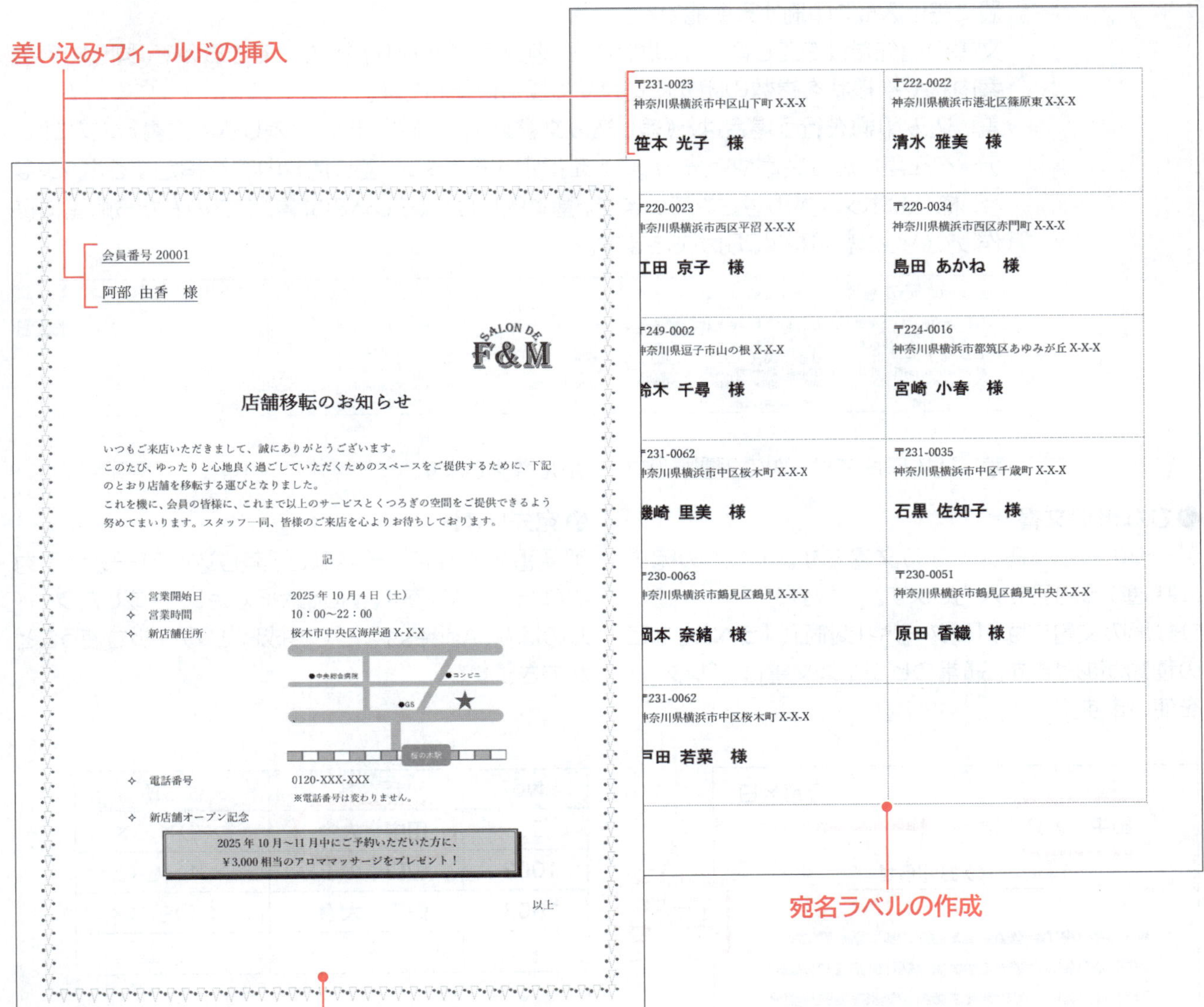

	A	B	C	D	E	F	G	H	I
1	会員番号	氏名	郵便番号	住所	電話番号	職業	誕生月	来店回数	担当者
2	20001	阿部 由香	135-0091	東京都港区台場X-X-X	080-5500-XXXX	会社員	4月	8	高橋
3	20002	加藤 秀子	101-0021	東京都千代田区外神田X-X-X	090-3222-XXXX	自営業	12月	10	高橋
4	20003	笹本 光子	231-0023	神奈川県横浜市中区山下町X-X-X	045-131-XXXX	公務員	8月	1	横井
5	20004	田村 優菜	181-0001	東京都三鷹市井の頭X-X-X	090-9939-XXXX	会社員	3月	4	高橋
6	20005	中島 久子	179-0085	東京都練馬区早宮X-X-X	090-2390-XXXX	自営業	6月	6	及川
7	20006	木下 優紀	105-0022	東京都港区海岸X-X-X	03-5444-XXXX	会社員	9月	7	横井
8	20007	清水 雅美	222-0022	神奈川県横浜市港北区篠原東X-X-X	080-1232-XXXX	主婦	1月	7	横井
9	20008	江田 京子	220-0023	神奈川県横浜市西区平沼X-X-X	090-9812-XXXX	会社員	10月	8	及川
10	20009	島田 あかね	220-0034	神奈川県横浜市西区赤門町X-X-X	090-3491-XXXX	会社員	5月	9	高橋
11	20010	津島 美智	135-0064	東京都江東区青梅X-X-X	090-1341-XXXX	主婦	2月	3	及川
12	20011	小池 公子	104-0041	東京都中央区新富X-X-X	03-3333-XXXX	会社員	9月	6	及川
13	20012	鈴木 千尋	249-0002	神奈川県逗子市山の根X-X-X	080-8710-XXXX	会社員	4月	1	高橋
14	20013	宮崎 小春	224-0016	神奈川県横浜市都筑区あゆみが丘X-X-X	045-121-XXXX	会社員	2月	3	高橋
15	20014	瀬戸 遥	176-0021	東京都練馬区貫井X-X-X	090-3420-XXXX	公務員	12月	1	及川

住所録

宛先リストの設定

STEP 2 宛名を差し込んだ文書を印刷する

1 差し込み印刷

「差し込み印刷」とは、WordやExcelで作成した別のファイルのデータを、文書の指定した位置に差し込んで印刷する機能です。
文書の宛先だけを差し替えて印刷したり、宛名ラベルを作成したりできるので、同じ内容の案内状や挨拶状を複数の宛先に送付する場合に便利です。
差し込み印刷を行う場合は、**《差し込み文書》**タブを使います。**《差し込み文書》**タブには、データを差し込む文書や宛先のリストを指定するボタン、差し込む内容を指定するボタンなど、様々なボタンが用意されています。基本的には、**《差し込み文書》**タブの左から順番に操作していくと差し込み印刷ができます。

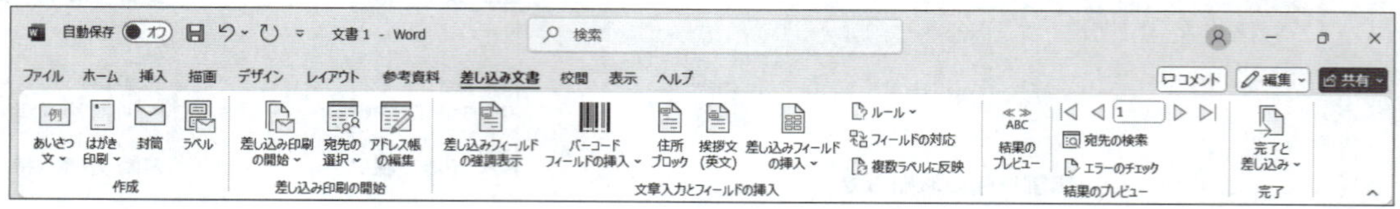

差し込み印刷では、次の2種類のファイルを準備します。

●ひな形の文書

データの差し込み先となる文書です。すべての宛先に共通する内容を入力します。
ひな形の文書には、**「レター」**や**「封筒」**、**「ラベル」**などの種類があります。通常のビジネス文書は、**「レター」**を使います。

●宛先リスト

郵便番号や住所、氏名など、差し込むデータが入力されたファイルです。WordやExcelで作成したファイルのほか、Accessなどで作成したファイルも使うことができます。

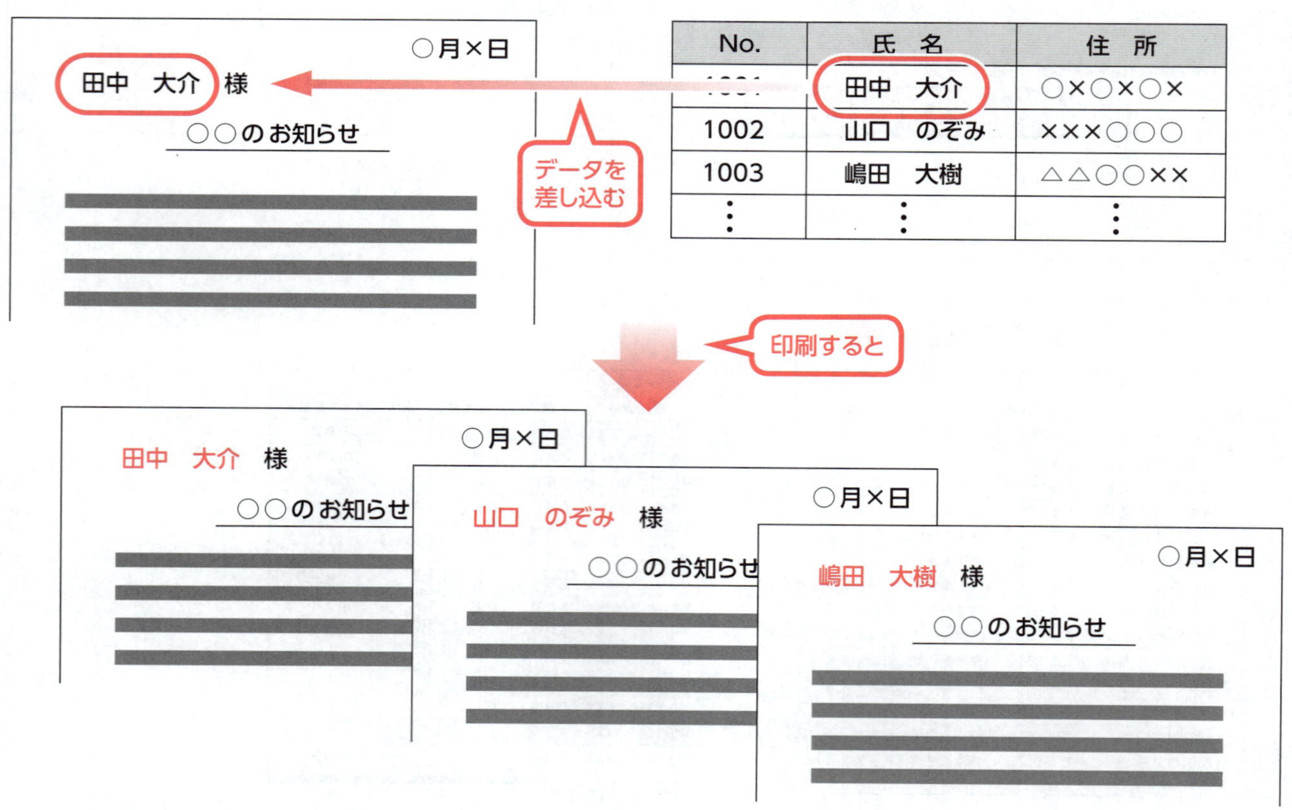

2 差し込み印刷の手順

差し込み印刷の基本的な手順は、次のとおりです。

1 差し込み印刷の開始

ひな形の文書を新しく作成します。または、既存の文書をひな形として指定します。

2 宛先の選択

宛先リストを新しく作成します。または、既存のファイルを宛先リストとして選択します。選択した宛先リストは、必要に応じて、差し込む宛先を抽出したり、並べ替えたりできます。

3 差し込みフィールドの挿入

差し込みフィールド（データを差し込むための領域）をひな形の文書に挿入します。

4 結果のプレビュー

差し込んだ結果をプレビューして確認します。

5 印刷の実行

差し込んだ結果を印刷します。

3 差し込み印刷の設定

OPEN
差し込み印刷

文書「**差し込み印刷**」にExcelのブック「**会員名簿**」のデータを差し込んで印刷しましょう。

1 差し込み印刷の開始

文書「**差し込み印刷**」をひな形の文書として指定しましょう。

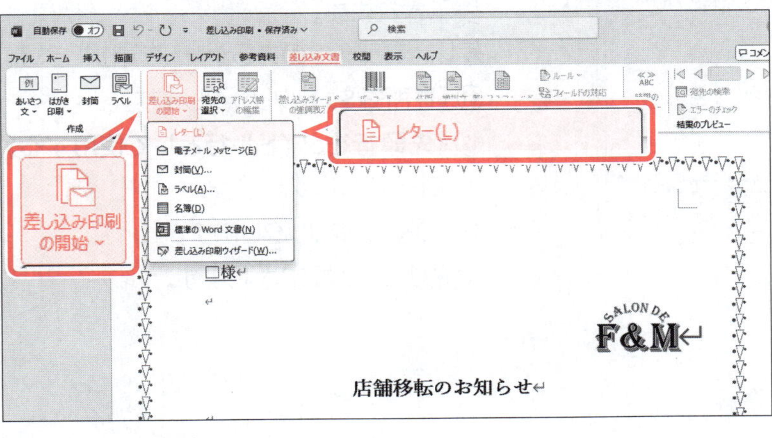

ひな形の文書の種類を選択します。

①《**差し込み文書**》タブを選択します。

②《**差し込み印刷の開始**》グループの《**差し込み印刷の開始**》をクリックします。

③《**レター**》をクリックします。

2 宛先の選択

Excelのブック**「会員名簿」**のシート**「住所録」**を宛先リストとして設定しましょう。

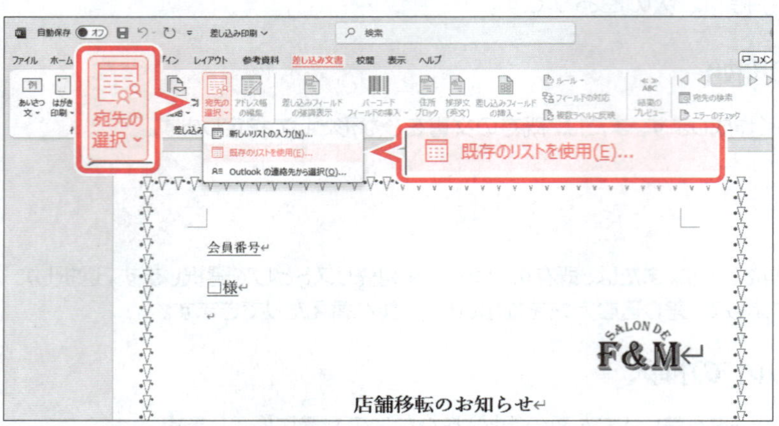

①**《差し込み文書》**タブを選択します。

②**《差し込み印刷の開始》**グループの**《宛先の選択》**をクリックします。

③**《既存のリストを使用》**をクリックします。

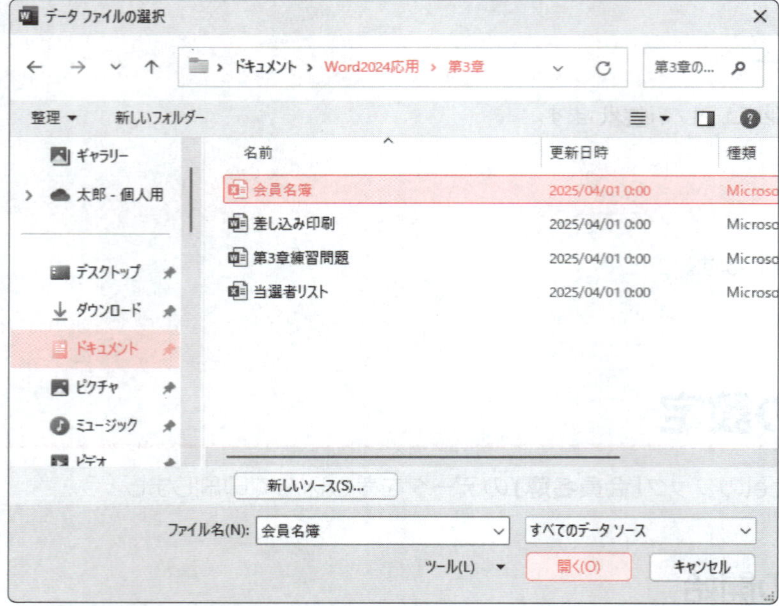

《データファイルの選択》ダイアログボックスが表示されます。

Excelのブックが保存されている場所を選択します。

④左側の一覧から**《ドキュメント》**を選択します。

⑤一覧から**「Word2024応用」**を選択します。

⑥**《開く》**をクリックします。

⑦一覧から**「第3章」**を選択します。

⑧**《開く》**をクリックします。

⑨一覧からブック**「会員名簿」**を選択します。

⑩**《開く》**をクリックします。

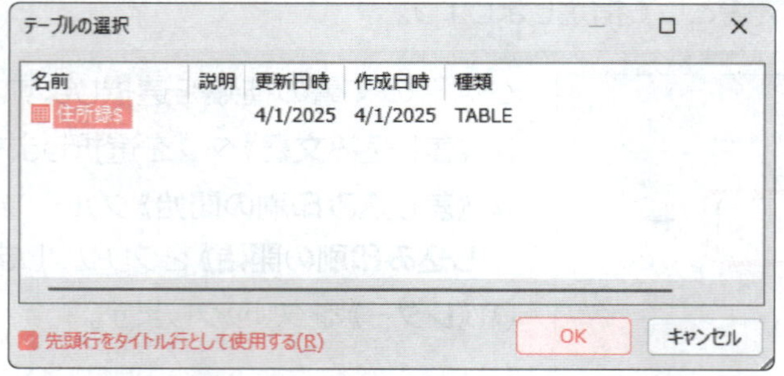

《テーブルの選択》ダイアログボックスが表示されます。

差し込むデータのあるシートを選択します。

⑪**「住所録$」**をクリックします。

⑫**《先頭行をタイトル行として使用する》**を☑にします。

⑬**《OK》**をクリックします。

宛先リストが設定されます。

STEP UP 宛先リストの構成

宛先リストは、「フィールド名」「レコード」「フィールド」で構成されます。

会員番号	氏名	郵便番号	住所	電話番号	職業	誕生月	来店回数	担当者
20001	阿部 由香	135-0091	東京都港区台場X-X-X	080-5500-XXXX	会社員	4月	8	高橋
20002	加藤 秀子	101-0021	東京都千代田区外神田X-X-X	090-3222-XXXX	自営業	12月	10	高橋
20003	笹本 光子	231-0023	神奈川県横浜市中区山下町X-X-X	045-131-XXXX	公務員	8月	1	横井
20004	田村 優菜	181-0001	東京都三鷹市井の頭X-X-X	090-9939-XXXX	会社員	3月	4	高橋
20005	中島 久子	179-0085	東京都練馬区早宮X-X-X	090-2390-XXXX	自営業	6月	6	及川
20006	木下 優紀	105-0022	東京都港区海岸X-X-X	03-5444-XXXX	会社員	9月	7	横井
20007	清水 雅美	222-0022	神奈川県横浜市港北区篠原東X-X-X	080-1232-XXXX	主婦	1月	7	横井
20008	江田 京子	220-0023	神奈川県横浜市西区平沼X-X-X	090-9812-XXXX	会社員	10月	8	及川

❶フィールド名（列見出し）
各列の先頭に入力されている項目名です。

❷レコード
行ごとに入力されている1件分のデータです。

❸フィールド
列ごとに入力されている同じ種類のデータです。

STEP UP 宛先リストの数値データ

宛先リストのExcelの数値データに、郵便番号や電話番号、3桁区切りカンマ、通貨の形式などの表示形式が設定されている場合、Wordに差し込まれたデータには表示されません。
例えば、Excelで郵便番号を「1234567」と入力し、表示形式を使って「123-4567」と表示されるように設定している場合、Word文書には「1234567」だけが差し込まれます。
表示形式の形のままで差し込みたい場合は、記号も含めて文字列として入力しておく必要があります。

STEP UP 宛先リストの編集

宛先リストに設定した宛先を並べ替えたり、宛先から除外したりすることができます。
宛先リストの宛先を編集する方法は、次のとおりです。

◆《差し込み文書》タブ→《差し込み印刷の開始》グループの《アドレス帳の編集》

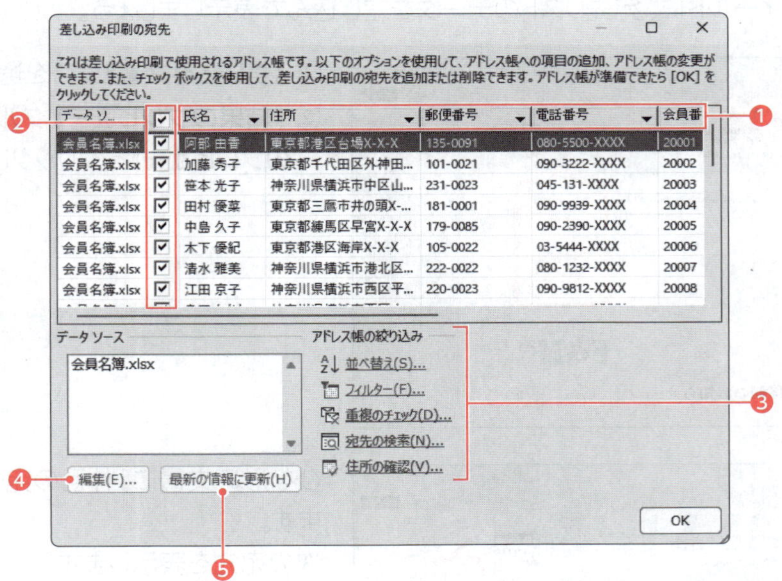

❶列見出し
列見出しをクリックすると、データを並べ替えできます。▼をクリックすると、条件を指定してデータを抽出したり、並べ替えたりできます。

❷チェックボックス
宛先として差し込むデータを個別に指定できます。
☑：宛先として差し込みます。
☐：宛先として差し込みません。

❸アドレス帳の絞り込み
宛先リストとして指定したデータに対して、並べ替えや抽出を行ったり、重複しているレコードがないかをチェックしたりできます。

❹編集
差し込んだ宛先リストを編集します。

❺最新の情報に更新
宛先リストを再度読み込んで、変更内容を更新します。

3 差し込みフィールドの挿入

「会員番号」と「氏名」の差し込みフィールドをひな形の文書に挿入しましょう。

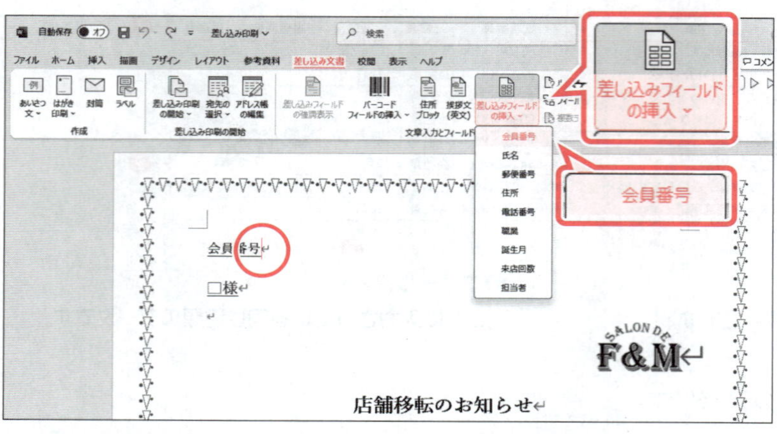

①「会員番号」のうしろにカーソルを移動します。

②《差し込み文書》タブを選択します。

③《文章入力とフィールドの挿入》グループの《差し込みフィールドの挿入》の▼をクリックします。

④《会員番号》をクリックします。

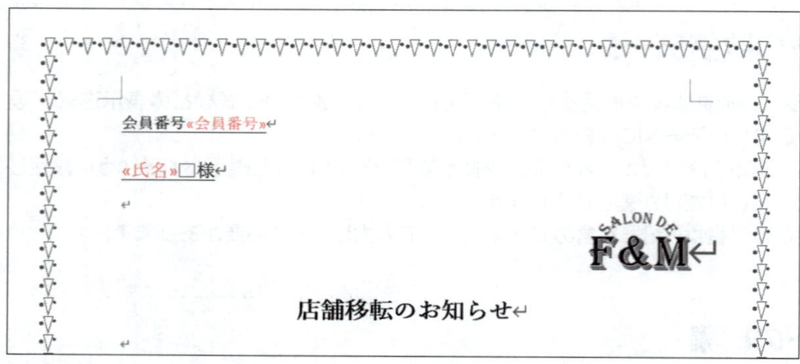

「《会員番号》」が挿入されます。

⑤同様に、「□様」の前に、「氏名」の差し込みフィールドを挿入します。

※□は全角空白を表します。

※□が表示されていない場合は、《ホーム》タブ→《段落》グループの《編集記号の表示/非表示》をクリックしておきましょう。

4 結果のプレビュー

差し込みフィールドに、宛先リストのデータを差し込んで表示しましょう。

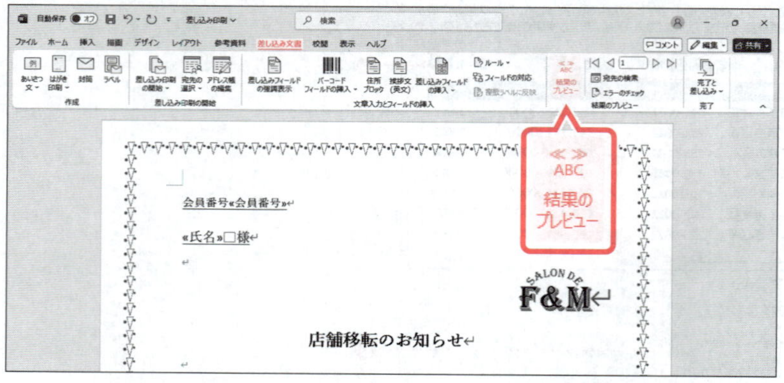

①《差し込み文書》タブを選択します。

②《結果のプレビュー》グループの《結果のプレビュー》をクリックします。

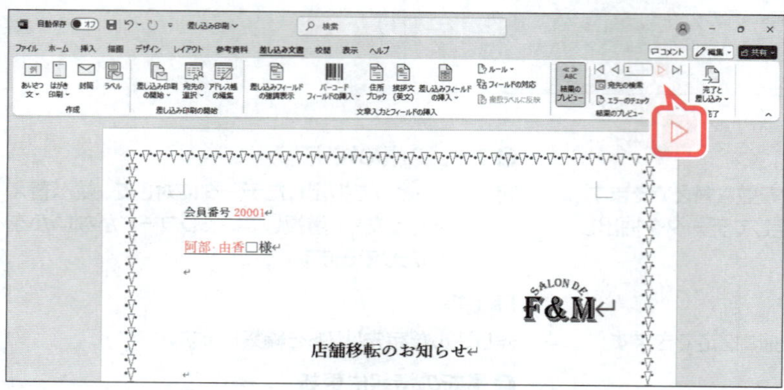

ひな形の文書に1件目の宛先が表示されます。

次の宛先を表示します。

③《結果のプレビュー》グループの《次のレコード》をクリックします。

2件目の宛先が表示されます。

※《次のレコード》をクリックして、3件目以降の宛先を確認しておきましょう。全部で30件の宛先が表示されます。確認後、《前のレコード》や《先頭のレコード》をクリックして、1件目の宛先を表示しておきましょう。

STEP UP 宛先の表示の切り替え

宛先の表示を切り替えるには、《結果のプレビュー》グループの次のボタンを使います。

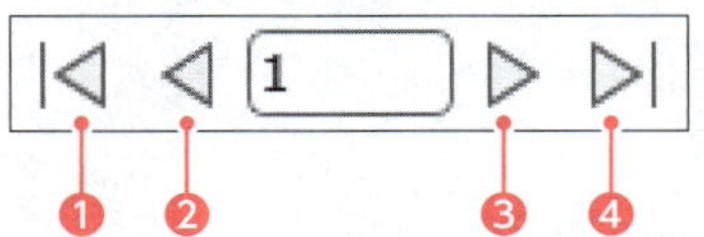

❶先頭のレコード
宛先リストの1件目の宛先を表示します。

❷前のレコード
宛先リストの前の宛先を表示します。

❸次のレコード
宛先リストの次の宛先を表示します。

❹最後のレコード
宛先リストの最後の宛先を表示します。

5 印刷の実行

宛先リストのデータを差し込んで文書を印刷しましょう。

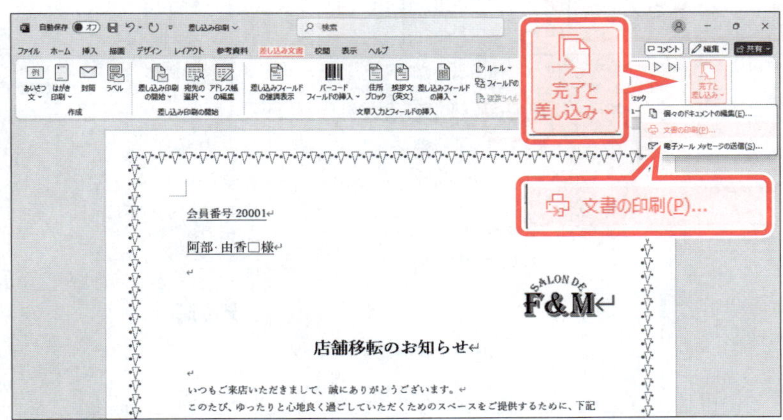

①**《差し込み文書》**タブを選択します。

②**《完了》**グループの**《完了と差し込み》**をクリックします。

③**《文書の印刷》**をクリックします。

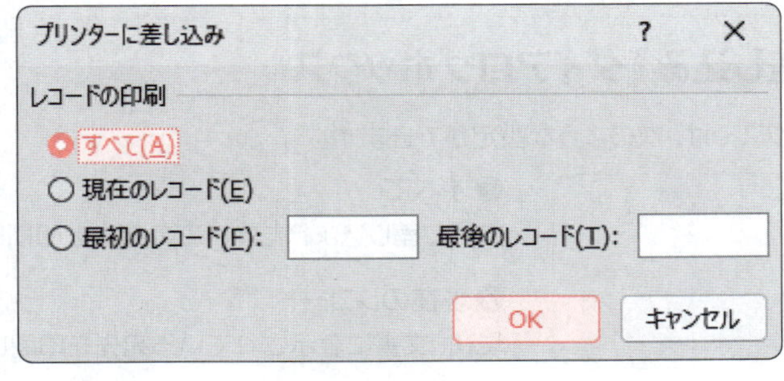

《プリンターに差し込み》ダイアログボックスが表示されます。

④**《すべて》**を◉にします。

⑤**《OK》**をクリックします。

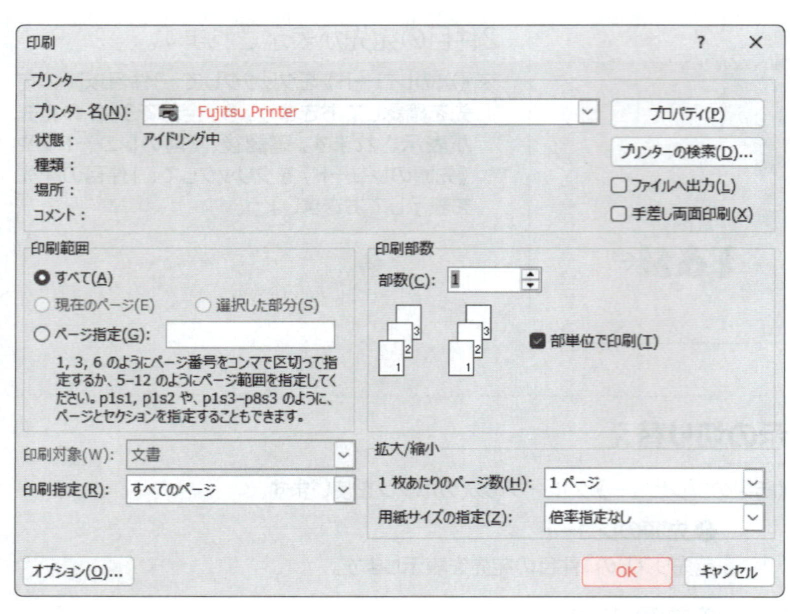

《印刷》ダイアログボックスが表示されます。

⑥**《プリンター名》**に出力するプリンターの名前が表示されていることを確認します。

※表示されていない場合は、▼をクリックし、一覧から選択します。

⑦**《OK》**をクリックします。

宛先が差し込まれたひな形の文書が30件分印刷されます。

※文書に「差し込み印刷完成」と名前を付けて、フォルダー「第3章」に保存し、閉じておきましょう。

STEP UP 個々のドキュメントの編集

《完了と差し込み》→《個々のドキュメントの編集》を選択すると、宛先リストのデータを、各ページに挿入して新しい文書を作成することができます。
宛先ごとに別のページで文書が作成されるので、ひな形の文書の内容を個別に修正したい場合などに使用すると便利です。

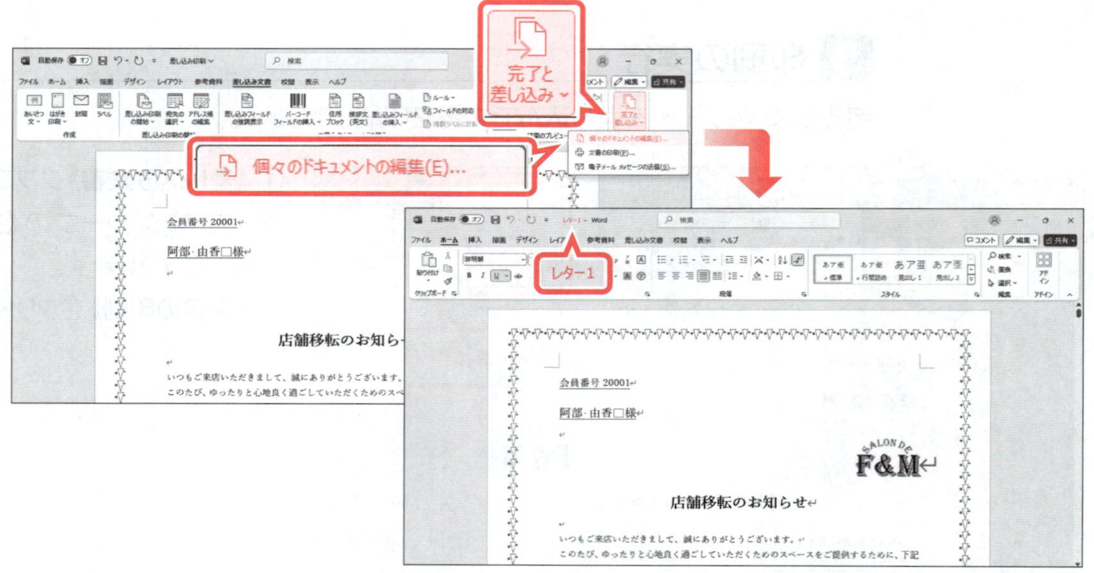

STEP UP 《プリンターに差し込み》ダイアログボックス

《プリンターに差し込み》ダイアログボックスでは、次のような設定ができます。

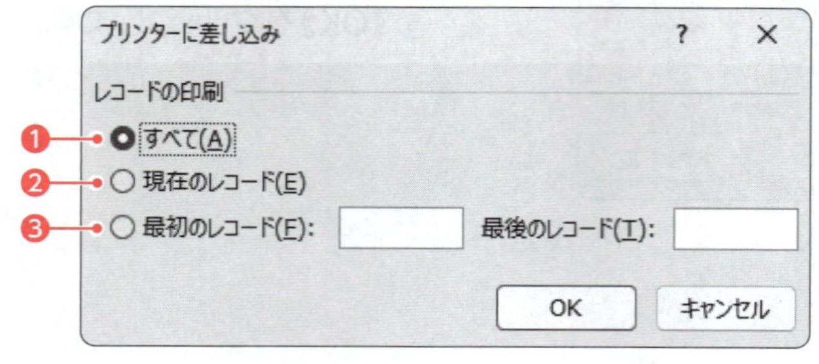

❶すべて
文書に差し込まれたすべての宛先を印刷します。

❷現在のレコード
現在、文書に表示されている宛先を印刷します。

❸最初のレコード・最後のレコード
文書に差し込まれた宛先の中から、範囲を指定して印刷します。

Step 3 宛名を差し込んだラベルを印刷する

1 宛名ラベル印刷

複数のラベルに異なる宛先を差し込んで印刷できます。市販されている専用のラベルシールなどに合わせて宛名ラベルを作成します。
宛名ラベルを作成するには、差し込み印刷と同様に**「ひな形の文書」**と**「宛先リスト」**が必要です。

●宛先リスト：Excelのブック「会員名簿」

会員番号	氏名	郵便番号	住所	電話番号	職業	誕生月	来店回数	担当者
20001	阿部 由香	135-0091	東京都港区台場X-X-X	080-5500-XXXX	会社員	4月	8	高橋
20002	加藤 秀子	101-0021	東京都千代田区外神田X-X-X	090-3222-XXXX	自営業	12月	10	高橋
20003	笹本 光子	231-0023	神奈川県横浜市中区山下町X-X-X	045-131-XXXX	公務員	8月	1	横井
20004	田村 優菜	181-0001	東京都三鷹市井の頭X-X-X	090-9939-XXXX	会社員	3月	4	高橋
20005	中島 久子	179-0085	東京都練馬区早宮X-X-X	090-2390-XXXX	自営業	6月	6	及川
20006	木下 優紀	105-0022	東京都港区海岸X-X-X	03-5444-XXXX	会社員	9月	7	横井
20007	清水 雅美	222-0022	神奈川県横浜市港北区篠原東X-X-X	080-1232-XXXX	主婦	1月	7	横井
20008	江田 京子	220-0023	神奈川県横浜市西区平沼X-X-X	090-9812-XXXX	会社員	10月	8	及川
20009	島田 あかね	220-0034	神奈川県横浜市西区赤門町X-X-X	090-3491-XXXX	会社員	5月	9	高橋

神奈川県の宛先だけを抽出して差し込む

●ひな形の文書：新しい文書

〒231-0023 神奈川県横浜市中区山下町 X-X-X **笹本 光子　様**	〒222-0022 神奈川県横浜市港北区篠原東 X-X-X **清水 雅美　様**
〒220-0023 神奈川県横浜市西区平沼 X-X-X **江田 京子　様**	〒220-0034 神奈川県横浜市西区赤門町 X-X-X **島田 あかね　様**
〒249-0002 神奈川県逗子市山の根 X-X-X **鈴木 千尋　様**	〒224-0016 神奈川県横浜市都筑区あゆみが丘 X-X-X **宮崎 小春　様**
〒231-0062 神奈川県横浜市中区桜木町 X-X-X **磯崎 里美　様**	〒231-0035 神奈川県横浜市中区千歳町 X-X-X **石黒 佐知子　様**
〒230-0063 神奈川県横浜市鶴見区鶴見 X-X-X **岡本 奈緒　様**	〒230-0051 神奈川県横浜市鶴見区鶴見中央 X-X-X **原田 香織　様**
〒231-0062 神奈川県横浜市中区桜木町 X-X-X **戸田 若菜　様**	

2 宛名ラベル印刷の設定

新しい文書にExcelのブック**「会員名簿」**のデータを差し込んで、宛名ラベルを印刷しましょう。

1 差し込み印刷の開始

ひな形の文書としてラベルを指定すると、ラベルの種類やサイズなどを設定することができます。
新しい文書をひな形の文書として、次のようにラベルを設定しましょう。

> プリンター　　　：ページプリンター
> ラベルの製造元：A-ONE
> 製品番号　　　：A-ONE72212

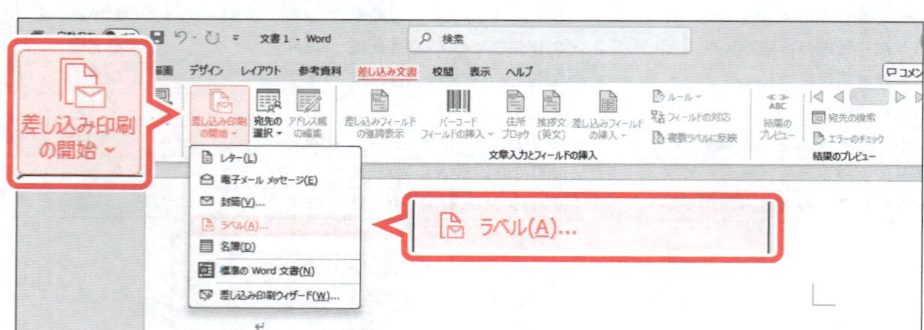

ひな形の文書の種類を選択します。

①**《差し込み文書》**タブを選択します。

②**《差し込み印刷の開始》**グループの**《差し込み印刷の開始》**をクリックします。

③**《ラベル》**をクリックします。

ラベル オプション

プリンター
○ 連続紙プリンター(C)
◉ ページ プリンター(A)　用紙トレイ(T): 既定値
ラベル情報
ラベルの製造元(V): A-ONE
Office.com で更新プログラムを検索
製品番号(U):
A-ONE 51891
A-ONE 72210
A-ONE 72212
A-ONE 72218
A-ONE 72221
A-ONE 72224

ラベル情報	
種類:	A4判 12面《紙ラベル》
高さ:	42.3 mm
幅:	86.4 mm
用紙サイズ:	210 mm × 296.9 mm

サイズの詳細(D)...　新しいラベル(N)...　削除(E)　OK　キャンセル

《ラベルオプション》ダイアログボックスが表示されます。

④**《ページプリンター》**を◉にします。

※実際に使うプリンターの種類を選択してもかまいません。

⑤**《ラベルの製造元》**の▼をクリックします。

⑥**《A-ONE》**をクリックします。

⑦**《製品番号》**の一覧から**《A-ONE72212》**を選択します。

※実際に使うラベルの種類を選択してもかまいません。

⑧**《OK》**をクリックします。

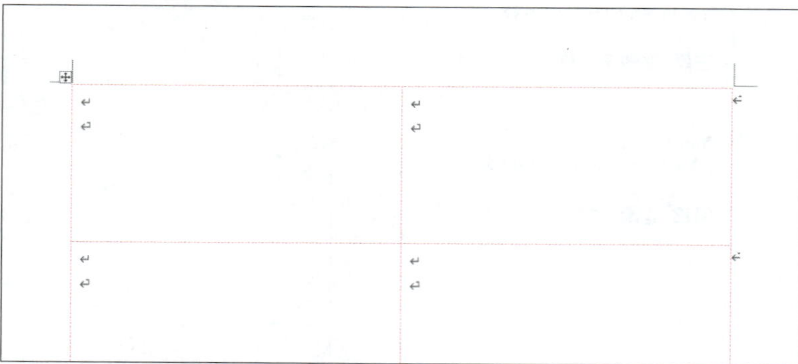

ひな形の文書に、指定したラベルの枠が表示されます。

※ラベルの枠が表示されていない場合は、《テーブルレイアウト》タブ→《表》グループの《表のグリッド線を表示》をクリックしておきましょう。

2 宛先の選択

Excelのブック**「会員名簿」**のシート**「住所録」**を宛先リストとして設定しましょう。

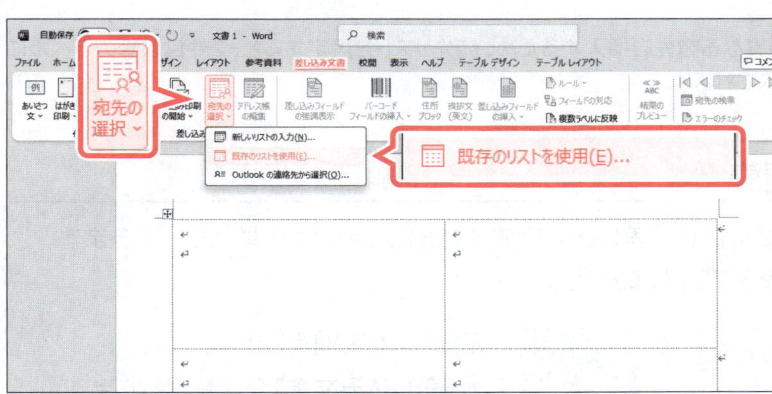

①**《差し込み文書》**タブを選択します。
②**《差し込み印刷の開始》**グループの**《宛先の選択》**をクリックします。
③**《既存のリストを使用》**をクリックします。

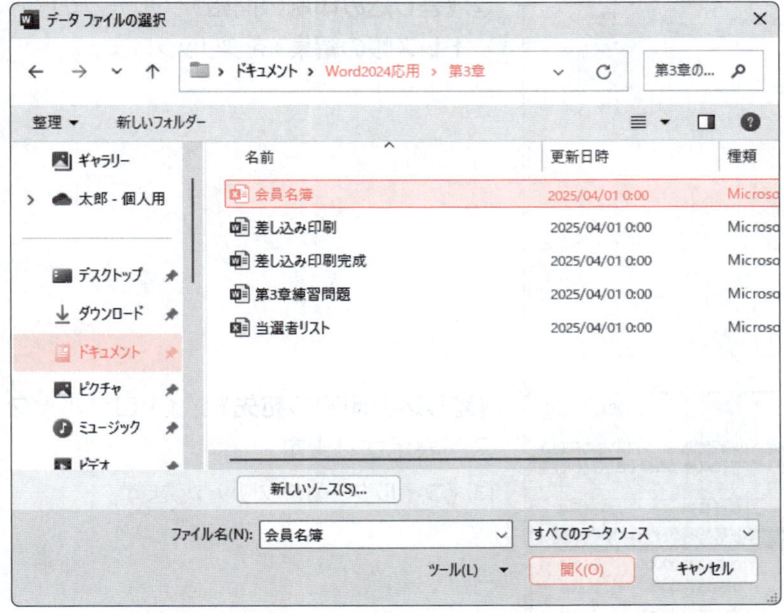

《データファイルの選択》ダイアログボックスが表示されます。
Excelのブックが保存されている場所を選択します。
④左側の一覧から**《ドキュメント》**を選択します。
⑤一覧から**「Word2024応用」**を選択します。
⑥**《開く》**をクリックします。
⑦一覧から**「第3章」**を選択します。
⑧**《開く》**をクリックします。
⑨一覧からブック**「会員名簿」**を選択します。
⑩**《開く》**をクリックします。

《テーブルの選択》ダイアログボックスが表示されます。
差し込むデータのあるシートを指定します。
⑪**「住所録$」**をクリックします。
⑫**《先頭行をタイトル行として使用する》**を☑にします。
⑬**《OK》**をクリックします。

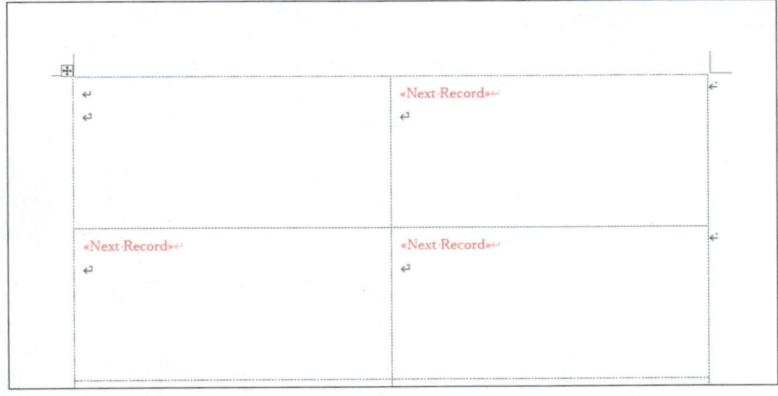

宛先リストが設定されます。
2件目以降のラベルの位置に**「《Next Record》」**と表示されます。

STEP UP Next Recordフィールド

《Next Record》は、1つのひな形の文書に複数のレコードを挿入する場合に、2件目以降のレコードの挿入位置を示します。
宛名ラベルは、ラベルに複数の異なる宛先を挿入するため、宛先リストを設定すると、2件目以降のラベルに《Next Record》が自動的に挿入されます。

3 宛先リストの編集

選択した宛先リストは、必要に応じて差し込む宛先を抽出したり、並べ替えたりできます。
住所が神奈川県の人だけを宛先として指定しましょう。

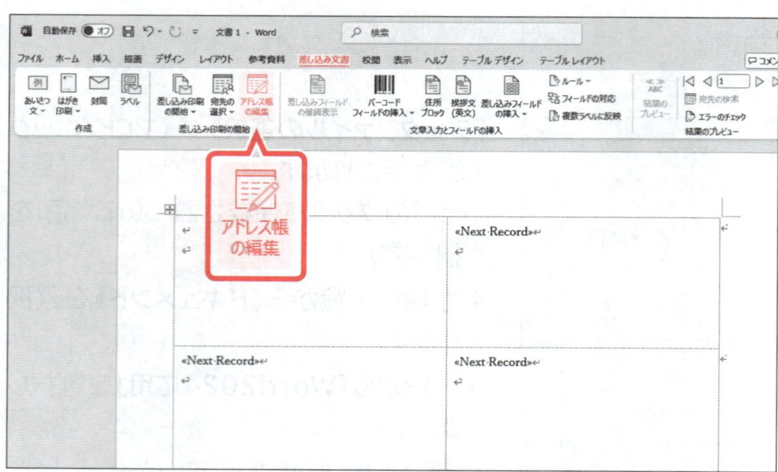

宛先リストを編集します。

① **《差し込み文書》**タブを選択します。

② **《差し込み印刷の開始》**グループの**《アドレス帳の編集》**をクリックします。

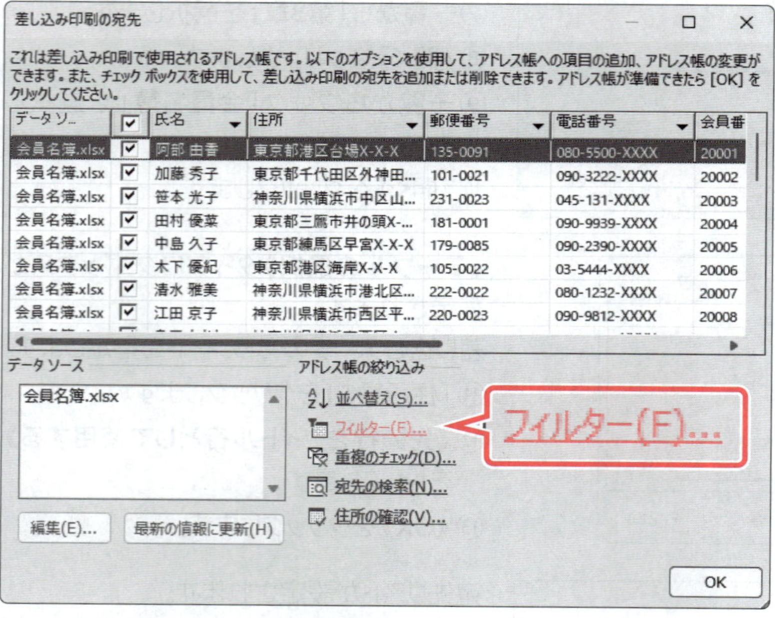

《差し込み印刷の宛先》ダイアログボックスが表示されます。

③ **《フィルター》**をクリックします。

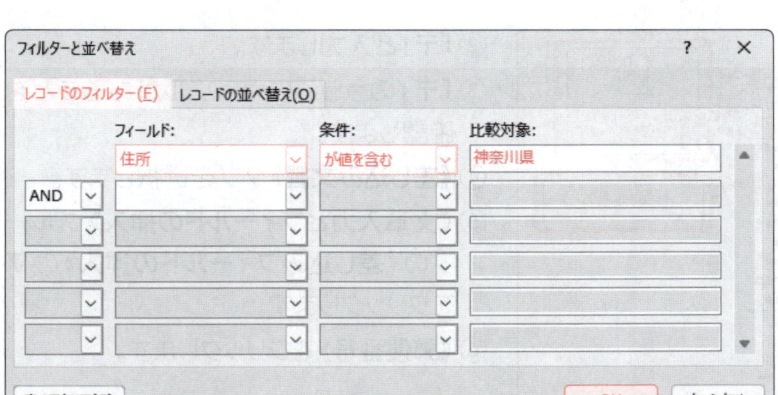

《フィルターと並べ替え》ダイアログボックスが表示されます。

④《レコードのフィルター》タブを選択します。

⑤《フィールド》の▼をクリックします。

⑥《住所》をクリックします。

⑦《条件》の▼をクリックします。

⑧《が値を含む》をクリックします。

※一覧に表示されていない場合は、スクロールして調整します。

⑨《比較対象》に「神奈川県」と入力します。

⑩《OK》をクリックします。

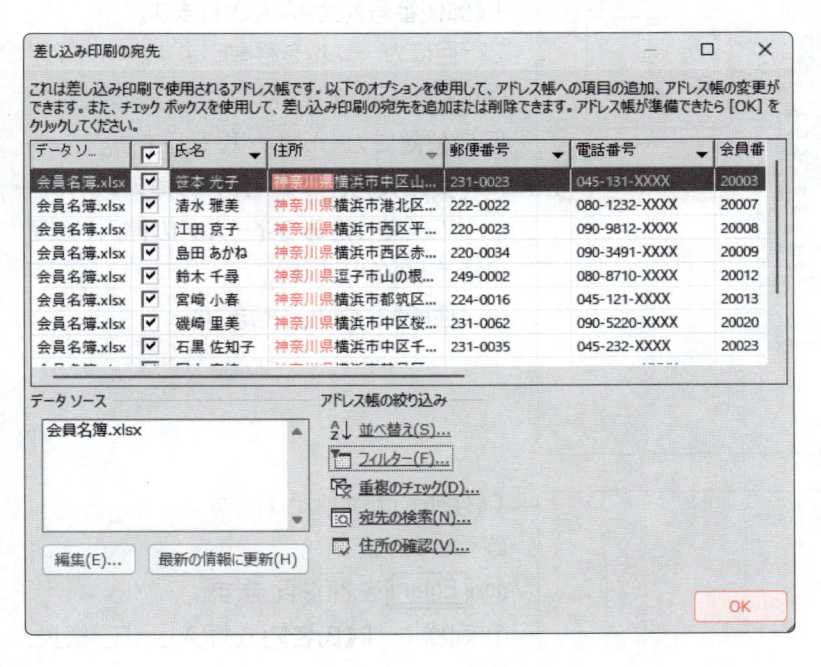

差し込み印刷の宛先

これは差し込み印刷で使用されるアドレス帳です。以下のオプションを使用して、アドレス帳への項目の追加、アドレス帳の変更ができます。また、チェック ボックスを使用して、差し込み印刷の宛先を追加または削除できます。アドレス帳が準備できたら [OK] をクリックしてください。

データ ソ...	☑	氏名	住所	郵便番号	電話番号	会員番
会員名簿.xlsx	☑	笹本 光子	神奈川県横浜市中区山...	231-0023	045-131-XXXX	20003
会員名簿.xlsx	☑	清水 雅美	神奈川県横浜市港北区...	222-0022	080-1232-XXXX	20007
会員名簿.xlsx	☑	江田 京子	神奈川県横浜市西区平...	220-0023	090-9812-XXXX	20008
会員名簿.xlsx	☑	島田 あかね	神奈川県横浜市西区赤...	220-0034	090-3491-XXXX	20009
会員名簿.xlsx	☑	鈴木 千尋	神奈川県逗子市山の根...	249-0002	080-8710-XXXX	20012
会員名簿.xlsx	☑	宮崎 小春	神奈川県横浜市都筑区...	224-0016	045-121-XXXX	20013
会員名簿.xlsx	☑	磯崎 里美	神奈川県横浜市中区桜...	231-0062	090-5220-XXXX	20020
会員名簿.xlsx	☑	石黒 佐知子	神奈川県横浜市中区千...	231-0035	045-232-XXXX	20023

データ ソース
会員名簿.xlsx

アドレス帳の絞り込み
並べ替え(S)...
フィルター(F)...
重複のチェック(D)...
宛先の検索(N)...
住所の確認(V)...

編集(E)... 最新の情報に更新(H) OK

《差し込み印刷の宛先》ダイアログボックスに戻り、住所が神奈川県の宛先だけが表示されます。

⑪《OK》をクリックします。

4 差し込みフィールドの挿入

ひな形の文書の最初のラベルに、次のように差し込みフィールドを挿入しましょう。

〒《郵便番号》
《住所》↵
↵
《氏名》□様

※「〒」は「ゆうびん」と入力して変換します。
※↵で Enter を押して改行します。
※□は全角空白を表します。

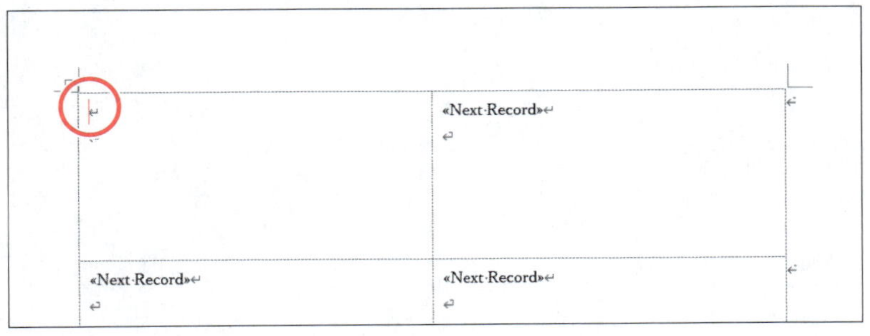

①図の位置にカーソルがあることを確認します。

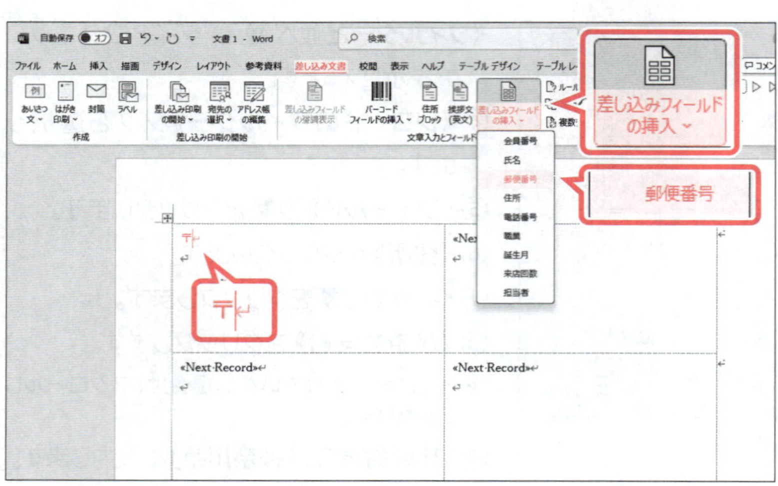

②「〒」と入力します。
③「〒」のうしろにカーソルがあることを確認します。
④**《差し込み文書》**タブを選択します。
⑤**《文章入力とフィールドの挿入》**グループの**《差し込みフィールドの挿入》**の▼をクリックします。
⑥**《郵便番号》**をクリックします。

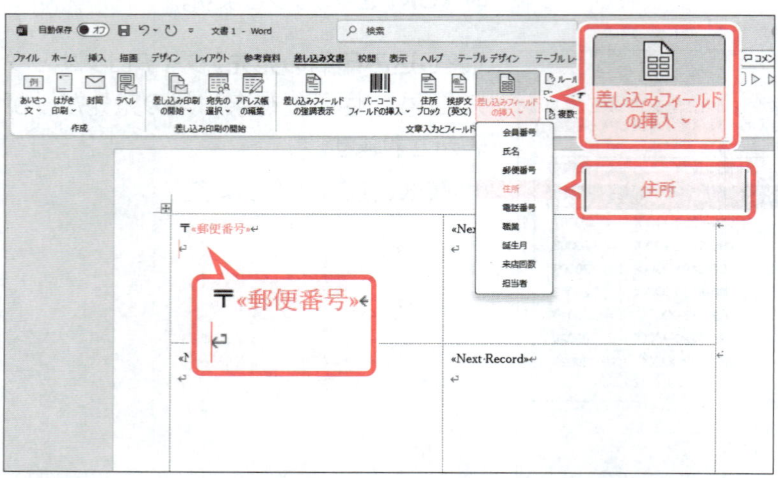

「**《郵便番号》**」が挿入されます。
2行目にカーソルを移動します。
⑦ ↓ を押します。
図の位置にカーソルが移動します。
⑧**《文章入力とフィールドの挿入》**グループの**《差し込みフィールドの挿入》**の▼をクリックします。
⑨**《住所》**をクリックします。

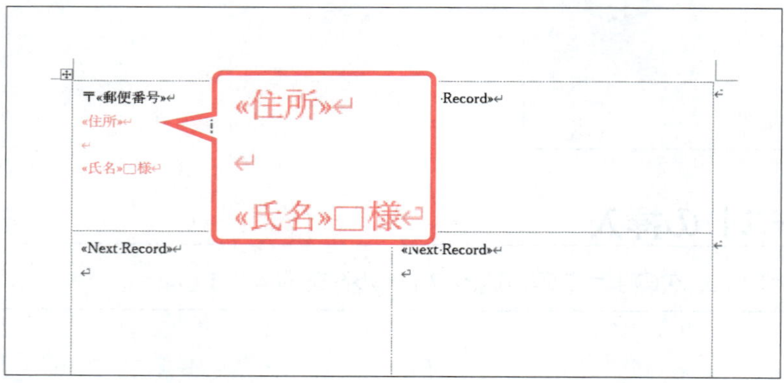

「**《住所》**」が挿入されます。
改行します。
⑩ Enter を2回押します。
⑪同様に、「**《氏名》**」を挿入し、「**□様**」と入力します。
※□は全角空白を表します。

5 ラベルの書式設定

挿入した差し込みフィールドに書式を設定しておくと、宛先リストのデータを差し込んだ際に、その書式が反映されます。
ラベル内の**「《氏名》　様」**に次のように書式を設定し、すべてのラベルに反映させましょう。

フォント　　　：MSゴシック フォントサイズ：16 太字

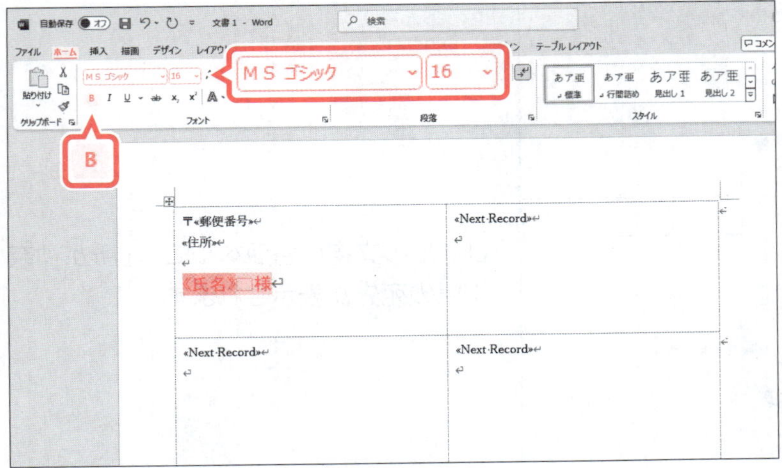

書式を設定します。
① **「《氏名》□様」**を選択します。
② **《ホーム》**タブを選択します。
③ **《フォント》**グループの**《フォント》**の▼をクリックします。
④ **《MSゴシック》**をクリックします。
⑤ **《フォント》**グループの**《フォントサイズ》**の▼をクリックします。
⑥ **《16》**をクリックします。
⑦ **《フォント》**グループの**《太字》**をクリックします。

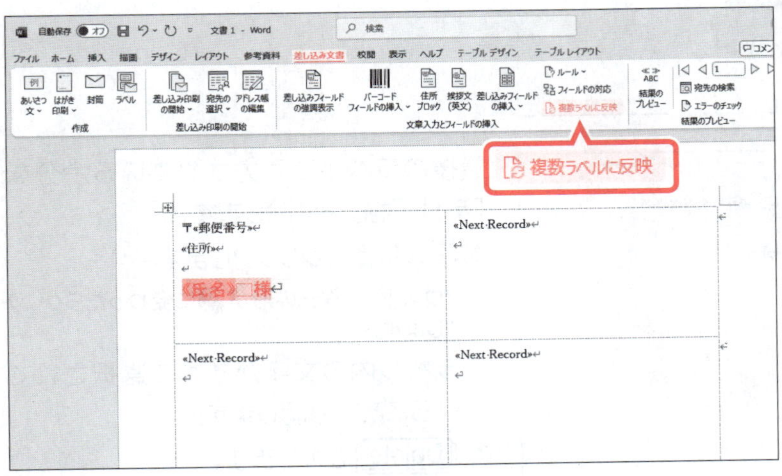

書式が設定されます。
すべてのラベルに反映させます。
⑧ **《差し込み文書》**タブを選択します。
⑨ **《文章入力とフィールドの挿入》**グループの**《複数ラベルに反映》**をクリックします。

〒«郵便番号» «住所» **《氏名》□様**	«Next Record»〒«郵便番号» «住所» **《氏名》□様**
«Next Record»〒«郵便番号» «住所» **《氏名》□様**	«Next Record»〒«郵便番号» «住所» **《氏名》□様**

設定した内容がすべてのラベルに反映されます。
※範囲選択を解除しておきましょう。

6 結果のプレビュー

差し込みフィールドに、宛先リストのデータを差し込んで表示しましょう。

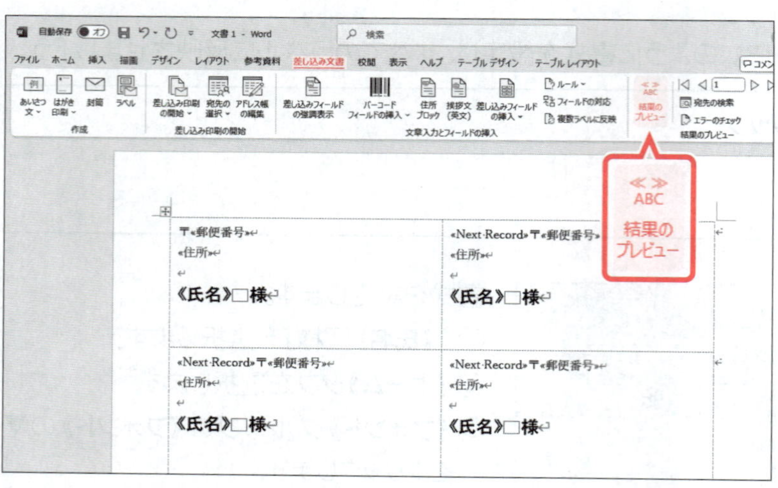

①**《差し込み文書》**タブを選択します。

②**《結果のプレビュー》**グループの**《結果のプレビュー》**をクリックします。

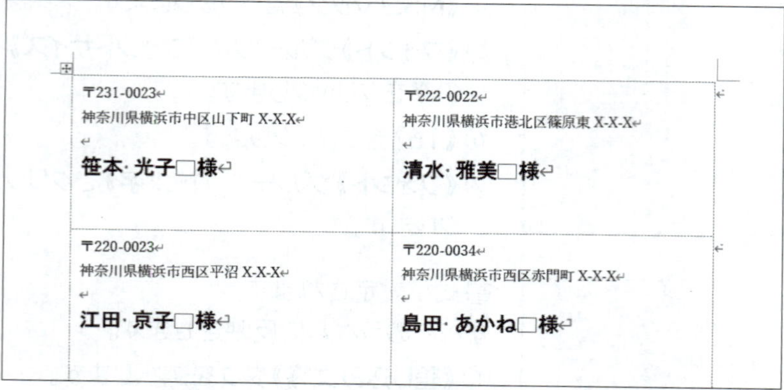

ひな形の文書の各ラベルに、住所が神奈川県の宛先が表示されます。

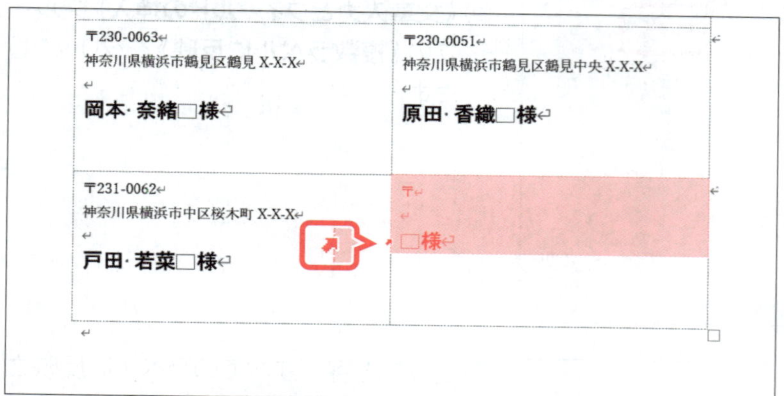

最後のラベルに入力されている余分な**「〒」「□様」**を削除します。

③図の位置でクリックします。

※マウスポインターの形が に変わったらクリックします。

④ラベル内の文字がすべて選択されていることを確認します。

⑤ Delete を押します。

「〒」「□様」が削除されます。

7 印刷の実行

宛名ラベルを印刷しましょう。

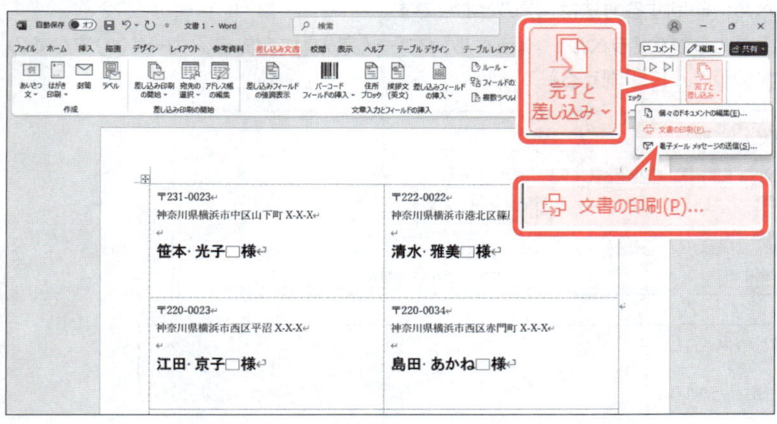

①《差し込み文書》タブを選択します。
②《完了》グループの《完了と差し込み》をクリックします。
③《文書の印刷》をクリックします。

《プリンターに差し込み》ダイアログボックスが表示されます。
④《すべて》を◉にします。
⑤《OK》をクリックします。

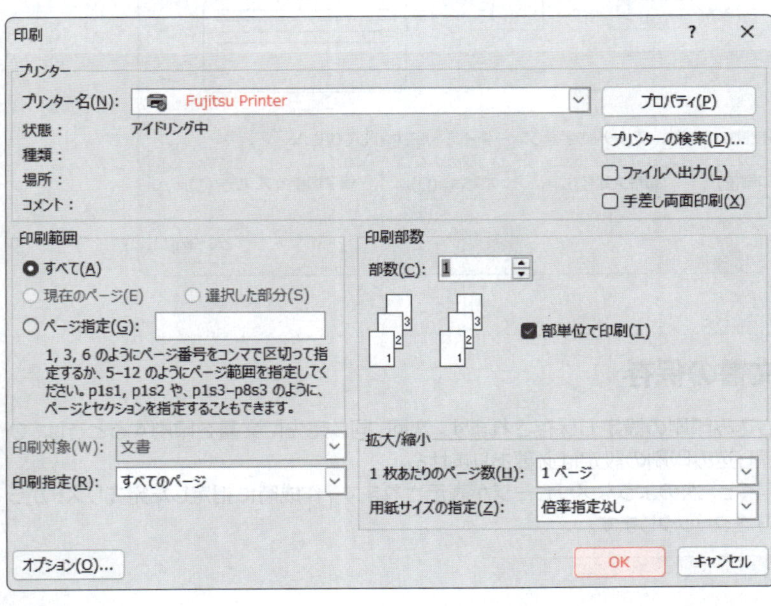

《印刷》ダイアログボックスが表示されます。
⑥《プリンター名》に出力するプリンターの名前が表示されていることを確認します。
※表示されていない場合は、▼をクリックし、一覧から選択します。
⑦《OK》をクリックします。

宛名ラベルが印刷されます。
※文書に「宛名ラベル完成」と名前を付けて、フォルダー「第3章」に保存し、閉じておきましょう。

STEP UP 1件の宛先をラベルに印刷する

1件の宛先をひな形の文書のすべてのラベル、または1枚のラベルに印刷できます。
1件の宛先をひな形の文書のラベルに印刷する方法は、次のとおりです。

◆《差し込み文書》タブ→《作成》グループの《ラベル》→《ラベル》タブ→《宛先》に宛先を入力→《◉すべてのラベルに印刷する》／《◉1枚のラベルに印刷する》

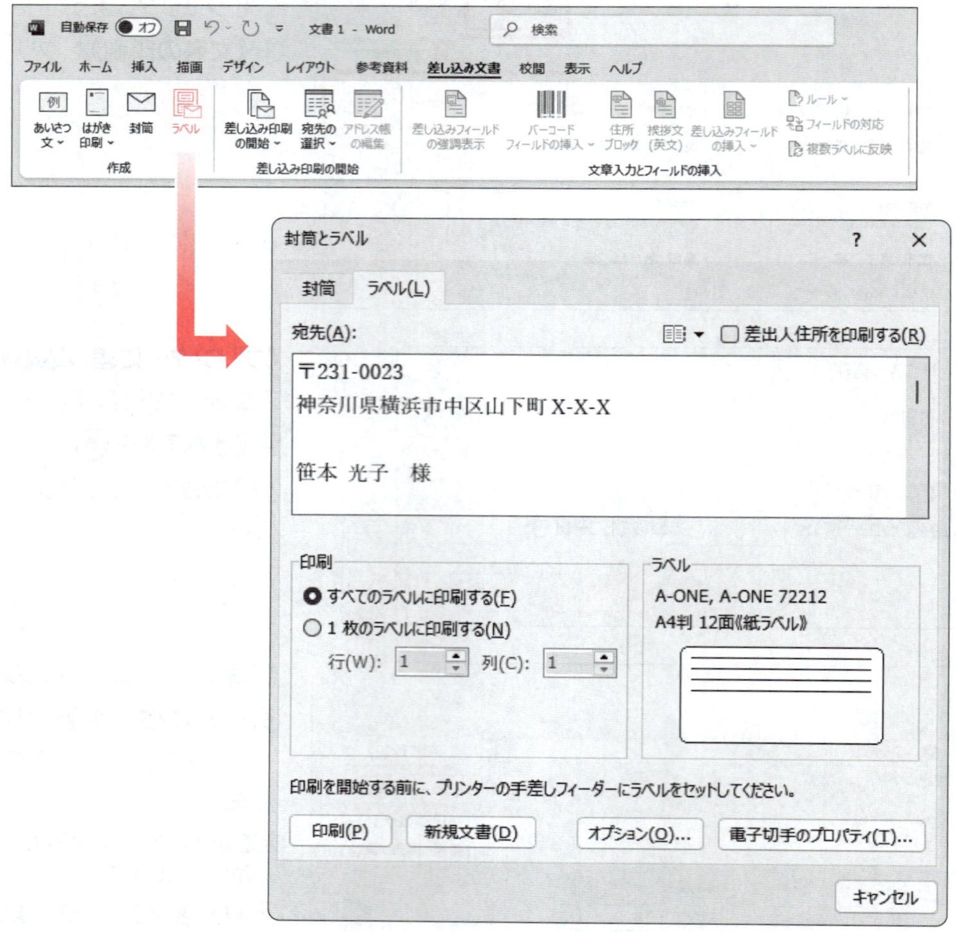

STEP UP ひな形の文書の保存

ひな形の文書を保存すると、差し込み印刷の設定も保存されます。次回、同じ宛先に文書を印刷するときは、ひな形の文書を編集するだけで、差し込み印刷の設定は必要ありません。
また、保存したひな形の文書を開くと、次のようなメッセージが表示されます。作成時に指定した宛先リストからデータを挿入する場合は、《はい》をクリックします。

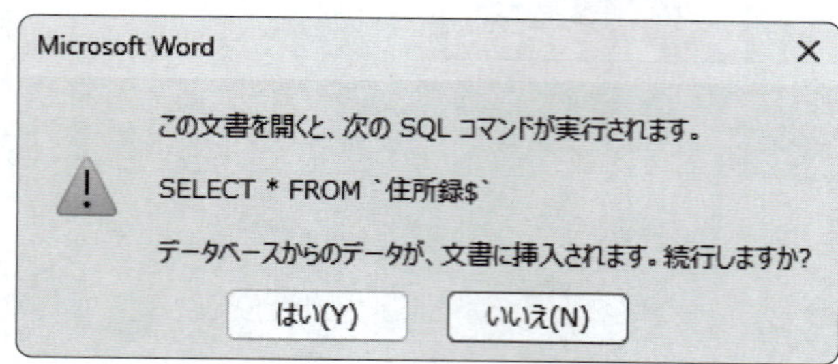

練習問題

PDF 標準解答 ▶ P.8

あなたは、食品会社に勤務しており、モニター商品の当選者に発送する案内状を作成することになりました。
完成図のような文書を作成しましょう。

●完成図

2025年7月1日

菊池　啓太　様

F&Mフードサービス株式会社
商品企画部

モニター募集　当選のお知らせ

拝啓　皆様にはご健勝にてご活躍のことと存じます。平素は、弊社商品をご愛顧いただき、厚く御礼申し上げます。

さて、先日は栄養補助食品のモニター募集にご応募いただき、誠にありがとうございます。厳正なる選考を行いましたところ、当選されましたのでお知らせいたします。

つきましては、下記の商品をお送りいたしますので、ぜひお試しください。商品に関するレポートにつきましては、今月末頃にメールでご案内いたします。

皆様のご意見、ご感想を今後の商品開発にいかせるよう日々努力してまいります。ご協力のほど、よろしくお願い申し上げます。

敬具

記

1	パールゼリー（ブドウ味）
2	パールゼリー（キウイ味）

以上

〒135-0091 東京都港区台場X-X-X 菊池　啓太　様	〒290-0051 千葉県市原市君塚X-X-X 北村　真由美　様
〒231-0023 神奈川県横浜市中区山下町X-X-X 矢吹　健一　様	〒344-0125 埼玉県春日部市飯沼X-X-X 田村　康太　様
〒332-0005 埼玉県川口市新井町X-X-X 池田　絢子　様	〒222-0022 神奈川県横浜市港北区篠原東X-X-X 小林　友美　様
〒220-0012 神奈川県横浜市西区みなとみらいX-X-X 江頭　美奈子　様	〒160-0023 東京都新宿区西新宿X-X-X 門脇　亜矢子　様
〒241-0801 神奈川県横浜市旭区若葉台X-X-X 松原　葵　様	〒274-0077 千葉県船橋市薬円台X-X-X 小林　真帆　様
〒270-0002 千葉県松戸市平賀X-X-X 八田　恵子　様	〒166-0001 東京都杉並区阿佐谷北X-X-X 三田　純也　様

①文書**「第3章練習問題」**を差し込み印刷のひな形の文書として指定しましょう。

②フォルダー**「第3章」**のExcelのブック**「当選者リスト」**のシート**「当選者」**を宛先リストとして設定しましょう。

③ひな形の文書に、次のように差し込みフィールドを挿入しましょう。

当選者名　：2行目の行頭
商品1　　：表内1行2列目のセル
商品2　　：表内2行2列目のセル

④ひな形の文書に宛先リストのデータを差し込んで表示しましょう。

⑤ひな形の文書を印刷しましょう。

※文書に「第3章練習問題完成」と名前を付けて、フォルダー「第3章」に保存し、閉じておきましょう。

OPEN
新しい文書

⑥新しい文書をひな形の文書として設定し、次のように宛名ラベルを作成しましょう。

プリンター　　　：ページプリンター
ラベルの製造元：Hisago
製品番号　　　　：Hisago ELM007

⑦フォルダー**「第3章」**のExcelのブック**「当選者リスト」**のシート**「当選者」**を宛先リストとして設定しましょう。

⑧ひな形の文書に、次のように差し込みフィールドを挿入しましょう。

〒《郵便番号》
《住所1》《住所2》↵
↵
《当選者名》□様

※「〒」は「ゆうびん」と入力して変換します。
※↵で[Enter]を押して改行します。
※□は全角空白を表します。

⑨ひな形の文書の**「《当選者名》　様」**のフォントサイズを**「14」**に変更し、すべてのラベルに反映させましょう。

⑩ひな形の文書に宛先リストのデータを差し込んで表示しましょう。

⑪宛名ラベルを印刷しましょう。

※文書に「第3章練習問題宛名ラベル完成」と名前を付けて、フォルダー「第3章」に保存し、閉じておきましょう。

第4章

長文の作成

この章で学ぶこと

学習前に習得すべきポイントを理解しておき、
学習後には確実に習得できたかどうかを振り返りましょう。

- ■ 文書に「見出し」を設定することのメリットを理解し、見出しを設定できる。 → P.108 ☐☐☐
- ■ ステータスバーに行番号を表示し、確認できる。 → P.109 ☐☐☐
- ■ 見出しを利用して文書内を効率よく移動できる。 → P.113 ☐☐☐
- ■ 見出しレベルを指定して表示を切り替えることができる。 → P.114 ☐☐☐
- ■ 下位レベルを表示したり、非表示にしたりできる。 → P.115 ☐☐☐
- ■ 設定した見出しのレベルを変更できる。 → P.116 ☐☐☐
- ■ 見出しを使って文章を入れ替えることができる。 → P.117 ☐☐☐
- ■ スタイルセットとは何かを理解し、スタイルセットを適用できる。 → P.119 ☐☐☐
- ■ 登録されているスタイルの書式を変更し、スタイルを更新できる。 → P.120 ☐☐☐
- ■ アウトライン番号を設定したり、変更したりできる。 → P.124 ☐☐☐
- ■ 表紙を挿入し、編集できる。 → P.127 ☐☐☐
- ■ ヘッダーとフッターを挿入し、編集できる。 → P.130 ☐☐☐
- ■ 見出しを利用して目次を作成できる。 → P.137 ☐☐☐
- ■ 作成した目次を利用して、文書内を効率よく移動できる。 → P.140 ☐☐☐
- ■ 目次を更新できる。 → P.141 ☐☐☐
- ■ 脚注を挿入できる。 → P.143 ☐☐☐
- ■ 図表番号を挿入できる。 → P.145 ☐☐☐

STEP 1 作成する文書を確認する

1 作成する文書の確認

次のような文書を作成しましょう。

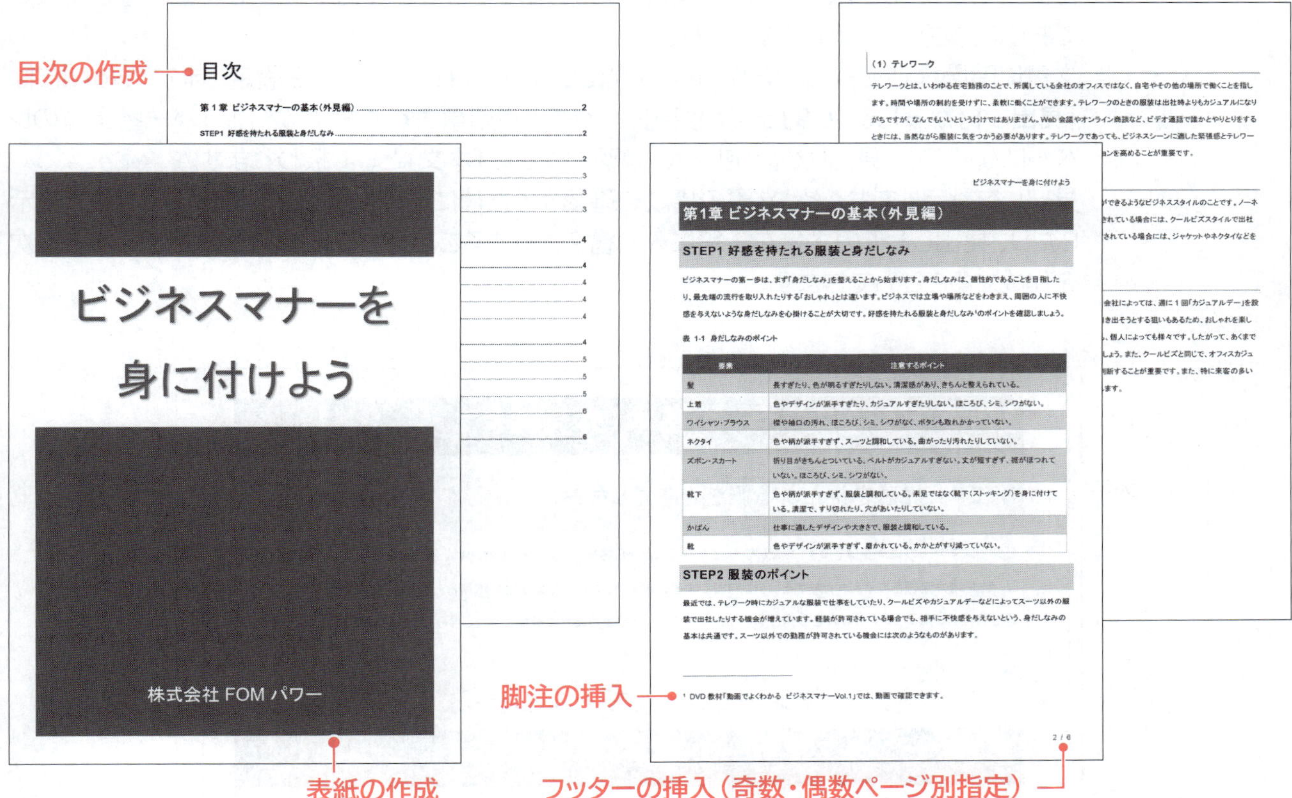

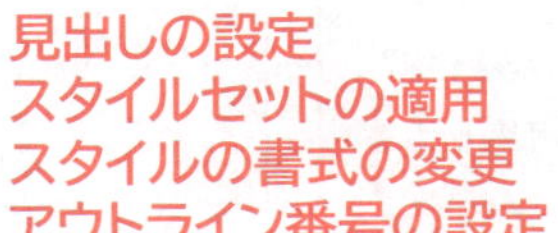

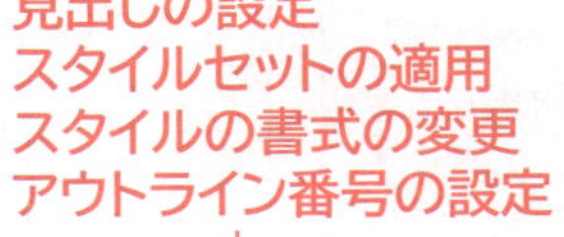

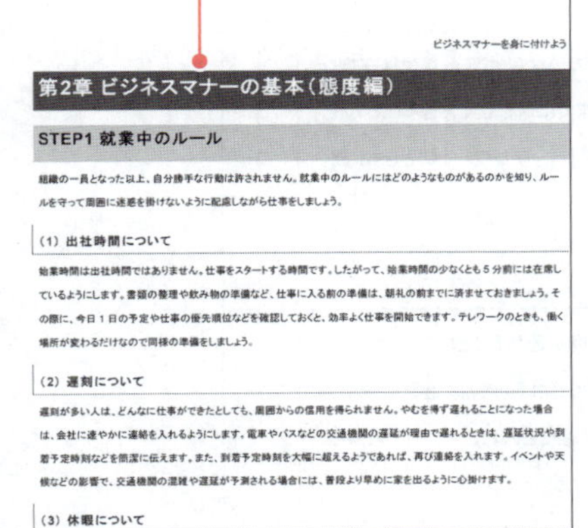

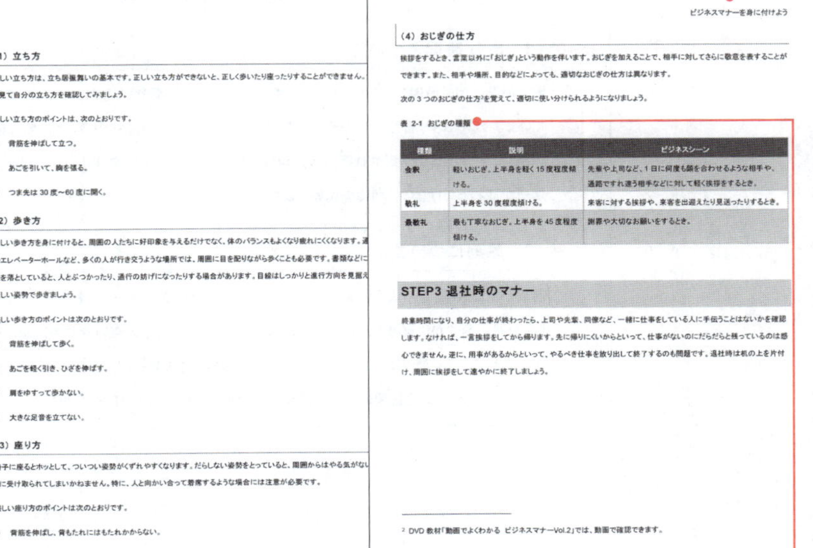

STEP 2 見出しを設定する

1 見出し

説明書や報告書、論文などのページ数の多い文書の構成を確認したり、変更したりする場合に、文書に**「第1章、第1節、第1項」**や**「第1章、STEP1、(1)」**といった階層構造を持たせておくと、文書が管理しやすくなります。
文書に階層構造を持たせる場合は、**「見出し」**と呼ばれるスタイルを設定します。Wordには**「見出し1」**から**「見出し9」**までの見出しスタイルが用意されており、見出し1が一番上位のレベルになります。見出しを設定しない説明文などは**「本文」**として扱われます。
見出しを設定しておくと、文書の構成を確認するために見出しだけを抜き出して一覧で表示したり、見出しとその本文を一緒に入れ替えたりすることができます。また、見出しから目次を作成することもできます。

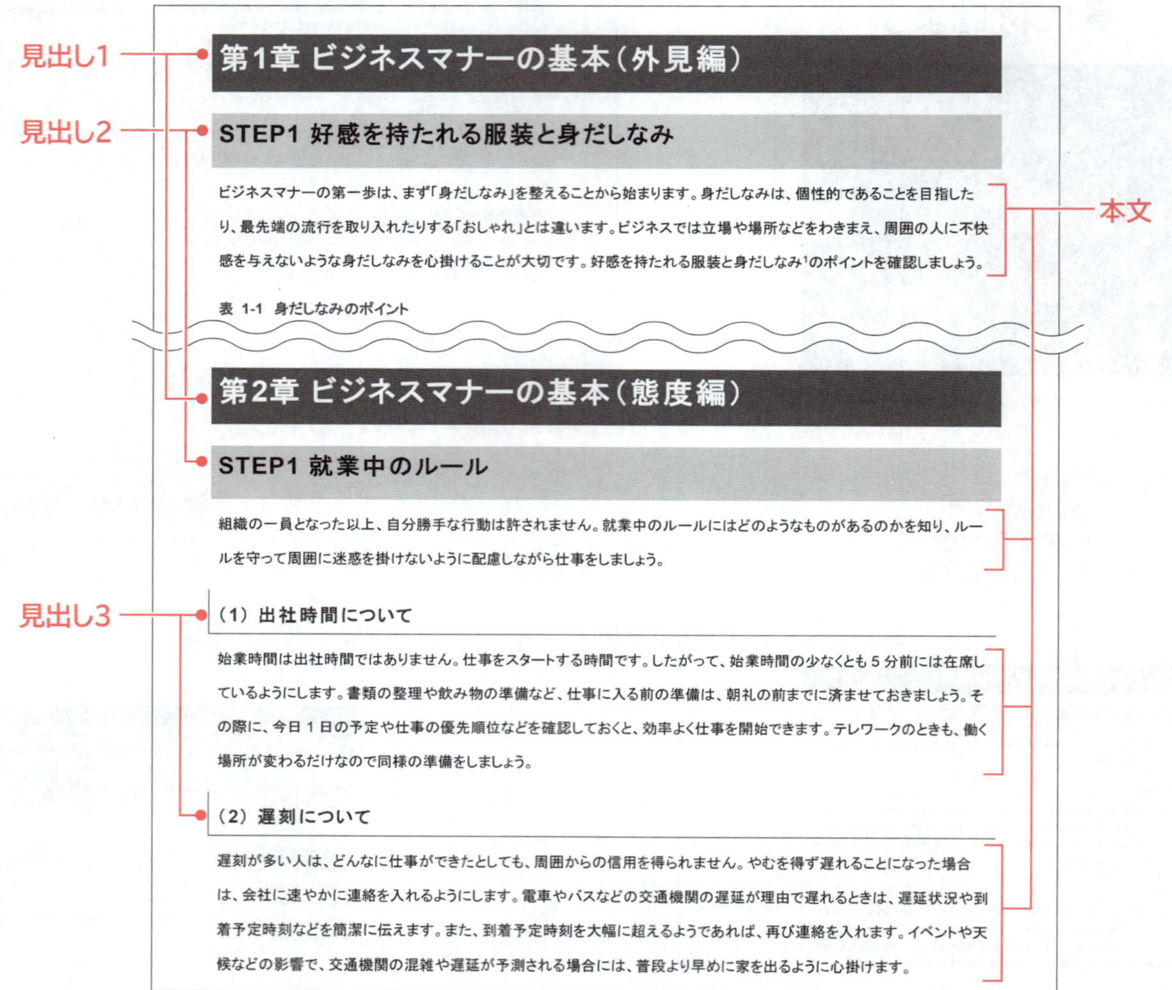

2 行番号の表示

OPEN
長文の作成

ページ数の多い文書の操作を行う場合は、カーソルの位置を確認しやすいように、ステータスバーに行番号を表示すると便利です。
ステータスバーに行番号を表示しましょう。

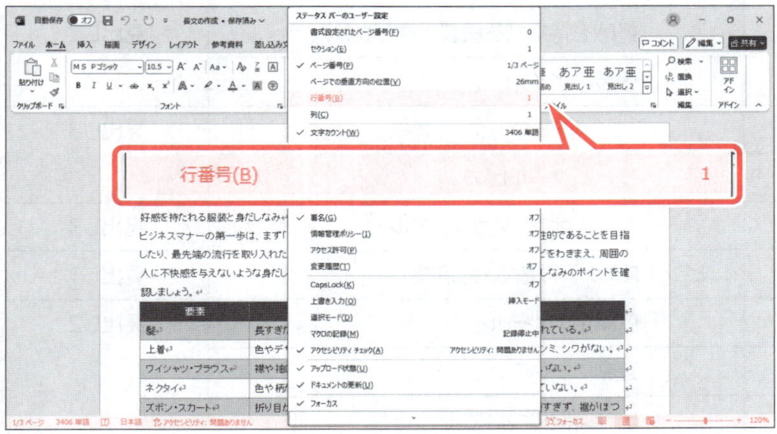

①ステータスバーを右クリックします。
《ステータスバーのユーザー設定》が表示されます。
②**《行番号》**をクリックします。
※《行番号》にチェックマークが付いた状態にします。

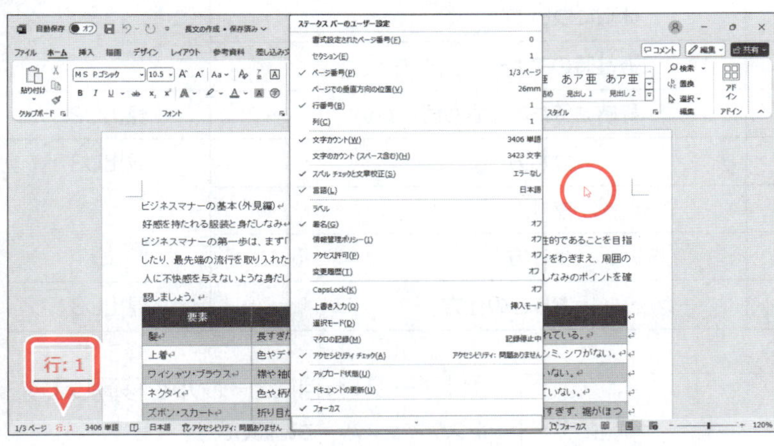

ステータスバーに**《行：1》**が表示されます。
※カーソルのある位置の行番号が表示されます。
③**《ステータスバーのユーザー設定》**以外の場所をクリックします。

POINT 行番号の非表示

ステータスバーに表示した行番号を非表示にする方法は、次のとおりです。
◆ステータスバーを右クリック→《行番号》
※《行番号》に✓が付いていない状態にします。

3 見出しの設定

次のように、文書に見出し1から見出し3を設定しましょう。

ページ	行番号	内容	見出しレベル
1ページ	1行目	ビジネスマナーの基本（外見編）	見出し1
	2行目	好感を持たれる服装と身だしなみ	見出し2
	18行目	服装のポイント	
	22行目	テレワーク	見出し3
	29行目	クールビズ	
2ページ	4行目	オフィスカジュアル	見出し3
	11行目	ビジネスマナーの基本（態度編）	見出し1
	12行目	就業中のルール	見出し2
	15行目	遅刻について	
	21行目	出社時間について	
	26行目	休暇について	
	30行目	退社時のマナー	
3ページ	6行目	好感を持たれる立ち居振舞い	見出し2
	10行目	立ち方	見出し3
	17行目	座り方	
	23行目	歩き方	
4ページ	1行目	おじぎの仕方	見出し3

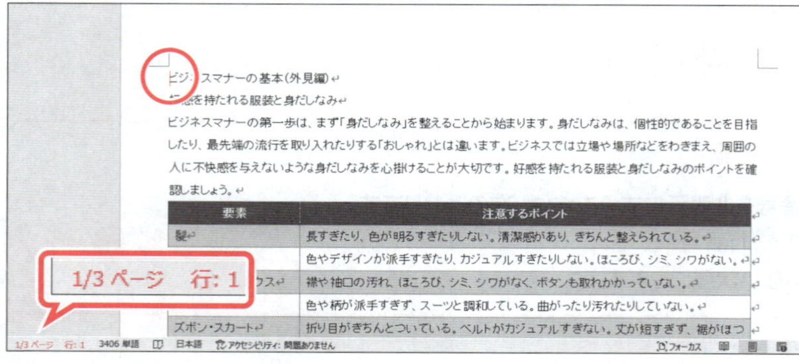

①1ページ1行目にカーソルを移動します。

※ステータスバーで確認します。

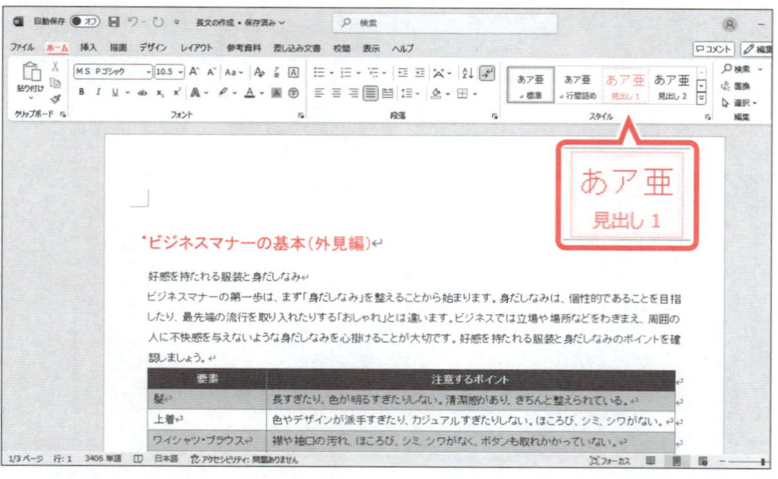

②《ホーム》タブを選択します。

③《スタイル》グループの《見出し1》をクリックします。

※お使いの環境によっては、見出しスタイルの表示や位置が異なる場合があります。

「ビジネスマナーの基本（外見編）」に見出し1が設定され、行の左端に**「・」**が表示されます。

※「・」は印刷されません。

※ナビゲーションウィンドウが表示された場合は、閉じておきましょう。

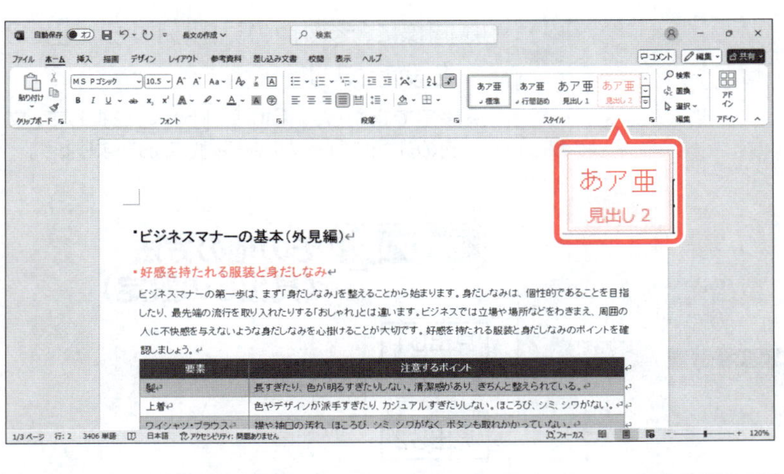

④1ページ2行目にカーソルを移動します。

⑤《**スタイル**》グループの《**見出し2**》をクリックします。

「**好感を持たれる服装と身だしなみ**」に見出し2が設定されます。

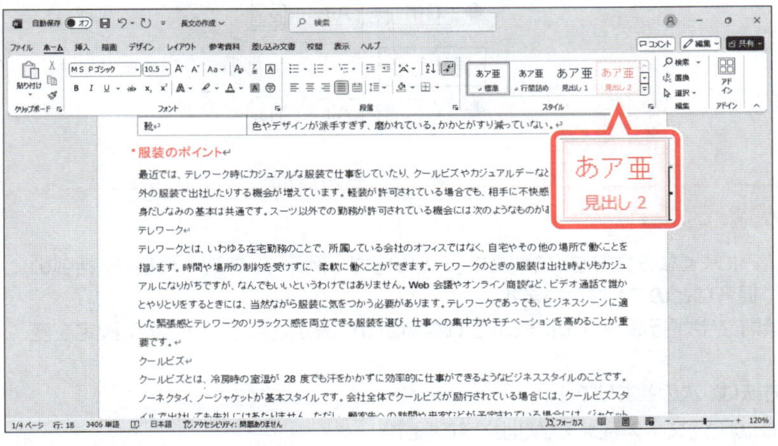

⑥1ページ18行目にカーソルを移動します。

⑦《**スタイル**》グループの《**見出し2**》をクリックします。

「**服装のポイント**」に見出し2が設定されます。

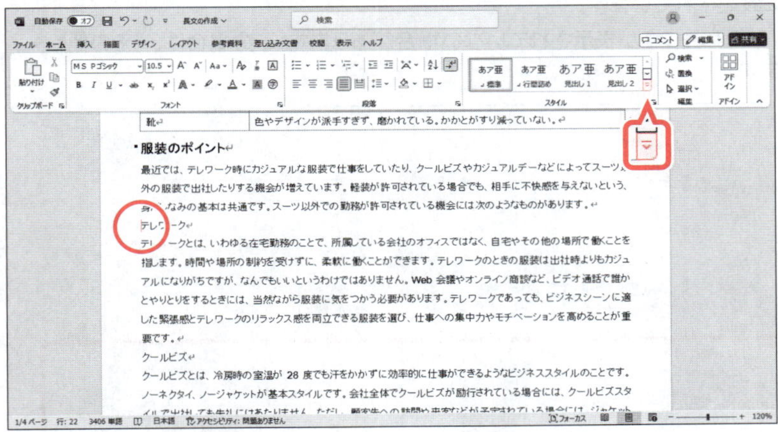

⑧1ページ22行目にカーソルを移動します。

⑨《**スタイル**》グループの［▼］をクリックします。

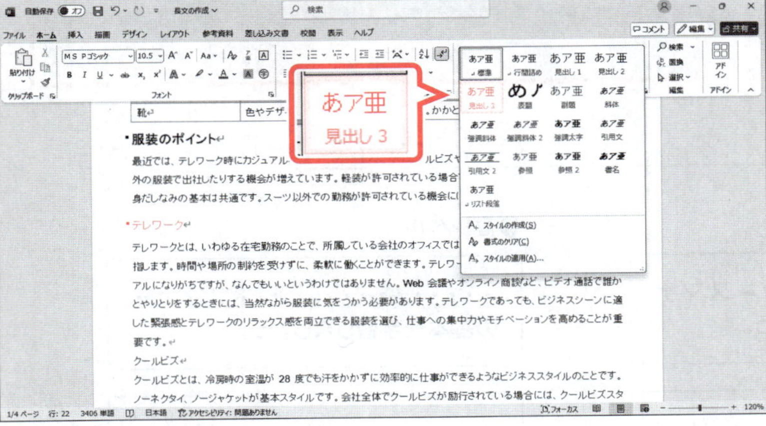

⑩《**見出し3**》をクリックします。

「**テレワーク**」に見出し3が設定されます。

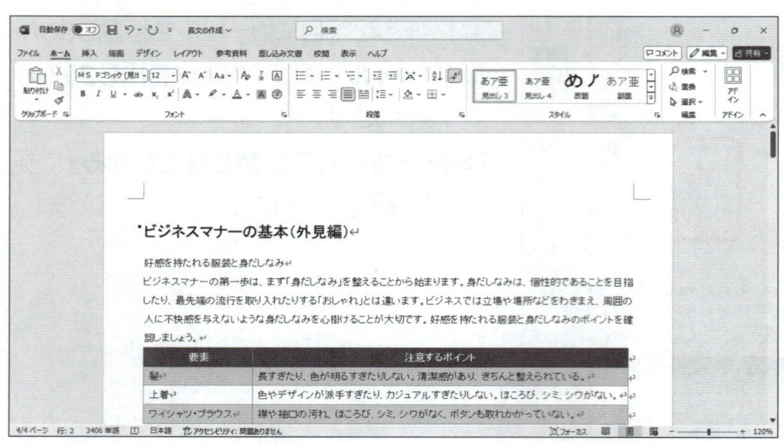

⑪同様に、その他の見出し1から見出し3を設定します。

※設定できたら、Ctrl + Home を押して、文書の先頭にカーソルを移動しておきましょう。

STEP UP その他の方法（見出しの設定）

見出し1

◆ Ctrl + Alt + 1

見出し2

◆ Ctrl + Alt + 2

見出し3

◆ Ctrl + Alt + 3

POINT 禁則文字の設定

行頭や行末に表示されると読みにくくなる文字を「禁則文字」といいます。例えば、句読点や長音、括弧の始まり記号や閉じ記号、拗音、促音などのことをいいます。

初期の設定では、標準的な禁則文字が行頭や行末に表示されないように設定されていますが、設定を変更することもできます。

禁則文字の設定を変更する方法は、次のとおりです。

◆《ファイル》タブ→《オプション》→《文字体裁》→《禁則文字の設定》

※初期の設定では、《標準》に設定されています。

※お使いの環境によっては、《オプション》が表示されていない場合があります。その場合は、《その他》→《オプション》をクリックします。

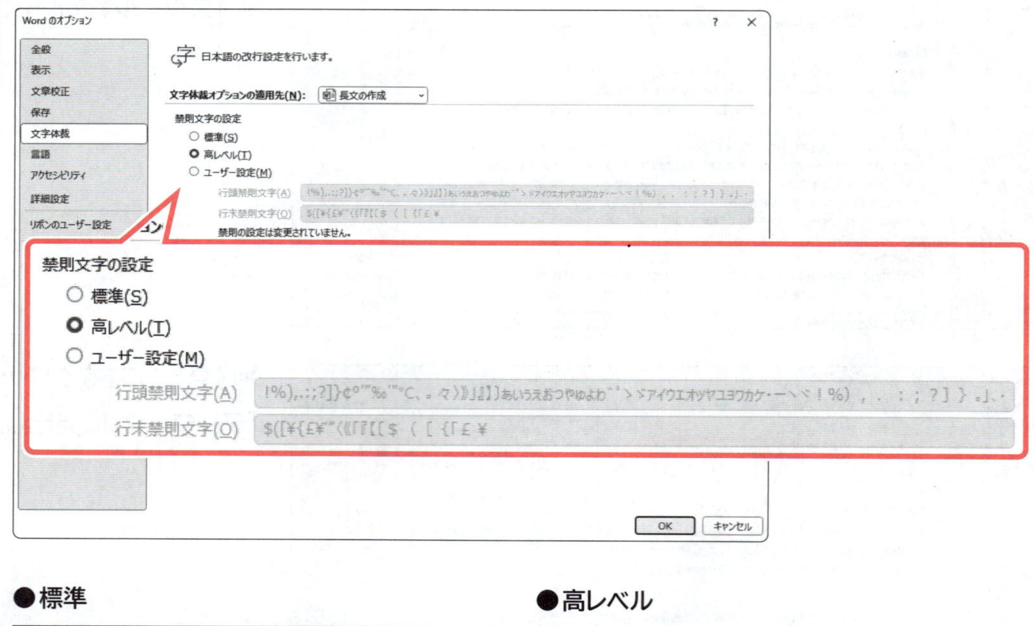

●標準

・・・・・・・・・・・。ビジネスマナ
ーの基本を学習しましょう。

●高レベル

・・・・・・・・・・・。ビジネスマナー
の基本を学習しましょう。

●標準

・・・・・。ノーネクタイ、ノージャケ
ットが基本スタイルです。

●高レベル

・・・・・。ノーネクタイ、ノージャケッ
トが基本スタイルです。

STEP 3 文書の構成を変更する

1 ナビゲーションウィンドウ

「ナビゲーションウィンドウ」とは、文書の構成を確認できるウィンドウです。文書内の見出しを設定した段落が階層表示されます。ナビゲーションウィンドウを使うと、表示された見出しをクリックするだけで目的の場所へジャンプしたり、見出しをドラッグするだけで見出し単位で文章を入れ替えたりできます。

2 ナビゲーションウィンドウの表示

ナビゲーションウィンドウを表示しましょう。

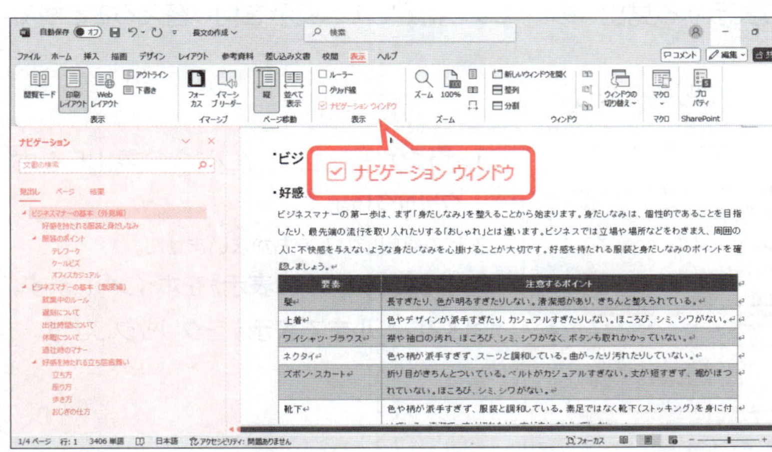

①**《表示》**タブを選択します。

②**《表示》**グループの**《ナビゲーションウィンドウ》**を☑にします。

ナビゲーションウィンドウが表示されます。

※ナビゲーションウィンドウに見出しの一覧が表示されていない場合は、ナビゲーションウィンドウの《見出し》をクリックしておきましょう。

※操作しやすいように、画面の表示倍率を調整しておきましょう。ここでは110%にしています。

3 見出しを利用した移動

ナビゲーションウィンドウに表示されている見出しをクリックすると、その見出しにジャンプできます。すばやく目的の項目を表示したいときなどに便利です。

見出し**「就業中のルール」**をクリックして、画面の表示を切り替えましょう。

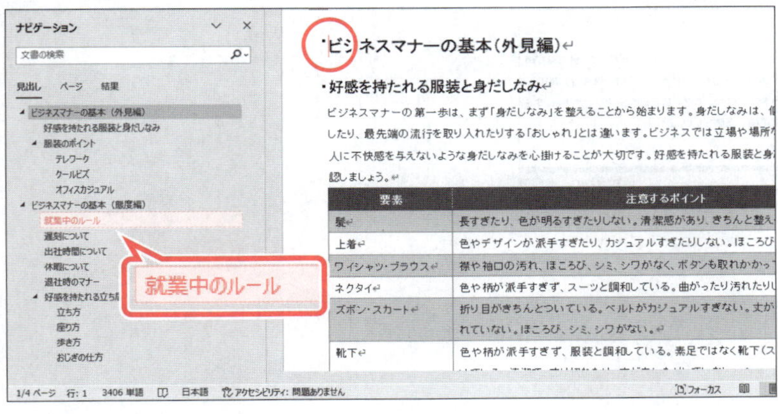

①カーソルが文書の先頭にあることを確認します。

②ナビゲーションウィンドウの**「就業中のルール」**をクリックします。

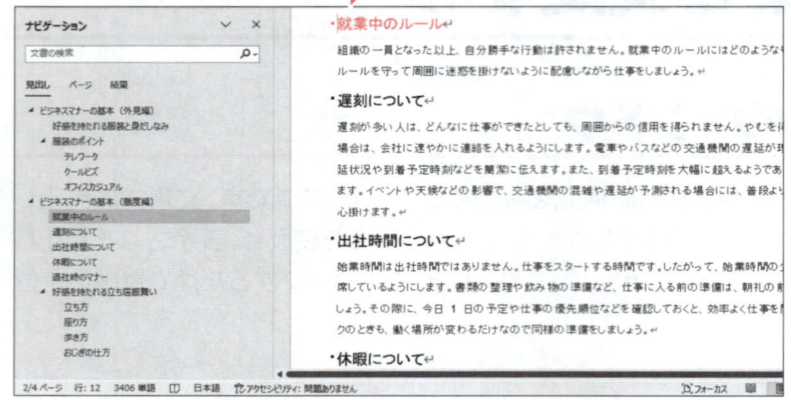

本文中の見出し**「就業中のルール」**が表示され、カーソルが行の先頭に移動します。

4　見出しレベルを指定して表示

ナビゲーションウィンドウに表示する見出しのレベルを指定して、表示を切り替えることができます。
2レベルまでの見出しの表示に切り替えましょう。

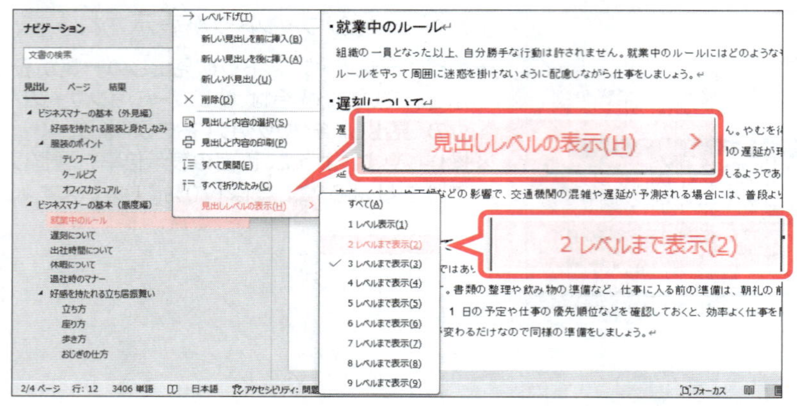

①ナビゲーションウィンドウの見出しを右クリックします。
※どの見出しの上でもかまいません。
②**《見出しレベルの表示》**をポイントします。
③**《2レベルまで表示》**をクリックします。

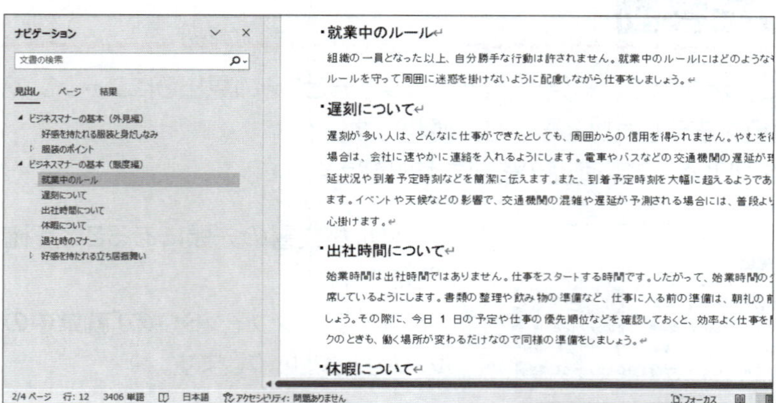

ナビゲーションウィンドウの見出しが2レベルまでの表示に切り替わります。
※確認できたら、見出しを右クリック→《見出しレベルの表示》→《すべて》をクリックして、すべての見出しレベルを表示しておきましょう。

5 下位レベルの表示・非表示

ナビゲーションウィンドウの見出しに付いている◢は、下位のレベルの見出しを含んでいることを表しています。
◢を使うと、部分的に下位のレベルの見出しの表示・非表示を切り替えることができます。階層が多くなってしまった場合は、必要な見出しのみ表示するとよいでしょう。
「服装のポイント」の◢をクリックして、下位のレベルを非表示にしましょう。

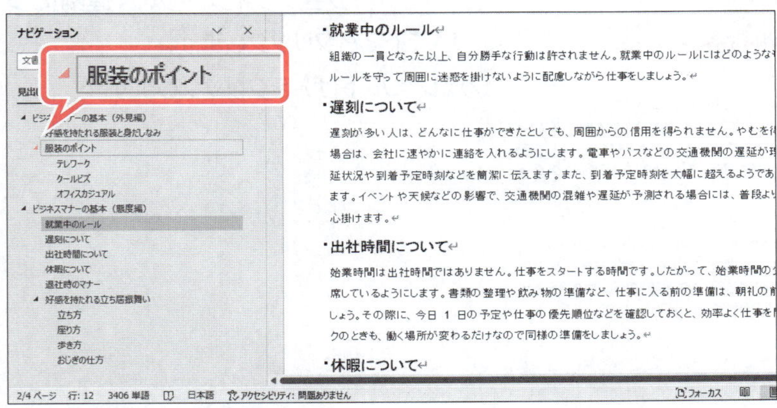

①ナビゲーションウィンドウの**「服装のポイント」**の◢をクリックします。

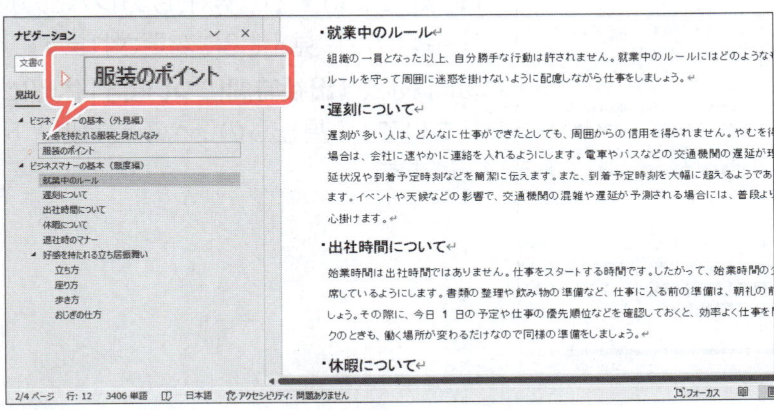

下位のレベルの見出しが折りたたまれ、◢が▷に切り替わります。

※ ▷をクリックして、下位のレベルの見出しを表示しておきましょう。

POINT 本文の表示・非表示

本文中の見出しを設定した行をポイントしても、行の左端に◢が表示されます。
この◢をクリックすると、▶に切り替わり、見出し内の文章を非表示にできます。
また、▶をクリックすると、◢に切り替わり、見出し内の文章が表示されます。

◢ビジネス

◢ビジネスマナーの基本（外見編）

・好感を持たれる服装と身だしなみ

ビジネスマナーの第一歩は、まず「身だしなみ」を整えることから始まります。身だしなみは、個性的であることを目指したり、最先端の流行を取り入れたりする「おしゃれ」とは違います。ビジネスでは立場や場所などをわきまえ、周囲の人に不快感を与えないような身だしなみを心掛けることが大切です。好感を持たれる服装と身だしなみのポイントを確認しましょう。

要素	注意するポイント
髪	長すぎたり、色が明るすぎたりしない。清潔感があり、きちんと整えられている。
上着	色やデザインが派手すぎたり、カジュアルすぎたりしない。ほころび、シミ、シワがない。
ワイシャツ・ブラウス	襟や袖口の汚れ、ほころび、シミ、シワがなく、ボタンも取れかかっていない。
ネクタイ	色や柄が派手すぎず、スーツと調和している。曲がったり汚れたりしていない。
ズボン・スカート	折り目がきちんとついている。ベルトがカジュアルすぎない。丈が短すぎず、裾がほつれていない。ほころび、シミ、シワがない。

▶ビジネス

▶ビジネスマナーの基本（外見編）

・ビジネスマナーの基本（態度編）

・就業中のルール

組織の一員となった以上、自分勝手な行動は許されません。就業中のルールにはどのようなものがあるのかを知り、ルールを守って周囲に迷惑を掛けないように配慮しながら仕事をしましょう。

・遅刻について

遅刻が多い人は、どんなに仕事ができたとしても、周囲からの信用を得られません。やむを得ず遅れることになった場合は、会社に速やかに連絡を入れるようにします。電車やバスなどの交通機関の遅延が理由で遅れるときは、遅延状況や到着予定時刻などを簡潔に伝えます。また、到着予定時刻を大幅に超えるようであれば、再び連絡を入れます。イベントや天候などの影響で、交通機関の混雑や遅延が予測される場合には、普段より早めに家を出るように心掛けます。

6 見出しのレベルの変更

ナビゲーションウィンドウに表示されている見出しを使って、見出しのレベルを変更することができます。文書の構成を確認しながらレベルを変更できるので便利です。
「遅刻について」「出社時間について」「休暇について」の見出しのレベルを1段階下げましょう。

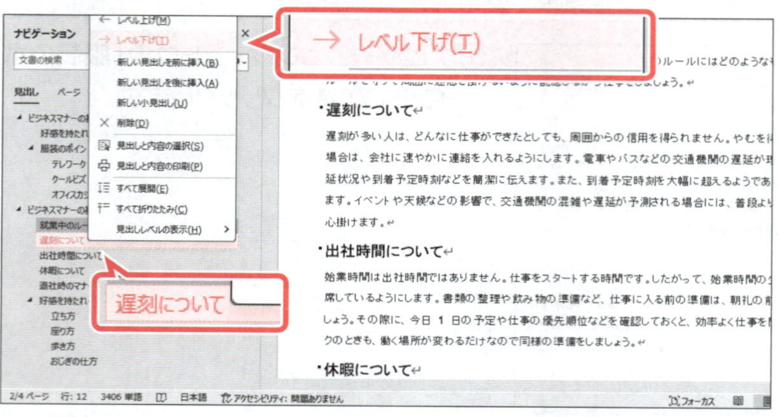

①ナビゲーションウィンドウの**「遅刻について」**を右クリックします。
②**《レベル下げ》**をクリックします。

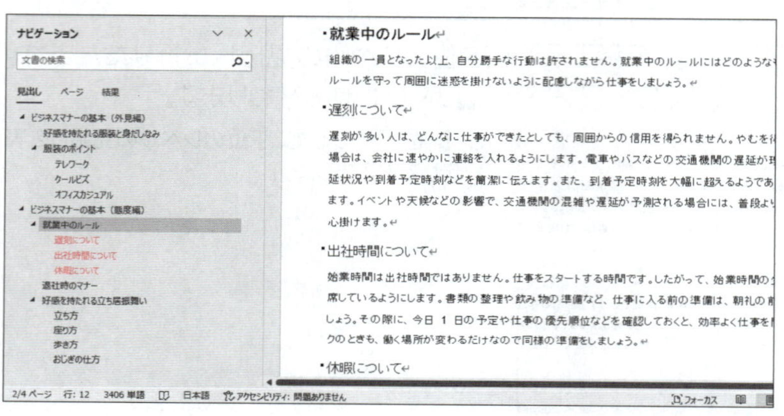

「遅刻について」の見出しのレベルが1段階下がり、見出し3に変更されます。
③同様に、**「出社時間について」「休暇について」**の見出しのレベルを1段階下げます。

POINT 見出しのレベルの変更

下位のレベルが含まれる見出しのレベルを変更すると、下位のレベルを含めてレベルが変更されます。

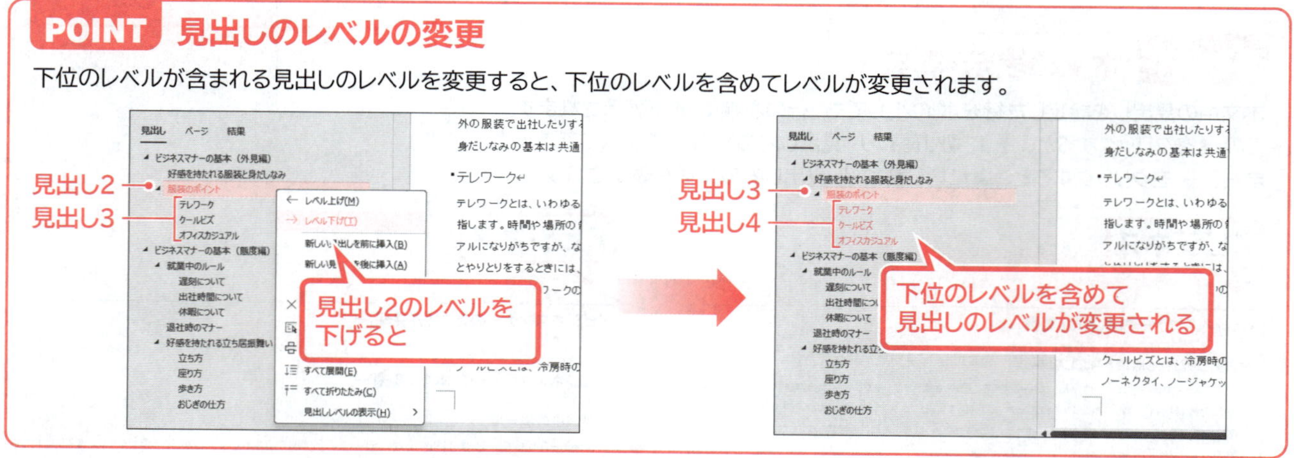

7 見出しの入れ替え

ナビゲーションウィンドウに表示されている見出しをドラッグして、文章の順番を入れ替えることができます。文書の構成を確認しながら入れ替えできるので便利です。

「好感を持たれる立ち居振舞い」を**「退社時のマナー」**の前に移動しましょう。

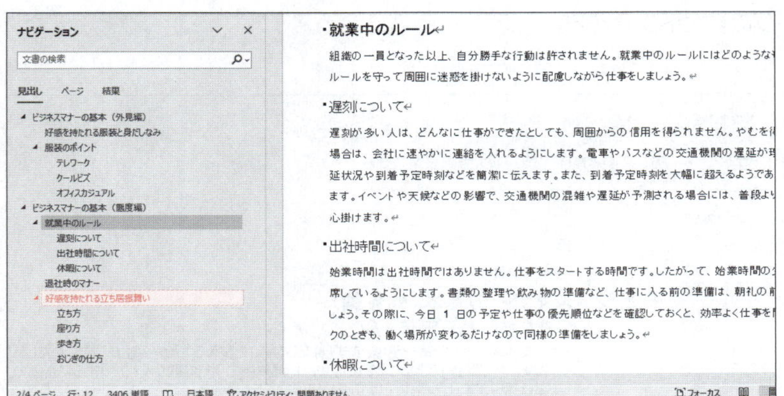

入れ替え前の文章を確認します。

①ナビゲーションウィンドウの**「好感を持たれる立ち居振舞い」**をクリックします。

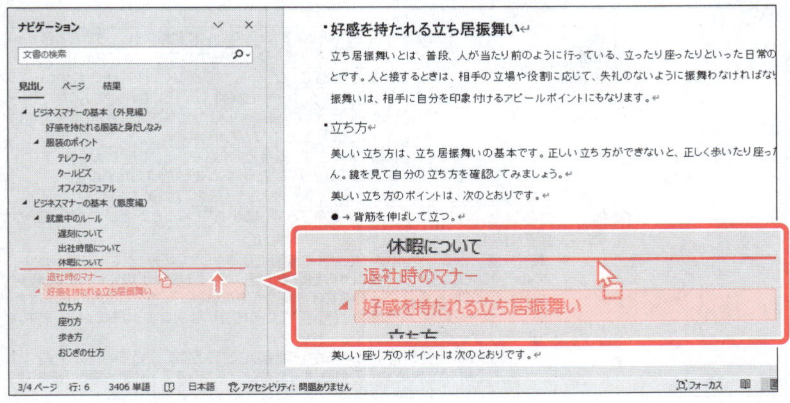

本文中の**「好感を持たれる立ち居振舞い」**が表示されます。

※スクロールして、「退社時のマナー」の次に表示されていることを確認しておきましょう。

②ナビゲーションウィンドウの**「好感を持たれる立ち居振舞い」**を、図のようにドラッグします。

※ドラッグ中、マウスポインターの形が に変わり、移動先に線が表示されます。

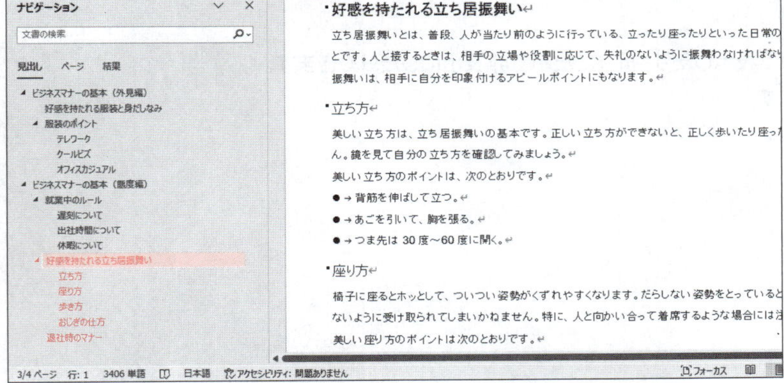

下位のレベルも含めて見出しが入れ替わります。

※選択を解除しておきましょう。

POINT 見出しの削除

ナビゲーションウィンドウに表示されている見出しを削除すると、その見出しに含まれる下位のレベルや本文などの内容も同時に削除されます。

見出しを削除する方法は、次のとおりです。

◆削除する見出しを右クリック→《削除》

STEP UP アウトライン表示での文書の操作

文書の構成を確認したり変更したりする機能として「アウトライン」があります。
アウトライン機能を使う場合は、文書をアウトライン表示に切り替えてから操作します。
アウトライン表示に切り替えると、《アウトライン》タブが表示され、見出しレベルを変更したり、下位のレベルを折りたたんで表示したりできます。
アウトライン表示に切り替える方法は、次のとおりです。

◆《表示》タブ→《表示》グループの《アウトライン表示》

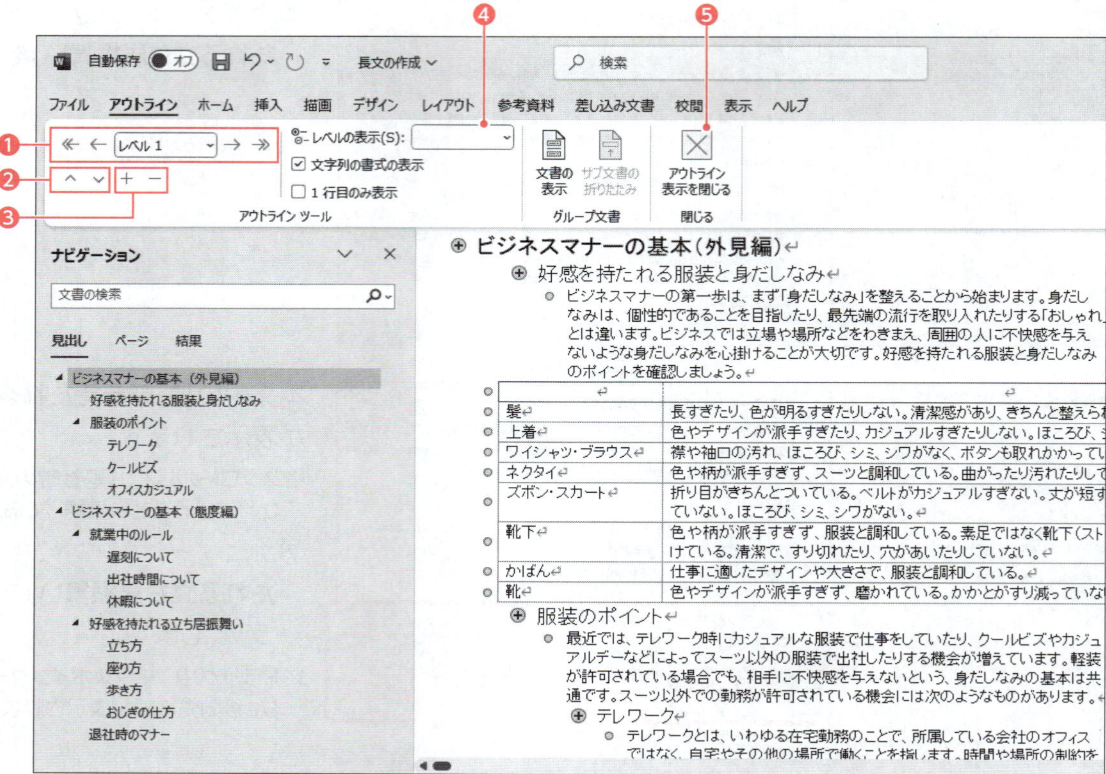

❶見出しのレベルを上げたり、下げたり、本文に戻したりできます。
❷見出しを上下に移動できます。
❸下位レベルの見出しを展開して表示したり、折りたたんで非表示にしたりできます。
❹表示するレベルを指定できます。
❺アウトライン表示を終了します。

STEP 4 スタイルを適用する

1 スタイルとスタイルセット

「スタイル」とは、フォントやフォントサイズ、下線、インデントなど複数の書式をまとめて登録し、名前を付けたものです。スタイルには、**「見出し1」**や**「見出し2」**といった見出しのスタイル以外にも**「表題」**や**「引用文」**などのスタイルが豊富に用意されています。
また、それらのスタイルをまとめて、統一した書式を設定できるようにしたものを**「スタイルセット」**といい、**「カジュアル」**や**「影付き」**などの名前が付けられています。
文書にスタイルを設定しておくと、スタイルセットを適用するだけで、スタイルの書式がまとめて変更され、統一感のある文書が作成できます。
スタイルセットを適用する手順は、次のとおりです。

1 スタイルを設定

「見出し1」や「表題」、「副題」などのスタイルを設定します。

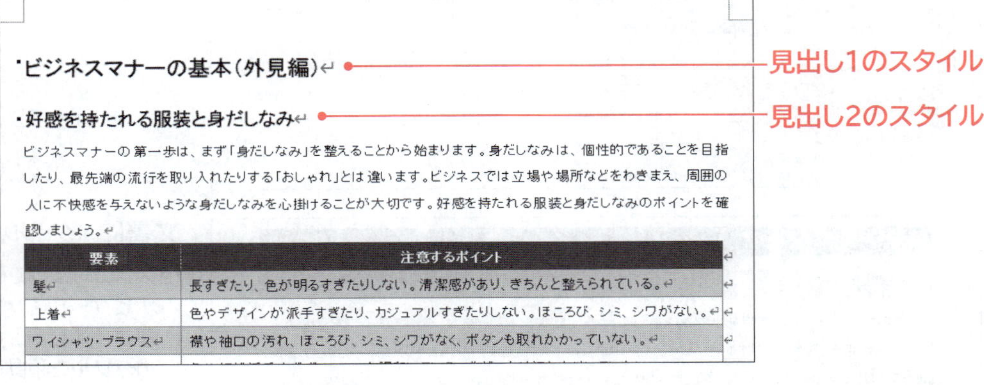

ビジネスマナーの基本（外見編）

好感を持たれる服装と身だしなみ

ビジネスマナーの第一歩は、まず「身だしなみ」を整えることから始まります。身だしなみは、個性的であることを目指したり、最先端の流行を取り入れたりする「おしゃれ」とは違います。ビジネスでは立場や場所などをわきまえ、周囲の人に不快感を与えないような身だしなみを心掛けることが大切です。好感を持たれる服装と身だしなみのポイントを確認しましょう。

要素	注意するポイント
髪	長すぎたり、色が明るすぎたりしない。清潔感があり、きちんと整えられている。
上着	色やデザインが派手すぎたり、カジュアルすぎたりしない。ほころび、シミ、シワがない。
ワイシャツ・ブラウス	襟や袖口の汚れ、ほころび、シミ、シワがなく、ボタンも取れかかっていない。

2 スタイルセットを適用

スタイルセットを適用すると、スタイルの書式がまとめて変更されます。
※スタイルセットで適用された書式は個別に変更することもできます。

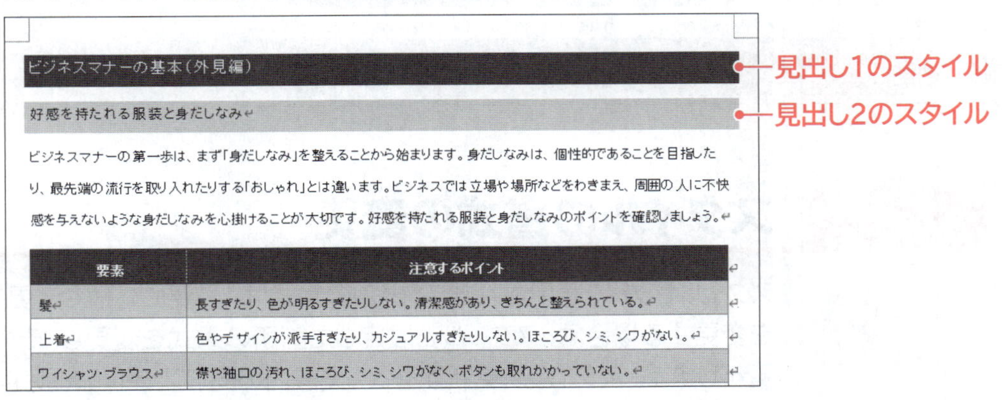

ビジネスマナーの基本（外見編）

好感を持たれる服装と身だしなみ

ビジネスマナーの第一歩は、まず「身だしなみ」を整えることから始まります。身だしなみは、個性的であることを目指したり、最先端の流行を取り入れたりする「おしゃれ」とは違います。ビジネスでは立場や場所などをわきまえ、周囲の人に不快感を与えないような身だしなみを心掛けることが大切です。好感を持たれる服装と身だしなみのポイントを確認しましょう。

要素	注意するポイント
髪	長すぎたり、色が明るすぎたりしない。清潔感があり、きちんと整えられている。
上着	色やデザインが派手すぎたり、カジュアルすぎたりしない。ほころび、シミ、シワがない。
ワイシャツ・ブラウス	襟や袖口の汚れ、ほころび、シミ、シワがなく、ボタンも取れかかっていない。

2 スタイルセットの適用

スタイルセット**「影付き」**を適用しましょう。

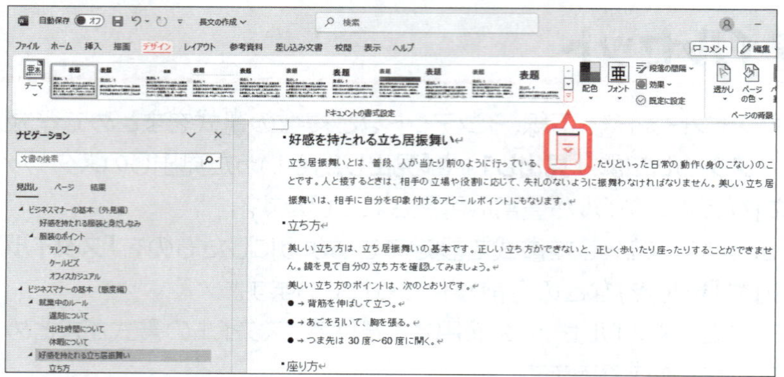

①**《デザイン》**タブを選択します。

②**《ドキュメントの書式設定》**グループの［▽］をクリックします。

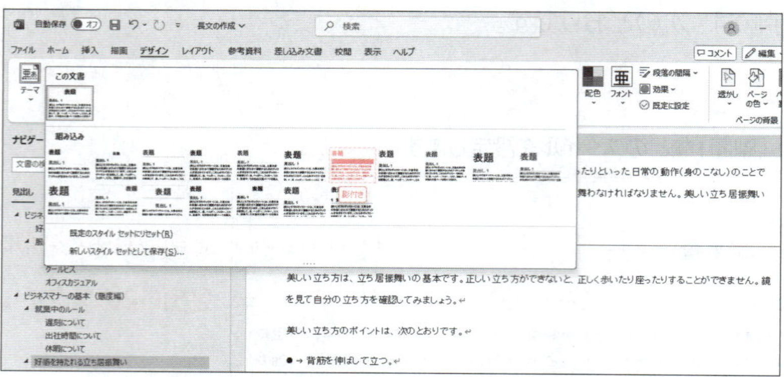

③**《組み込み》**の**《影付き》**をクリックします。

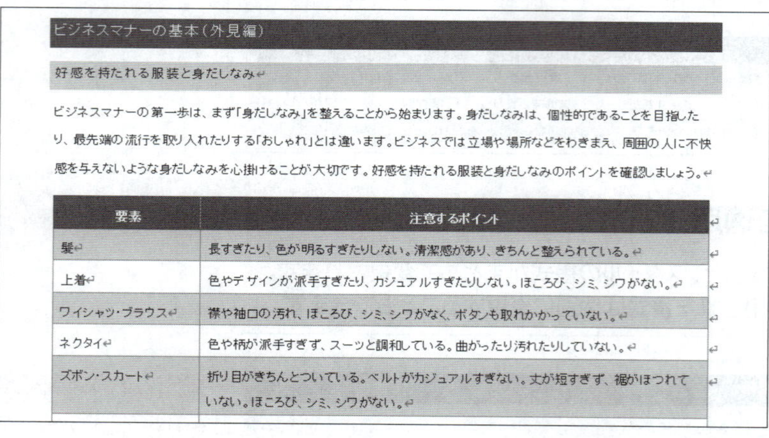

ビジネスマナーの基本（外見編）

好感を持たれる服装と身だしなみ

ビジネスマナーの第一歩は、まず「身だしなみ」を整えることから始まります。身だしなみは、個性的であることを目指したり、最先端の流行を取り入れたりする「おしゃれ」とは違います。ビジネスでは立場や場所などをわきまえ、周囲の人に不快感を与えないような身だしなみを心掛けることが大切です。好感を持たれる服装と身だしなみのポイントを確認しましょう。

要素	注意するポイント
髪	長すぎたり、色が明るすぎたりしない。清潔感があり、きちんと整えられている。
上着	色やデザインが派手すぎたり、カジュアルすぎたりしない。ほころび、シミ、シワがない。
ワイシャツ・ブラウス	襟や袖口の汚れ、ほころび、シミ、シワがなく、ボタンも取れかかっていない。
ネクタイ	色や柄が派手すぎず、スーツと調和している。曲がったり汚れたりしていない。
ズボン・スカート	折り目がきちんとついている。ベルトがカジュアルすぎない。丈が短すぎず、裾がほつれていない。ほころび、シミ、シワがない。

文書にスタイルセットが適用されます。

※スクロールして確認しておきましょう。確認後、ナビゲーションウィンドウの「ビジネスマナーの基本（外見編）」をクリックして、文書の先頭にカーソルを移動しておきましょう。

3 スタイルの書式の変更

スタイルセットで適用されたスタイルの書式は、必要に応じて変更できます。スタイルの書式を変更する場合は、スタイルを設定した箇所の書式を変更し、その書式をもとにスタイルを更新します。スタイルを更新すると、文書内の同じスタイルを設定した箇所すべてに書式が反映されます。

「テレワーク」の行の書式を次のように変更し、見出し3のスタイルを更新しましょう。

フォントサイズ：12
太字
段落罫線　　：下側と左側（上側は解除）

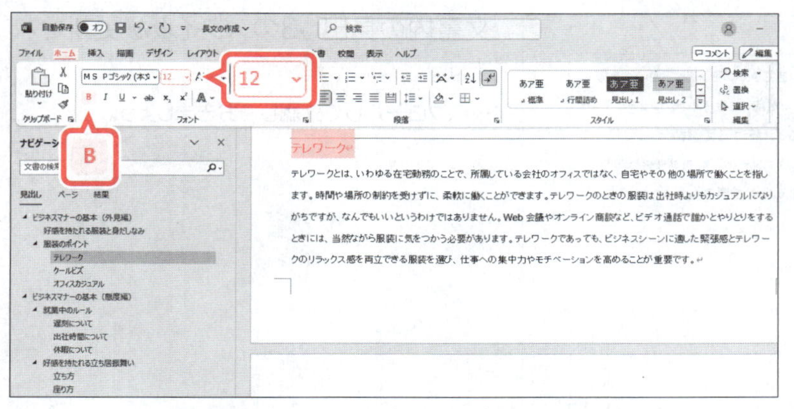

①「テレワーク」の行を選択します。

※ナビゲーションウィンドウの「テレワーク」をクリックすると、効率よく移動できます。

②《ホーム》タブを選択します。

③《フォント》グループの《フォントサイズ》の▼をクリックします。

④《12》をクリックします。

⑤《フォント》グループの《太字》をクリックします。

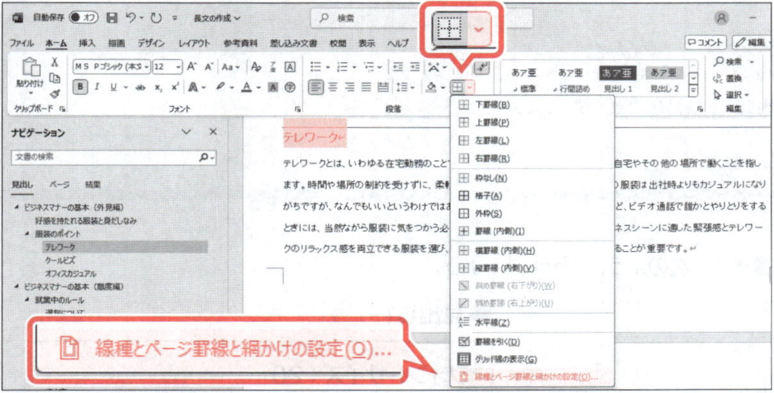

フォントサイズと太字が設定されます。

⑥《段落》グループの《罫線》の▼をクリックします。

⑦《線種とページ罫線と網かけの設定》をクリックします。

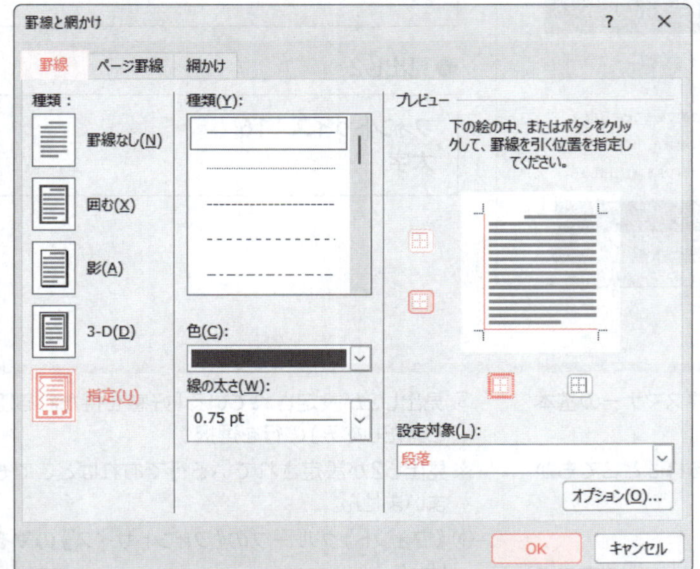

《罫線と網かけ》ダイアログボックスが表示されます。

⑧《罫線》タブを選択します。

⑨《設定対象》が《段落》になっていることを確認します。

⑩左側の《種類》の一覧から《指定》が選択されていることを確認します。

上側の罫線を解除します。

⑪《プレビュー》のをクリックします。

下側と左側の罫線を設定します。

⑫《プレビュー》のとをクリックします。

※《プレビュー》の絵の下側と左側に罫線が表示されます。

⑬《OK》をクリックします。

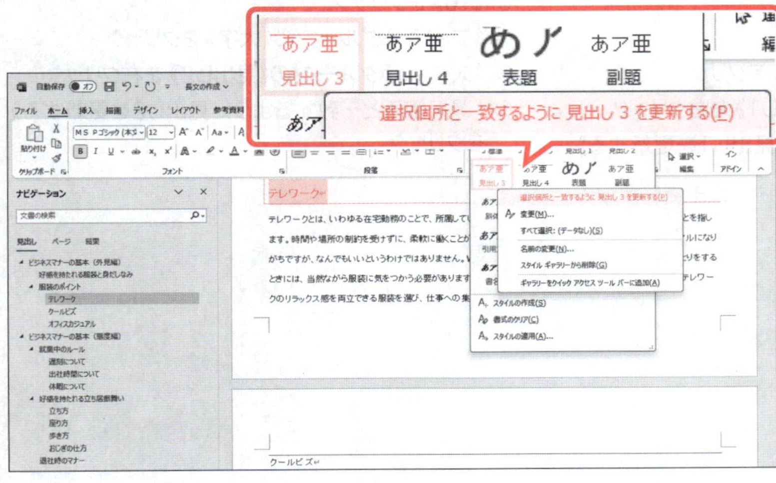

段落罫線が設定されます。

⑭「テレワーク」の行が選択されていることを確認します。

⑮《スタイル》グループのをクリックします。

⑯《見出し3》を右クリックします。

⑰《選択個所と一致するように見出し3を更新する》をクリックします。

テレワーク

テレワークとは、いわゆる在宅勤務のことで、所属している会社のオフィスではなく、自宅やその他の場所で働くことを指します。時間や場所の制約を受けずに、柔軟に働くことができます。テレワークのときの服装は出社時よりもカジュアルになりがちですが、なんでもいいというわけではありません。Web会議やオンライン商談など、ビデオ通話で誰かとやりとりをするときには、当然ながら服装に気をつかう必要があります。テレワークであっても、ビジネスシーンに適した緊張感とテレワークのリラックス感を両立できる服装を選び、仕事への集中力やモチベーションを高めることが重要です。

クールビズ

クールビズとは、冷房時の室温が28度でも汗をかかずに効率的に仕事ができるようなビジネススタイルのことです。ノーネクタイ、ノージャケットが基本スタイルです。会社全体でクールビズが励行されている場合には、クールビズスタイルで出社しても失礼にはあたりません。ただし、顧客先への訪問や来客などが予定されている場合には、ジャケットやネクタイなどを

文書内の見出し3のスタイルが更新されます。

※スクロールして確認しておきましょう。

Let's Try ためしてみよう

見出し1と見出し2のスタイルの書式を、次のように更新しましょう。

ビジネスマナーの基本（外見編）

好感を持たれる服装と身だしなみ

ビジネスマナーの第一歩は、まず「身だしなみ」を整えることから始まります。身だしなみは、個性的であることを目指したり、最先端の流行を取り入れたりする「おしゃれ」とは違います。ビジネスでは立場や場所などをわきまえ、周囲の人に不快感を与えないような身だしなみを心掛けることが大切です。好感を持たれる服装と身だしなみのポイントを確認しましょう。

要素	注意するポイント
髪	長すぎたり、色が明るすぎたりしない。清潔感があり、きちんと整えられている。
上着	色やデザインが派手すぎたり、カジュアルすぎたりしない。ほころび、シミ、シワがない。

●見出し1

フォントサイズ：20
太字

●見出し2

フォントサイズ：16
太字

① 見出し1が設定されている「ビジネスマナーの基本（外見編）」の行を選択

※見出し1が設定されている行であればどこでもかまいません。

②《ホーム》タブを選択

③《フォント》グループの《フォントサイズ》の▼をクリック

④《20》をクリック

⑤《フォント》グループの《太字》をクリック

⑥《スタイル》グループの《見出し1》を右クリック

⑦《選択個所と一致するように見出し1を更新する》をクリック

⑧ 見出し2が設定されている「好感を持たれる服装と身だしなみ」の行を選択

※見出し2が設定されている行であればどこでもかまいません。

⑨《フォント》グループの《フォントサイズ》の▼をクリック

⑩《16》をクリック

⑪《フォント》グループの《太字》をクリック

⑫《スタイル》グループの《見出し2》を右クリック

⑬《選択個所と一致するように見出し2を更新する》をクリック

第4章　長文の作成

STEP UP スタイルの作成

よく使う書式の組み合わせを登録して、独自のスタイルを作成できます。
スタイルを作成して登録する方法は、次のとおりです。

◆《ホーム》タブ→《スタイル》グループの (スタイル)→《新しいスタイル》

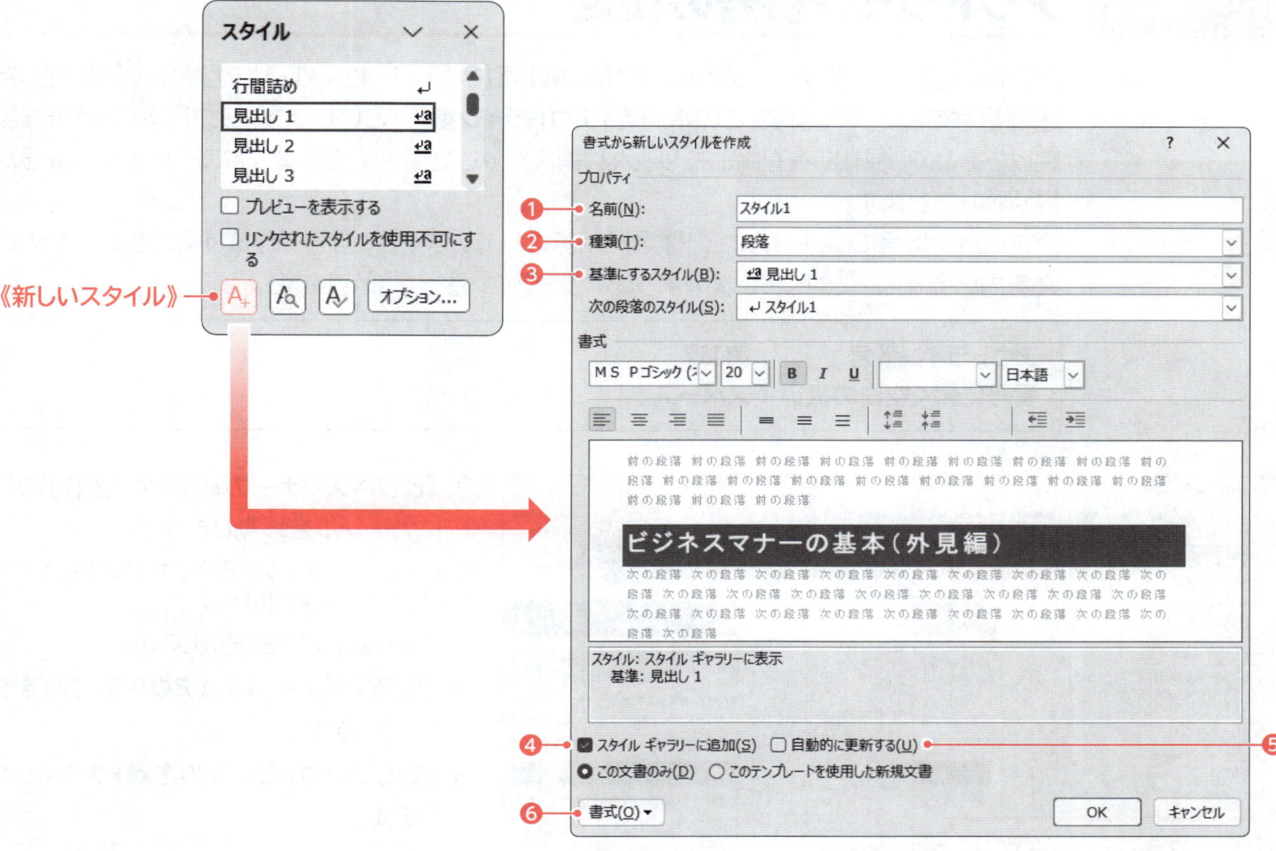

❶作成するスタイルの名前を入力します。
❷作成するスタイルの種類を選択します。

スタイルの種類	内容
段落	段落に対して、文字の配置や行間隔、インデントなどの書式をまとめて設定できます。
文字	文字に対して、フォントやフォントサイズ、フォントの色などの書式をまとめて設定できます。
リンク	段落と文字に対して、書式をまとめて設定できます。
表	表に対して、罫線や網かけ、配置などの書式をまとめて設定できます。
リスト	リスト(箇条書き)に対して、段落番号や行頭文字などの書式をまとめて設定できます。

❸スタイルを作成するときに基準にするスタイルを選択します。
カーソルのある位置に設定されているスタイル名が表示されます。
❹《ホーム》タブの《スタイル》グループの一覧に追加するかどうかを選択します。
❺スタイルを適用した範囲の書式を変更したときに、同じスタイルが適用されているすべての範囲に自動的に変更を反映し、スタイルを更新するかどうかを選択します。
❻作成するスタイルに登録する書式を設定します。

STEP 5 アウトライン番号を設定する

1 アウトライン番号の設定

設定した見出しに対して、**「第1章、第1節、第1項」**や**「1、1-1、1-1-1」**のように、階層化した連続番号を設定できます。この番号を**「アウトライン番号」**といいます。アウトライン番号を設定したあとで、見出しを削除したり、入れ替えたりした場合でも自動的にアウトライン番号が振りなおされます。
アウトライン番号には、いくつかの種類が用意されていますが、自分で作成することもできます。
文書内の見出し1に対して、次のようにアウトライン番号を設定しましょう。

アウトライン番号	：第1章
番号に続く空白の扱い	：スペース

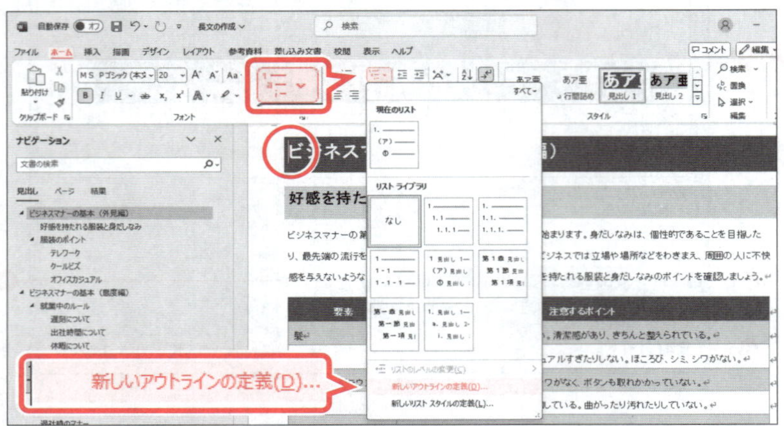

①**「ビジネスマナーの基本（外見編）」**の行にカーソルを移動します。
※見出し1のスタイルが設定されている行であればどこでもかまいません。
②**《ホーム》**タブを選択します。
③**《段落》**グループの**《アウトライン》**をクリックします。
④**《新しいアウトラインの定義》**をクリックします。

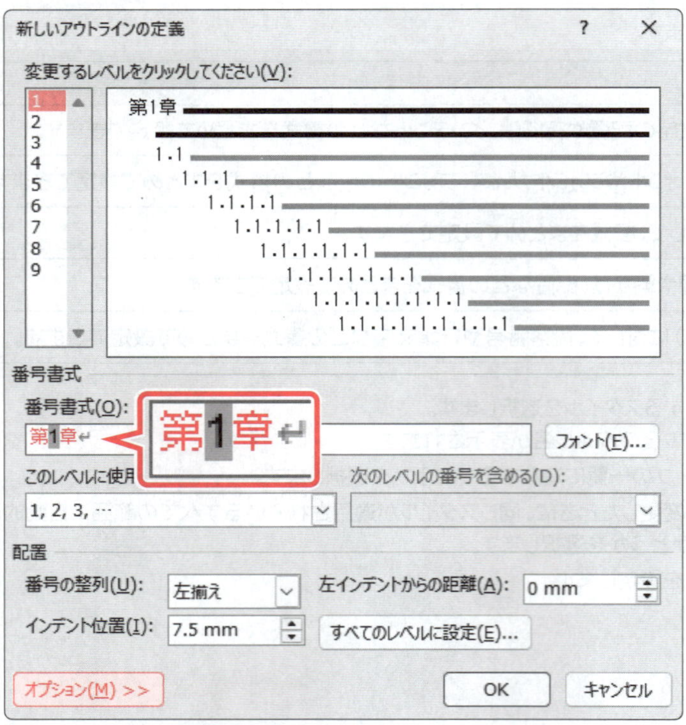

《新しいアウトラインの定義》ダイアログボックスが表示されます。
⑤**《変更するレベルをクリックしてください》**の**《1》**をクリックします。
⑥**《番号書式》**の**《1》**の両側に**「第」**と**「章」**を入力します。
※自動的に表示されている《1》は削除しないようにします。
⑦**《オプション》**をクリックします。

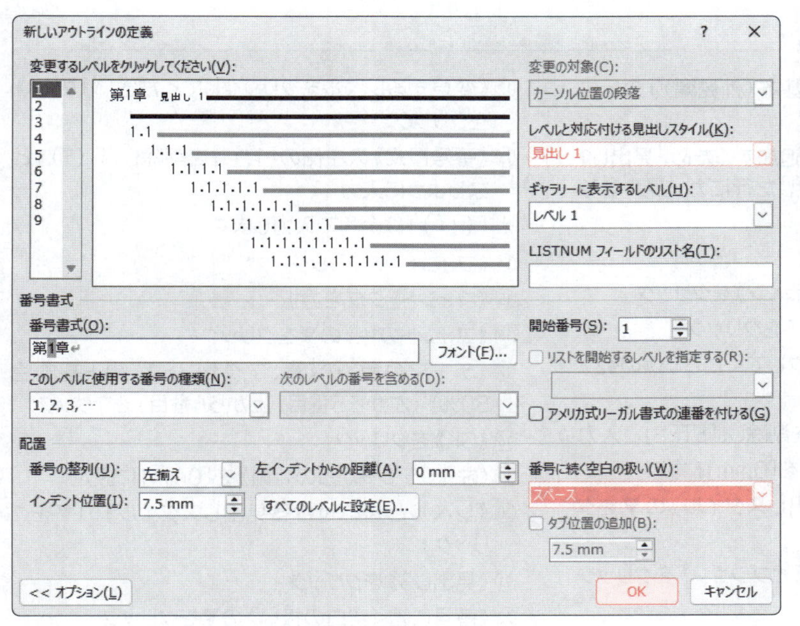

⑧《レベルと対応付ける見出しスタイル》の▼をクリックします。

⑨《見出し1》をクリックします。

⑩《番号に続く空白の扱い》の▼をクリックします。

⑪《スペース》をクリックします。

⑫《OK》をクリックします。

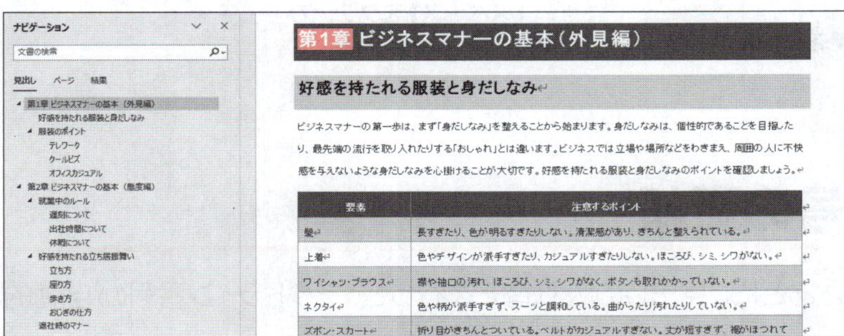

見出し1にアウトライン番号が設定されます。

※スクロールして確認しておきましょう。

STEP UP レベルに使用する番号

《番号書式》に入力されている番号を削除してしまった場合は、《このレベルに使用する番号の種類》の▼をクリックして一覧から番号を選択すると、番号が再度表示されます。
また、《このレベルに使用する番号の種類》を選択して、番号の種類を半角数字や全角数字、漢数字などに変更できます。

ためしてみよう

見出し2と見出し3に、次のようにアウトライン番号を設定しましょう。

STEP2 服装のポイント

最近では、テレワーク時にカジュアルな服装で仕事をしていたり、クールビズやカジュアルデーなどによってスーツ以外の服装で出社したりする機会が増えています。軽装が許可されている場合でも、相手に不快感を与えないという、身だしなみの基本は共通です。スーツ以外での勤務が許可されている機会には次のようなものがあります。

(1) テレワーク

テレワークとは、いわゆる在宅勤務のことで、所属している会社のオフィスではなく、自宅やその他の場所で働くことを指します。時間や場所の制約を受けずに、柔軟に働くことができます。テレワークのときの服装は出社時よりもカジュアルになりがちですが、なんでもいいというわけではありません。Web会議やオンライン商談など、ビデオ通話で誰かとやりとりをする

●見出し2

アウトライン番号	：STEP1
左インデントからの距離	：0mm
番号に続く空白の扱い	：スペース

●見出し3

アウトライン番号	：(1)
フォントの色	：青、アクセント1、黒+基本色50%
左インデントからの距離	：0mm
番号に続く空白の扱い	：スペース

①「第1章ビジネスマナーの基本（外見編）」の行にカーソルがあることを確認
※見出し1で定義した設定に追加するため、見出し1のアウトライン番号を設定した行にカーソルを移動しておきます。
②《ホーム》タブを選択
③《段落》グループの《アウトライン》をクリック
④《新しいアウトラインの定義》をクリック
⑤《変更するレベルをクリックしてください》の《2》をクリック
⑥《番号書式》の左側の「1.」を削除し、「STEP」と入力
⑦《左インデントからの距離》を「0mm」に設定
⑧《レベルと対応付ける見出しスタイル》の▼をクリック
※表示されていない場合は《オプション》をクリックします。
⑨《見出し2》をクリック
⑩《番号に続く空白の扱い》の▼をクリック
⑪《スペース》をクリック
⑫《変更するレベルをクリックしてください》の《3》をクリック
⑬《番号書式》の左側の「1.1.」を削除し、「（1）」となるように入力
※「（」「）」は全角で入力します。
⑭《フォント》をクリック
⑮《フォント》タブを選択
⑯《フォントの色》の▼をクリック
⑰《テーマの色》の《青、アクセント1、黒+基本色50%》（左から5番目、上から6番目）をクリック
⑱《OK》をクリック
⑲《左インデントからの距離》を「0mm」に設定
⑳《レベルと対応付ける見出しスタイル》の▼をクリック
㉑《見出し3》をクリック
㉒《番号に続く空白の扱い》の▼をクリック
㉓《スペース》をクリック
㉔《OK》をクリック

2 アウトライン番号の更新

アウトライン番号を設定したあとに、見出しの入れ替えを行うと、アウトライン番号が自動的に振りなおされます。
「（2）出社時間について」を**「（1）遅刻について」**の前に移動しましょう。

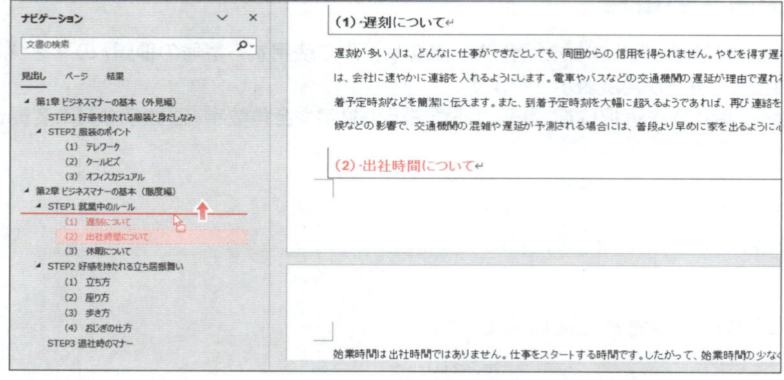

入れ替え前の文章を確認します。
①ナビゲーションウィンドウの**「（2）出社時間について」**をクリックします。
本文中の**「（2）出社時間について」**が表示されます。
※スクロールして、「遅刻について」の次に表示されていることを確認しておきましょう。
②ナビゲーションウィンドウの**「（2）出社時間について」**を、図のようにドラッグします。
※ドラッグ中、マウスポインターの形が↖に変わり、移動先に線が表示されます。

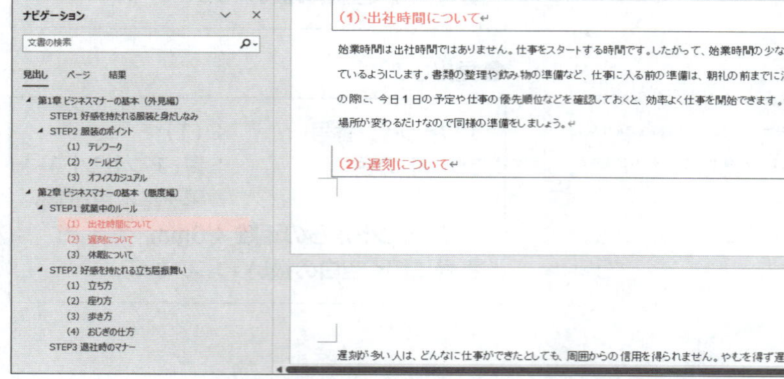

見出しが入れ替わり、アウトライン番号が自動的に振りなおされます。
※本文の文章も入れ替わっていることを確認しておきましょう。
※選択を解除しておきましょう。

STEP 6 表紙を作成する

1 表紙

文書の先頭ページに表紙を挿入できます。表紙にはいくつかの種類が用意されており、一覧から選択するだけで、洗練されたデザインの表紙を作成できます。
挿入した表紙には、タイトルや日付、名前などが入力できるように**「コンテンツコントロール」**が設定されています。コンテンツコントロールは削除したり、書式を変更したりすることもできます。コンテンツコントロールにタイトルや会社名を入力すると、文書のプロパティの内容として設定されます。
※文書のプロパティに関しては、P.198「第7章 STEP2 文書のプロパティを設定する」で学習します。

2 表紙の挿入

組み込みスタイル**「縞模様」**を使って表紙を挿入し、次のように入力しましょう。また、不要なコンテンツコントロールを削除しましょう。

タイトル：ビジネスマナーを身に付けよう
会社　　：株式会社FOMパワー

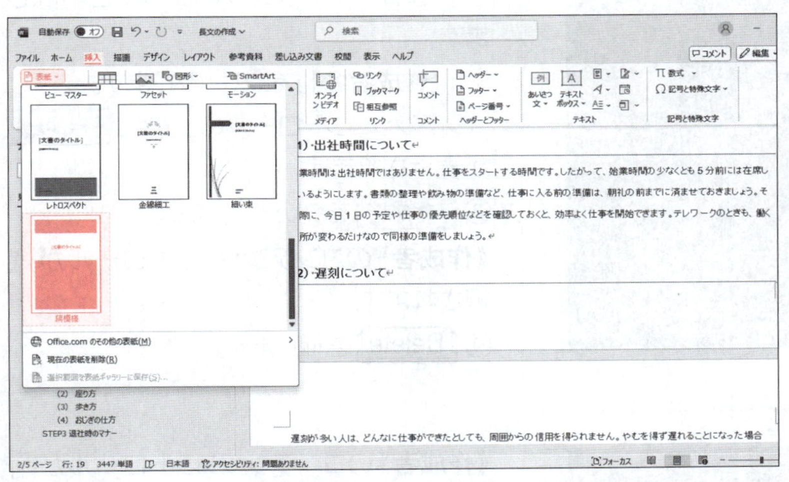

①**《挿入》**タブを選択します。
②**《ページ》**グループの**《表紙の追加》**をクリックします。
③**《組み込み》**の**《縞模様》**をクリックします。
※一覧に表示されていない場合は、スクロールして調整します。

1ページ目に表紙が挿入されます。
タイトルを入力します。
④**「[文書のタイトル]」**をクリックします。
コンテンツコントロールの上部に タイトル が表示されます。
※ タイトル が表示されない場合は、再度「[文書のタイトル]」をクリックします。

1
2
3
4
5
6
7
8
総合問題
実践問題
索引

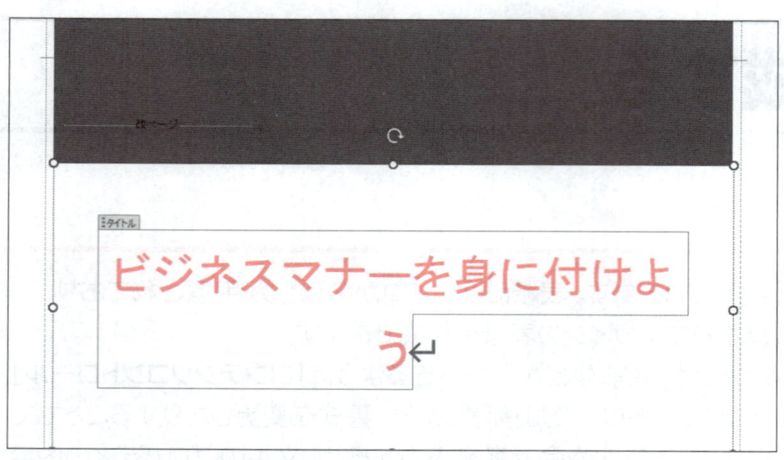

⑤**「ビジネスマナーを身に付けよう」**と入力します。

《タイトル》のコンテンツコントロールに入力されます。

⑥同様に、**《会社》**のコンテンツコントロールに**「株式会社FOMパワー」**と入力します。

不要なコンテンツコントロールを削除します。

⑦**「[作成者名]」**をクリックします。

コンテンツコントロールの上部に 作成者 が表示されます。

⑧ 作成者 をクリックします。

《作成者》のコンテンツコントロールが選択されます。

⑨ Delete を押します。

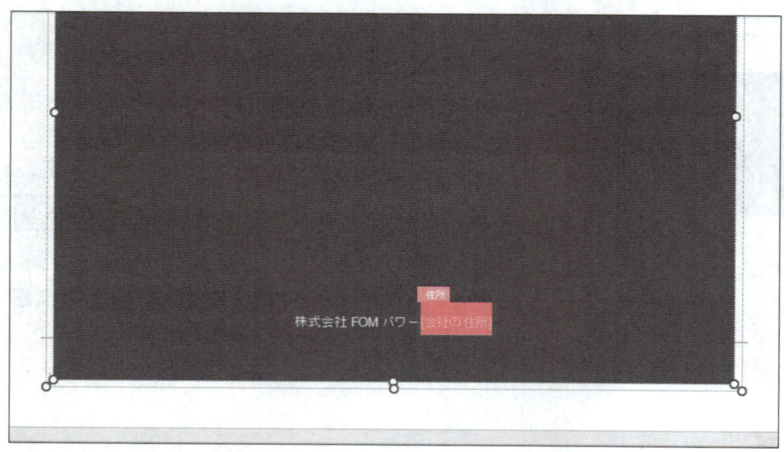

《作成者》のコンテンツコントロールが削除されます。

⑩同様に、**《住所》**のコンテンツコントロールを削除します。

第4章 長文の作成

Let's Try ためしてみよう

コンテンツコントロールの書式を、次のように設定しましょう。

●タイトル

フォントサイズ　　　：58
文字の効果と体裁　：影　オフセット：右下

●会社

フォントサイズ：24

Let's Try Answer

①《タイトル》のコンテンツコントロールを選択
②《ホーム》タブを選択
③《フォント》グループの《フォントサイズ》内をクリック
④「58」と入力し、Enter を押す
⑤《フォント》グループの《文字の効果と体裁》をクリック
⑥《影》をポイント
⑦《外側》の《オフセット：右下》（左から1番目、上から1番目）をクリック
⑧《会社》のコンテンツコントロールを選択
⑨《フォント》グループの《フォントサイズ》の▼をクリック
⑩《24》をクリック

POINT コンテンツコントロールの選択

コンテンツコントロール上をクリックすると、コンテンツコントロールの上部に タイトル や 作成者 といったタイトルが表示されます。この状態のとき、コンテンツコントロール内に文字入力することができます。
この タイトル や 作成者 をクリックすると、コンテンツコントロール全体が選択されます。この状態のとき、コンテンツコントロールを削除したり、コンテンツコントロール内のすべての文字に書式を設定したりすることができます。

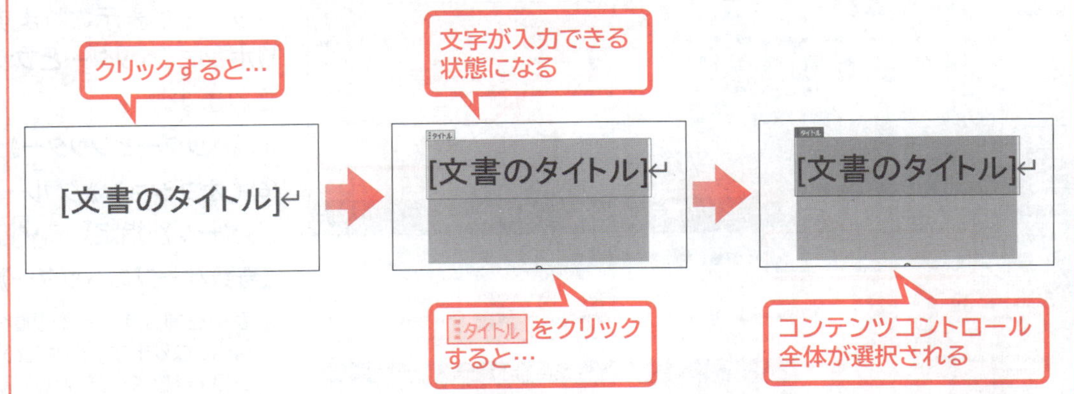

STEP 7 ヘッダーとフッターを作成する

1 ヘッダーとフッター

「ヘッダー」はページの上部、**「フッター」**はページの下部にある余白部分の領域で、ページ番号や日付、文書のタイトルなどの文字、会社のロゴやグラフィックなどを挿入できます。
ヘッダーやフッターは、特に指定しない限り、すべてのページに同じ内容が表示されますが、奇数ページと偶数ページで個別に指定することもできます。また、表紙がある文書の場合は、先頭ページのみ個別に指定することもできます。
ヘッダーやフッターには、組み込みスタイルとして図形や書式などを組み合わせたパーツが用意されています。ヘッダーやフッターを自分で作成することもできますが、組み込みスタイルを使うと、ヘッダーやフッターを効率よく作成できます。

2 ヘッダーの挿入

組み込みスタイル**「セマフォ」**を使って、ヘッダーに文書のタイトルを挿入しましょう。

1 奇数・偶数ページで別指定

奇数ページと偶数ページで個別に設定する場合は、奇数、偶数のそれぞれのページにヘッダーを設定します。
偶数ページのヘッダーだけに、文書のタイトルを表示しましょう。

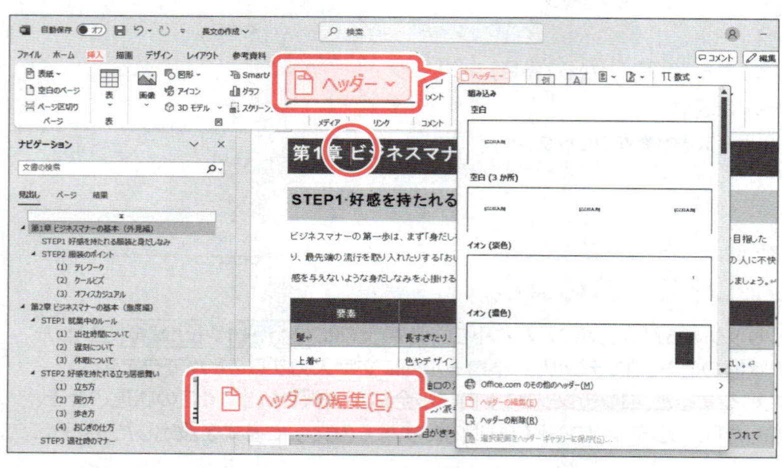

①表紙の次のページにカーソルを移動します。
※ナビゲーションウィンドウの「第1章 ビジネスマナーの基本（外見編）」をクリックすると、効率よく移動できます。
②**《挿入》**タブを選択します。
③**《ヘッダーとフッター》**グループの**《ヘッダーの追加》**をクリックします。
④**《ヘッダーの編集》**をクリックします。

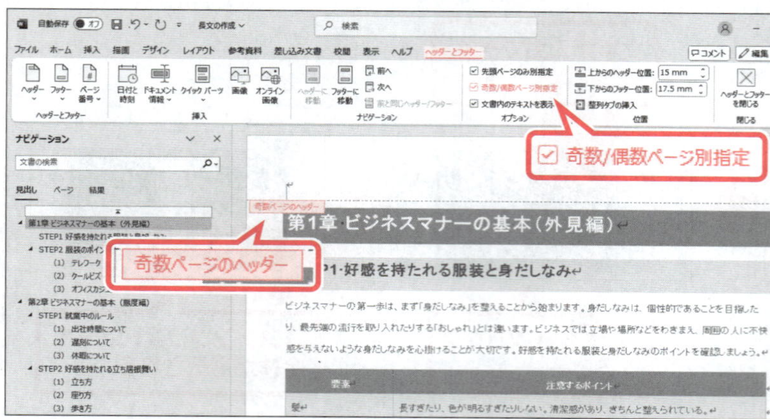

ヘッダーが表示されます。
リボンに**《ヘッダーとフッター》**タブが表示されます。
⑤**《ヘッダーとフッター》**タブを選択します。
⑥**《オプション》**グループの**《奇数/偶数ページ別指定》**を☑にします。
《奇数ページのヘッダー》と表示されます。
※表紙を挿入すると《先頭ページのみ別指定》が☑になります。そのため、2ページ目が1ページ目（奇数ページ）として認識されます。

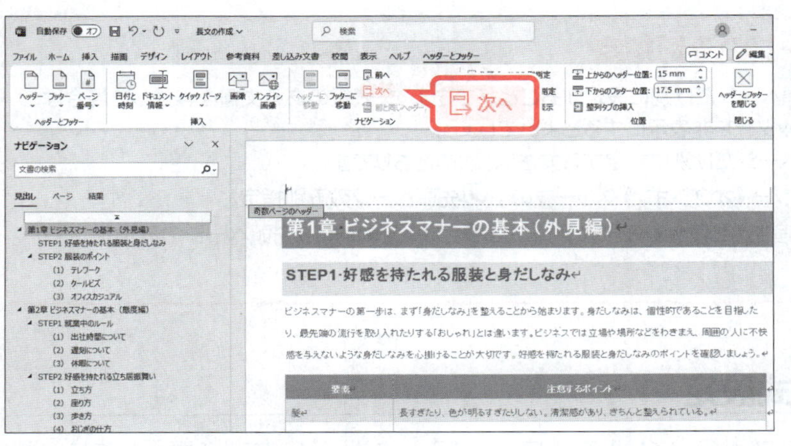

偶数ページを表示します。

⑦《**ナビゲーション**》グループの《**次へ**》をクリックします。

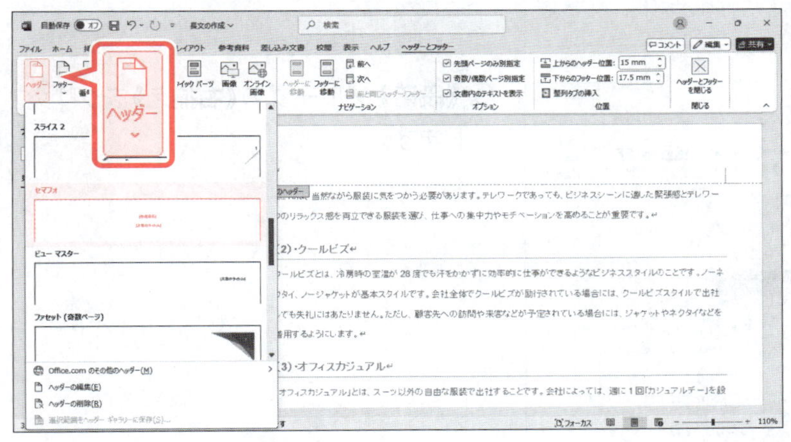

《**偶数ページのヘッダー**》が表示されます。

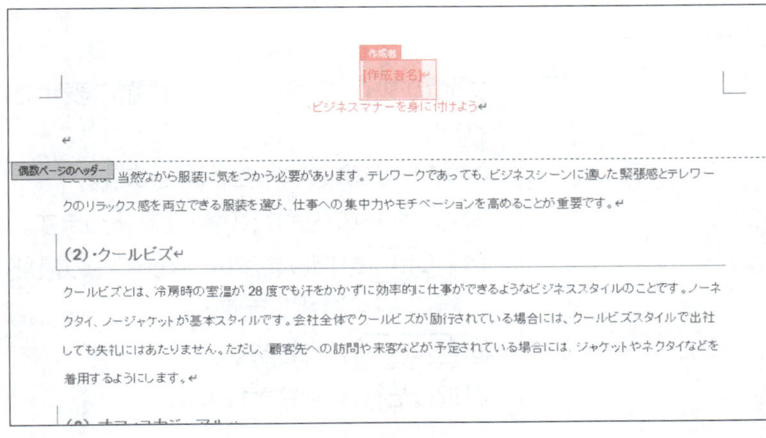

⑧《**ヘッダーとフッター**》グループの《**ヘッダーの追加**》をクリックします。

⑨《**組み込み**》の《**セマフォ**》をクリックします。

※一覧に表示されていない場合は、スクロールして調整します。

偶数ページのヘッダーに文書の作成者とタイトルが表示されます。

※タイトルには、表紙の《タイトル》のコンテンツコントロールに入力した内容が表示されています。

《**作成者**》のコンテンツコントロールを削除します。

⑩《**作成者**》のコンテンツコントロールを選択します。

⑪ Delete を押します。

選択したコンテンツコントロールが削除されます。

POINT 先頭ページのみ別指定

ヘッダーとフッターは、先頭ページだけ別に設定することができます。表紙のある文書を作成した場合は、必要に応じてヘッダーやフッターを非表示にするとよいでしょう。
ヘッダーとフッターを先頭ページだけ別に設定する方法は、次のとおりです。

◆《ヘッダーとフッター》タブ→《オプション》グループの《☑先頭ページのみ別指定》

※《挿入》タブの《表紙の追加》を使って表紙を作成した場合は、自動的に《先頭ページのみ別指定》が☑になります。

2 ヘッダーの書式設定

偶数ページのヘッダーの文書のタイトルを太字に設定し、ページの右端に表示しましょう。
また、ヘッダーの余分な行を削除しましょう。

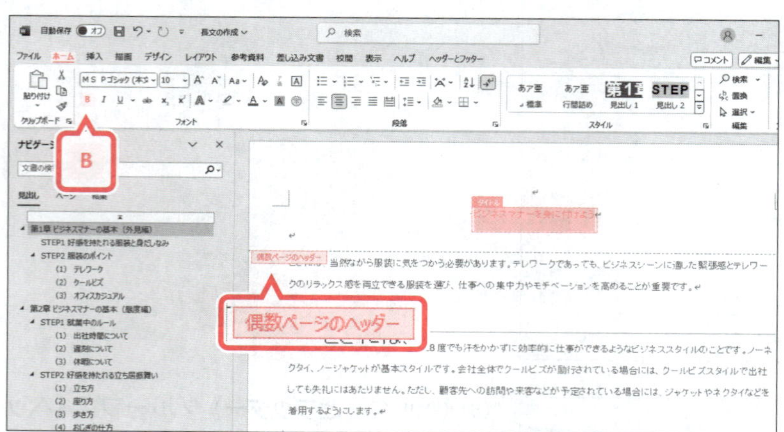

①偶数ページのヘッダーが表示されていることを確認します。

②**《タイトル》**のコンテンツコントロールを選択します。

③**《ホーム》**タブを選択します。

④**《フォント》**グループの**《太字》**をクリックします。

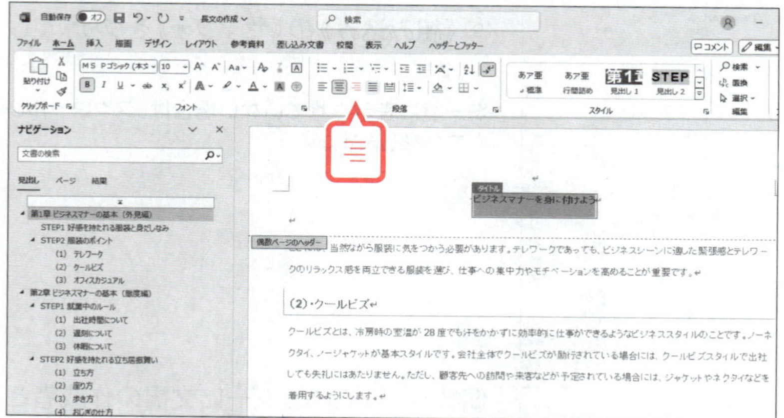

⑤**《段落》**グループの**《右揃え》**をクリックします。

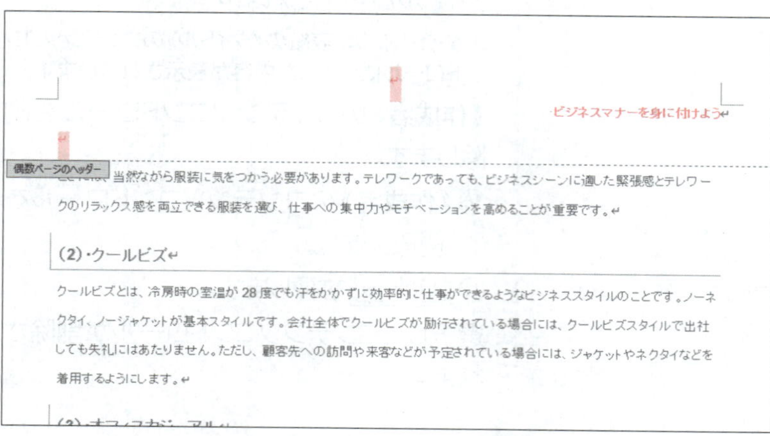

文書のタイトルがページの右端に表示されます。

ヘッダーの余分な行を削除します。

⑥ヘッダーの先頭行の↵を選択します。

⑦ Ctrl を押しながら、ヘッダーの最終行の↵を選択します。

⑧ Delete を押します。

選択した行が削除されます。

3 フッターの挿入

組み込みスタイル**「セマフォ」**を使って、フッターにページ番号を挿入しましょう。偶数ページはページの右端、奇数ページはページの左端に配置し、余分な行は削除します。
また、フッターが用紙の端から5mmの位置に表示されるように変更しましょう。

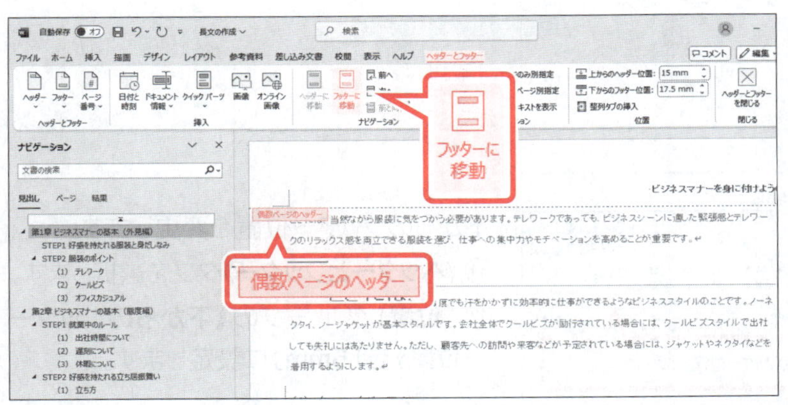

①偶数ページのヘッダーが表示されていることを確認します。
②**《ヘッダーとフッター》**タブを選択します。
③**《ナビゲーション》**グループの**《フッターに移動》**をクリックします。

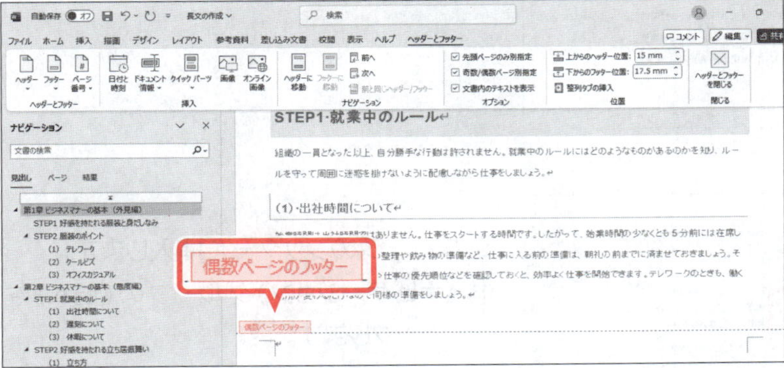

《偶数ページのフッター》が表示されます。

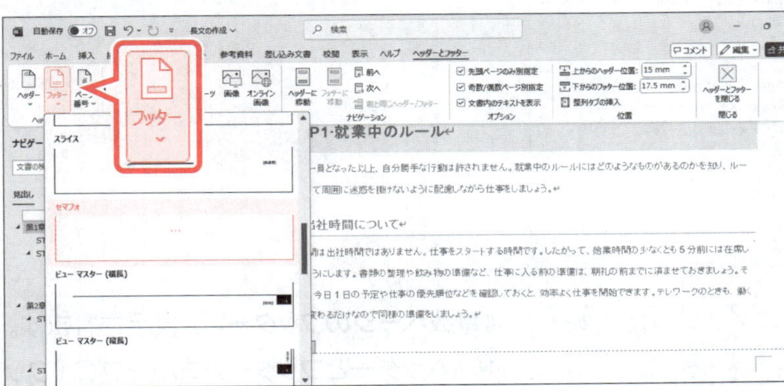

④**《ヘッダーとフッター》**グループの**《フッターの追加》**をクリックします。
⑤**《組み込み》**の**《セマフォ》**をクリックします。
※一覧に表示されていない場合は、スクロールして調整します。

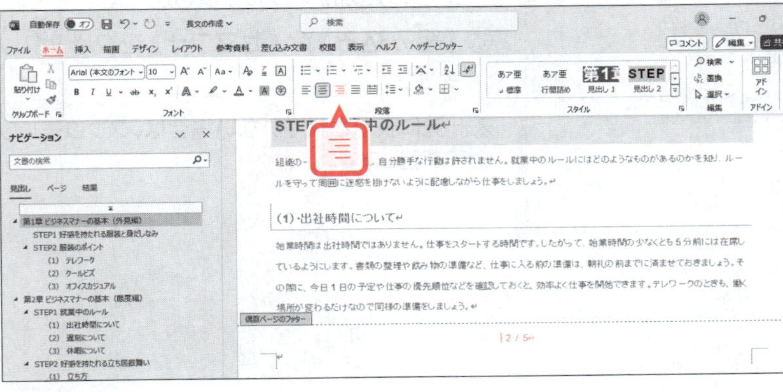

偶数ページにフッターが挿入されます。
ページ番号の配置を右端に変更します。
⑥ページ番号の行にカーソルが表示されていることを確認します。
⑦**《ホーム》**タブを選択します。
⑧**《段落》**グループの**《右揃え》**をクリックします。

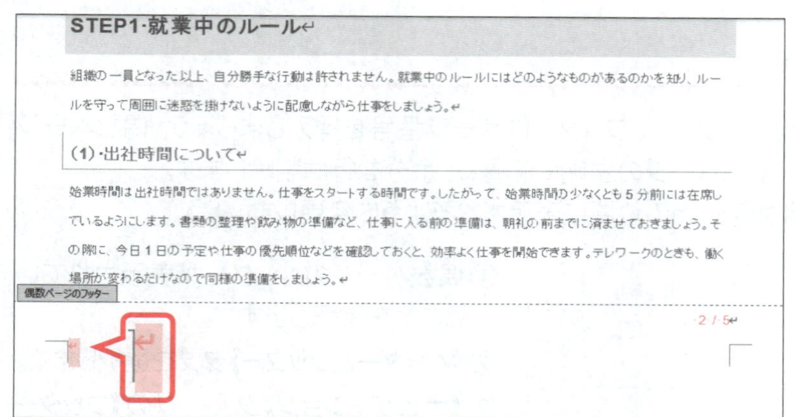

ページ番号がページの右端に表示されます。
余分な行を削除します。
⑨フッターの最終行の↵を選択します。
⑩【Delete】を押します。

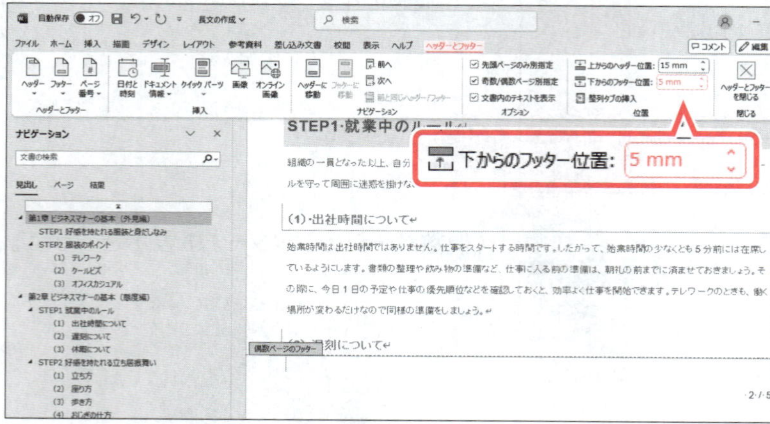

下からのフッター位置を変更します。
⑪**《ヘッダーとフッター》**タブを選択します。
⑫**《位置》**グループの**《下からのフッター位置》**を**「5mm」**に設定します。

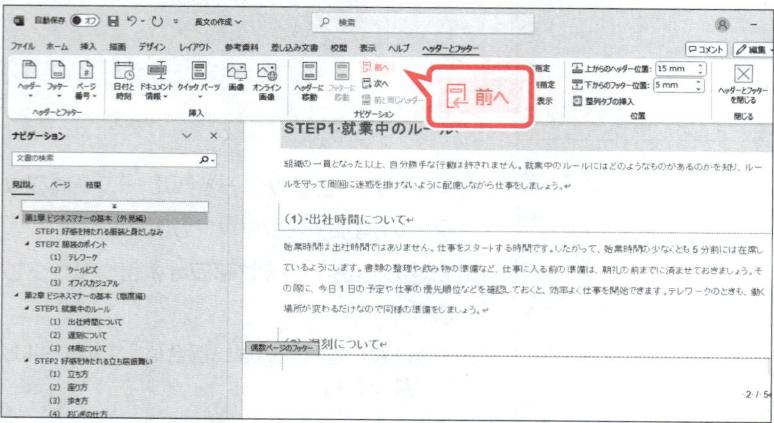

奇数ページのフッターを挿入します。
⑬**《ナビゲーション》**グループの**《前へ》**をクリックします。

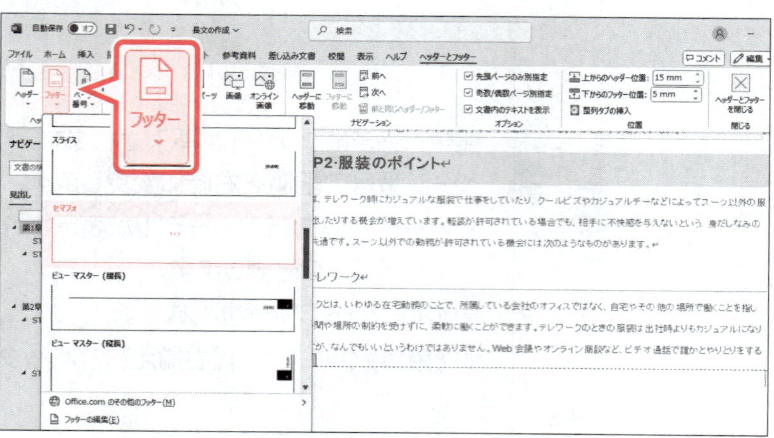

《奇数ページのフッター》が表示されます。
⑭**《ヘッダーとフッター》**グループの**《フッターの追加》**をクリックします。
⑮**《組み込み》**の**《セマフォ》**をクリックします。
※一覧に表示されていない場合は、スクロールして調整します。

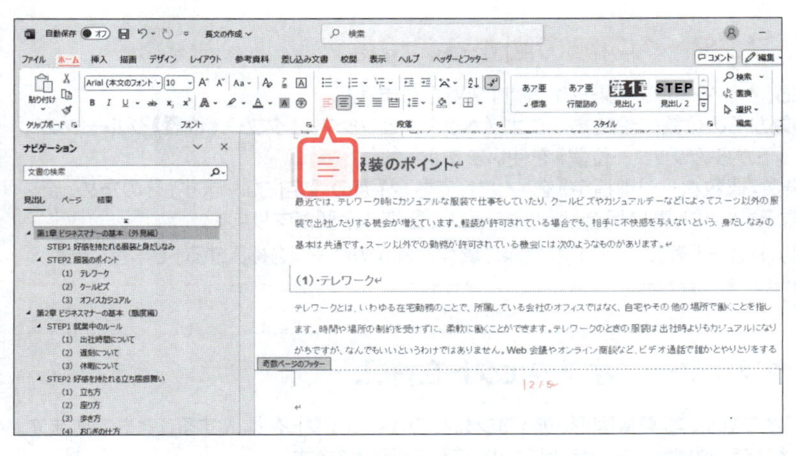

奇数ページにフッターが挿入されます。
ページ番号の配置を左端に変更します。

⑯ページ番号の行にカーソルが表示されていることを確認します。

⑰《**ホーム**》タブを選択します。

⑱《**段落**》グループの《**左揃え**》をクリックします。

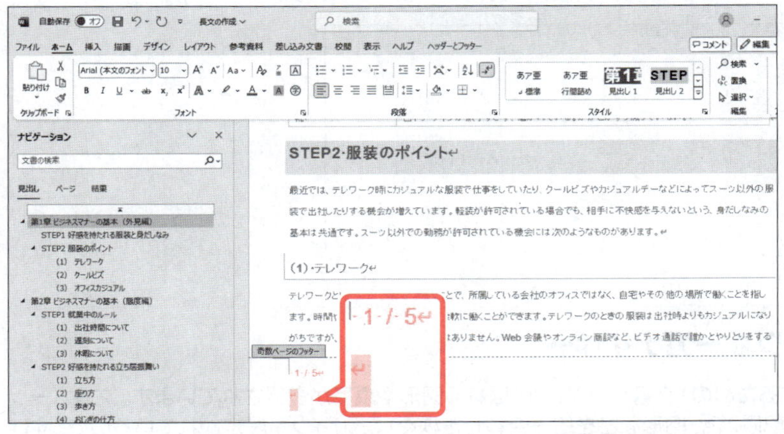

ページ番号がページの左端に表示されます。
余分な行を削除します。

⑲フッターの最終行の↵を選択します。

⑳ [Delete] を押します。

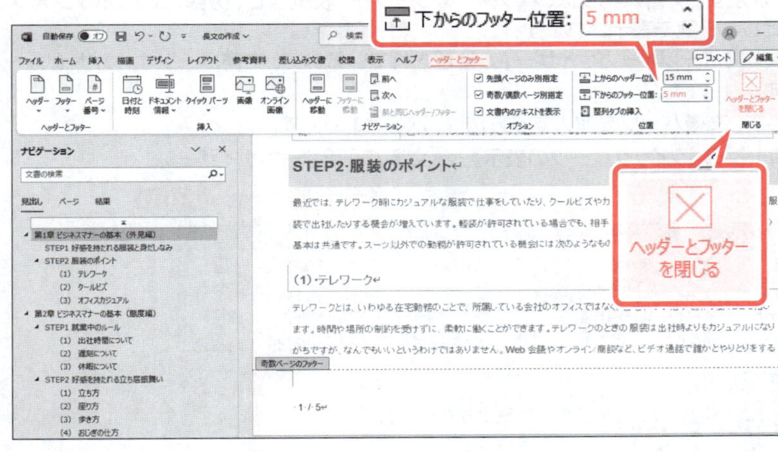

㉑《**ヘッダーとフッター**》タブを選択します。

㉒《**位置**》グループの《**下からのフッター位置**》が「**5mm**」になっていることを確認します。

ヘッダーとフッターの編集を終了します。

㉓《**閉じる**》グループの《**ヘッダーとフッターを閉じる**》をクリックします。

最近では、テレワーク時にカジュアルな服装で仕事をしていたり、クールビズやカジュアルデーなどによってスーツ以外の服装で出社したりする機会が増えています。軽装が許可されている場合でも、相手に不快感を与えないという、身だしなみの基本は共通です。スーツ以外での勤務が許可されている機会には次のようなものがあります。

(1) テレワーク

テレワークとは、いわゆる在宅勤務のことで、所属している会社のオフィスではなく、自宅やその他の場所で働くことを指します。時間や場所の制約を受けずに、柔軟に働くことができます。テレワークのときの服装は出社時よりもカジュアルになりがちですが、なんでもいいというわけではありません。Web会議やオンライン商談など、ビデオ通話で誰かとやりとりをする

1 / 5

ビジネスマナーを身に付けよう

ヘッダーとフッターの編集が終了します。

※スクロールして、ヘッダーとフッターが奇数ページと偶数ページに正しく表示されていることを確認しておきましょう。

POINT ヘッダーとフッターの編集

ヘッダーまたはフッターを再度編集するには、ヘッダーとフッターの領域を表示します。
ヘッダーとフッターを表示して編集する方法は、次のとおりです。

◆《挿入》タブ→《ヘッダーとフッター》グループの《ヘッダーの追加》／《フッターの追加》→《ヘッダーの編集》／《フッターの編集》

POINT ヘッダー・フッターの用紙の端からの位置

上余白や下余白を調整しても、ヘッダーやフッターの位置は変更されません。
ヘッダー・フッターの用紙の端からの位置を設定するには、《ヘッダーとフッター》タブ→《位置》グループの《上からのヘッダー位置》／《下からのフッター位置》を使います。
用紙の端からの位置は、《奇数/偶数ページ別指定》を☑にしても、共通の設定になります。そのため、奇数ページと偶数ページで異なる設定にしたい場合は、セクションを区切る必要があります。
※セクション区切りについては、P.216「第8章 STEP2 文書に異なる書式のページを挿入する」で学習します。

STEP UP ヘッダーやフッターにオブジェクトを挿入

ヘッダーやフッターには文字だけでなく、写真や図形、アイコンなどのオブジェクトを挿入することもできます。
ヘッダーとフッターに挿入したオブジェクトは本来の色よりも少し薄く表示されます。

STEP UP 文書パーツオーガナイザー

Wordには、文書をレイアウトするための「文書パーツ」と呼ばれる図形や項目が登録されています。文書パーツにはフォントやフォントサイズ、配置、色、図形などを組み合わせた様々なデザインが設定されているので、すばやく見栄えのする文書を作成できます。文書パーツは、ヘッダーやフッター、表紙など、分類ごとのボタンをクリックすると、組み込みスタイルとして一覧で表示されます。
すべての分類の文書パーツは、「文書パーツオーガナイザー」で管理されているので、文書パーツオーガナイザーを使って挿入することもできます。
文書パーツオーガナイザーを使って、文書パーツを挿入する方法は、次のとおりです。

◆《挿入》タブ→《テキスト》グループの《クイックパーツの表示》→《文書パーツオーガナイザー》

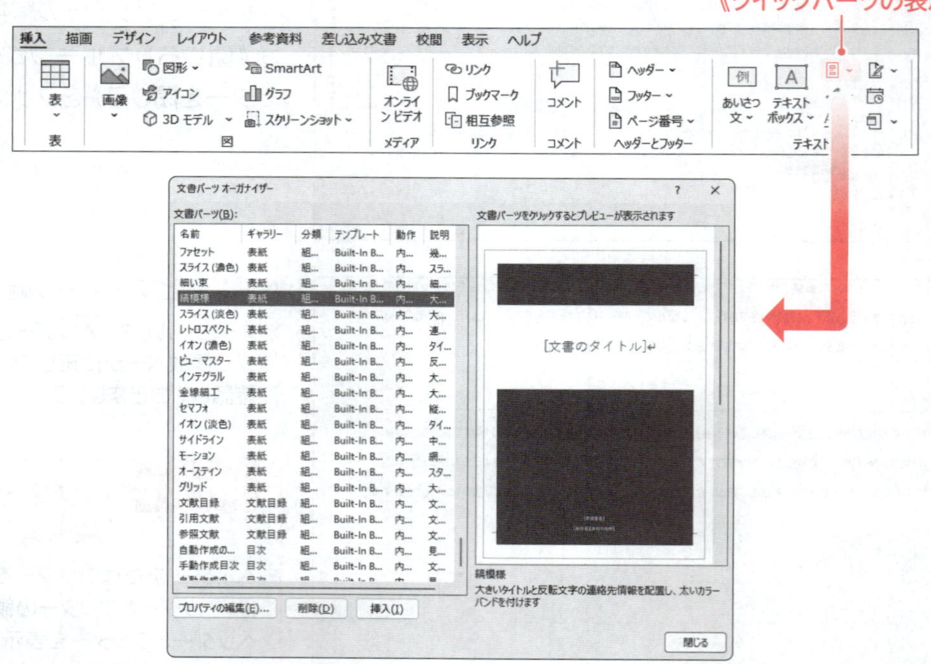

また、自分で作成した表紙やヘッダー、フッターなどを文書パーツとして登録することができます。
自分で作成したパーツを登録する方法は、次のとおりです。

◆登録するパーツを選択→《挿入》タブ→《テキスト》グループの《クイックパーツの表示》→《選択範囲をクイックパーツギャラリーに保存》

STEP 8 目次を作成する

1 目次

見出しのスタイルが設定されている項目を抜き出して、**「目次」**を作成できます。項目やページ番号を入力する手間が省け、入力ミスを防ぐことができるので便利です。
目次を作成する手順は、次のとおりです。

1 見出しスタイルの設定

目次にする見出しに、見出しスタイルを設定します。

2 目次の作成

見出しスタイルが設定されている項目を抜き出して目次を作成します。
※目次のスタイルを選択して作成することもできます。

2 目次の作成

見出しスタイルが設定されている項目を抜き出して、目次を作成しましょう。

1 改ページの挿入

表紙の次のページに、目次を作成します。
第1章から次のページに表示されるように、改ページを挿入しましょう。

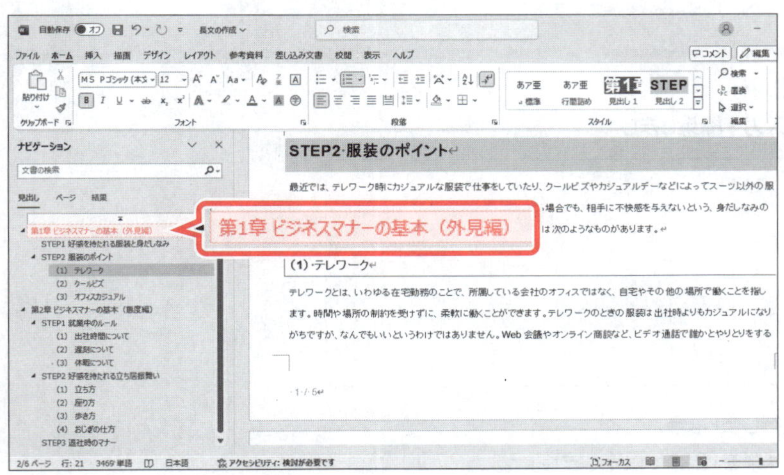

改ページを挿入する位置を指定します。

①ナビゲーションウィンドウの**「第1章 ビジネスマナーの基本（外見編）」**をクリックします。

1
2
3
4
5
6
7
8
総合問題
実践問題
索引

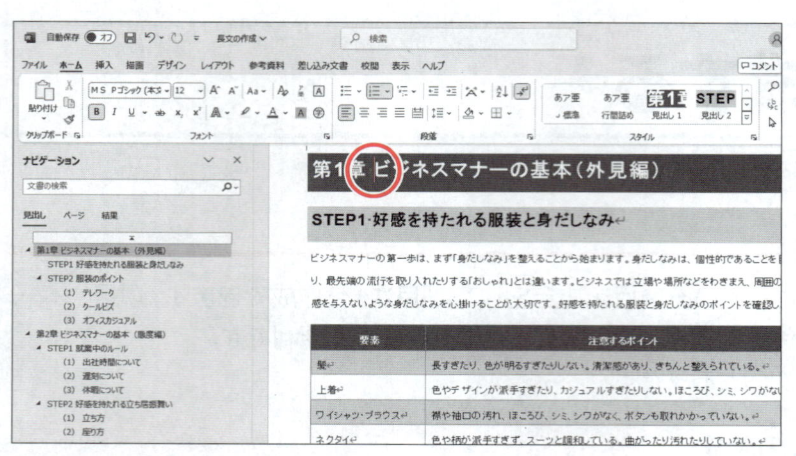

②カーソルが**「第1章」**のうしろに表示されていることを確認します。

改ページを挿入します。

③ Ctrl + Enter を押します。

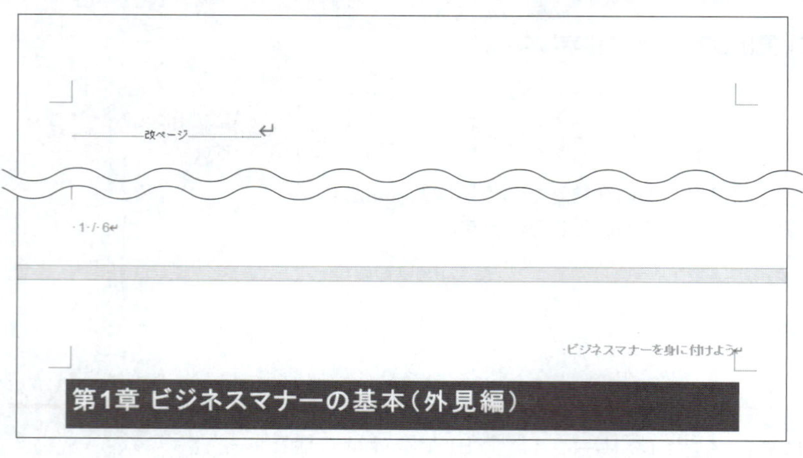

改ページされ、以降の文章が次のページに送られます。

STEP UP その他の方法（改ページの挿入）

◆改ページを挿入する位置にカーソルを移動→《挿入》タブ→《ページ》グループの《ページ区切りの挿入》

◆改ページを挿入する位置にカーソルを移動→《レイアウト》タブ→《ページ設定》グループの《ページ/セクション区切りの挿入》→《ページ区切り》の《改ページ》

Let's Try ためしてみよう

挿入したページに、次のように入力・編集しましょう。

目次
改ページ

① 1行目に「目次」と入力し、改行しましょう。

② 入力した「目次」のフォントサイズを「28」に設定しましょう。

①

① 挿入したページの1行目に「目次」と入力

② Enter を押す

① 「目次」の行を選択

② 《ホーム》タブを選択

③ 《フォント》グループの《フォントサイズ》の▼をクリック

④ 《28》をクリック

2 目次の作成

「目次」の下の行に、次のような目次を作成しましょう。

書式	：クラシック
タブリーダー	：……..
アウトラインレベル	：3

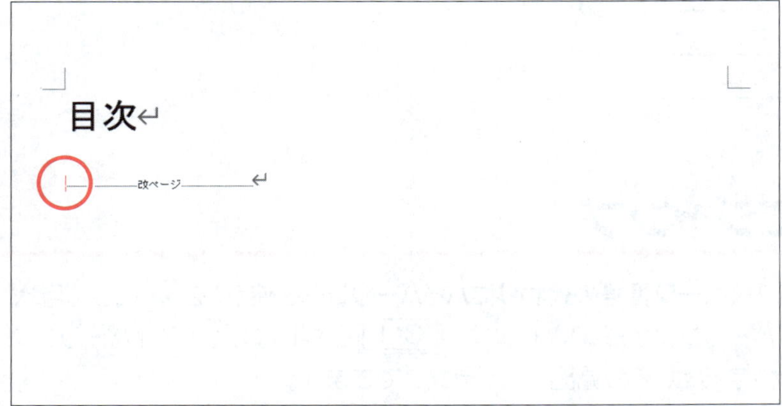

①2ページ目の**「目次」**の下の行にカーソルを移動します。

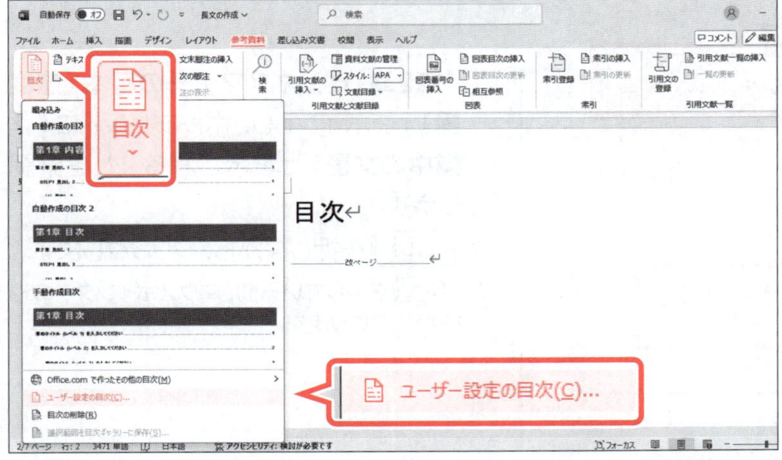

②**《参考資料》**タブを選択します。
③**《目次》**グループの**《目次》**をクリックします。
④**《ユーザー設定の目次》**をクリックします。

《目次》ダイアログボックスが表示されます。
⑤**《ページ番号を表示する》**が☑になっていることを確認します。
⑥**《ページ番号を右揃えにする》**が☑になっていることを確認します。
⑦**《書式》**の▼をクリックします。
⑧**《クラシック》**をクリックします。
⑨**《タブリーダー》**の▼をクリックします。
⑩**《 …….. 》**をクリックします。
⑪**《アウトラインレベル》**が**「3」**になっていることを確認します。
⑫**《ページ番号の代わりにハイパーリンクを使う》**が☑になっていることを確認します。
⑬**《OK》**をクリックします。

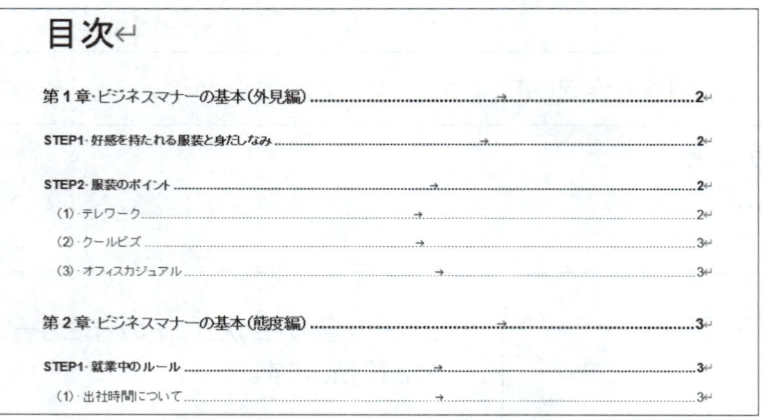
目次

第1章 ビジネスマナーの基本(外見編) 2
STEP1 好感を持たれる服装と身だしなみ 2
STEP2 服装のポイント 2
(1) テレワーク 2
(2) クールビズ 3
(3) オフィスカジュアル 3
第2章 ビジネスマナーの基本(態度編) 3
STEP1 就業中のルール 3
(1) 出社時間について 3

目次が作成されます。

3 目次を利用してジャンプ

《目次》ダイアログボックスの**《ページ番号の代わりにハイパーリンクを使う》**を☑にして目次を作成すると、目次にハイパーリンクが設定されます。Ctrl を押しながら、ハイパーリンクが設定された目次をクリックすると、その見出しにジャンプできます。
目次**「第2章 ビジネスマナーの基本(態度編)」**をクリックして画面の表示を切り替えましょう。

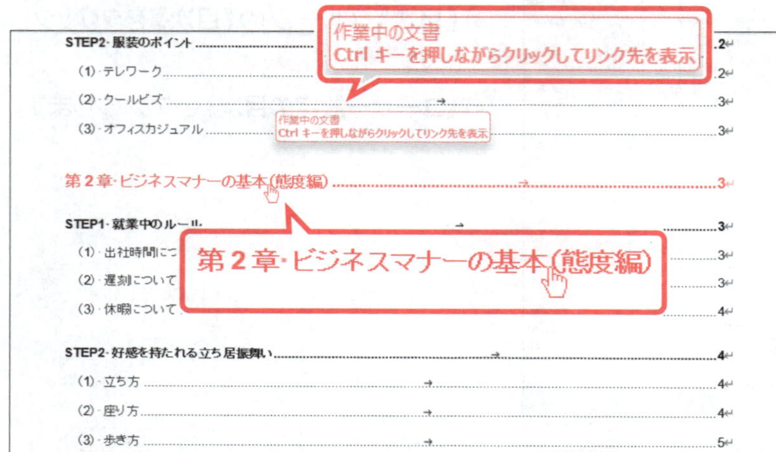

①**「第2章 ビジネスマナーの基本(態度編)」**をポイントし、ポップヒントに**《作業中の文書》**と表示されることを確認します。
② Ctrl を押しながら、クリックします。
※ Ctrl を押している間、マウスポインターの形が👆に変わります。

会社では、来客の予定がない社員も、常にお客様の目を意識するようにします。

第2章 ビジネスマナーの基本(態度編)

STEP1 就業中のルール

組織の一員となった以上、自分勝手な行動は許されません。就業中のルールにはどのようなものがあるのかを知り、ルールを守って周囲に迷惑を掛けないように配慮しながら仕事をしましょう。

(1) 出社時間について

始業時間は出社時間ではありません。仕事をスタートする時間です。したがって、始業時間の少なくとも5分前には在席しているようにします。書類の整理や飲み物の準備など、仕事に入る前の準備は、朝礼の前までに済ませておきましょう。その際に、今日1日の予定や仕事の優先順位などを確認しておくと、効率よく仕事を開始できます。テレワークのときも、働く場所が変わるだけなので同様の準備をしましょう。

本文中の見出し**「第2章 ビジネスマナーの基本(態度編)」**が表示されます。

4 目次の更新

目次には、見出しスタイルを設定した項目を参照する情報が挿入されています。この情報を**「目次フィールド」**といいます。目次を作成したあとで、本文中の見出しやページ数を変更した場合は、目次フィールドを更新すると最新の情報が表示されます。
次のように変更し、目次を更新しましょう。

- **「第2章 ビジネスマナーの基本（態度編）」から次のページに表示されるように改ページ**
- **「（3）歩き方」を「（2）座り方」の前に移動**

会社では、来客の予定がない社員も、常にお客様の目を意識するようにします。

第2章 ビジネスマナーの基本（態度編）

STEP1 就業中のルール

組織の一員となった以上、自分勝手な行動は許されません。就業中のルールにはどのようなものがあるのかを知り、ルールを守って周囲に迷惑を掛けないように配慮しながら仕事をしましょう。

（1）出社時間について

始業時間は出社時間ではありません。仕事をスタートする時間です。したがって、始業時間の少なくとも5分前には在席しているようにします。書類の整理や飲み物の準備など、仕事に入る前の準備は、朝礼の前までに済ませておきましょう。その際に、今日1日の予定や仕事の優先順位などを確認しておくと、効率よく仕事を開始できます。テレワークのときも、働く場所が変わるだけなので同様の準備をしましょう。

第2章から改ページします。

①カーソルが**「第2章」**のうしろに表示されていることを確認します。

※表示されていない場合は、ナビゲーションウィンドウの「第2章 ビジネスマナーの基本（態度編）」をクリックします。

② Ctrl ＋ Enter を押します。

ビジネスマナーを身に付けよう

第2章 ビジネスマナーの基本（態度編）

STEP1 就業中のルール

組織の一員となった以上、自分勝手な行動は許されません。就業中のルールにはどのようなものがあるのかを知り、ルールを守って周囲に迷惑を掛けないように配慮しながら仕事をしましょう。

（1）出社時間について

始業時間は出社時間ではありません。仕事をスタートする時間です。したがって、始業時間の少なくとも5分前には在席し

4/6

改ページされます。

※フッターを確認し、「第2章 ビジネスマナーの基本（態度編）」が「4/6」と表示されていることを確認しておきましょう。

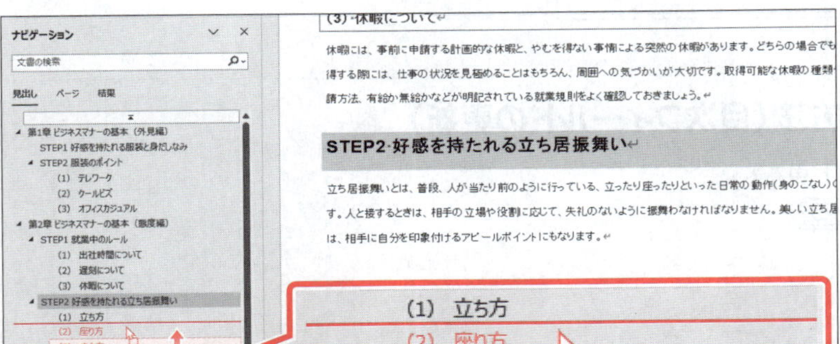

「（3）歩き方」を**「（2）座り方」**の前に移動します。

③ナビゲーションウィンドウの**「（3）歩き方」**を、図のように移動します。

※ドラッグ中、マウスポインターの形がに変わり、移動先に線が表示されます。

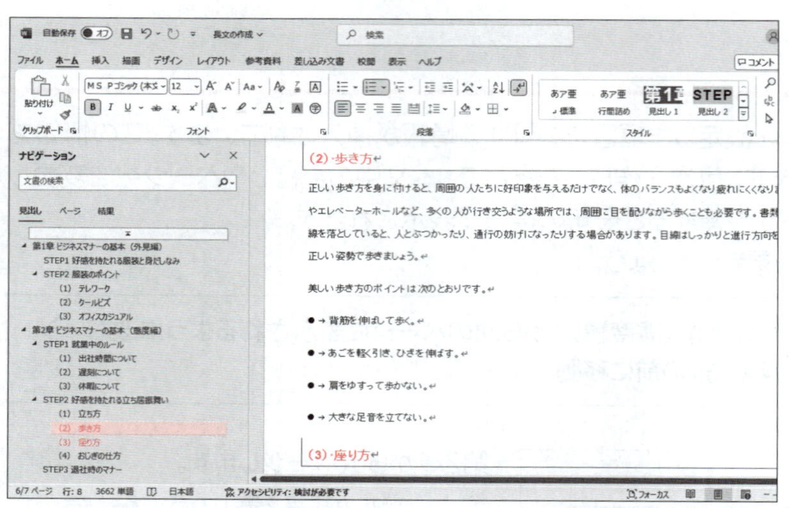

見出しが入れ変わります。

※アウトライン番号が「(2)歩き方」「(3)座り方」に変わっていることを確認しておきましょう。

※選択を解除しておきましょう。

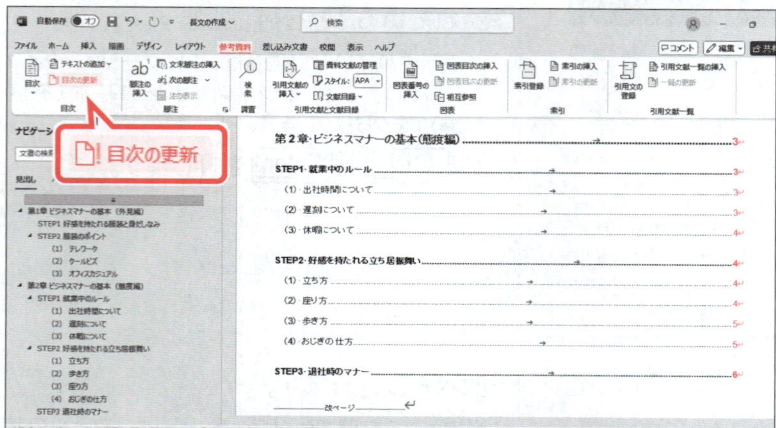

目次を確認します。

④変更した内容が目次に反映されていないことを確認します。

目次を更新します。

⑤**《参考資料》**タブを選択します。

⑥**《目次》**グループの**《目次の更新》**をクリックします。

※お使いの環境によっては、《目次の更新》ダイアログボックスが表示される場合があります。その場合は、《目次をすべて更新する》を◉にして《OK》をクリックします。

第2章 ビジネスマナーの基本(態度編) 4
STEP1 就業中のルール 4
(1) 出社時間について 4
(2) 遅刻について 4
(3) 休暇について 4
STEP2 好感を持たれる立ち居振舞い 4
(1) 立ち方 5
(2) 歩き方 5
(3) 座り方 5
(4) おじぎの仕方 6
STEP3 退社時のマナー 6
改ページ

目次が更新されます。

STEP UP その他の方法(目次フィールドの更新)

◆目次を右クリック→《フィールド更新》

◆目次内にカーソルを移動→F9

STEP 9 脚注を挿入する

1 脚注

文書内に説明を追加したい単語がある場合は、その単語のうしろに記号を付けて、ページの下部の領域や文書の最後に説明や補足などを入力できます。単語のうしろに振られる記号を**「脚注記号」**、説明や補足の文章を**「脚注内容」**といいます。資料や論文などを作成するときに、本文と区別して説明を補う場合に使います。脚注には、次の2つがあります。

●脚注

各ページの最後に、脚注内容が表示されます。

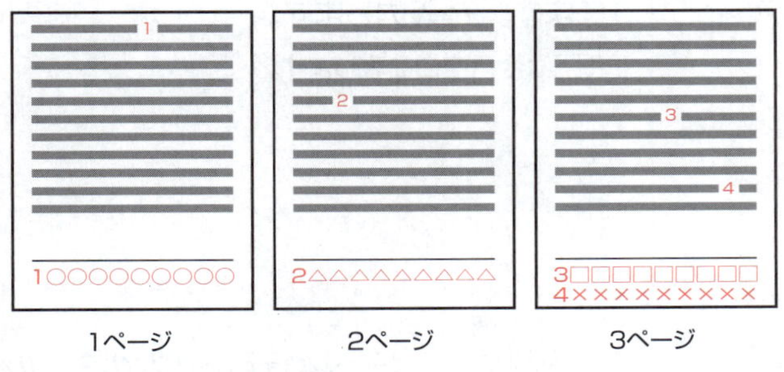

●文末脚注

文書やセクションの最後に、脚注内容がまとめて表示されます。

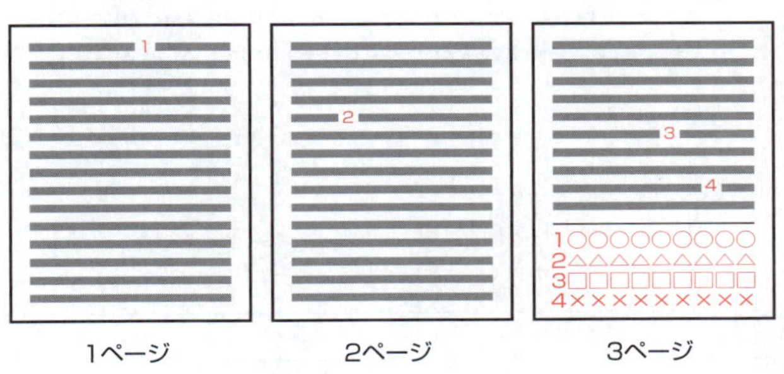

2 脚注の挿入

次のように脚注を挿入しましょう。

> **3ページ5行目の「好感を持たれる服装と身だしなみ」のうしろ**
> 　**脚注内容：DVD教材「動画でよくわかる□ビジネスマナーVol.1」では、動画で確認できます。**
>
> **7ページ4行目の「次の3つのおじぎの仕方」のうしろ**
> 　**脚注内容：DVD教材「動画でよくわかる□ビジネスマナーVol.2」では、動画で確認できます。**

※ページ番号と行番号は、ステータスバーで確認します。
※□は全角空白を表します。

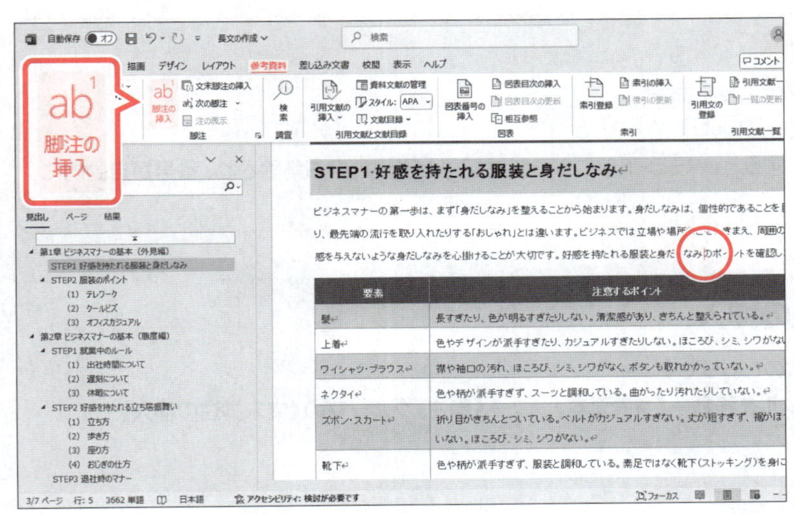

①3ページ5行目の**「好感を持たれる服装と身だしなみ」**のうしろにカーソルを移動します。

※ナビゲーションウィンドウの「STEP1 好感を持たれる服装と身だしなみ」をクリックすると、効率よく表示できます。

②**《参考資料》**タブを選択します。

③**《脚注》**グループの**《脚注の挿入》**をクリックします。

第1章 ビジネスマナーの基本(外見編)

STEP1 好感を持たれる服装と身だしなみ

ビジネスマナーの第一歩は、まず「身だしなみ」を整えることから始まります。身だしなみは、個性的であることを目指したり、最先端の流行を取り入れたりする「おしゃれ」とは違います。ビジネスでは立場や場所などをわきまえ、周囲の人に不快感を与えないような身だしなみを心掛けることが大切です。好感を持たれる服装と身だしなみ[1]のポイントを確認しましょう。

要素	注意するポイント
髪	長すぎたり、色が明るすぎたりしない。清潔感があり、きちんとしている。
上着	色やデザインが派手すぎたり、カジュアルすぎたりしない。ほこり、シミ、シワがない。
ワイシャツ・ブラウス	襟や袖口の汚れ、ほころび、シミ、シワがなく、ボタンも取れかかっていない。

カーソルの位置に脚注記号が挿入され、ページ下部の領域にカーソルが移動します。

※スクロールして、脚注記号を確認しておきましょう。

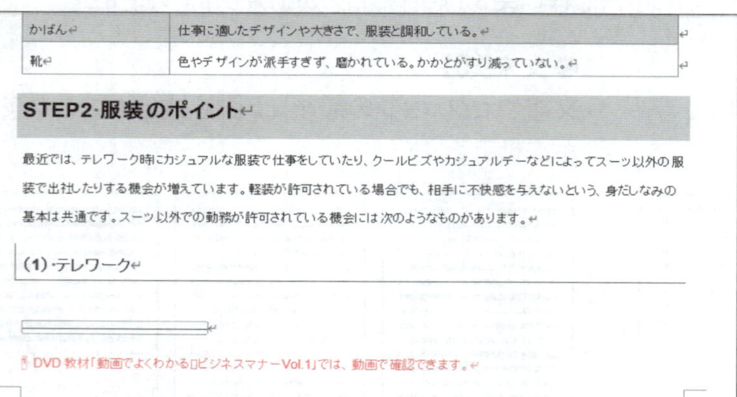

かばん	仕事に適したデザインや大きさで、服装と調和している。
靴	色やデザインが派手すぎず、磨かれている。かかとがすり減っていない。

STEP2 服装のポイント

最近では、テレワーク時にカジュアルな服装で仕事をしていたり、クールビズやカジュアルデーなどによってスーツ以外の服装で出社したりする機会が増えています。軽装が許可されている場合でも、相手に不快感を与えないという、身だしなみの基本は共通です。スーツ以外での勤務が許可されている機会には次のようなものがあります。

(1) テレワーク

1 DVD教材「動画でよくわかる□ビジネスマナーVol.1」では、動画で確認できます。

④ページ下部の領域にカーソルが表示されていることを確認します。

⑤**「DVD教材「動画でよくわかる□ビジネスマナーVol.1」では、動画で確認できます。」**と入力します。

※□は全角空白を表します。

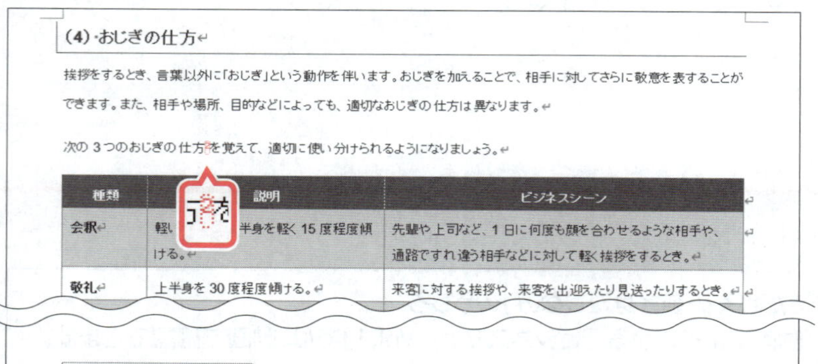

(4) おじぎの仕方

挨拶をするとき、言葉以外に「おじぎ」という動作を伴います。おじぎを加えることで、相手に対してさらに敬意を表することができます。また、相手や場所、目的などによっても、適切なおじぎの仕方は異なります。

次の3つのおじぎの仕方[2]を覚えて、適切に使い分けられるようになりましょう。

種類	説明	ビジネスシーン
会釈	軽く上半身を軽く15度程度傾ける。	先輩や上司など、1日に何度も顔を合わせるような相手や、通路ですれ違う相手などに対して軽く挨拶をするとき。
敬礼	上半身を30度程度傾ける。	来客に対する挨拶や、来客を出迎えたり見送ったりするとき。

2 DVD教材「動画でよくわかる□ビジネスマナーVol.2」では、動画で確認できます。

6/6

⑥同様に、7ページ4行目の**「次の3つのおじぎの仕方」**のうしろに脚注を挿入します。

STEP UP その他の方法(脚注の挿入)

◆ Ctrl + Alt + F

POINT 脚注の削除

脚注を削除する方法は、次のとおりです。

◆本文中の脚注記号を選択→ Delete

※本文中の脚注記号を削除すると、ページ下部にある脚注記号と脚注内容も削除され、番号が自動的に振りなおされます。

STEP UP 文末脚注の挿入

文末脚注を挿入する方法は、次のとおりです。

◆脚注を挿入する位置にカーソルを移動→《参考資料》タブ→《脚注》グループの《文末脚注の挿入》

STEP 10 図表番号を挿入する

1 図表番号

文書内にある複数の画像やSmartArtグラフィックなどのオブジェクトや表に対して連番を振ることができます。文書内のオブジェクトや表に対して振る連番のことを**「図表番号」**といいます。図表番号の機能を使って連番を振っておくと、途中でオブジェクトや表を追加したり削除したりした場合でも自動的に番号が振りなおされます。

2 図表番号の挿入

文書内の表に、次のように図表番号を挿入しましょう。

3ページ目の表の上：「表1-1□身だしなみのポイント」と表示
7ページ目の表の上：「表2-1□おじぎの種類」と表示

※ページ番号は、ステータスバーで確認します。
※□は全角空白を表します。

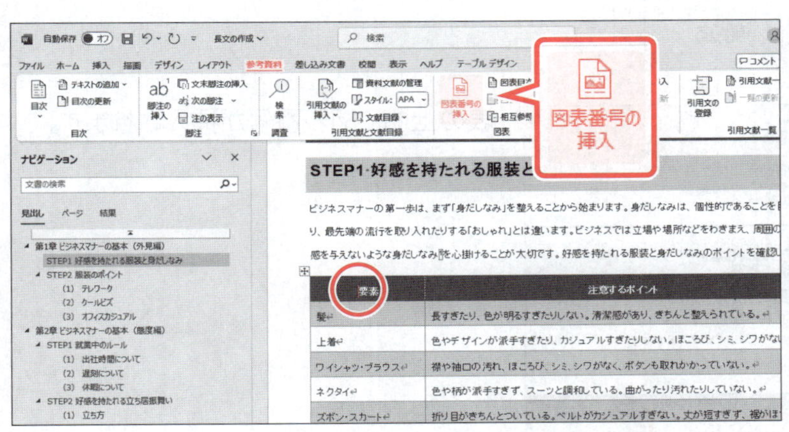

①3ページ目の表内にカーソルを移動します。

※ナビゲーションウィンドウの「STEP1 好感を持たれる服装と身だしなみ」をクリックすると、効率よく表示できます。

②**《参考資料》**タブを選択します。

③**《図表》**グループの**《図表番号の挿入》**をクリックします。

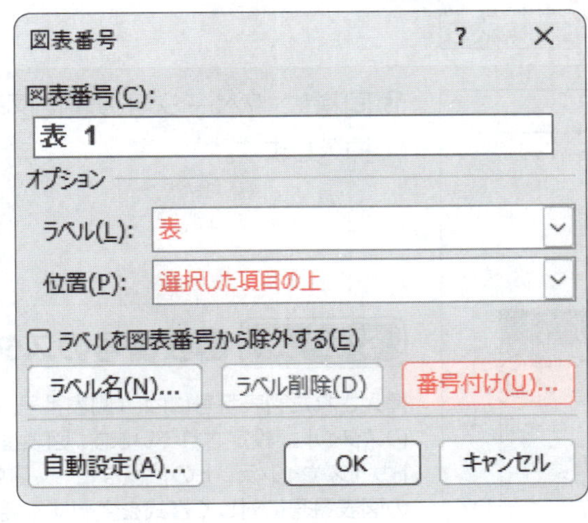

《図表番号》ダイアログボックスが表示されます。

④**《ラベル》**が**《表》**になっていることを確認します。

※《表》になっていない場合は、《ラベル》の▼→《表》をクリックします。

⑤**《位置》**が**《選択した項目の上》**になっていることを確認します。

⑥**《番号付け》**をクリックします。

1
2
3
4
5
6
7
8
総合問題
実践問題
索引

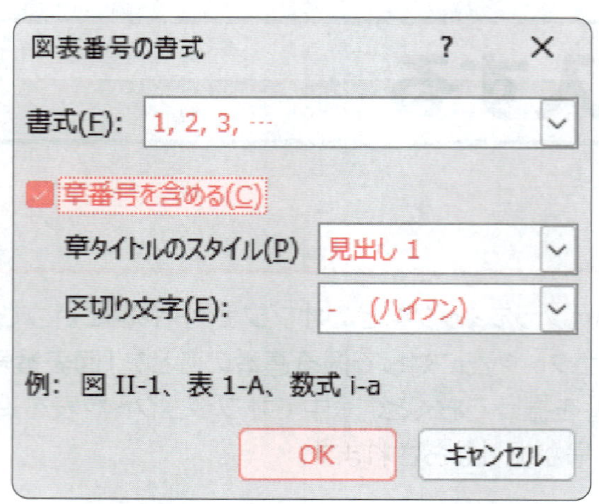

《図表番号の書式》ダイアログボックスが表示されます。

⑦《書式》が《1,2,3,…》になっていることを確認します。

⑧《章番号を含める》を☑にします。

⑨《章タイトルのスタイル》が《見出し1》になっていることを確認します。

⑩《区切り文字》が《-(ハイフン)》になっていることを確認します。

⑪《OK》をクリックします。

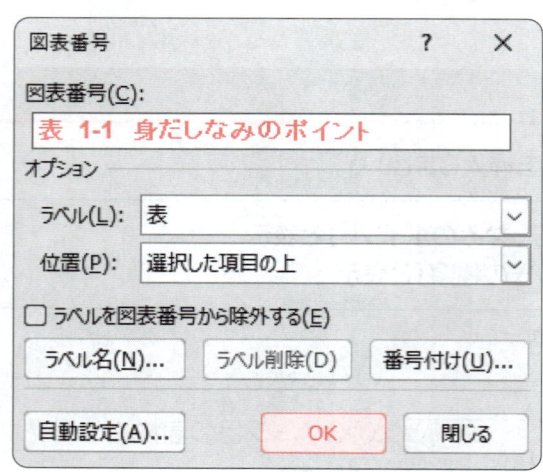

図表番号
図表番号(C):
表 1-1 身だしなみのポイント
オプション
ラベル(L): 表
位置(P): 選択した項目の上
ラベルを図表番号から除外する(E)
ラベル名(N)… ラベル削除(D) 番号付け(U)…
自動設定(A)… OK 閉じる

《図表番号》ダイアログボックスに戻ります。

⑫《図表番号》に「表 1-1」とカーソルが表示されていることを確認します。

⑬「□身だしなみのポイント」と入力します。

※□は全角空白を表します。

⑭《OK》をクリックします。

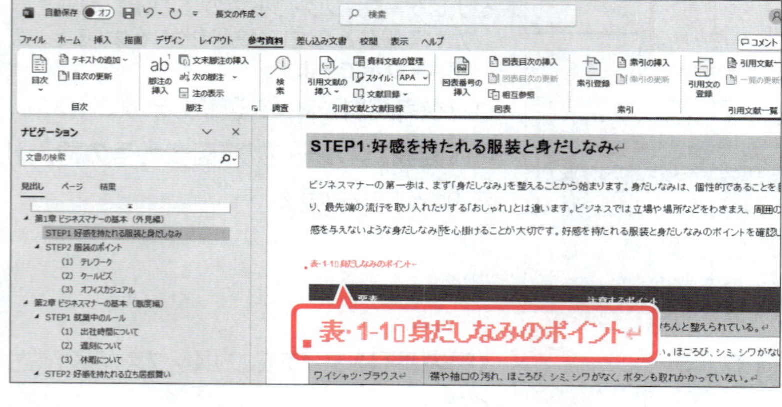

表の上側に図表番号が挿入されます。

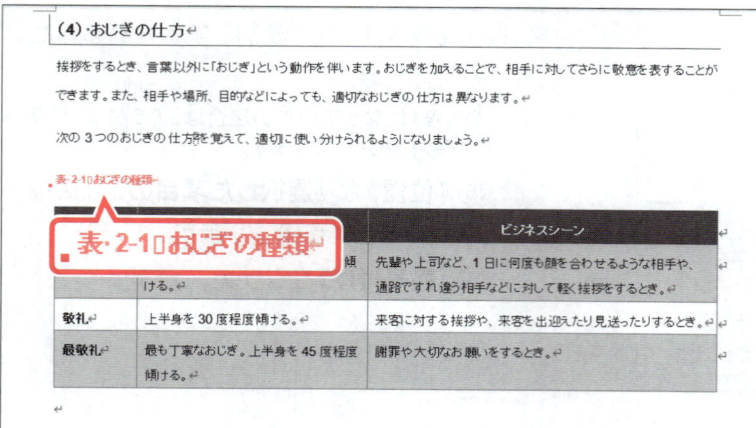

⑮同様に、7ページ目の表に図表番号を挿入します。

STEP UP 図表番号のスタイル

挿入された図表番号には、「図表番号」という名前のスタイルが設定されています。図表番号のフォントサイズやインデントの位置など、文書内のすべての図表番号に対して書式を変更する場合には、スタイルを更新すると効率的です。

Let's Try ためしてみよう

次のように、編集しましょう。

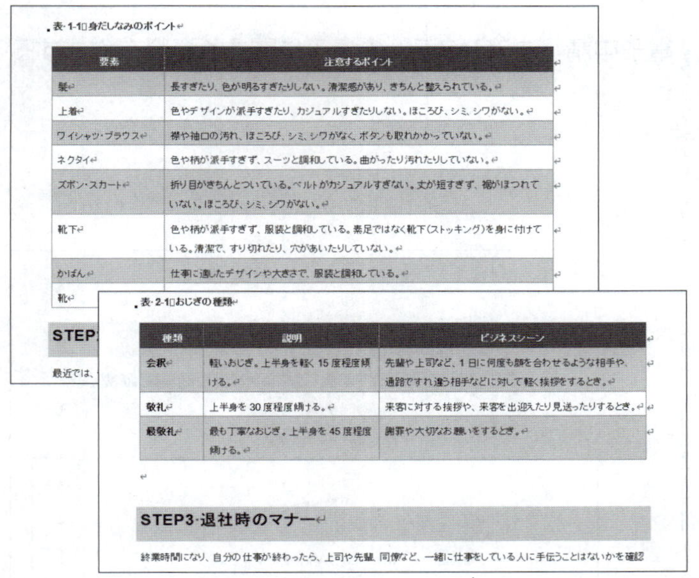

表 1-1 身だしなみのポイント

要素	注意するポイント
髪	長すぎたり、色が明るすぎたりしない。清潔感があり、きちんと整えられている。
上着	色やデザインが派手すぎたり、カジュアルすぎたりしない。ほころび、シミ、シワがない。
ワイシャツ・ブラウス	襟や袖口の汚れ、ほころび、シミ、シワがなく、ボタンも取れかかっていない。
ネクタイ	色や柄が派手すぎず、スーツと調和している。曲がったり汚れたりしていない。
ズボン・スカート	折り目がきちんとついている。ベルトがカジュアルすぎない。丈が短すぎず、裾がほつれていない。ほころび、シミ、シワがない。
靴下	色や柄が派手すぎず、服装と調和している。素足ではなく靴下(ストッキング)を身に付けている。清潔で、すり切れたり、穴があいたりしていない。
かばん	仕事に適したデザインや大きさで、服装と調和している。
靴	

STEP2

最近では、

表 2-1 おじぎの種類

種類	説明	ビジネスシーン
会釈	軽いおじぎ。上半身を軽く15度程度傾ける。	先輩や上司など、1日に何度も顔を合わせるような相手や、通路ですれ違う相手などに対して軽く挨拶をするとき。
敬礼	上半身を30度程度傾ける。	来客に対する挨拶や、来客を出迎えたり見送ったりするとき。
最敬礼	最も丁寧なおじぎ。上半身を45度程度傾ける。	謝罪や大切なお願いをするとき。

STEP3 退社時のマナー

終業時間になり、自分の仕事が終わったら、上司や先輩、同僚など、一緒に仕事をしている人に手伝うことはないかを確認

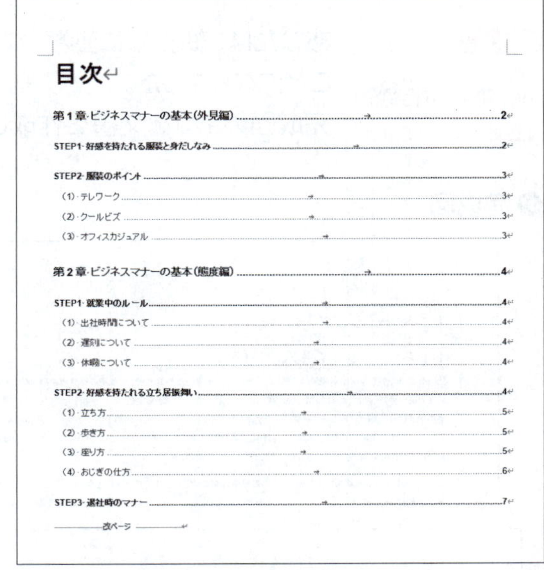

目次

改ページ

① 3ページの図表番号のフォントサイズを「10」に変更しましょう。次に、「図表番号」のスタイルを更新しましょう。
② ナビゲーションウィンドウを非表示にしましょう。
③ ステータスバーの行番号を非表示にしましょう。

Let's Try Answer

①

① 「表 1-1 身だしなみのポイント」の行を選択
② 《ホーム》タブを選択
③ 《フォント》グループの《フォントサイズ》の▼をクリック
④ 《10》をクリック
⑤ 「表 1-1 身だしなみのポイント」の行が選択されていることを確認
⑥ 《スタイル》グループの ▿ をクリック
⑦ 《図表番号》を右クリック
⑧ 《選択した個所と一致するように図表番号を更新する》をクリック

②

① 《表示》タブを選択
② 《表示》グループの《ナビゲーションウィンドウ》を □ にする

③

① ステータスバーを右クリック
② 《ステータスバーのユーザー設定》の《行番号》をクリック
③ 《ステータスバーのユーザー設定》以外の場所をクリック

※文書に「長文の作成完成」と名前を付けて、フォルダー「第4章」に保存し、閉じておきましょう。

練習問題

PDF 標準解答 ▶ P.10

OPEN

第4章練習問題

あなたは、総務部に勤務しており、電子申請・決済システムの導入に関する資料を作成することになりました。
完成図のような文書を作成しましょう。

●完成図

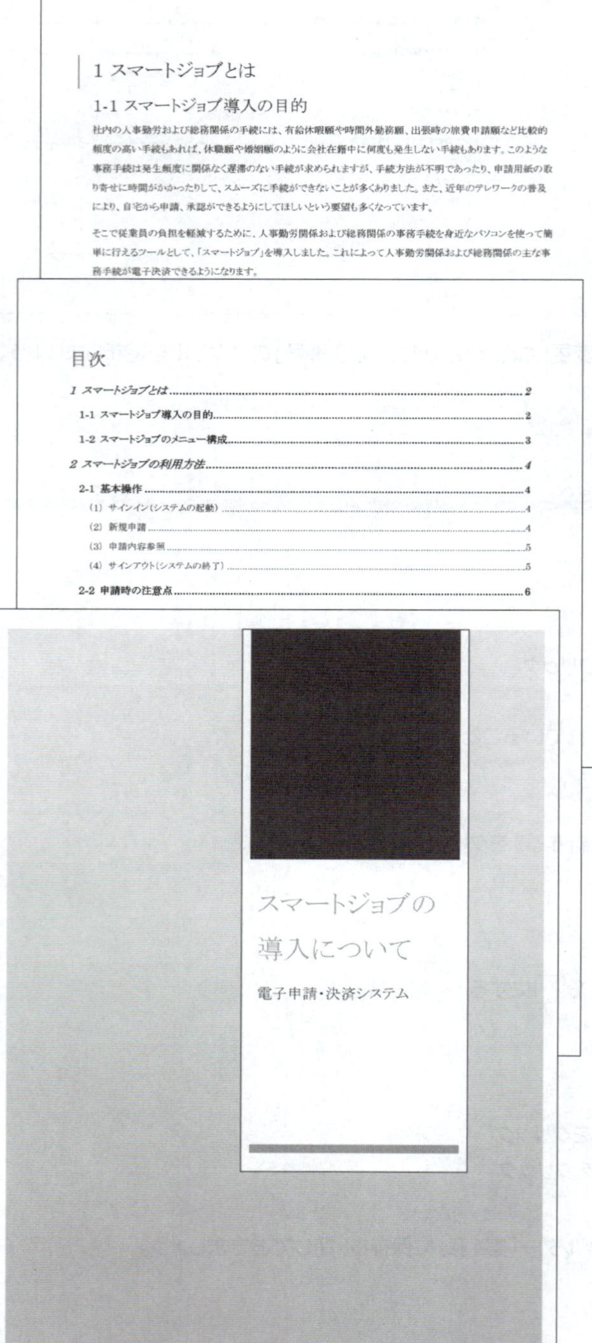

1 スマートジョブとは

1-1 スマートジョブ導入の目的

社内の人事勤労および総務関係の手続には、有給休暇願や時間外勤務願、出張時の旅費申請願など比較的頻度の高い手続もあれば、休職願や婚姻願のように会社在籍中に何度も発生しない手続もあります。このような事務手続は発生頻度に関係なく遅滞のない手続が求められますが、手続方法が不明であったり、申請用紙の取り寄せに時間がかかったりして、スムーズに手続ができないことが多くありました。また、近年のテレワークの普及により、自宅から申請、承認ができるようにしてほしいという要望も多くなっています。

そこで従業員の負担を軽減するために、人事勤労関係および総務関係の事務手続を身近なパソコンを使って簡単に行えるツールとして、「スマートジョブ」を導入しました。これによって人事勤労関係および総務関係の主な事務手続が電子決済できるようになります。

目次

スマートジョブの
導入について

電子申請・決済システム

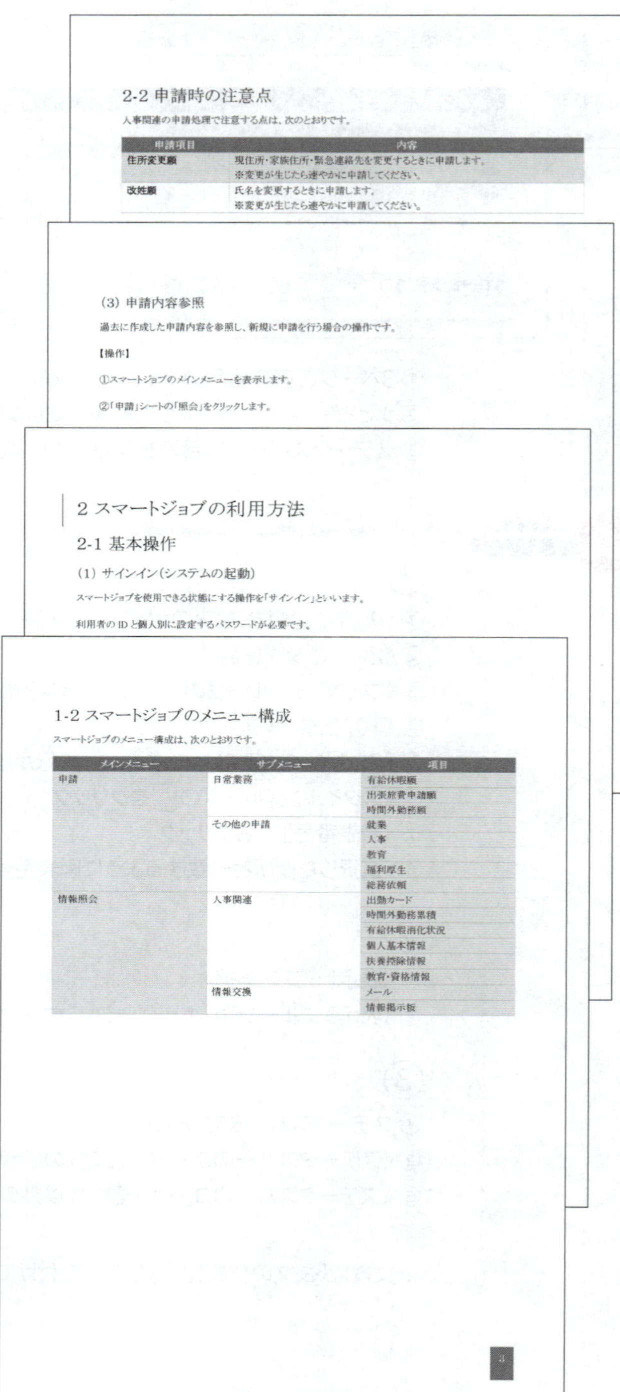

2-2 申請時の注意点

人事関連の申請処理で注意する点は、次のとおりです。

申請項目	内容
住所変更願	現住所・家族住所・緊急連絡先を変更するときに申請します。 ※変更が生じたら速やかに申請してください。
改姓願	氏名を変更するときに申請します。 ※変更が生じたら速やかに申請してください。

(3) 申請内容参照

過去に作成した申請内容を参照し、新規に申請を行う場合の操作です。

【操作】

①スマートジョブのメインメニューを表示します。

②「申請」シートの「照会」をクリックします。

2 スマートジョブの利用方法

2-1 基本操作

(1) サインイン(システムの起動)

スマートジョブを使用できる状態にする操作を「サインイン」といいます。

利用者の ID と個人別に設定するパスワードが必要です。

1-2 スマートジョブのメニュー構成

スマートジョブのメニュー構成は、次のとおりです。

メインメニュー	サブメニュー	項目
申請	日常業務	有給休暇願
		出張旅費申請願
		時間外勤務願
	その他の申請	就業
		人事
		教育
		福利厚生
		総務依頼
情報照会	人事関連	出勤カード
		時間外勤務累積
		有給休暇消化状況
		個人基本情報
		扶養控除情報
		教育・資格情報
	情報交換	メール
		情報掲示板

3

① 次のように見出しを設定しましょう。

ページ	行番号	内容	見出しレベル
1ページ	1行目	スマートジョブとは	見出し1
	2行目	スマートジョブ導入の目的	見出し2
2ページ	1行目	スマートジョブのメニュー構成	見出し2
3ページ	1行目	スマートジョブの利用方法	見出し1
	2行目	基本操作	見出し2
	3行目	サインイン(システムの起動)	見出し3
	12行目	サインアウト(システムの終了)	
	19行目	新規申請	
	30行目	申請内容参照	
4ページ	6行目	申請時の注意点	見出し2

※行番号を確認する場合は、ステータスバーに行番号を表示します。

② ナビゲーションウィンドウを使って、見出し**「サインアウト(システムの終了)」**を見出し**「申請内容参照」**の下に移動しましょう。

③ スタイルセット**「ミニマリスト」**を適用しましょう。

④ 見出し1と見出し3のスタイルを次のように更新しましょう。

●見出し1

フォントサイズ :20
段落前の間隔 :6pt

●見出し3

段落前の間隔 :0行

⑤ 見出し1から見出し3に次のアウトライン番号を設定しましょう。それぞれの番号に続く空白の扱いはスペースにします。

見出し1 :1
見出し2 :1-1
見出し3 :(1)

HINT 《ホーム》タブ→《段落》グループの《アウトライン》→《リストライブラリ》の《1 1-1 1-1-1》を設定し、「見出し2」と「見出し3」を修正すると効率よく設定できます。

⑥ 組み込みスタイル**「インテグラル」**を使って、フッターにページ番号を挿入しましょう。
次に**「作成者」**のコンテンツコントロールを削除し、フッターの位置を用紙の端から**「5mm」**に設定しましょう。

⑦ 組み込みスタイル**「オースティン」**を使って表紙を挿入し、次のように編集しましょう。
次に、**「要約」**と**「作成者」**のコンテンツコントロールを削除し、**「タイトル」**のフォントサイズを**「28」**に設定しましょう。

タイトル　　　：スマートジョブの導入について
サブタイトル：電子申請・決済システム

⑧ **「1 スマートジョブとは」**から次のページに表示されるように改ページを挿入しましょう。

⑨ 表紙の次のページの1行目に**「目次」**と入力し、改行しましょう。
次に、入力した**「目次」**のフォントサイズを**「20」**に設定しましょう。

⑩ ⑨で入力した**「目次」**の下の行に、次のような目次を挿入しましょう。

書式　　　　　　：エレガント
タブリーダー　　：.......
アウトラインレベル：3

⑪ **「2-2 申請時の注意点」**から次のページに表示されるように改ページを挿入しましょう。

⑫ 目次のページ番号を更新しましょう。

※文書に「第4章練習問題完成」と名前を付けて、フォルダー「第4章」に保存し、閉じておきましょう。

第5章

文書の校閲

この章で学ぶこと

学習前に習得すべきポイントを理解しておき、
学習後には確実に習得できたかどうかを振り返りましょう。

STEP 1 作成する文書を確認する

1 作成する文書の確認

次のような文書を作成しましょう。

FOM カルチャー　議事録

作成日：2025 年 4 月 11 日

件名	セミナー企画担当者会議
日時	2025 年 4 月 11 日（金）14:00～16:00
場所	オンライン
出席者	結城室長、渡辺 M　集合 G）山田、菊池　オンライン G）岩本、村上　支援 G）伊藤、原
書記	原
議題	2025 年度 3 月セミナー受講状況報告

2025 年度 3 月セミナー受講状況報告

資料　：別紙参照（①受講率集計表　②オンライン受講者アンケート結果）

集合セミナー　：すべてのセンターで、受講率は前月比 15%～20%程度減少、前年同期比 101%

オンラインセミナー　：受講率は前月比 110%、前年同期比 130%

<結城室長より>

例年 3 月の集合セミナーは受講率が減少する。集合セミナーの改善が難しいのであれば、好調なオンラインセミナーでカバーしてはどうか。次年度のコース企画の前に、プロジェクトチームを作って強化施策を検討しよう。

<現状分析>

- 例年 3 月の集合セミナーの受講率減少の対策として、単発セミナーを増やしたが、申し込みが少なく例年どおりの結果となっている。
- 集合セミナーの受講率は前年 3 月と同じ状況であることから、定番コースは安定していると考えられる。
- オンラインセミナーのアンケートを見ると、改善可能な項目が多い。アンケートの主な意見は以下のとおり。
  高評価：自宅で気軽に参加できる／チャット機能でほかの受講者とも交流できて楽しい／操作が簡単
  低評価：一方的に進んでしまう／質問がしにくい／魅力的なセミナーが少ない

【参考】2024 年度の受講率が高かったオンラインセミナー
「Let's enjoy dancing」（通年企画）
「ペットの災害対策 Save pet life」（7 月企画）
「全国の名医が教える腸活セミナー」（通年企画）

<目標>

オンラインセミナーの強化により、全体の受講率の 20%アップを目指す

<今後の作業予定>

プロジェクトチームの発足／現状分析／他社分析／潜在ニーズの発掘

<次回予定>

日時　2025 年 5 月 16 日（金）14:00～16:00

場所　オンライン（別途 URL を送付）

表記ゆれチェック

文章校正

スペルチェック

翻訳

変更履歴の記録と反映

コメントの挿入・削除

STEP 2 文章を校正する

1 文章の校正

文章を校正する機能を使うと、誤字や脱字、文体の統一、い抜き言葉、ら抜き言葉などをチェックできます。また、**「フォルダ」**と**「フォルダー」**といった表記のゆれや、英単語のスペルミスがないかどうかなどもチェックできます。入力した文章を読みなおして校正する手間を省くことができるので効率的です。
文章を校正する機能には、**「文章校正」「表記ゆれチェック」「スペルチェック」**などがあります。

2 スペルチェックと文章校正の設定

初期の設定では、入力中にスペルチェックや文章校正が行われ、問題のある箇所に赤色の波線や青色の二重線が表示されます。スペルチェックと文章校正は、入力中に行われないように設定したり、校正のレベルを文書のスタイルに合わせて変更したりすることもできます。
校正のレベルを**「通常の文」**に設定しましょう。

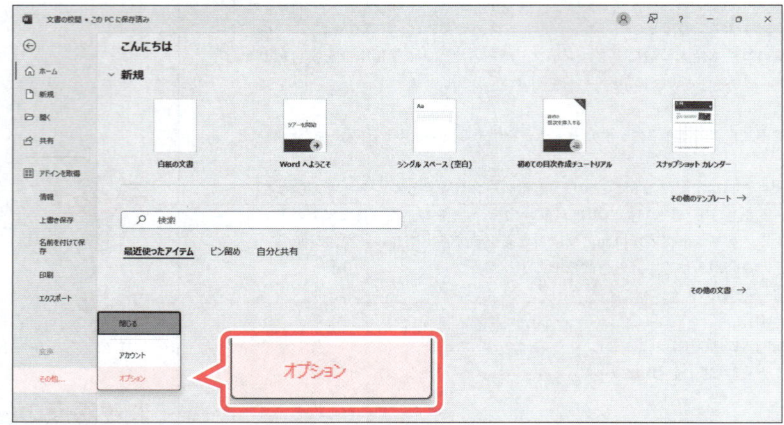

①《**ファイル**》タブを選択します。
②《**その他**》をクリックします。
※お使いの環境によっては、《その他》が表示されていない場合があります。その場合は、③に進みます。
③《**オプション**》をクリックします。

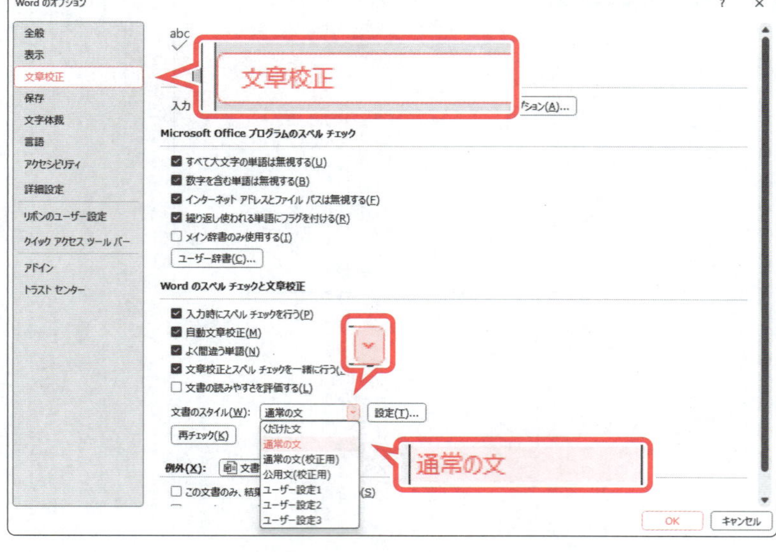

《**Wordのオプション**》ダイアログボックスが表示されます。
④左側の一覧から《**文章校正**》を選択します。
⑤《**Wordのスペルチェックと文章校正**》の《**文書のスタイル**》の▼をクリックします。
⑥《**通常の文**》をクリックします。
⑦《**OK**》をクリックします。
校正のレベルが設定されます。

STEP UP 文章校正の詳細設定

《Wordのオプション》ダイアログボックスの《文章校正》で、《文書のスタイル》の《設定》をクリックすると、文章校正の詳細を設定できます。

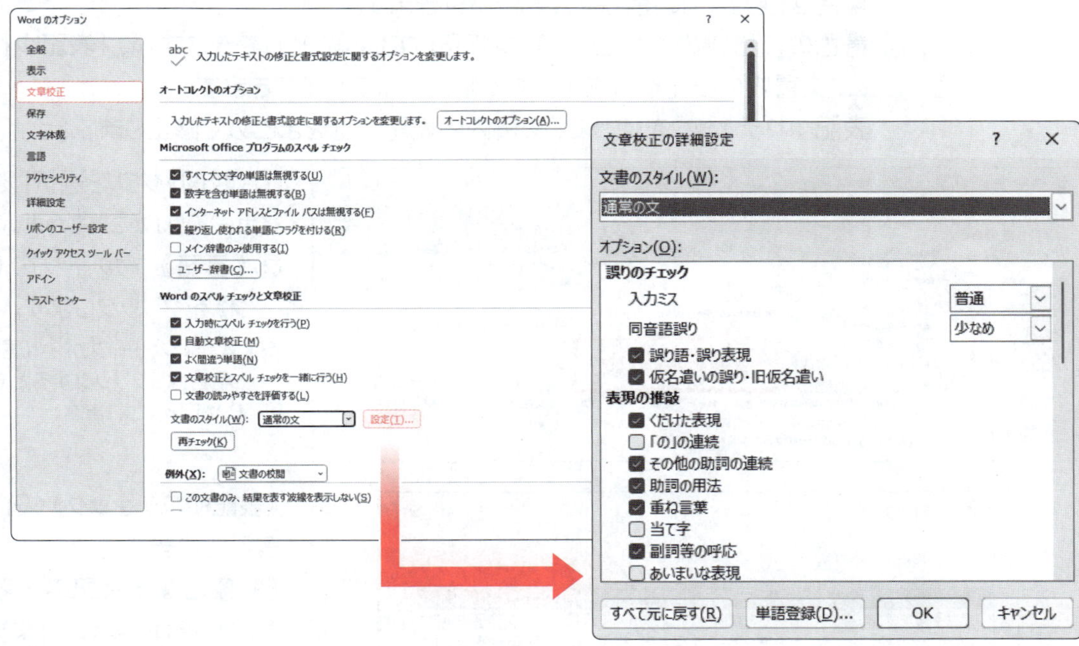

3 文章校正

文法が間違っている可能性がある文章には、自動的に青色の二重線が付きます。
い抜き言葉の**「なってる」**を**「なっている」**に修正しましょう。

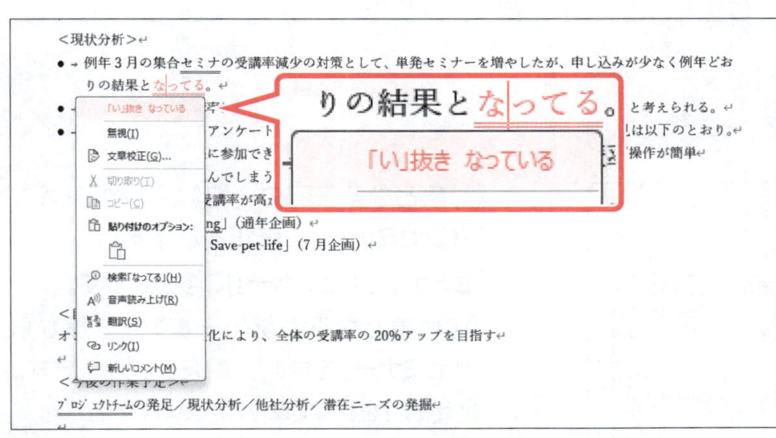

①**「…申し込みが少なく例年どおりの結果となってる。」**の行にある青色の二重線の付いた**「なってる」**を右クリックします。

※青色の二重線上であれば、どこでもかまいません。

②**《「い」抜き　なっている》**をクリックします。

＜現状分析＞
- 例年３月の集合セミナの受講率減少の対策として、単発セミナーを増やしたが、申し込みが少なく例年どおりの結果となっている。
- 集合セミナーの受講率は前年…ら、定番コースは安定していると考えられる。
- オンラインセミナのアンケートを見ると、改善可能な項目が多い。アンケートの主な意見は以下のとおり。
  高評価：自宅で気軽に参加できる／チャット機能でほかの受講者とも交流できて楽しい／操作が簡単
  低評価：一方的に進んでしまう／質問がしにくい／魅力的なセミナーが少ない

【参考】2024 年度の受講率が高かったオンラインセミナー
「Let's enjoy danceing」（通年企画）
「ペットの災害対策 Save pet life」（7 月企画）

＜目標＞
オンラインセミナーの強化により、全体の受講率の 20%アップを目指す

＜今後の作業予定＞
プロジェクトチームの発足／現状分析／他社分析／潜在ニーズの発掘

なっている

「なっている」に修正され、青色の二重線が消えます。

4 表記ゆれチェック

「フォルダ」と「フォルダー」や「パソコン」と「ﾊﾟｿｺﾝ」などのように、表記が統一されていない場合は、自動的に青色の二重線が付きます。

青色の二重線の箇所を1つずつ修正していくこともできますが、**「表記ゆれチェック」**を使うと、文書内の表記ゆれをまとめて修正することができます。

表記ゆれチェックを使って、文書内の表記ゆれをまとめて修正しましょう。

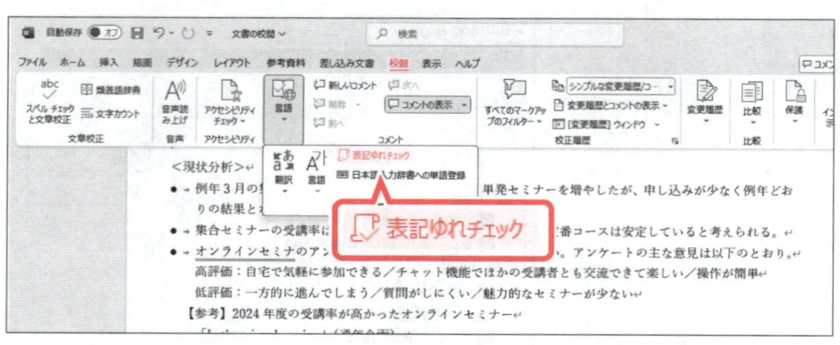

①**《校閲》**タブを選択します。

※カーソルはどこでもかまいません。

②**《言語》**グループの**《表記ゆれチェック》**をクリックします。

※《言語》グループが（言語）で表示されている場合は、クリックすると《言語》グループのボタンが表示されます。

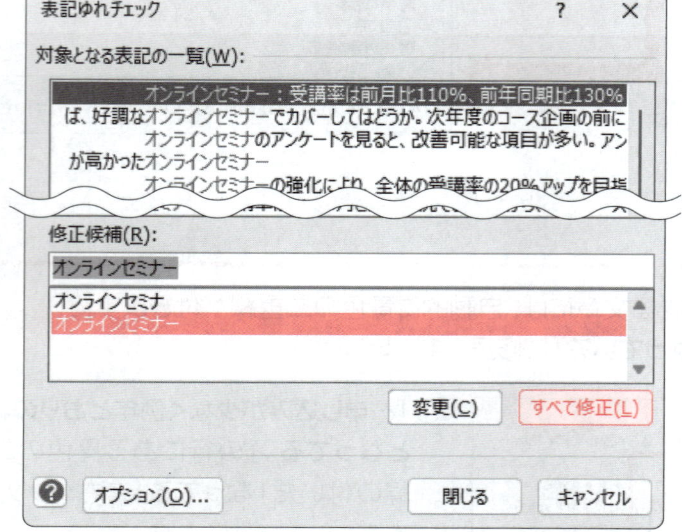

《表記ゆれチェック》ダイアログボックスが表示されます。

《対象となる表記の一覧》に表記ゆれを含む文章が表示されます。

「オンラインセミナ」を**「オンラインセミナー」**に修正します。

③**《修正候補》**の**「オンラインセミナー」**をクリックします。

④**《すべて修正》**をクリックします。

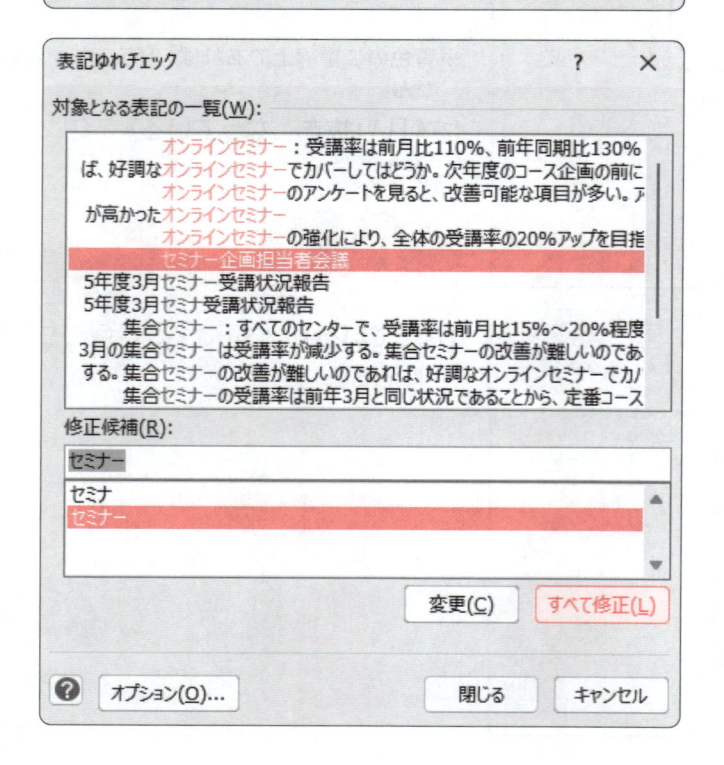

《対象となる表記の一覧》がすべて**「オンラインセミナー」**に修正されます。

「セミナ」を**「セミナー」**に修正します。

⑤**《対象となる表記の一覧》**の一覧から**「セミナー」**を含む文章をクリックします。

※「セミナ」を含む文章でもかまいません。

⑥**《修正候補》**の**「セミナー」**をクリックします。

⑦**《すべて修正》**をクリックします。

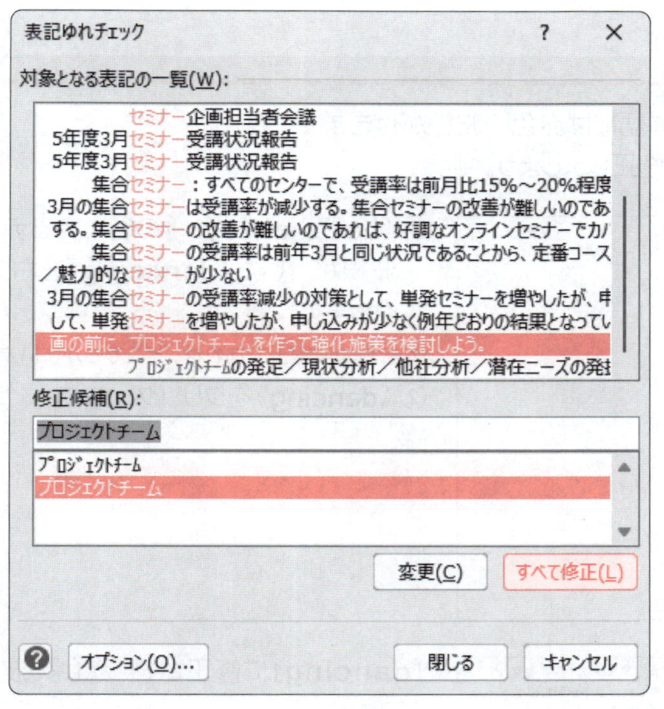

《対象となる表記の一覧》がすべて**「セミナー」**に修正されます。

「プロジェクトチーム」の表記をすべて全角に修正します。

⑧**《対象となる表記の一覧》**から**「プロジェクトチーム」**を含む文章をクリックします。

※一覧に表示されていない場合は、スクロールして調整します。

※半角でも全角でもどちらでもかまいません。

⑨**《修正候補》**の全角の**「プロジェクトチーム」**をクリックします。

⑩**《すべて修正》**をクリックします。

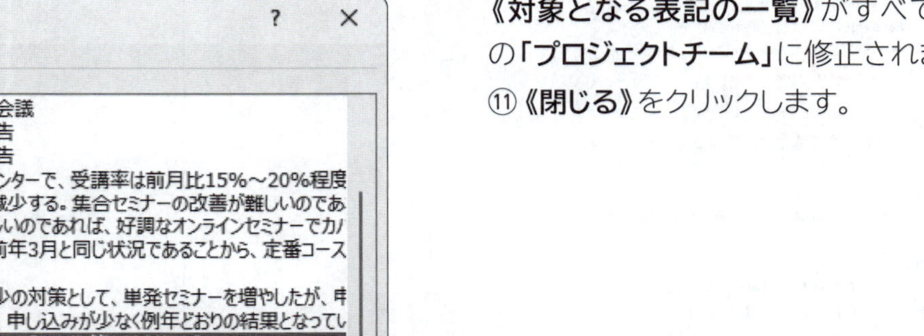

《対象となる表記の一覧》がすべて全角の**「プロジェクトチーム」**に修正されます。

⑪**《閉じる》**をクリックします。

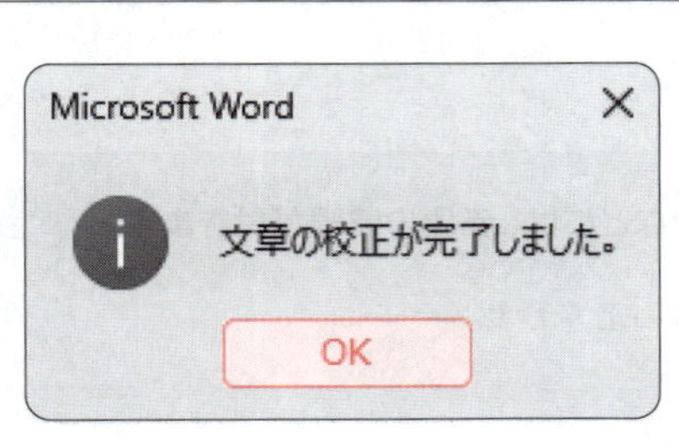

図のようなメッセージが表示されます。

⑫**《OK》**をクリックします。

※修正された箇所を確認しておきましょう。

STEP UP 1か所ずつの修正

表記ゆれを1か所ずつ確認しながら修正していく方法は、次のとおりです。

◆《校閲》タブ→《言語》グループの《表記ゆれチェック》→《対象となる表記の一覧》から修正する文章を選択→《修正候補》を選択→《変更》

◆青色の二重線を右クリック→《揺らぎ》の一覧から選択

5 スペルチェック

スペルミスの可能性がある英単語には赤色の波線が付きます。
「danceing」を「dancing」に修正しましょう。

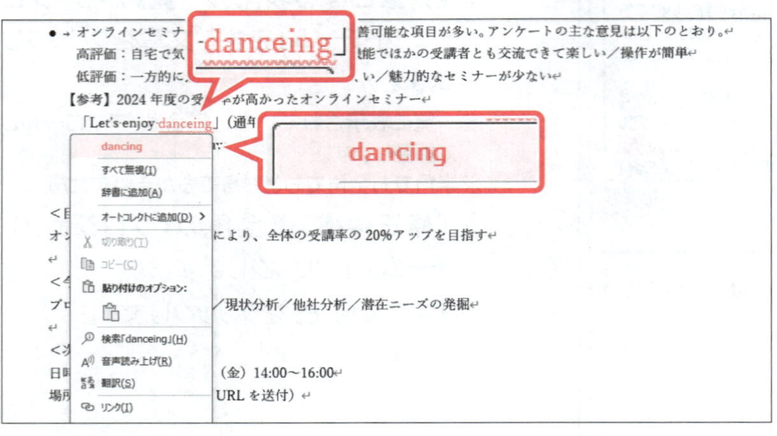

① 「Let's enjoy…」の行にある赤色の波線が付いた「danceing」を右クリックします。

※赤色の波線上であれば、どこでもかまいません。

② 《dancing》をクリックします。

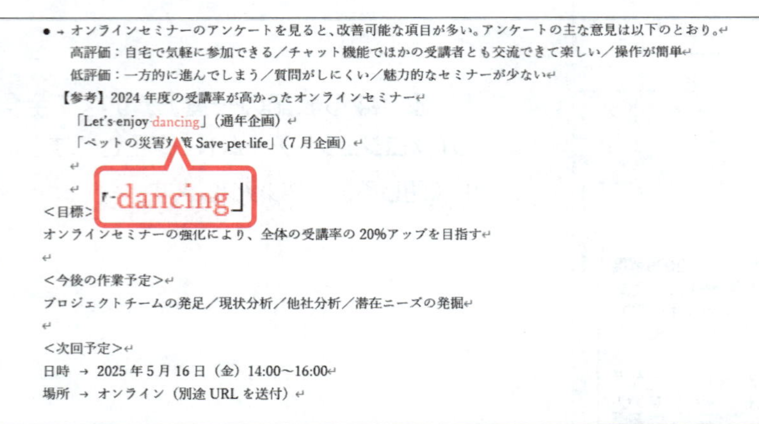

「dancing」に修正され、赤色の波線が消えます。

STEP UP その他のチェック

い抜き言葉や表記ゆれ以外にも、文法上間違っている可能性がある文章などには、青の二重線が付きます。

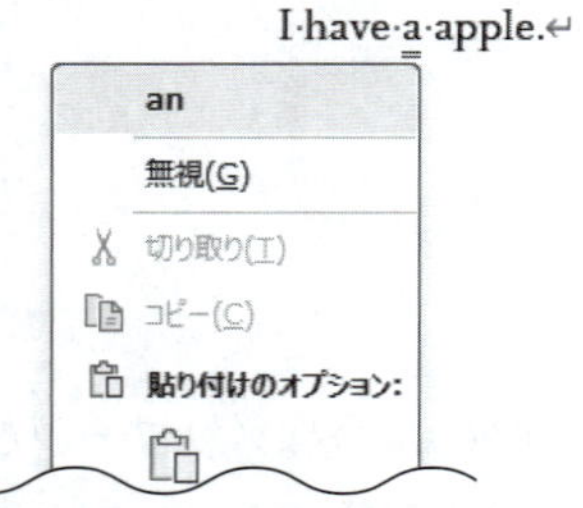

また、スペルミス以外にも、誤字、脱字、入力の誤りなどには、赤色の波線が付きます。

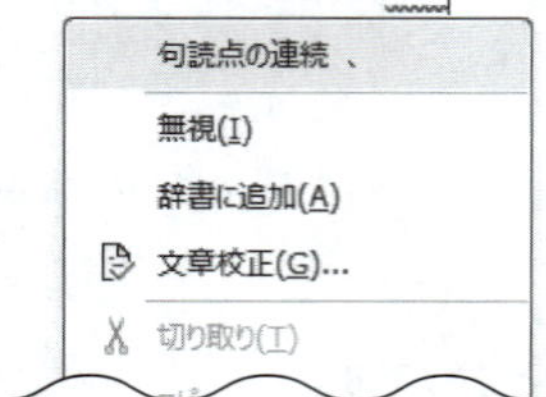

STEP UP スペルチェックと文章校正

「スペルチェックと文章校正」を使うと、《文章校正》作業ウィンドウが表示され、文章校正や表記ゆれ、スペルチェックなどを一括して行えます。あとから文書全体をまとめて校正する場合など、校正結果を表す波線をひとつひとつ確認する手間が省けるので効率よく作業できます。
文書全体をまとめて校正する方法は、次のとおりです。

◆《校閲》タブ→《文章校正》グループの《スペルチェックと文章校正》

※お使いの環境によっては、《エディター》作業ウィンドウを使って操作します。

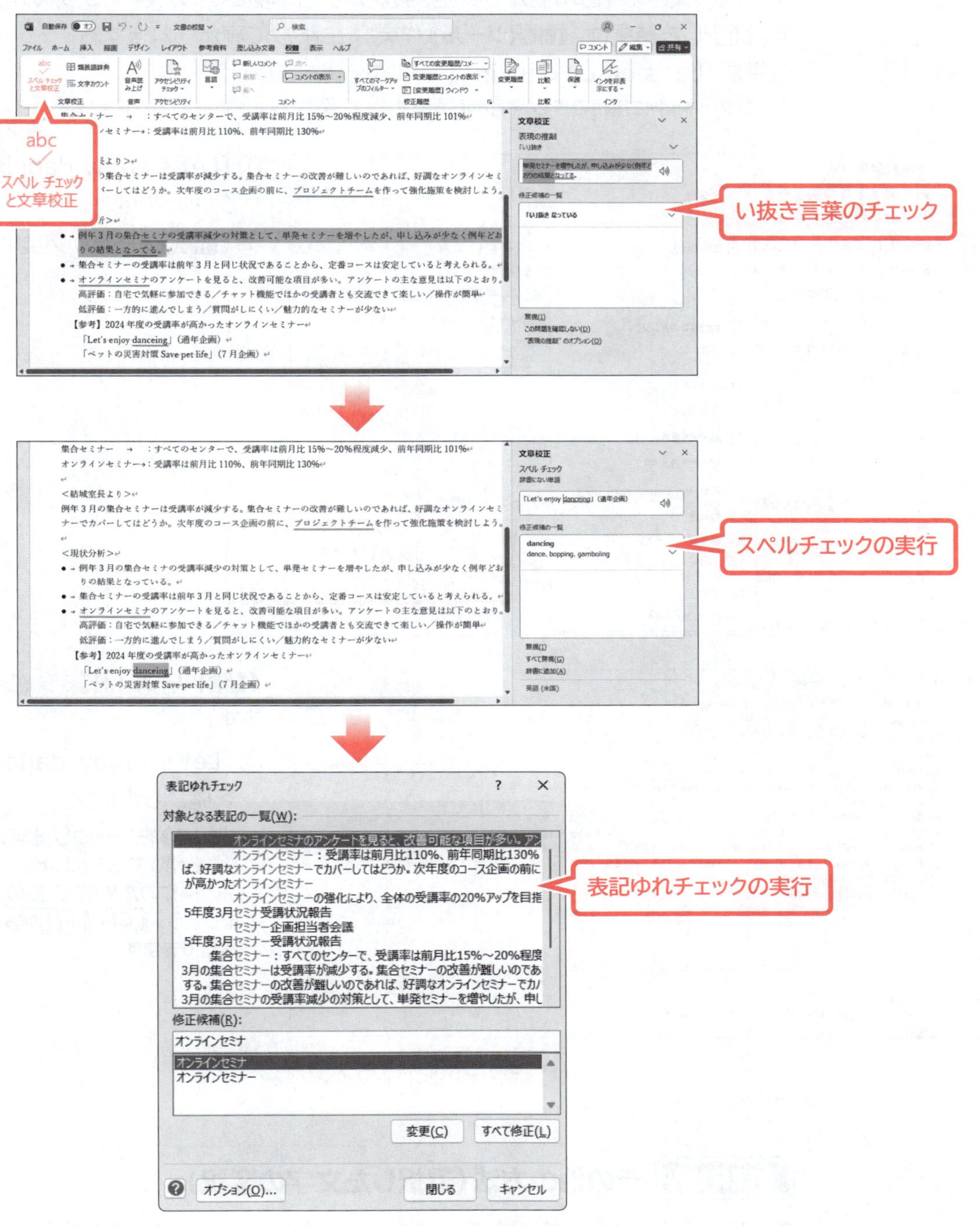

STEP UP 波線や二重線の非表示

赤色の波線や青色の二重線は非表示にすることができます。

◆《ファイル》タブ→《オプション》→《文章校正》→《例外》の《☑この文書のみ、結果を表す波線を表示しない》／《☑この文書のみ、文章校正の結果を表示しない》

※お使いの環境によっては、《オプション》が表示されていない場合があります。その場合は、《その他》→《オプション》をクリックします。

STEP 3 翻訳する

1 選択した文字の翻訳

文書内の文字は、日本語から英語、英語から日本語といったように、別の言語に翻訳できます。翻訳した結果は、**《翻訳ツール》**作業ウィンドウに表示されます。
英単語**「Let's enjoy dancing」**の意味を調べましょう。
※インターネットに接続できる環境が必要です。

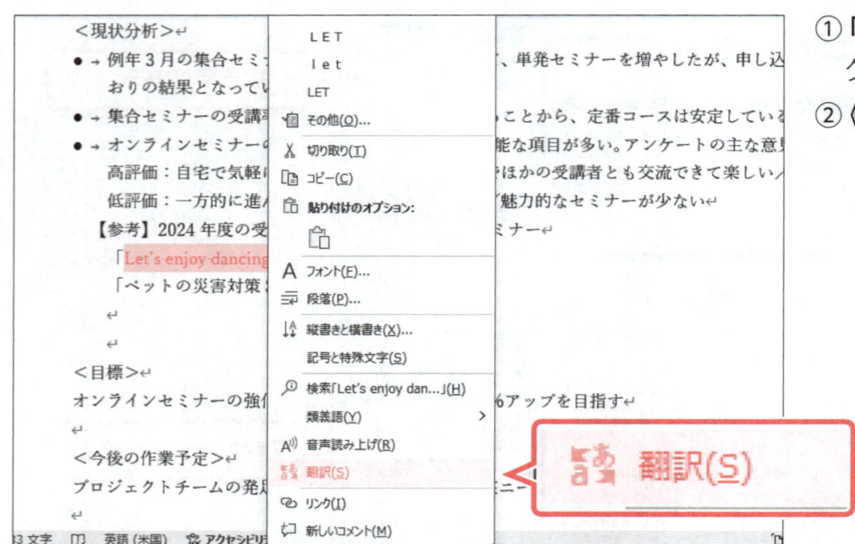

①**「Let's enjoy dancing」**を選択し、右クリックします。
②**《翻訳》**をクリックします。

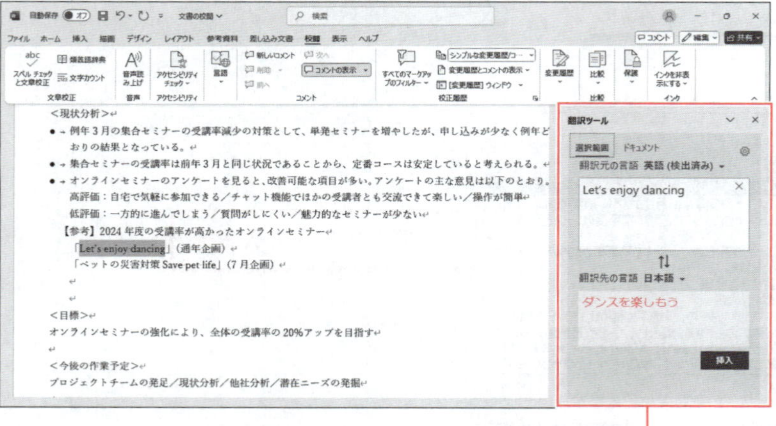

《翻訳ツール》作業ウィンドウ

《翻訳ツール》作業ウィンドウが表示されます。
③**「Let's enjoy dancing」**の翻訳結果を確認します。
※《閉じる》をクリックし、《翻訳ツール》作業ウィンドウを閉じておきましょう。
※次の操作のために、文書の先頭を表示しておきましょう。Ctrl + Home を押すと効率よく移動できます。

STEP UP その他の方法（選択した文字の翻訳）

◆翻訳する文字を選択→《校閲》タブ→《言語》グループの《翻訳》→《選択範囲の翻訳》

POINT 《翻訳ツール》作業ウィンドウ

《翻訳ツール》作業ウィンドウは、《翻訳元の言語》に直接、検索対象の文字列を入力したり、翻訳元と翻訳先の言語を切り替えたりすることができます。

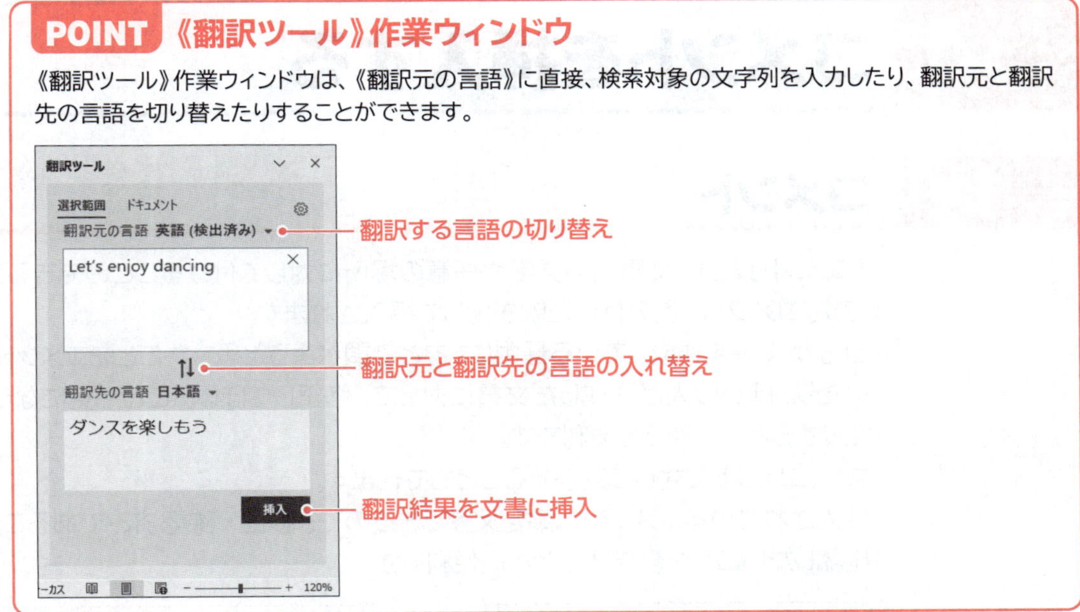

STEP UP ドキュメントの翻訳

ドキュメント全体を指定した言語で翻訳できます。
ドキュメント全体を指定した言語で翻訳する方法は、次のとおりです。

◆《校閲》タブ→《言語》グループの《翻訳》→《ドキュメントの翻訳》→《翻訳ツール》作業ウィンドウの《翻訳先の言語》の▼→翻訳言語を選択→《翻訳》

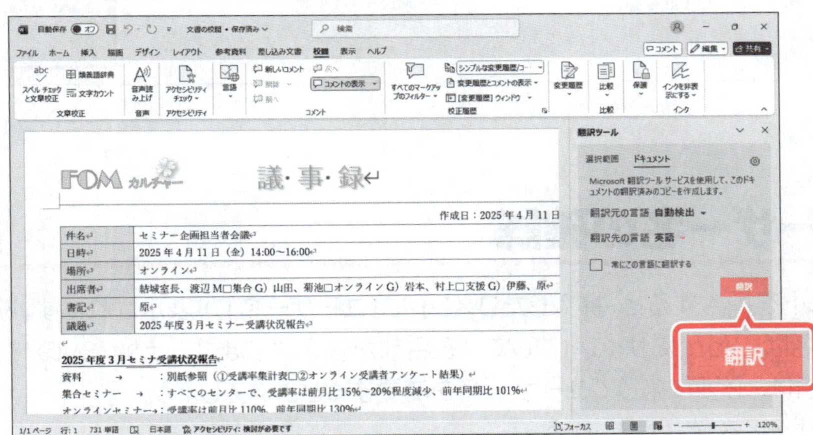

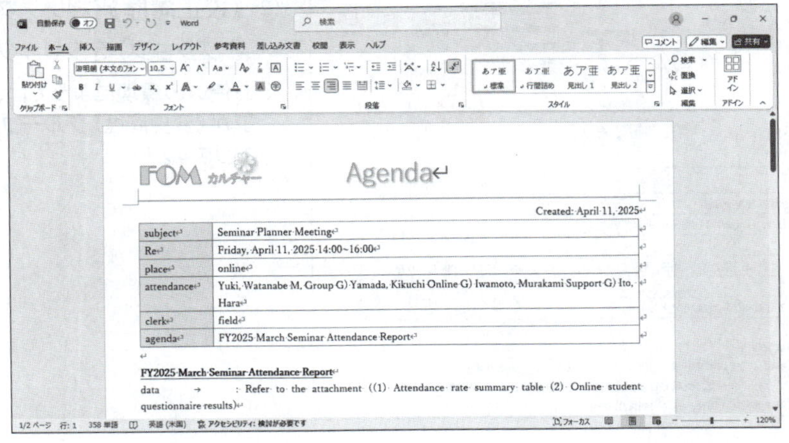

STEP 4 コメントを挿入する

1 コメント

「コメント」とは、文書内の文字や任意の場所に対して付けることのできるメモのようなものです。コメントは色の付いた吹き出しで挿入されます。
自分が文書を作成している最中に、あとで調べようと思ったことをコメントとしてメモしておいたり、ほかの人が作成した文書に対して、修正してほしいことや気になった点を書き込んだりするときに使うと便利です。
また、コメントに対して返答することもできます。
挿入されているコメントに直接返答できるので、修正・確認済みであることを伝えたり、再確認したいことを書き込むときに便利です。

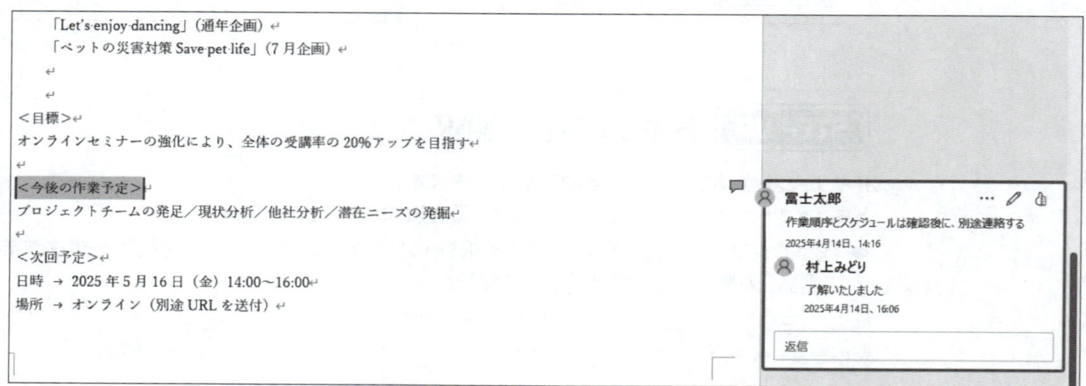

2 ユーザー名の確認

コメントを挿入すると、挿入したコメントに**「ユーザー名」**が表示されます。初期の設定でユーザー名は、Wordにサインインしている名前が表示されます。ほかの人のパソコンで作業を行う場合は、必要に応じてユーザー名を変更するとよいでしょう。
ユーザー名を確認しましょう。

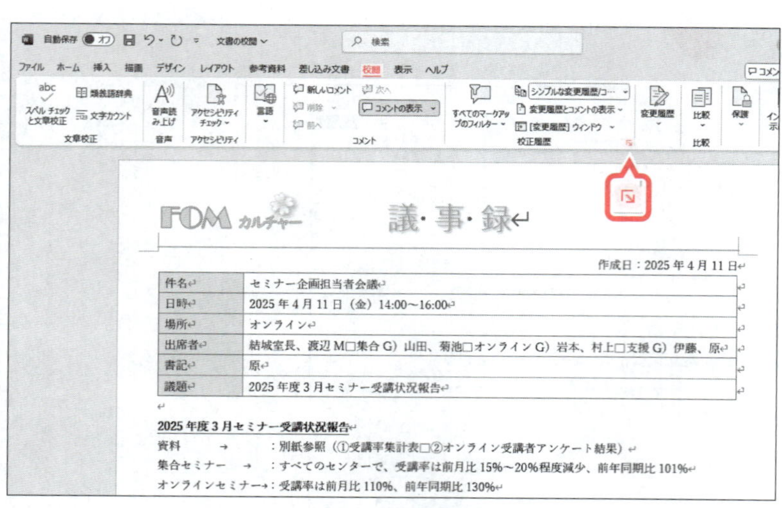

①《校閲》タブを選択します。
②《校正履歴》グループの［↘］（変更履歴オプション）をクリックします。
※お使いの環境によっては、《校正履歴》グループが《変更履歴》グループと表示される場合があります。

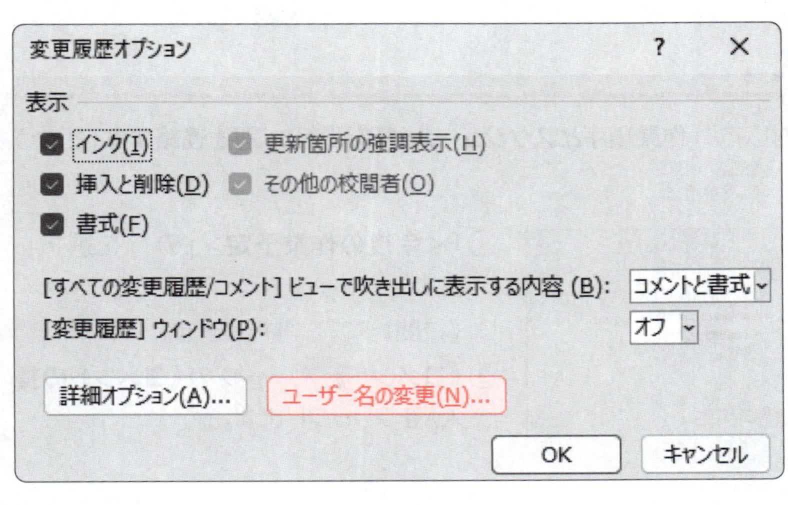

《変更履歴オプション》ダイアログボックスが表示されます。

③《**ユーザー名の変更**》をクリックします。

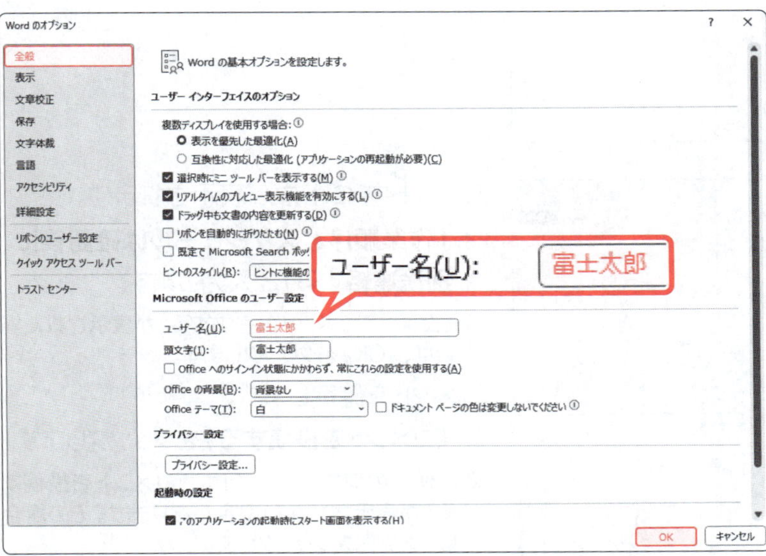

《Wordのオプション》ダイアログボックスが表示されます。

④左側の一覧から《**全般**》が選択されていることを確認します。

⑤《**Microsoft Officeのユーザー設定**》の《**ユーザー名**》を確認します。

※Officeにサインインしているユーザー名が表示されます。本書では「富士太郎」としています。

⑥《**OK**》をクリックします。

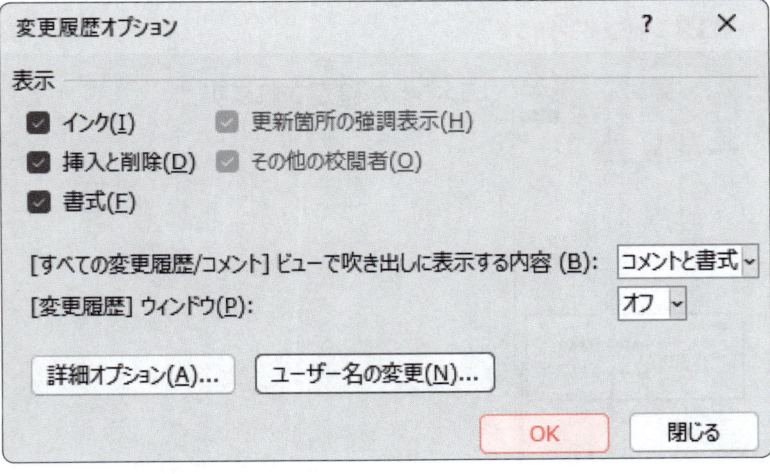

《変更履歴オプション》ダイアログボックスに戻ります。

⑦《**OK**》をクリックします。

POINT **コメントのユーザー名**

《Microsoft Officeのユーザー設定》の《ユーザー名》は、コメントの挿入者や変更履歴を記録する校閲者の名前などに使われます。

Officeにサインインしているときは、《Wordのオプション》ダイアログボックスでユーザー名を変更しても変更が反映されません。

変更したユーザー名を反映する場合は、《Officeへのサインイン状態にかかわらず、常にこれらの設定を使用する》を☑にします。

3 コメントの挿入

「<今後の作業予定>」に対して、**「作業順序とスケジュールは確認後に、別途連絡する」**というコメントを挿入しましょう。

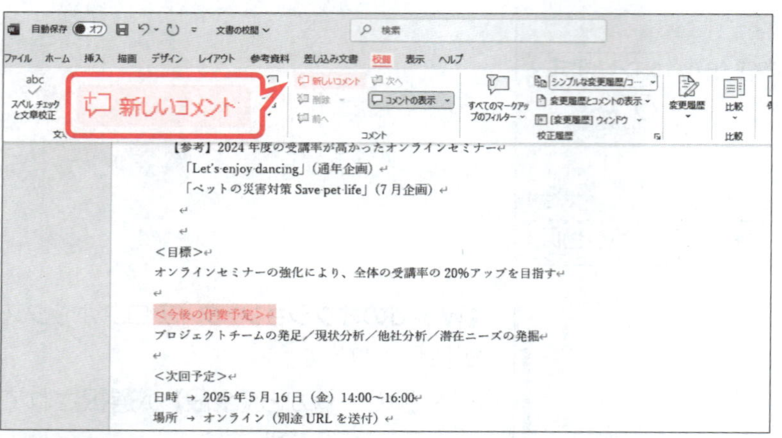

①**「<今後の作業予定>」**の行を選択します。

②**《校閲》**タブを選択します。

③**《コメント》**グループの**《コメントの挿入》**をクリックします。

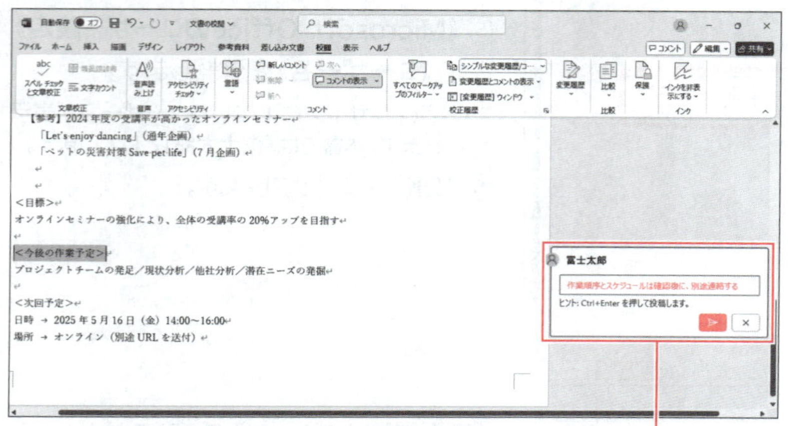

《コメントウィンドウ》

コメントウィンドウが表示されます。

④**「作業順序とスケジュールは確認後に、別途連絡する」**と入力します。

※《投稿してコメントを完成する》が表示された場合は、《OK》をクリックします。

コメントを確定します。

⑤**《コメントを投稿する》**をクリックします。

※お使いの環境によっては、《コメントを投稿する》が表示されない場合があります。その場合は、本文内をクリックします。

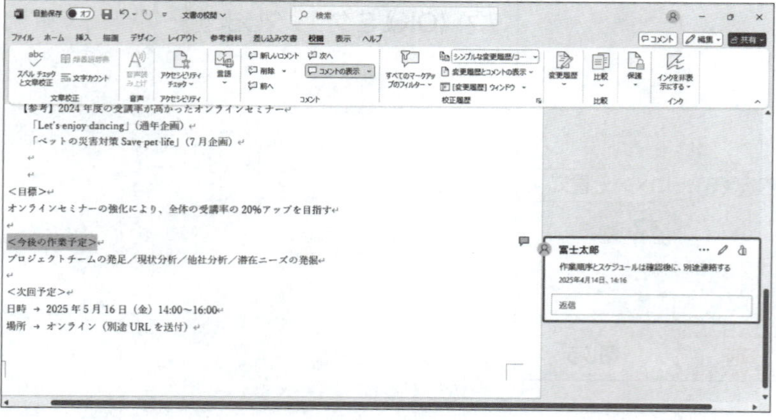

コメントが確定されます。

STEP UP その他の方法（コメントの挿入）

◆コメントを付ける文字を選択→[Ctrl]+[Alt]+[M]

POINT コメントウィンドウ

コメントウィンドウは、お使いの環境によって、次のように表示が異なります。

●Word 2024のダウンロード版でコメントを挿入した場合（2025年1月時点）

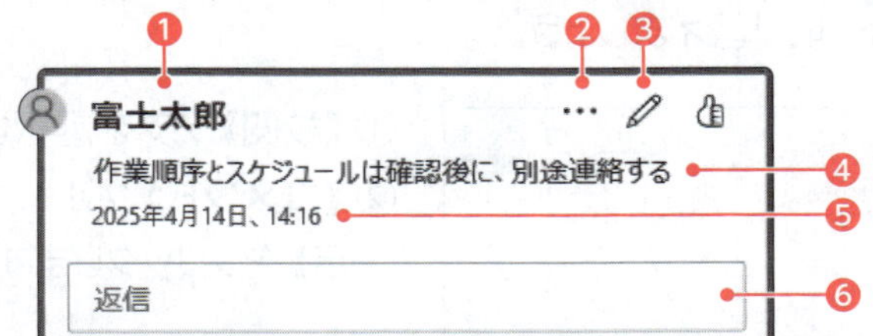

❶ユーザー名
ユーザー名が表示されます。

❷その他のスレッド操作
コメントを削除したり、解決済みにしたりできます。解決済みにすると、コメントがグレーで表示されます。
※解決済みのコメントを元の状態に戻すには、《もう一度開く》をクリックします。

❸コメントを編集
コメントの内容が編集できる状態になります。

❹コメント
挿入したコメントが表示されます。

❺時間
コメントを入力した時間が表示されます。

❻返信
挿入されているコメントに対して返信を入力できます。

●Word 2024のLTSC版でコメントを挿入した場合（2025年1月時点）

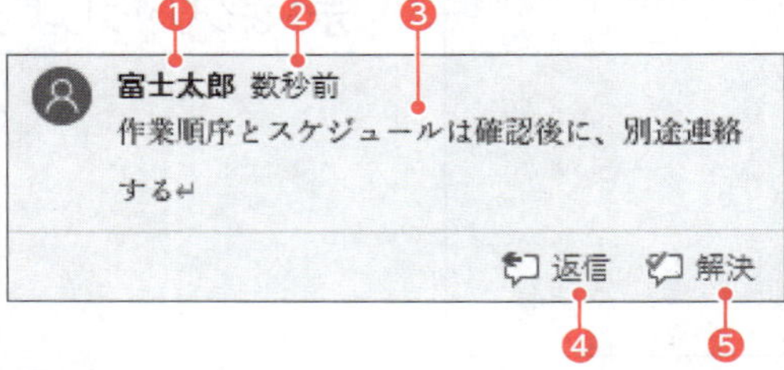

❶ユーザー名
ユーザー名が表示されます。

❷時間
コメントを入力した時間が表示されます。

❸コメント
挿入したコメントが表示されます。クリックすると、コメントの内容を編集できます。

❹返信
クリックすると、返信欄が表示されコメントの返信を入力できます。

❺解決
コメントを解決済みにします。解決済みにすると、コメントがグレーで表示されます。
※解決済みのコメントを元の状態に戻すには、《もう一度開く》をクリックします。

STEP UP コメントの印刷

コメントが挿入された状態で印刷すると、画面表示と同様の表示で印刷されます。
コメントを印刷しないようにする方法は、次のとおりです。

◆《ファイル》タブ→《印刷》→《設定》の《すべてのページを印刷》→《変更履歴/コメントの印刷》

※《変更履歴/コメントの印刷》に ✓ が付いていない状態にします。

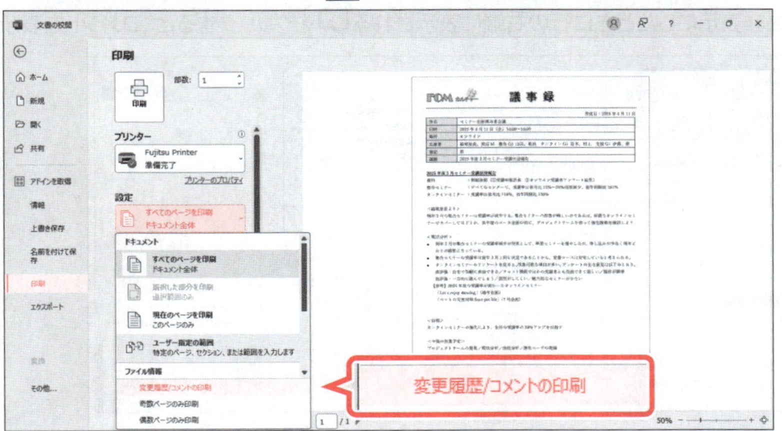

1
2
3
4
5
6
7
8
総合問題
実践問題
索引

4 コメントの表示・非表示

挿入したコメントは、必要に応じて表示したり非表示にしたりできます。
コメントの表示と非表示を切り替えましょう。

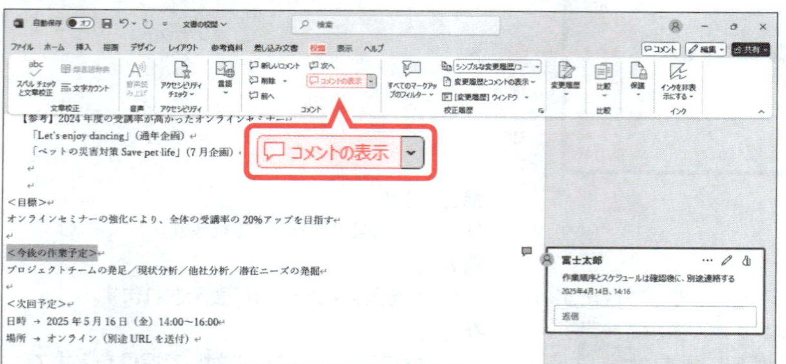

①《**校閲**》タブを選択します。

②《**コメント**》グループの《**コメントの表示**》をクリックします。

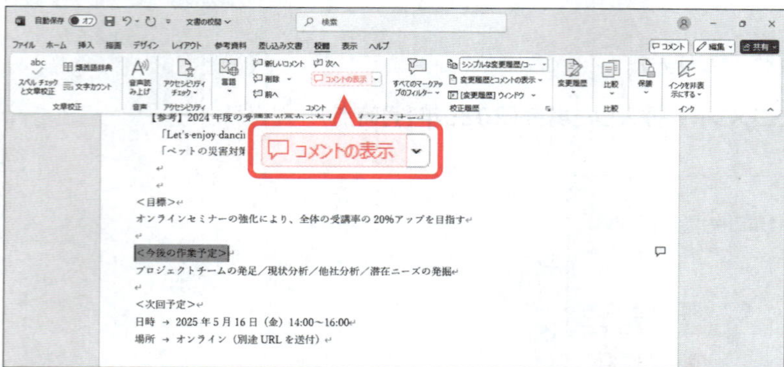

コメントが非表示になります。

再度、コメントを表示します。

③《**コメント**》グループの《**コメントの表示**》をクリックします。

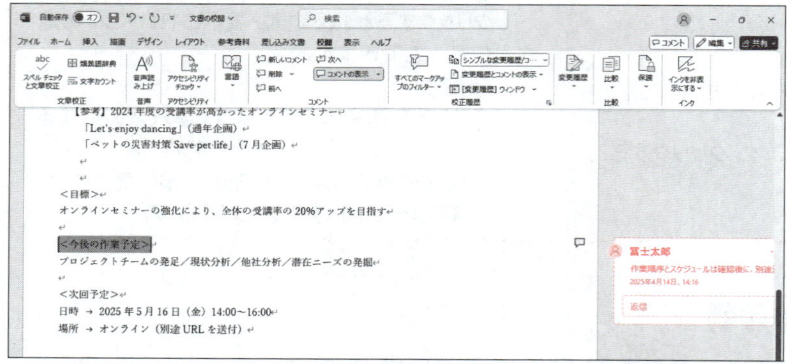

コメントが表示されます。

※表示されていない場合は、横方向にスクロールして調整します。

STEP UP コメントの表示

コメントを非表示にしたときに行の右端に表示される□をクリックすると、コメントを表示できます。

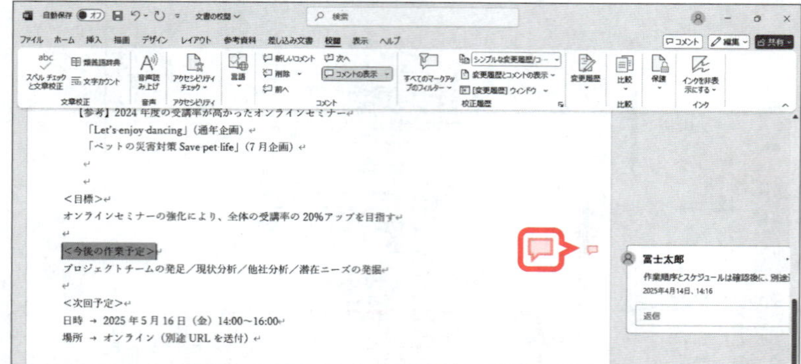

5 コメントの削除

挿入したコメントを削除しましょう。

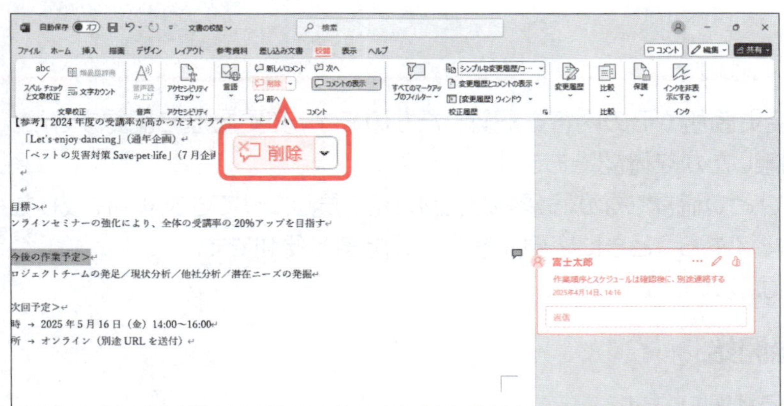

①コメントをクリックします。
②《校閲》タブを選択します。
③《コメント》グループの《コメントの削除》をクリックします。

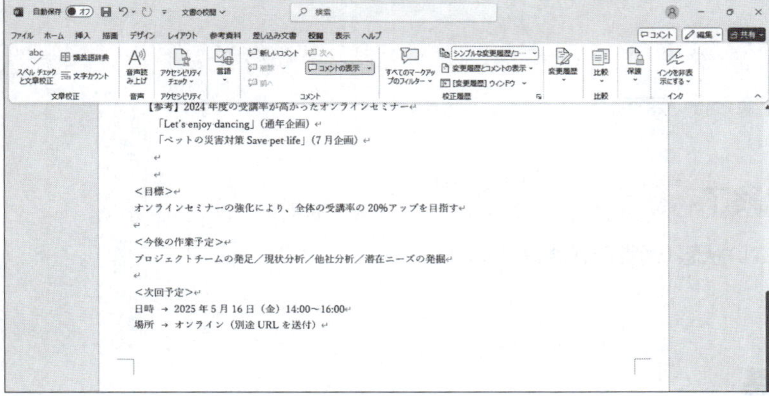

コメントが削除されます。
※選択を解除しておきましょう。

POINT インクを使った注釈

《描画》タブの描画ツールを使うと、手書きで文章に線を引いたり、蛍光ペンでハイライト表示したりすることができます。ほかの人が作成した文章に対して、文章では説明が難しいような場合などに、手書きで、わかりやすく伝えることができます。
また、手書きの内容は、書き込んだ順番に再生することもできるので、動画を見るような感覚で伝えることができます。

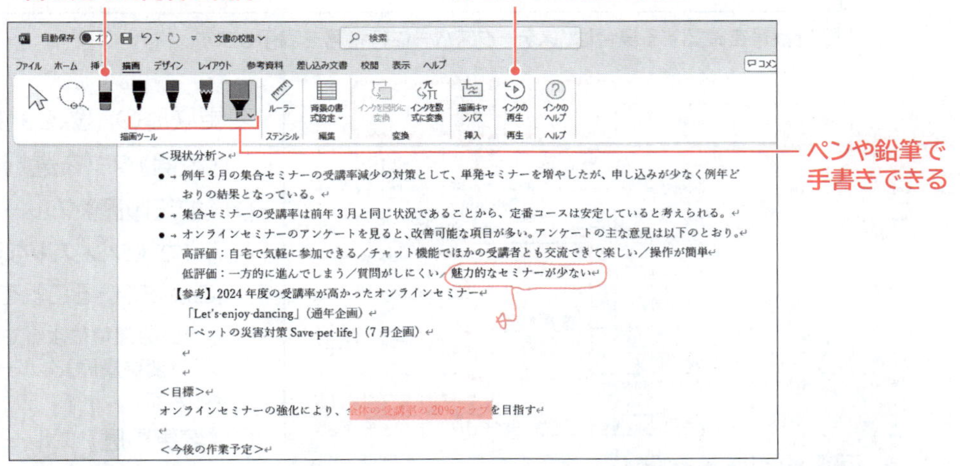

※お使いの環境によっては、《描画》タブが表示されていない場合があります。《描画》タブを表示するには、《ファイル》タブ→《オプション》→《リボンのユーザー設定》→《リボンのユーザー設定》の《描画》を☑にします。

1
2
3
4
5
6
7
8
総合問題
実践問題
索引

STEP 5 変更履歴を使って文書を校閲する

1 変更履歴

「変更履歴」とは、文書の変更箇所やその内容を記録したものです。変更履歴を記録すると、誰が、いつ、どのように編集したかを確認できます。
校閲された内容はひとつひとつ確認しながら承諾したり、元に戻したりできます。作成した文書をほかの人にチェックしてもらうときに変更履歴を利用すると便利です。
変更履歴を記録する手順は、次のとおりです。

1 変更履歴の記録開始

変更箇所が記録される状態にします。

2 文書の校閲

文書を校閲し、編集作業を行います。

3 変更履歴の記録終了

変更箇所が記録されない状態（通常の状態）にします。

2 変更履歴の記録

変更履歴の記録を開始してから文書に変更を加えると、変更した行の左端に赤色の線が表示されます。
変更履歴の記録を開始し、次のように文章を変更しましょう。

11行目：「15%～20%」を「15%」に変更
28行目：「「全国の名医が教える腸活セミナー」（通年企画）」を追加
31行目：太字、二重下線の書式を設定

※行番号を確認する場合は、ステータスバーに行番号を表示します。

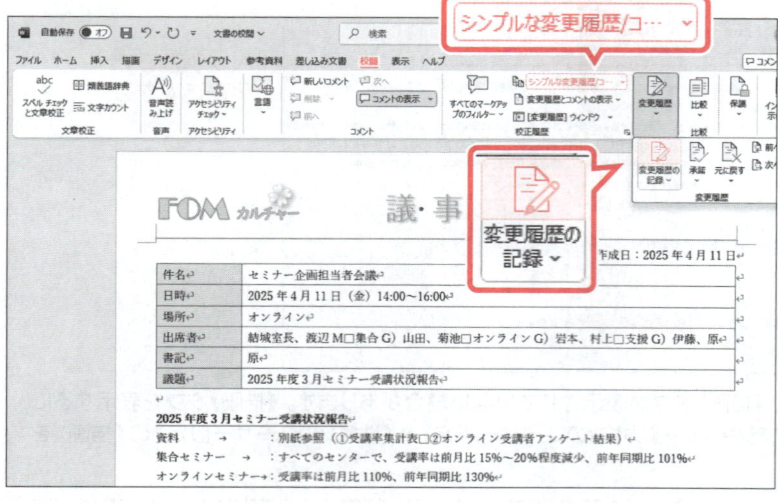

変更履歴の記録を開始します。

①**《校閲》**タブを選択します。

②**《校正履歴》**グループの**《変更内容の表示》**が**《シンプルな変更履歴/コメント》**になっていることを確認します。

※お使いの環境によっては、《校正履歴》グループが《変更履歴》グループと表示される場合があります。

③**《変更履歴》**グループの**《変更履歴の記録》**をクリックします。

※《変更履歴》グループが（変更履歴）で表示されている場合は、クリックすると《変更履歴》グループのボタンが表示されます。

FOM カルチャー　議·事·録

作成日：2025 年 4 月 11 日

件名	セミナー企画担当者会議
日時	2025 年 4 月 11 日（金）14:00～16:00
場所	オンライン
出席者	結城室長、渡辺 M□集合 G）山田、菊池□オンライン G）岩本、村上□支援 G）伊藤、原
書記	原
議題	2025 年度 3 月セミナー受講状況報告

2025 年度 3 月セミナー受講状況報告

資料　→　：別紙参照（①受講率集計表□②オンライン受講者アンケート結果）

集合セミナー　→　：すべてのセンターで、受講率は前月比 15%程度減少、前年同期比 101%

オンラインセミナー→：受講率は前月比 110%、前年同期比 130%

集合セミナー　→　：すべてのセンターで、受講率は前月比 15%程度減少、

ボタンが濃い灰色になり、変更履歴の記録が開始されます。

④11行目の**「～20%」**を選択します。

⑤ Delete を押します。

変更した行の左端に赤色の線が表示されます。

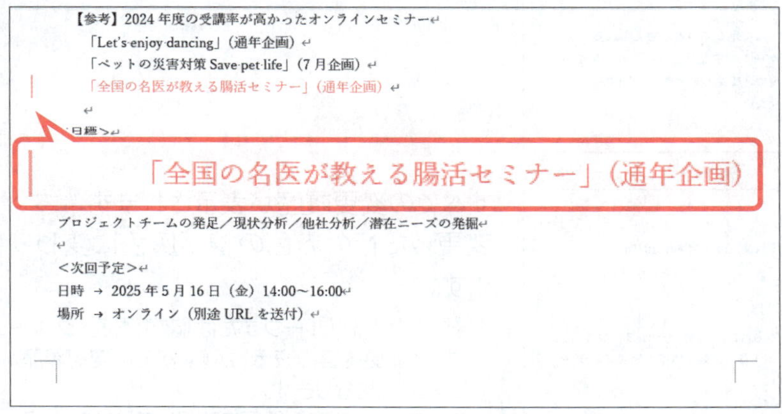

⑥28行目にカーソルを移動します。

⑦**「「全国の名医が教える腸活セミナー」（通年企画）」**と入力します。

変更した行の左端に赤色の線が表示されます。

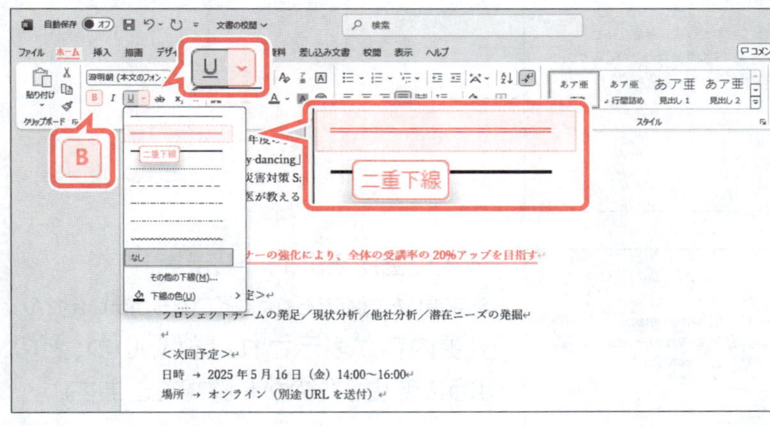

⑧31行目の**「オンラインセミナーの強化により…」**で始まる行を選択します。

⑨**《ホーム》**タブを選択します。

⑩**《フォント》**グループの**《太字》**をクリックします。

⑪**《フォント》**グループの**《下線》**の▼をクリックします。

⑫**《二重下線》**をクリックします。

※選択を解除しておきましょう。

変更した行の左端に赤色の線が表示されます。

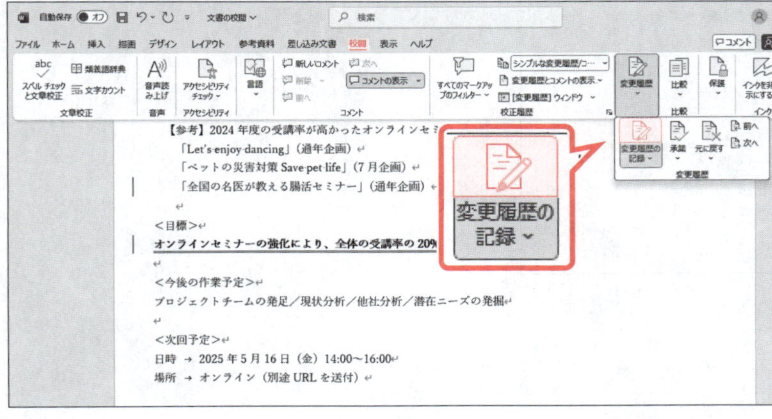

変更履歴の記録を終了します。

⑬**《校閲》**タブを選択します。

⑭**《変更履歴》**グループの**《変更履歴の記録》**をクリックします。

ボタンが標準の色に戻ります。

STEP UP その他の方法（変更履歴の記録開始・終了）

◆ Ctrl + Shift + E

3 変更内容の表示

変更履歴の記録中に内容を変更すると、変更した行の左端に赤色の線が表示されます。
赤色の線をクリックすると、どのように変更したのかが表示されます。
変更履歴を表示して変更内容を確認しましょう。

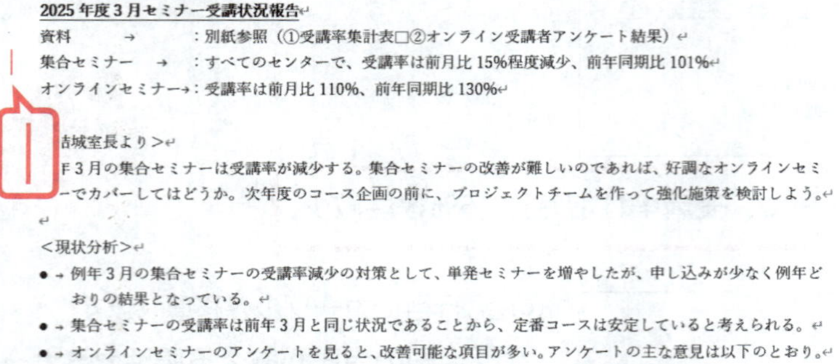
2025年度3月セミナー受講状況報告
資料　→　：別紙参照（①受講率集計表□②オンライン受講者アンケート結果）
集合セミナー　→　：すべてのセンターで、受講率は前月比15%程度減少、前年同期比101%
オンラインセミナー→：受講率は前月比110%、前年同期比130%

＜結城室長より＞
例年3月の集合セミナーは受講率が減少する。集合セミナーの改善が難しいのであれば、好調なオンラインセミナーでカバーしてはどうか。次年度のコース企画の前に、プロジェクトチームを作って強化施策を検討しよう。

＜現状分析＞
- 例年3月の集合セミナーの受講率減少の対策として、単発セミナーを増やしたが、申し込みが少なく例年どおりの結果となっている。
- 集合セミナーの受講率は前年3月と同じ状況であることから、定番コースは安定していると考えられる。
- オンラインセミナーのアンケートを見ると、改善可能な項目が多い。アンケートの主な意見は以下のとおり。
  高評価：自宅で気軽に参加できる／チャット機能でほかの受講者とも交流できて楽しい／操作が簡単
  低評価：一方的に進んでしまう／質問がしにくい／魅力的なセミナーが少ない

【参考】2024年度の受講率が高かったオンラインセミナー
「Let's enjoy dancing」（通年企画）

変更履歴を表示します。

①変更した行の左端の赤色の線をクリックします。

※変更した箇所であれば、どの赤色の線でもかまいません。

2025年度3月セミナー受講状況報告
資料　→　：別紙参照（①受講率集計表□②オンライン受講者アンケート結果）
集合セミナー　→　：すべてのセンターで、受講率は前月比15%~~20%~~程度減少、前年同期比101%
オンラインセミナー→：受講率は前月比110%、前年同期比130%

＜結城室長より＞
例年3月の集合セミナーは受講率が減少する。集合セミナーの改善が難しいのであれば、好調なオンラインセミナーでカバーしてはどうか。次年度のコース企画の前に、プロジェクトチームを作って強化施策を検討しよう。

＜現状分析＞
- 例年3月の集合セミナーの受講率減少の対策として、単発セミナーを増やしたが、申し込みが少なく例年どおりの結果となっている。
- 集合セミナーの受講率は前年3月と同じ状況であることから、定番コースは安定していると考えられる。
- オンラインセミナーのアンケートを見ると、改善可能な項目が多い。アンケートの主な意見は以下のとおり。
  高評価：自宅で気軽に参加できる／チャット機能でほかの受講者とも交流できて楽しい／操作が簡単
  低評価：一方的に進んでしまう／質問がしにくい／魅力的なセミナーが少ない

【参考】2024年度の受講率が高かったオンラインセミナー
「Let's enjoy dancing」（通年企画）
「ペットの災害対策 Save pet life」（7月企画）
「全国の名医が教える腸活セミナー」（通年企画）

すべての変更履歴が表示されます。
変更した行の赤色の線が灰色に変わります。

※《校正履歴》グループまたは《変更履歴》グループの《変更内容の表示》が《すべての変更履歴/コメント》になります。

※スクロールして変更履歴を確認しておきましょう。

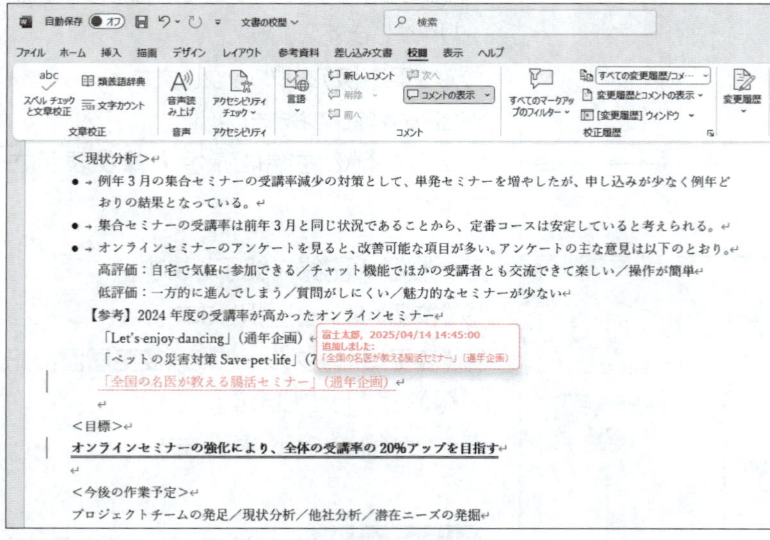

＜現状分析＞
- 例年3月の集合セミナーの受講率減少の対策として、単発セミナーを増やしたが、申し込みが少なく例年どおりの結果となっている。
- 集合セミナーの受講率は前年3月と同じ状況であることから、定番コースは安定していると考えられる。
- オンラインセミナーのアンケートを見ると、改善可能な項目が多い。アンケートの主な意見は以下のとおり。
  高評価：自宅で気軽に参加できる／チャット機能でほかの受講者とも交流できて楽しい／操作が簡単
  低評価：一方的に進んでしまう／質問がしにくい／魅力的なセミナーが少ない

【参考】2024年度の受講率が高かったオンラインセミナー
「Let's enjoy dancing」（通年企画）
「ペットの災害対策 Save pet life」（7月企画）
「全国の名医が教える腸活セミナー」（通年企画）

＜目標＞
オンラインセミナーの強化により、全体の受講率の20%アップを目指す

＜今後の作業予定＞
プロジェクトチームの発足／現状分析／他社分析／潜在ニーズの発掘

②変更箇所をポイントします。

※変更した箇所であれば、どこでもかまいません。

変更内容が表示され、誰が、いつ、どのように変更したのかを確認できます。

STEP UP 変更内容の表示

初期の設定では、変更履歴は「シンプルな変更履歴」で表示されます。
《校閲》タブの《変更内容の表示》をクリックすると、表示方法を変更できます。
変更履歴を反映する前に、反映した状態を確認したり、変更前の文書を確認したりできます。

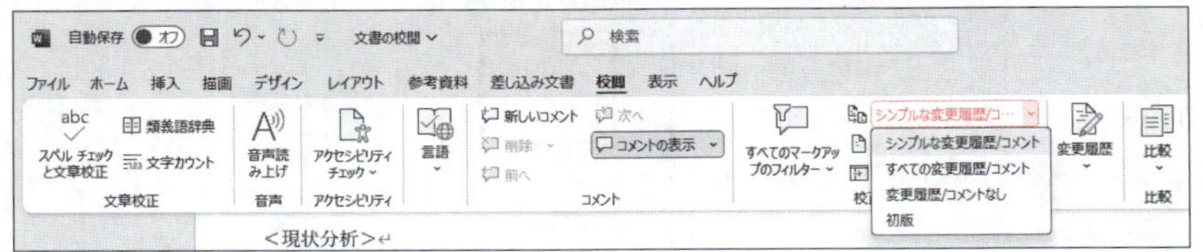

変更内容の表示には、次のようなものがあります。

表示方法	表示結果
シンプルな変更履歴/コメント	初期の表示方法です。変更した結果だけが表示され、変更した行の左端に赤色の線が表示されます。
すべての変更履歴/コメント	文書内に変更した内容がすべて表示されます。変更した行の左端に灰色の線が表示されます。
変更履歴/コメントなし	変更した結果だけが表示されます。
初版	変更前の文書が表示されます。

4 変更履歴の反映

作成した文書をほかの人に校閲してもらったあとは、その結果を反映します。記録された変更履歴は、変更内容を確認しながら承諾したり、元に戻したりします。
次のように、変更履歴を反映しましょう。

11行目：元に戻す
28行目：承諾
31行目：承諾

※一般的に変更履歴の反映は、文書の作成者が行います。ここでは、変更履歴を反映する手順を確認するために、続けて操作します。

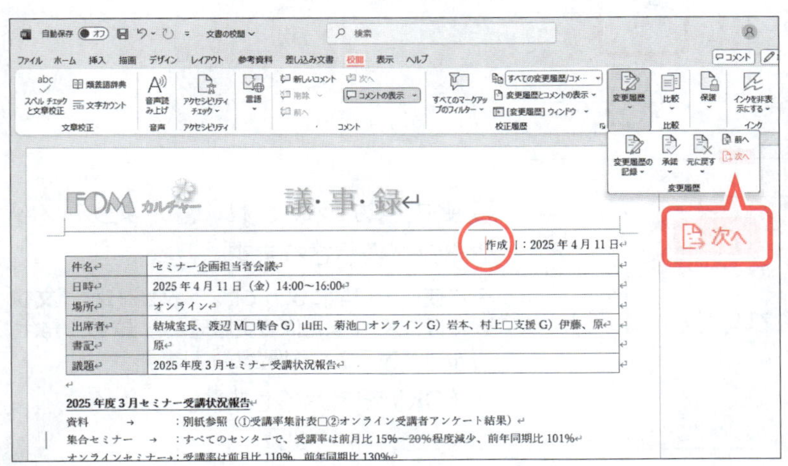

①変更履歴が表示されていることを確認します。

※変更履歴が非表示になっている場合は、変更した行の左端の赤色の線をクリックして、すべての変更履歴を表示します。

文書の先頭から変更履歴を確認します。

②文書の先頭にカーソルを移動します。

※ Ctrl + Home を押すと、効率よく移動できます。

③**《校閲》**タブを選択します。

④**《変更履歴》**グループの**《次の変更箇所》**をクリックします。

※《変更履歴》グループが（変更履歴）で表示されている場合は、クリックすると《変更履歴》グループのボタンが表示されます。

※お使いの環境によっては、《変更履歴》グループが《変更箇所》グループと表示される場合があります。

1
2
3
4
5
6
7
8
総合問題
実践問題
索引

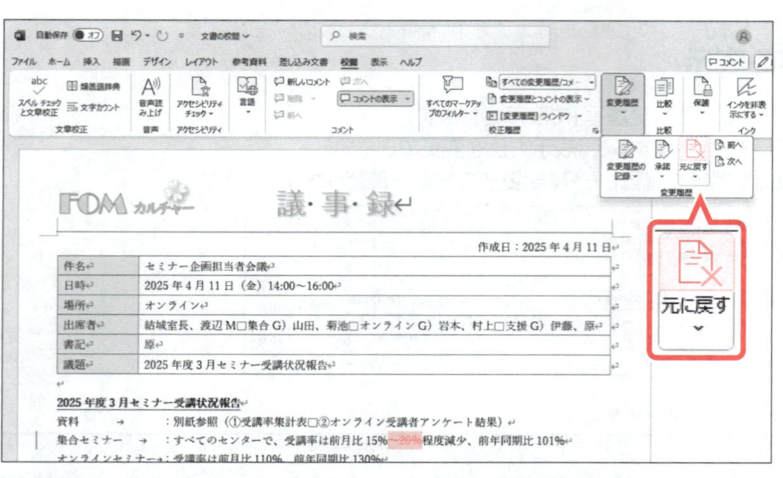

最初の変更箇所（11行目）が選択されます。

⑤**《変更履歴》**グループの**《元に戻して次へ進む》**をクリックします。

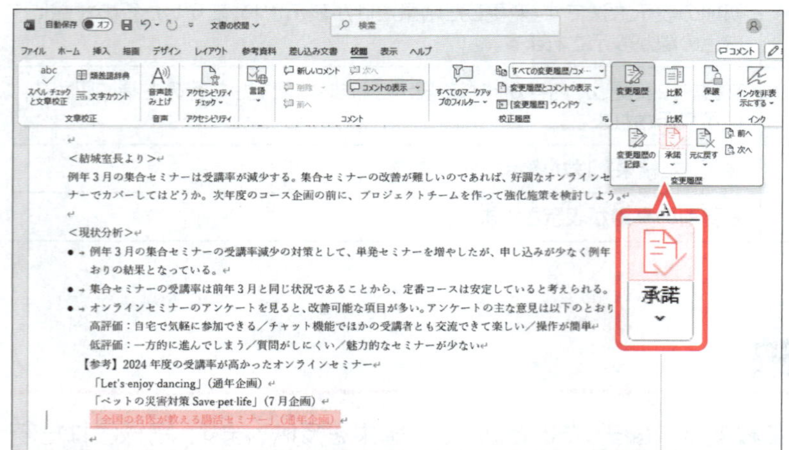

変更内容が破棄され、次の変更箇所（28行目）が選択されます。

⑥**《変更履歴》**グループの**《承諾して次へ進む》**をクリックします。

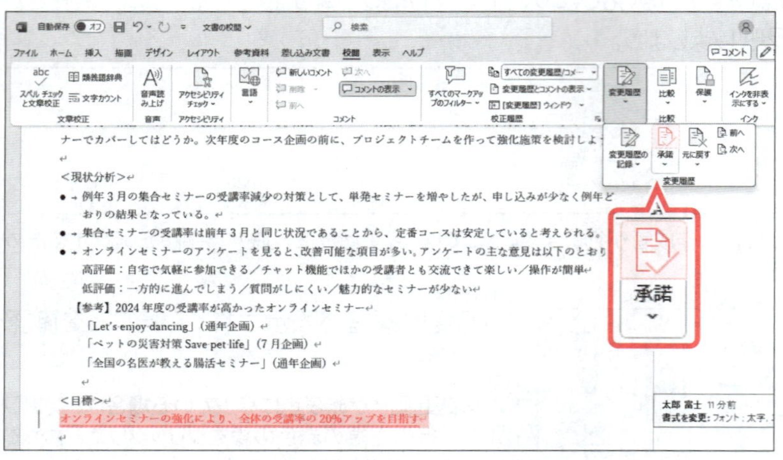

変更内容が反映され、次の変更箇所（31行目）が選択されます。

⑦**《変更履歴》**グループの**《承諾して次へ進む》**をクリックします。

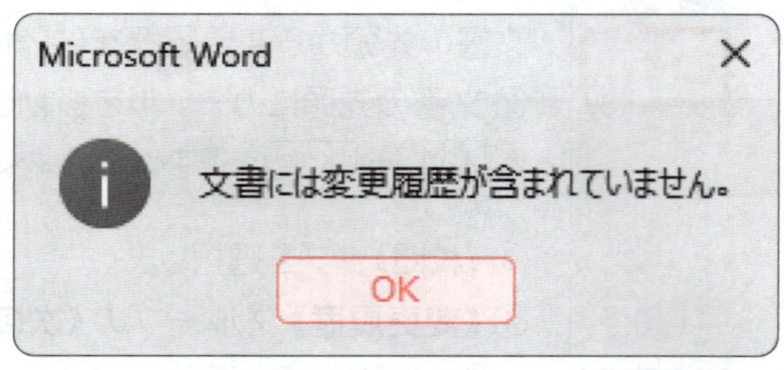

変更内容が反映され、図のようなメッセージが表示されます。

※お使いの環境によっては、メッセージが「文書にはコメントまたは変更履歴が含まれていません。」と表示される場合があります。

⑧**《OK》**をクリックします。

ナーでカバーしてはどうか。次年度のコース企画の前に、プロジェクトチームを作って強化施策を検討しよう。

＜現状分析＞
- 例年3月の集合セミナーの受講率減少の対策として、単発セミナーを増やしたが、申し込みが少なく例年どおりの結果となっている。
- 集合セミナーの受講率は前年3月と同じ状況であることから、定番コースは安定していると考えられる。
- オンラインセミナーのアンケートを見ると、改善可能な項目が多い。アンケートの主な意見は以下のとおり。
  高評価：自宅で気軽に参加できる／チャット機能でほかの受講者とも交流できて楽しい／操作が簡単
  低評価：一方的に進んでしまう／質問がしにくい／魅力的なセミナーが少ない
【参考】2024年度の受講率が高かったオンラインセミナー
「Let's enjoy dancing」（通年企画）
「ペットの災害対策 Save pet life」（7月企画）
「全国の名医が教える腸活セミナー」（通年企画）

＜目標＞
オンラインセミナーの強化により、全体の受講率の20%アップを目指す

＜今後の作業予定＞

変更内容が反映されます。

※《校正履歴》グループまたは《変更履歴》グループの《変更内容の表示》をクリックして、変更履歴の表示を《シンプルな変更履歴/コメント》に戻しておきましょう。

※ステータスバーの行番号を非表示にしておきましょう。

※文書に「文書の校閲完成」と名前を付けて、フォルダー「第5章」に保存し、閉じておきましょう。

STEP UP 変更履歴の種類の選択

《校閲》タブの《変更履歴とコメントの表示》をクリックすると、表示する変更履歴の種類を選択できます。挿入と削除だけを表示したり、書式設定の変更だけを表示したりといったように、編集の種類ごとに表示を切り替えることができます。また、複数の人が校閲した場合は、特定の校閲者を選択して変更内容を表示できます。

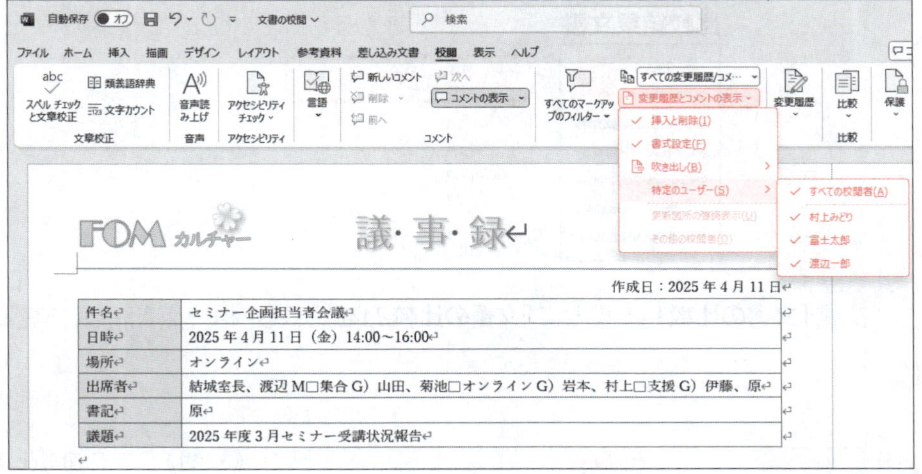

STEP UP 変更履歴のロック

複数の人が文書を校閲している場合、ほかのユーザーが変更履歴を操作できないようにロックをかけることができます。ロックをかけると、変更履歴の記録を開始したり終了したりする操作や、変更内容を承諾したり元に戻したりする操作が行えなくなります。
ロックをかけるにはパスワードが必要で、パスワードを知っている人だけが変更履歴を操作できます。
変更履歴のロックの解除は、変更履歴のロックをかけるときと同様の手順で解除できます。
変更履歴にロックをかける方法は、次のとおりです。

◆《校閲》タブ→《変更履歴》グループの《変更履歴の記録》の▼→《変更履歴のロック》→パスワードを入力

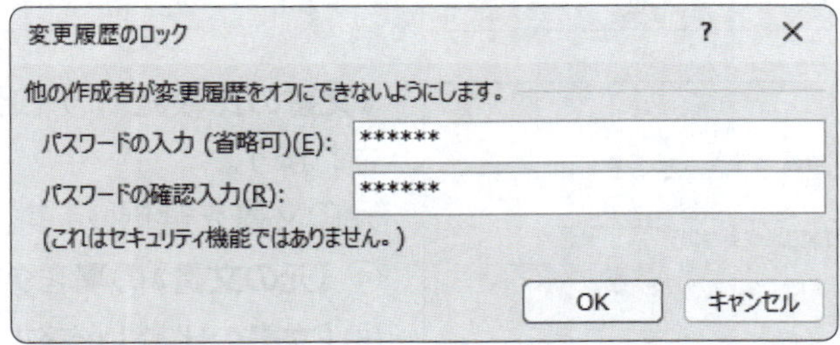

参考学習 # 2つの文書を比較する

1 文書の比較

「文書の比較」を使うと、2つの文書を比較して、文章の違いや書式の違いなどを変更履歴として表示できます。比較した結果は、新規文書に表示したり、元の文書に表示したりできます。

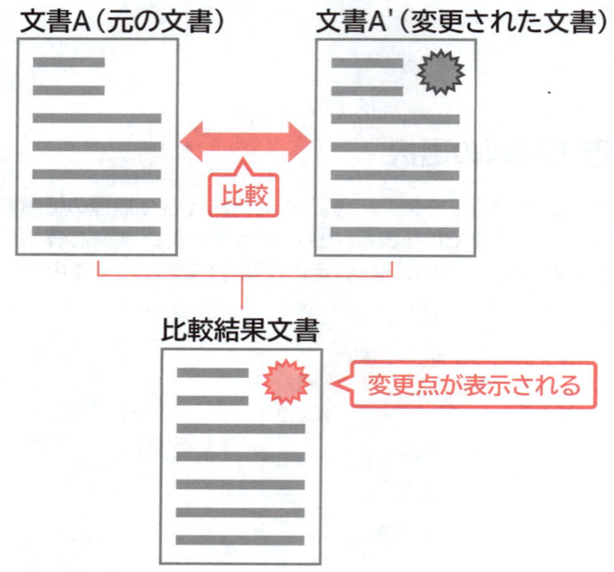

OPEN
文書の比較1

文書**「文書の比較1」**をもとに**「文書の比較2」**を比較し、相違点を新しい文書に表示しましょう。

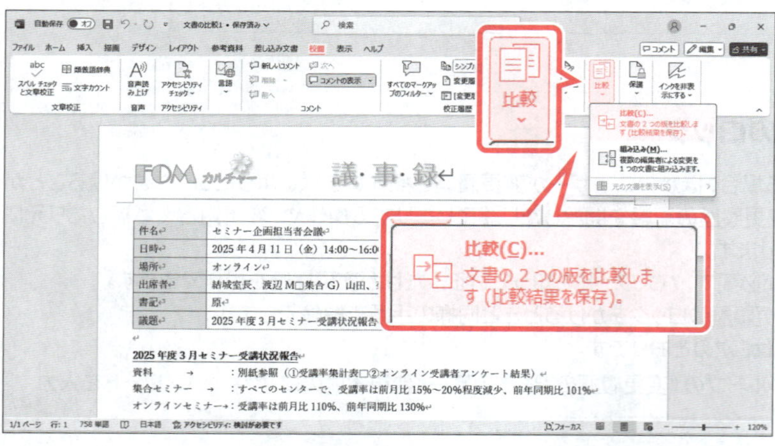

①**《校閲》**タブを選択します。
②**《比較》**グループの**《比較》**をクリックします。
③**《比較》**をクリックします。

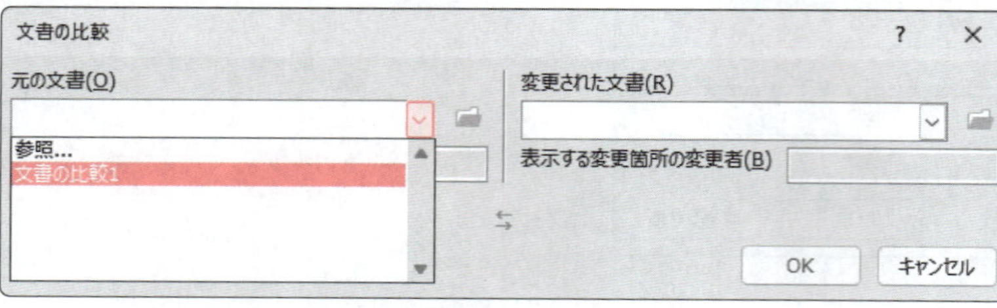

《文書の比較》ダイアログボックスが表示されます。
元の文書を選択します。
④**《元の文書》**の▼をクリックします。
⑤**「文書の比較1」**をクリックします。

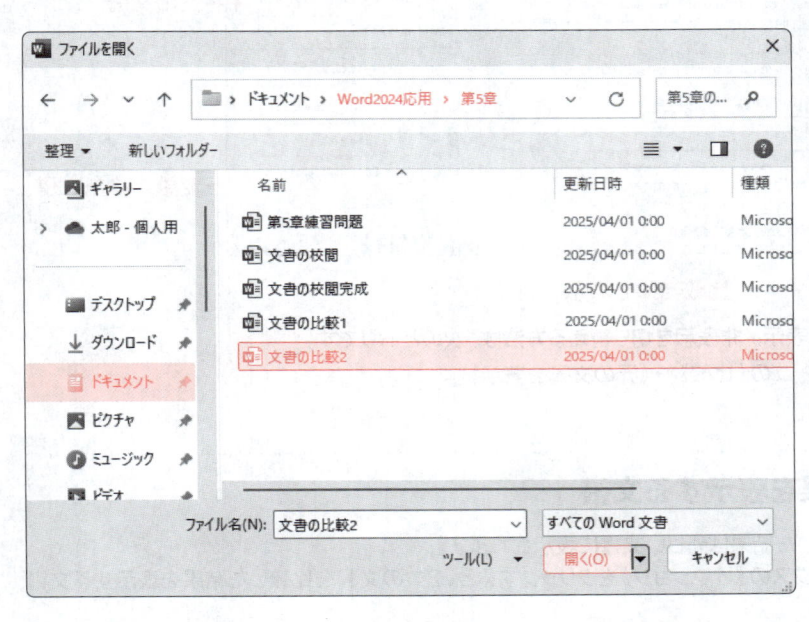

《元の文書》に「**文書の比較1**」が表示されます。
比較する変更された文書を選択します。

⑥《**変更された文書**》の をクリックします。

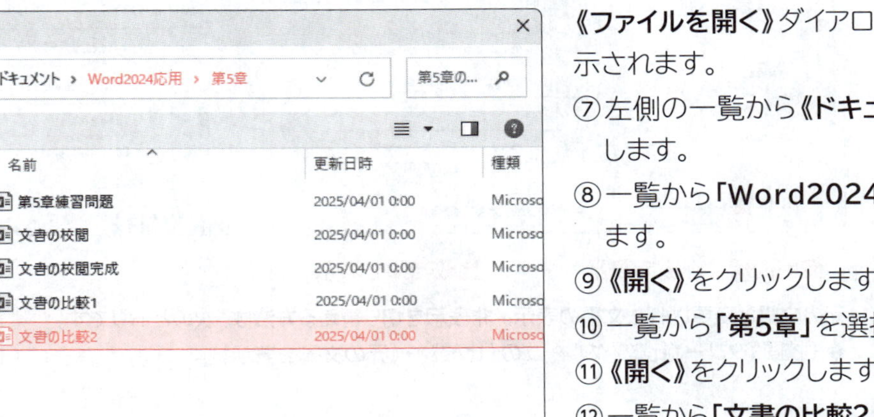

《**ファイルを開く**》ダイアログボックスが表示されます。

⑦左側の一覧から《**ドキュメント**》を選択します。

⑧一覧から「**Word2024応用**」を選択します。

⑨《**開く**》をクリックします。

⑩一覧から「**第5章**」を選択します。

⑪《**開く**》をクリックします。

⑫一覧から「**文書の比較2**」を選択します。

⑬《**開く**》をクリックします。

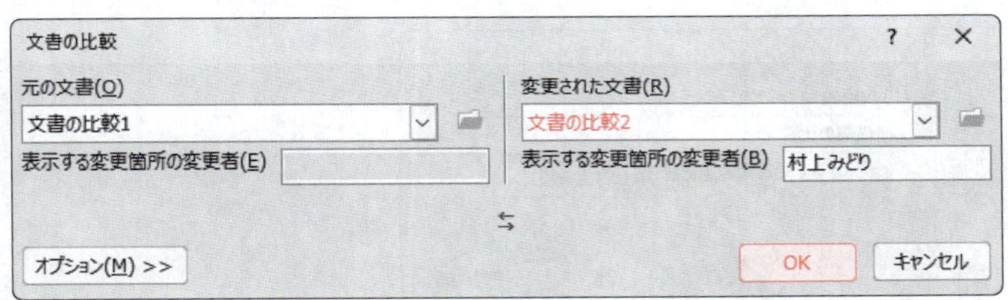

《**文書の比較**》ダイアログボックスに戻ります。
《**変更された文書**》に「**文書の比較2**」が表示されます。

⑭《**OK**》をクリックします。

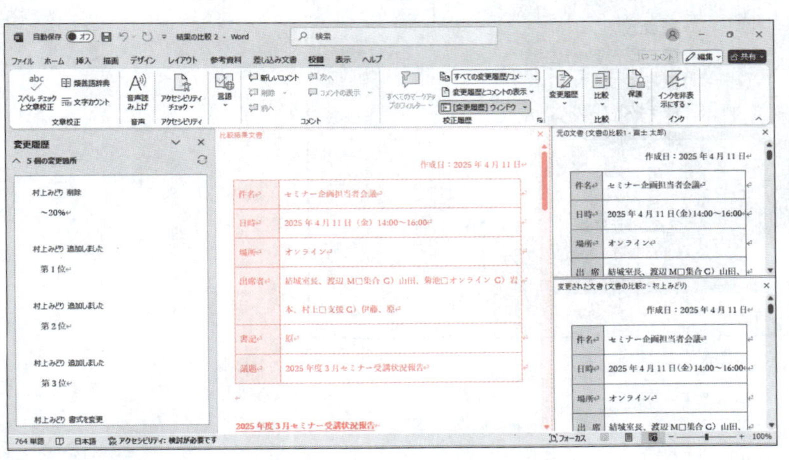

新しい文書が作成され、比較結果が表示されます。

⑮スクロールして比較結果を確認します。

※比較結果の文書に「文書の比較結果」と名前を付けて、フォルダー「第5章」に保存し、すべての文書を閉じておきましょう。

STEP UP 比較結果の画面

文書を比較した結果の画面は、次のように構成されています。

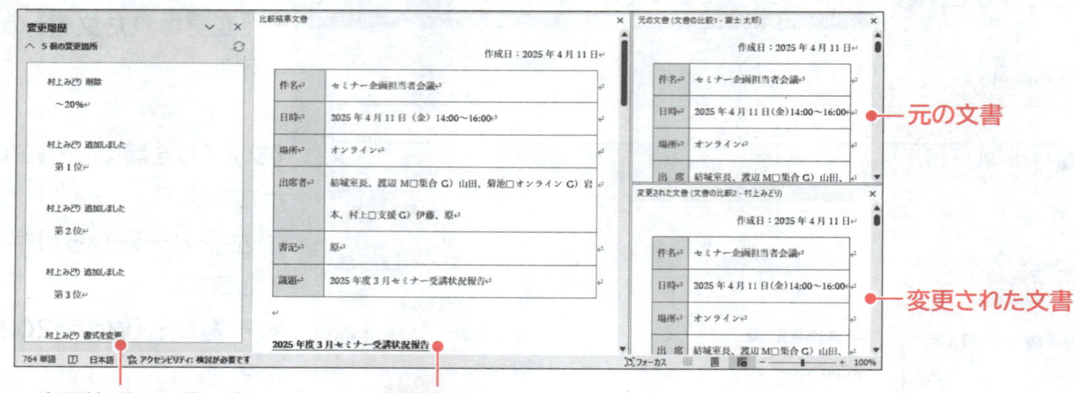

元の文書と変更された文書の表示・非表示を切り替える方法は、次のとおりです。

◆《校閲》タブ→《比較》グループの《比較》→《元の文書を表示》

STEP UP 比較結果を表示する文書

初期の設定では、文書を比較した結果は新しい文書に表示されます。
《文書の比較》ダイアログボックスの《オプション》をクリックすると、2つの文書を比較した結果を表示する文書を選択できます。

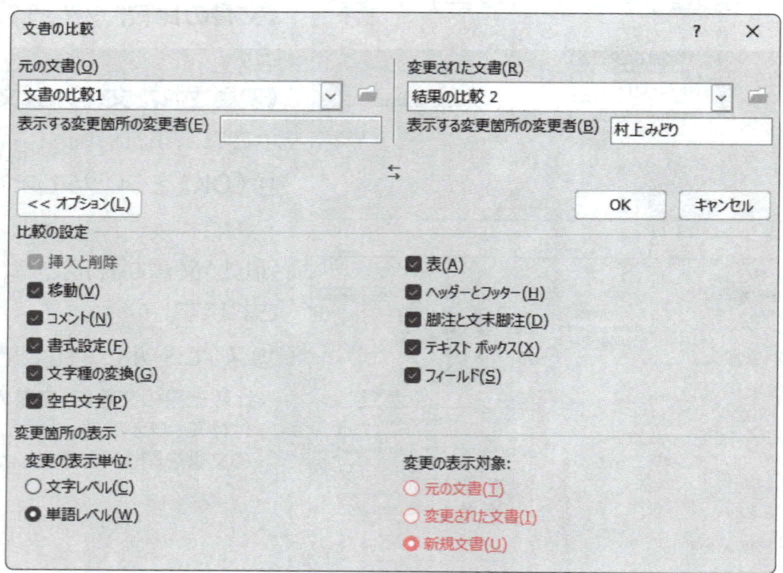

練習問題

PDF 標準解答 ▶ P.13

OPEN
第5章練習問題

あなたは、市役所のデジタル推進課に勤務しており、市民セミナーの資料を作成することになりました。
完成図のような文書を作成しましょう。

●完成図

情報を守るセキュリティ対策　第3回「ウイルスって何？」

発行所 / わかば市 デジタル推進課
発行責任者 / 竹内 浩二

ネット社会に潜む危険

今や、パソコンを使っていてインターネットを使わない人はいないぐらい、インターネットの利用は欠かせないものでしょう。あなたも調べものに Web サイトを使ったり、友人との連絡にメールを使ったり、便利なフリーソフトをダウンロードしたりと、インターネットをフル活用しているのではないでしょうか。
ですが待ってください。そこに危険な落とし穴はないでしょうか。
Web サイトやメールを閲覧しただけでウイルスに感染しているかもしれません！
今回は、そのウイルスについて考えてみましょう。

ウイルスはどこからやって来る？

そもそも「ウイルス」とは何でしょうか。また、どのようにパソコンに侵入してくるのでしょうか。ウイルスの多くはメールに添付される形で送信されてきます。そのほかにもいろいろな侵入経路があります。まずはウイルスの定義を確認し、続いて侵入経路を見ていきましょう。

●ウイルスとは何か
ウイルスとは、ユーザーが知らない間にパソコンに侵入し、パソコン内のデータを破壊したり、ほかのパソコンに増殖したりする機能を持つ悪意のあるプログラムの総称です。ファイル感染型、トロイの木馬型、ワーム型、ボット(BOT)型、マクロウイルスなど様々な種類があります。

●ウイルスの感染経路の種類

メールからの感染	メールにウイルスが添付されて送信されてきます。この添付ファイルを開くことでウイルスに感染します。HTML 形式のウイルスメールの場合、メールを開いただけで感染することもあります。
Web サイトからの感染	Web サイト内のリンクをクリックすると感染するような Web サイトや、Web サイトを開いただけでウイルスに感染するような悪質な Web サイトがあります。
インターネットからダウンロードしたファイルからの感染	悪意のあるユーザーが偽ってウイルスをインターネット上に公開していることがあります。ウイルスと気付かずにリンクをクリックしたり、ファイルをダウンロードしたりすることでウイルスに感染します。
USB メモリーなどの移動メディアからの感染	USB メモリーや外付けハードディスク、SSD などの移動メディアに保存しているファイルがウイルスに感染している場合、そのファイルをパソコンにコピーすることでウイルスに感染します。 また、USB メモリー自体がウイルスに感染している場合、USB メモリーをパソコンに接続しただけでウイルスに感染することがあります。

●市民セミナーのご案内●
F&M 情報専門学校の丸山信一郎先生を講師に招いて、情報漏えいとセキュリティに関する市民セミナーを開催します。
日常の様々な場面で起こり得るセキュリティ対策の問題について、わかりやすく解説していただきます。

タイトル：情報化社会を生きるためのセキュリティ対策
日時：5月31日(土)　13:00～14:30
場所：わかば市役所3階 Conference Room
対象：一般の方

富士太郎
中学生以上にしてください
返信

①文章校正を使って**「公開してる」**を**「公開している」**に修正しましょう。

②文章校正を使って**「見れます」**を**「見られます」**に修正しましょう。

③表記ゆれチェックを使って、次のように表記ゆれを修正しましょう。

変更前	変更後
ウィルス	ウイルス
セキュリティー	セキュリティ
メモリ	メモリー
ﾒｰﾙ（半角）	メール（全角）

④スペルチェックにより、チェックされている**「Webu」**を**「Web」**に修正しましょう。

⑤**「一般の方」**（47行目）に**「中学生以上にしてください」**とコメントを挿入しましょう。
※行番号を確認する場合は、ステータスバーに行番号を表示します。

⑥**「Conference Room」**（46行目）を翻訳しましょう。

⑦変更履歴の記録を開始し、次のように文書を変更しましょう。変更後、変更履歴の記録を終了しましょう。

16行目　　　　：「続いて」を削除
表の4行2列目：「外付けハードディスク」のうしろに、「、SSD」を追加
41～42行目　：「事例の動画も見られます。」を削除

⑧変更内容を表示して、次のように反映しましょう。

16行目　　　　：元に戻す
表の4行2列目：承諾
41～42行目　：承諾

※文書に「第5章練習問題完成」と名前を付けて、フォルダー「第5章」に保存し、閉じておきましょう。

第6章

Excelデータを利用した文書の作成

この章で学ぶこと

学習前に習得すべきポイントを理解しておき、
学習後には確実に習得できたかどうかを振り返りましょう。

■「貼り付け」「図として貼り付け」「リンク貼り付け」の違いを説明できる。	→ P.182	☐☐☐
■ Excelの表を貼り付ける方法を理解し、必要に応じて使い分けられる。	→ P.183	☐☐☐
■ Excelのグラフを貼り付ける方法を理解し、必要に応じて使い分けられる。	→ P.183	☐☐☐
■ Excelの表をWordの表として貼り付けることができる。	→ P.184	☐☐☐
■ Wordに貼り付けた表の書式を変更できる。	→ P.185	☐☐☐
■ Excelのグラフを図として貼り付けることができる。	→ P.189	☐☐☐
■ Wordに貼り付けた図の書式を変更できる。	→ P.191	☐☐☐

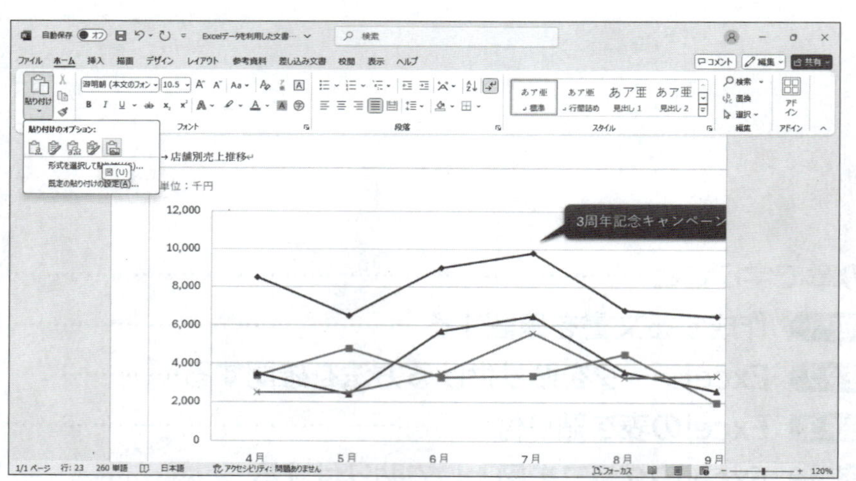

STEP 1 作成する文書を確認する

1 作成する文書の確認

次のような文書を作成しましょう。

2025 年 10 月 17 日

店舗マネージャー各位

営業推進部

横浜地区上期売上レポート

平素は、拡販にご尽力いただきまして誠にありがとうございます。
下記のとおり、横浜地区の 2025 年度上期の売上実績をお知らせいたします。
つきましては、具体的な拡販施策を掲げ、目標達成に向けて尽力していただきますよう、お願い申し上げます。

記

1. 横浜地区上期売上実績

単位：千円

店舗	上期予算	予算達成率	4 月	5 月	6 月	7 月	8 月	9 月	合計
川崎店	35,000	135%	8,500	6,500	9,000	9,800	6,800	6,500	47,100
鶴見店	30,000	71%	3,400	4,800	3,300	3,400	4,500	2,000	21,400
横浜みなと店	21,000	116%	3,500	2,400	5,700	6,500	3,600	2,600	24,300
戸塚店	19,000	109%	2,500	2,500	3,500	5,600	3,300	3,400	20,800
合計	105,000	108%	17,900	16,200	21,500	25,300	18,200	14,500	113,600

2. 店舗別売上推移

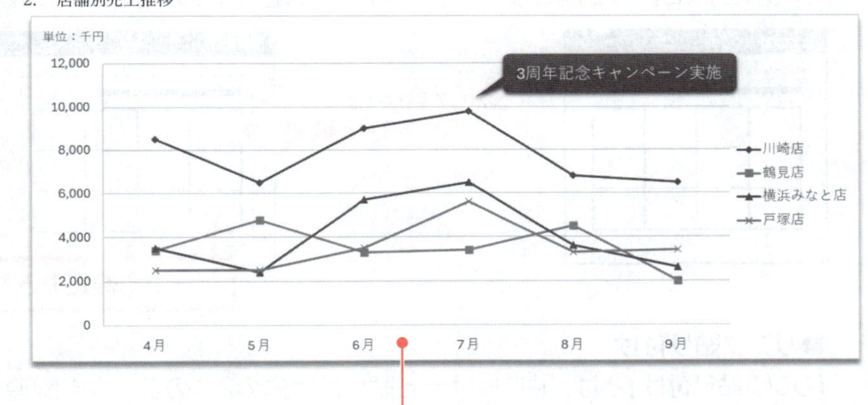

以上

Exceの表の貼り付け

Excelのグラフを図として貼り付け

STEP 2 Excelデータを貼り付ける方法を確認する

1 Excelデータの貼り付け方法

Excelで売上の集計や分析を行い、その結果の表やグラフをWord文書に貼り付けて報告書を仕上げるといったように、異なるアプリ間でデータを利用する作業は、業務の種類を問わずよく見かけます。
データの貼り付け方法には、次のようなものがあります。用途によって、貼り付け方法を選択するとよいでしょう。

●貼り付け

「貼り付け」とは、あるファイルのデータを、そのまま別のアプリのファイルに埋め込むことです。貼り付け先のアプリで編集が可能なため、貼り付け後にデータを修正したり体裁を整えたりしたい場合などに便利です。

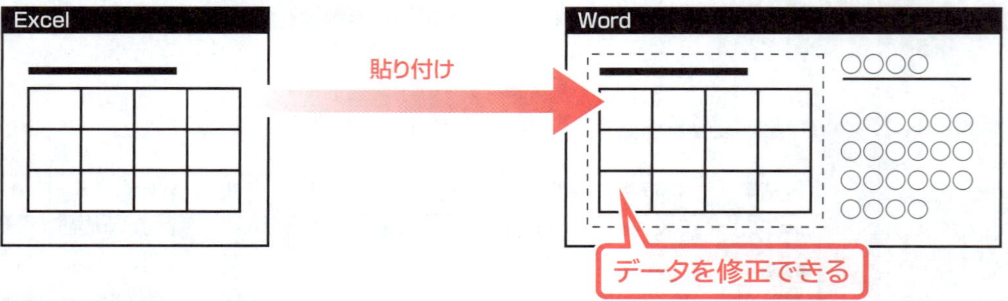

●図として貼り付け

「図として貼り付け」とは、あるファイルのデータを、図として別のアプリのファイルに埋め込むことです。貼り付け先のアプリでデータや体裁を修正することはできません。貼り付け元で表示された状態を崩さずに拡大・縮小して使用したい場合などに便利です。

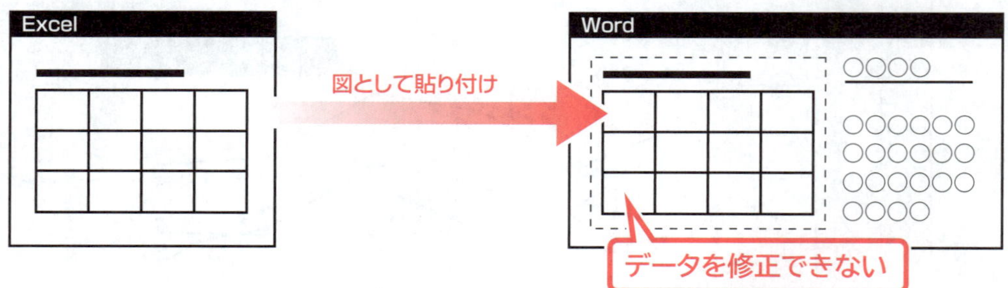

●リンク貼り付け

「リンク貼り付け」とは、貼り付け元と貼り付け先の2つのデータを関連付け、参照関係（リンク）を作る方法です。貼り付け元のアプリでデータを修正すると、貼り付け先のアプリのデータに反映できます。

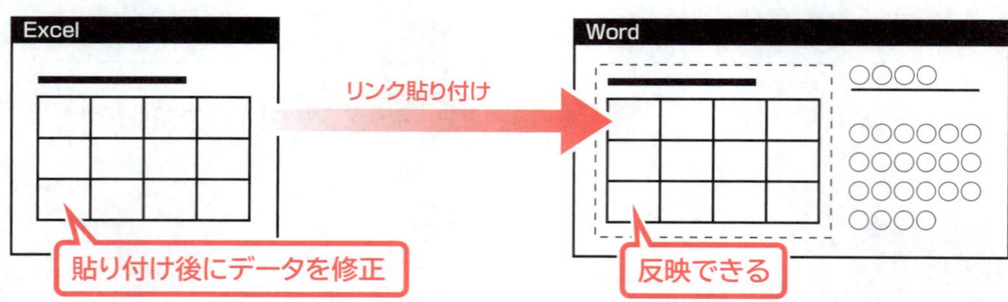

1 Excelの表を貼り付ける方法

Excelの表をWord文書に貼り付ける場合は、**《貼り付け》**の▼を使います。

●Wordの表として貼り付ける

ボタン	ボタン名	説明
	元の書式を保持	Excelで設定した書式のまま、貼り付けます。 ※初期の設定では《貼り付け》をクリックすると、この形式で貼り付けられます。
	貼り付け先のスタイルを使用	Wordの標準の表のスタイルで貼り付けます。

●Excelの表とリンクしたWordの表として貼り付ける

ボタン	ボタン名	説明
	リンク（元の書式を保持）	Excelで設定した書式のまま、Excelデータと連携された状態で貼り付けます。
	リンク（貼り付け先のスタイルを使用）	Wordの標準の表のスタイルで、Excelデータと連携された状態で貼り付けます。

●図として貼り付ける

ボタン	ボタン名	説明
	図	Excelで設定した書式のまま、図として貼り付けます。 ※図としての扱いになるため、データの変更はできなくなります。

●文字だけを貼り付ける

ボタン	ボタン名	説明
	テキストのみ保持	Excelで設定した書式を削除し、文字だけを貼り付けます。 ※データの区切りは →（タブ）で表されます。

2 Excelのグラフを貼り付ける方法

ExcelのグラフをWord文書に貼り付ける場合は、**《貼り付け》**の▼を使います。

●Excelのグラフを埋め込んで貼り付ける

ボタン	ボタン名	説明
	貼り付け先のテーマを使用しブックを埋め込む	Excelで設定した書式を削除し、Word文書に設定されているテーマで埋め込みます。
	元の書式を保持しブックを埋め込む	Excelで設定した書式のまま、Word文書に埋め込みます。

●Excelのグラフをリンクして貼り付ける

ボタン	ボタン名	説明
	貼り付け先テーマを使用しデータをリンク	Excelで設定した書式を削除し、Word文書に設定されているテーマで、Excelデータと連携された状態で貼り付けます。 ※初期の設定では《貼り付け》をクリックすると、この形式で貼り付けられます。
	元の書式を保持しデータをリンク	Excelで設定した書式のまま、Excelデータと連携された状態で貼り付けます。

●図として貼り付ける

ボタン	ボタン名	説明
	図	Excelで設定した書式のまま、図として貼り付けます。 ※図としての扱いになるため、データの変更はできなくなります。

STEP 3 Excelの表を貼り付ける

1 Excelの表の貼り付け

OPEN
W Excelデータを利用した文書の作成
E 売上実績

Excelの表をWordの表として貼り付けます。元のExcelの表が修正された場合でも貼り付け先のWordの表は修正されないようにします。

1 データのコピーと貼り付け

Excelのブック**「売上実績」**のシート**「2025年度上期」**にある表を、文書**「Excelデータを利用した文書の作成」**に貼り付けましょう。

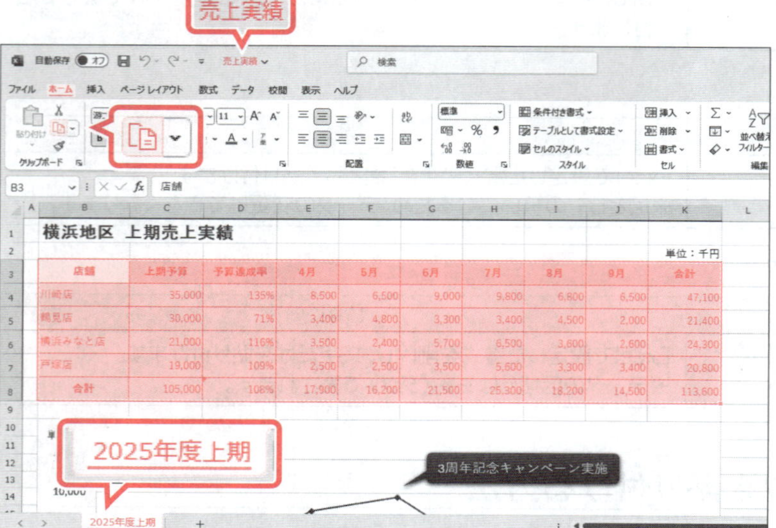

表をコピーします。

①ブック**「売上実績」**が表示されていることを確認します。

※タスクバーのExcelのアイコンをクリックすると表示が切り替わります。

表を範囲選択します。

②シート**「2025年度上期」**のセル範囲**【B3:K8】**を選択します。

③**《ホーム》**タブを選択します。

④**《クリップボード》**グループの**《コピー》**をクリックします。

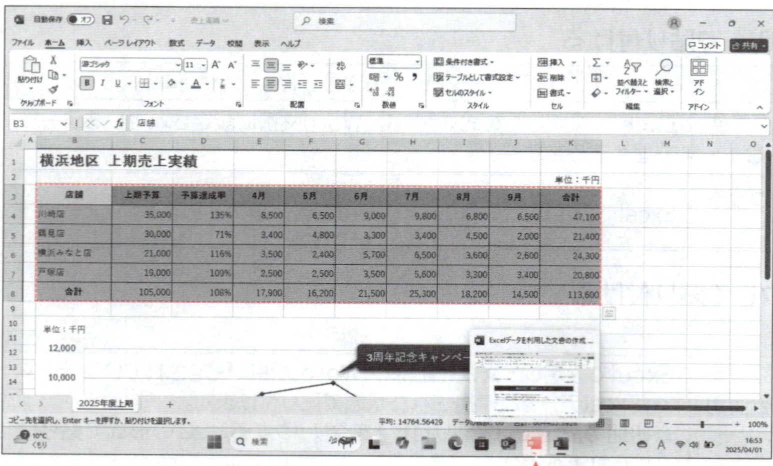

コピーされた範囲が点線で囲まれます。

⑤タスクバーのWordのアイコンをクリックしてWord文書に切り替えます。

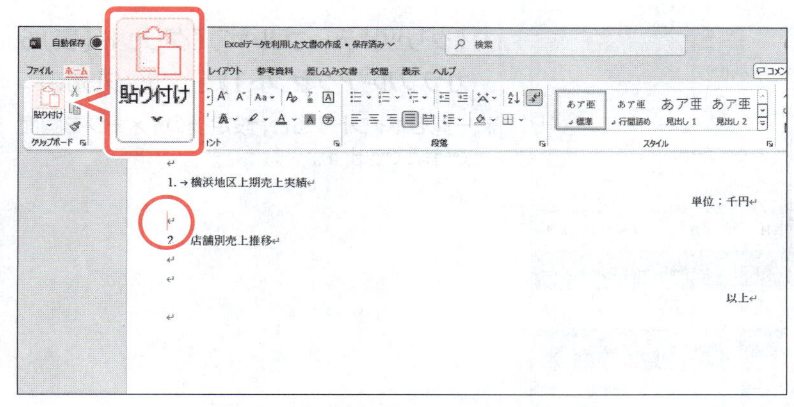

Word文書が表示されます。

表を貼り付ける位置を指定します。

⑥**「1. 横浜地区上期売上実績」**の2行下にカーソルを移動します。

⑦**《ホーム》**タブを選択します。

⑧**《クリップボード》**グループの**《貼り付け》**をクリックします。

1. → 横浜地区上期売上実績

単位：千円

店舗	上期予算	予算達成率	4月	5月	6月	7月	8月
川崎店	35,000	135%	8,500	6,500	9,000	9,800	6,80
鶴見店	30,000	71%	3,400	4,800	3,300	3,400	4,50
横浜みなと店	21,000	116%	3,500	2,400	5,700	6,500	3,60
戸塚店	19,000	109%	2,500	2,500	3,500	5,600	3,30
合計	105,000	108%	17,900	16,200	21,500	25,300	18,20

2. → 店舗別売上推移

Excelの表が、Word文書に貼り付けられます。

※表の右側がページからはみ出た状態で貼り付けられます。

2 表の書式の変更

Wordに貼り付けたExcelの表はWordの表として扱うことができるため、Wordで作成した表と同様に、表のサイズを変更したり書式を設定したりできます。

貼り付けた表に、次のように書式を設定しましょう。

表のスタイル　：グリッド（表）6カラフル-アクセント1
フォント　　　：游明朝
フォントサイズ：10.5
列の幅　　　　：各列の最長のデータに合わせる

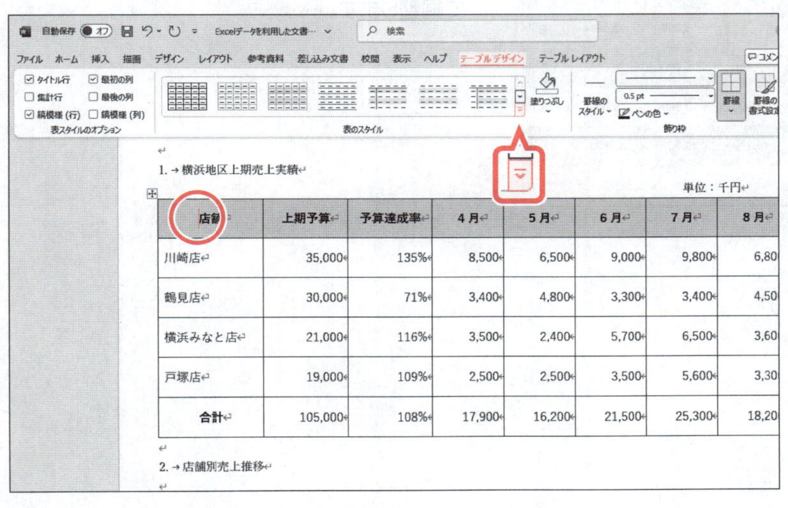

表のスタイルを設定します。

①表内にカーソルを移動します。

※表内であれば、どこでもかまいません。

②**《テーブルデザイン》**タブを選択します。

③**《表のスタイル》**グループの[▼]をクリックします。

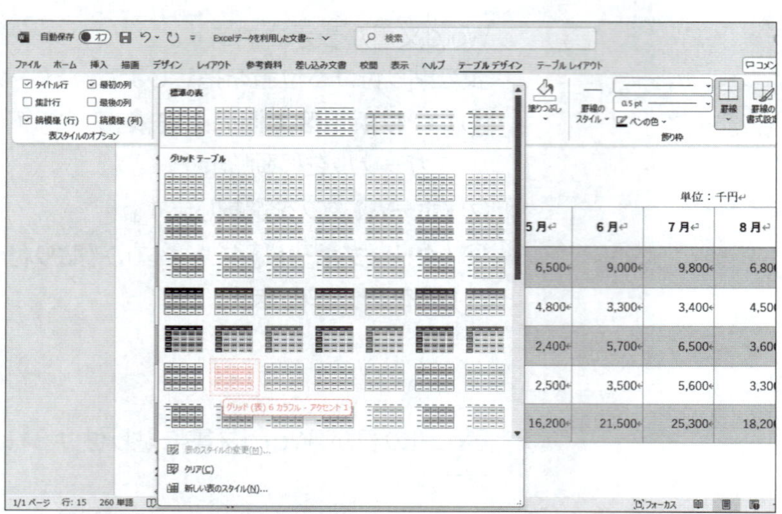

④《グリッドテーブル》の《グリッド（表）6 カラフル-アクセント1》をクリックします。

※一覧をポイントすると、設定後のイメージを画面で確認できます。

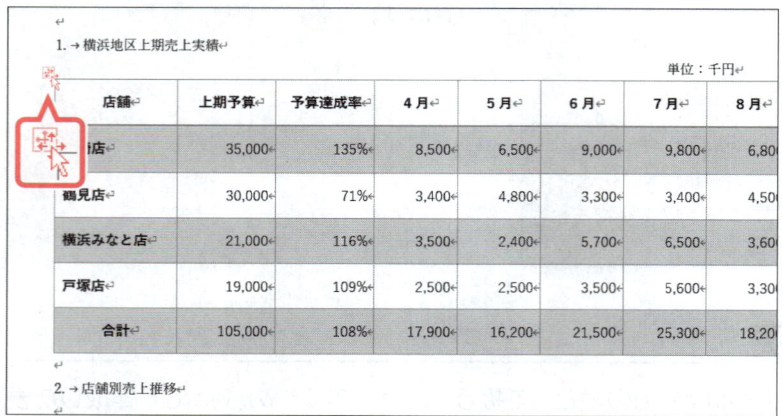

表にスタイルが設定されます。

表全体を選択します。

⑤表内をポイントします。

⑥ ✥（表の移動ハンドル）をクリックします。

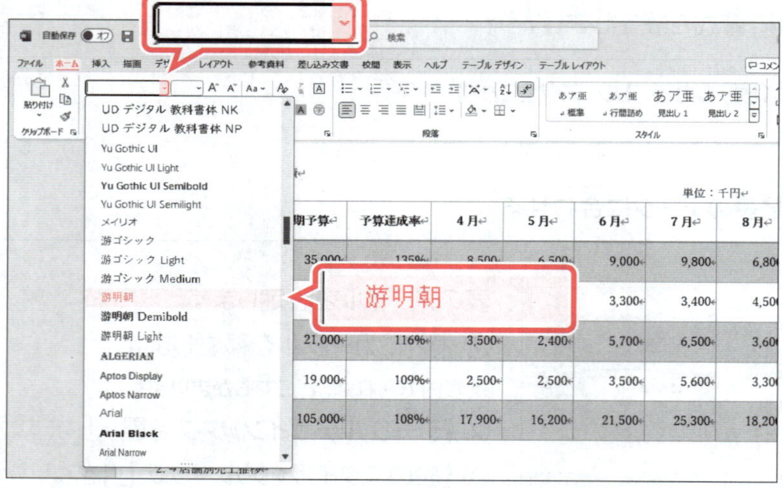

表全体が選択されます。

⑦《ホーム》タブを選択します。

⑧《フォント》グループの《フォント》の▼をクリックします。

⑨《游明朝》をクリックします。

※一覧に表示されていない場合は、スクロールして調整します。

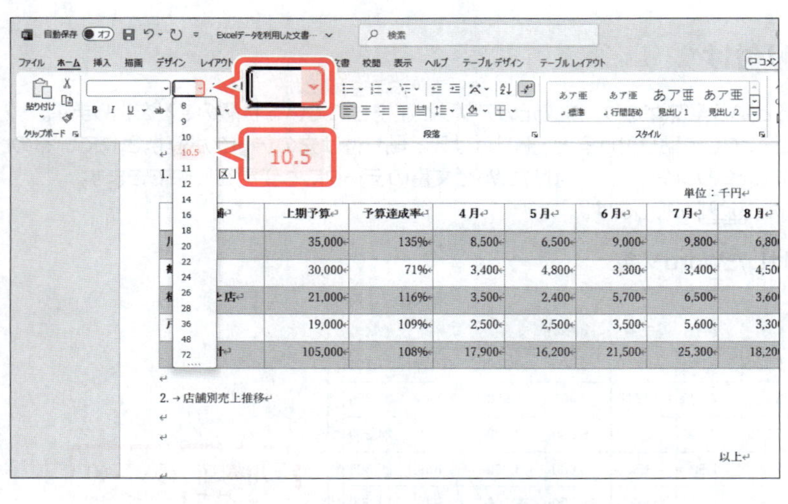

表のフォントが変更されます。

⑩《**フォント**》グループの《**フォントサイズ**》の▼をクリックします。

⑪《**10.5**》をクリックします。

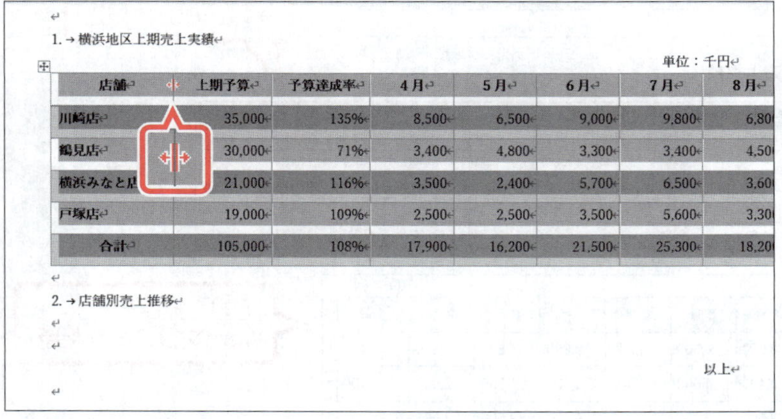

表のフォントサイズが変更されます。

⑫表の任意の列の右側をポイントします。

⑬マウスポインターの形が+||+に変わったらダブルクリックします。

1.→横浜地区上期売上実績

単位：千円

店舗	上期予算	予算達成率	4月	5月	6月	7月	8月	9月	合計
川崎店	35,000	135%	8,500	6,500	9,000	9,800	6,800	6,500	47,100
鶴見店	30,000	71%	3,400	4,800	3,300	3,400	4,500	2,000	21,400
横浜みなと店	21,000	116%	3,500	2,400	5,700	6,500	3,600	2,600	24,300
戸塚店	19,000	109%	2,500	2,500	3,500	5,600	3,300	3,400	20,800
合計	105,000	108%	17,900	16,200	21,500	25,300	18,200	14,500	113,600

2.→店舗別売上推移

以上

表全体の列幅が変更されます。

※選択を解除しておきましょう。

STEP UP リンク貼り付け

「リンク」には、つなぐ、連結するという意味があり、作成元のアプリと連携されている状態のことを指します。Excelのデータをword文書にリンクして貼り付けると、貼り付け元と貼り付け先のデータが連携されているので、元のExcelのデータを修正すると、リンクして貼り付けたWord文書のデータにも変更を反映できます。
Word文書に変更を反映するには、F9を押します。

●Excelの表をリンク貼り付けしたWord文書

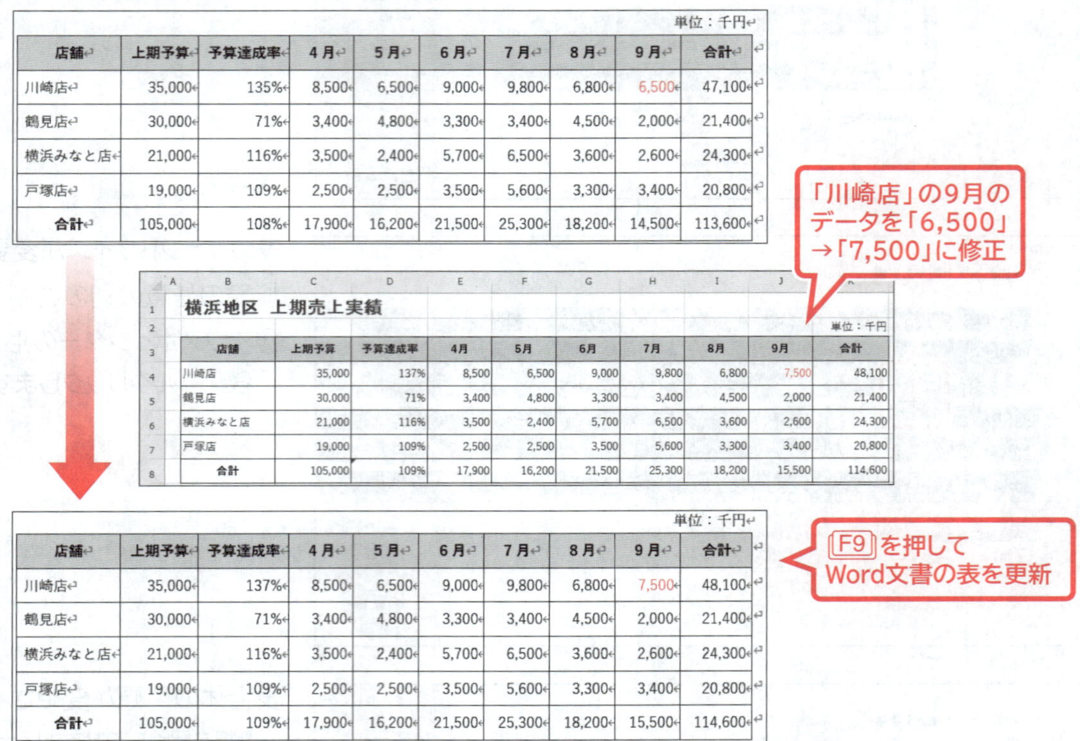

単位：千円

店舗	上期予算	予算達成率	4月	5月	6月	7月	8月	9月	合計
川崎店	35,000	135%	8,500	6,500	9,000	9,800	6,800	6,500	47,100
鶴見店	30,000	71%	3,400	4,800	3,300	3,400	4,500	2,000	21,400
横浜みなと店	21,000	116%	3,500	2,400	5,700	6,500	3,600	2,600	24,300
戸塚店	19,000	109%	2,500	2,500	3,500	5,600	3,300	3,400	20,800
合計	105,000	108%	17,900	16,200	21,500	25,300	18,200	14,500	113,600

横浜地区　上期売上実績

単位：千円

店舗	上期予算	予算達成率	4月	5月	6月	7月	8月	9月	合計
川崎店	35,000	137%	8,500	6,500	9,000	9,800	6,800	7,500	48,100
鶴見店	30,000	71%	3,400	4,800	3,300	3,400	4,500	2,000	21,400
横浜みなと店	21,000	116%	3,500	2,400	5,700	6,500	3,600	2,600	24,300
戸塚店	19,000	109%	2,500	2,500	3,500	5,600	3,300	3,400	20,800
合計	105,000	109%	17,900	16,200	21,500	25,300	18,200	15,500	114,600

単位：千円

店舗	上期予算	予算達成率	4月	5月	6月	7月	8月	9月	合計
川崎店	35,000	137%	8,500	6,500	9,000	9,800	6,800	7,500	48,100
鶴見店	30,000	71%	3,400	4,800	3,300	3,400	4,500	2,000	21,400
横浜みなと店	21,000	116%	3,500	2,400	5,700	6,500	3,600	2,600	24,300
戸塚店	19,000	109%	2,500	2,500	3,500	5,600	3,300	3,400	20,800
合計	105,000	109%	17,900	16,200	21,500	25,300	18,200	15,500	114,600

また、リンク貼り付けを行ったあとで、リンク元のExcelのブックを変更したり、リンクを解除したりする場合は、《リンクの設定》ダイアログボックスを使います。
《リンクの設定》ダイアログボックスを表示する方法は、次のとおりです。

◆Wordの文書内のリンク貼り付けされた表を右クリック→《リンクの設定》

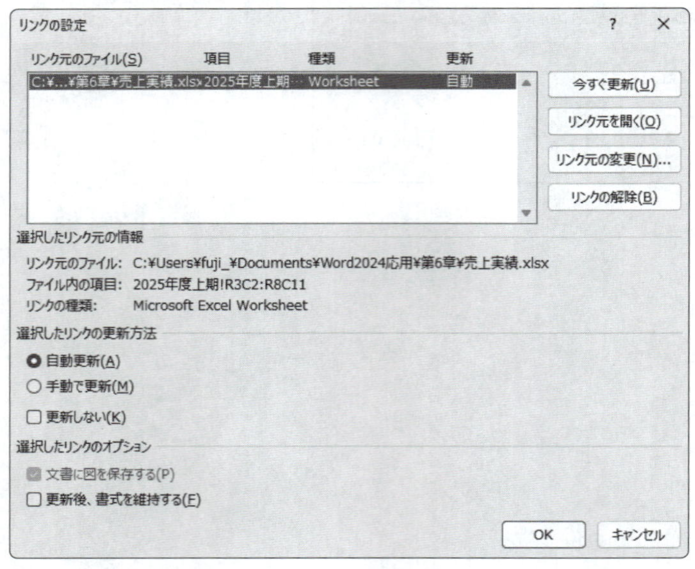

※リンク元のファイルがOneDriveと同期されているフォルダーに保存されていると、リンクが正しく設定されず、リンクの更新ができない場合があります。リンク元のファイルは、ローカルディスクやUSBドライブなどOneDriveと同期していない場所に保存するようにします。

STEP 4 Excelのグラフを図として貼り付ける

1 Excelのグラフを図として貼り付け

Excelのグラフを、Wordの文書に図として貼り付けられます。図として貼り付けると、フォントや配置など、グラフの体裁を崩さずに貼り付けることができます。

1 データのコピーと貼り付け

Excelのブック**「売上実績」**のシート**「2025年度上期」**のグラフを、Wordの文書に図として貼り付けましょう。

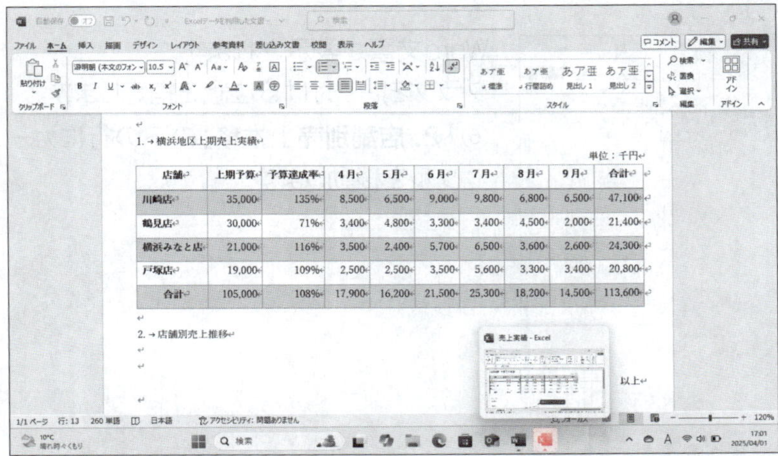

店舗	上期予算	予算達成率	4月	5月	6月	7月	8月	9月	合計
川崎店	35,000	135%	8,500	6,500	9,000	9,800	6,800	6,500	47,100
鶴見店	30,000	71%	3,400	4,800	3,300	3,400	4,500	2,000	21,400
横浜みなと店	21,000	116%	3,500	2,400	5,700	6,500	3,600	2,600	24,300
戸塚店	19,000	109%	2,500	2,500	3,500	5,600	3,300	3,400	20,800
合計	105,000	108%	17,900	16,200	21,500	25,300	18,200	14,500	113,600

①タスクバーのExcelのアイコンをクリックしてブック**「売上実績」**を表示します。

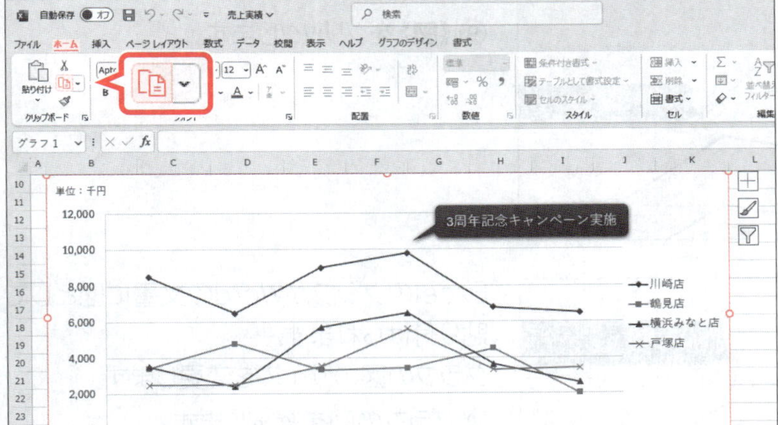

②シート**「2025年度上期」**のグラフを選択します。

※表示されていない場合は、スクロールして調整します。

③**《ホーム》**タブを選択します。

④**《クリップボード》**グループの**《コピー》**をクリックします。

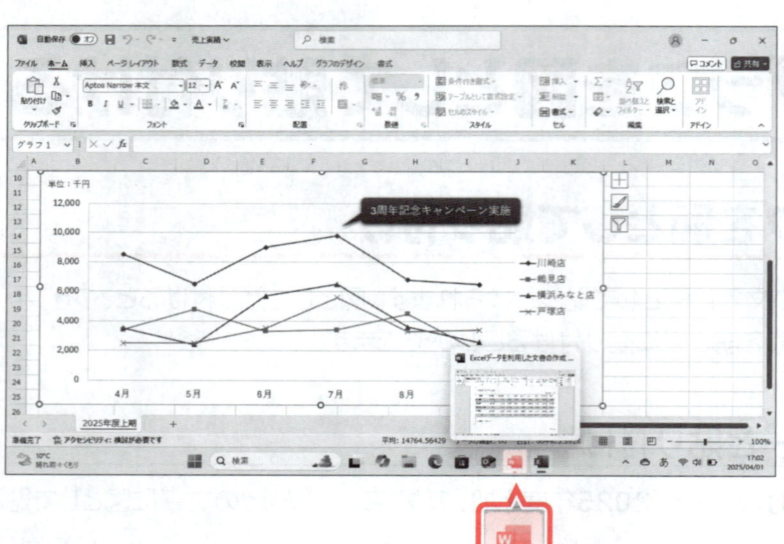

⑤タスクバーのWordのアイコンをクリックしてWord文書に切り替えます。

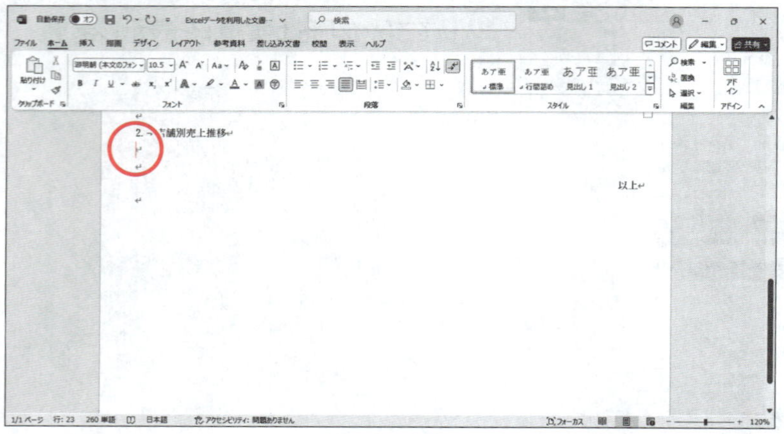

Word文書が表示されます。
グラフを貼り付ける位置を指定します。

⑥**「2. 店舗別売上推移」**の下の行にカーソルを移動します。

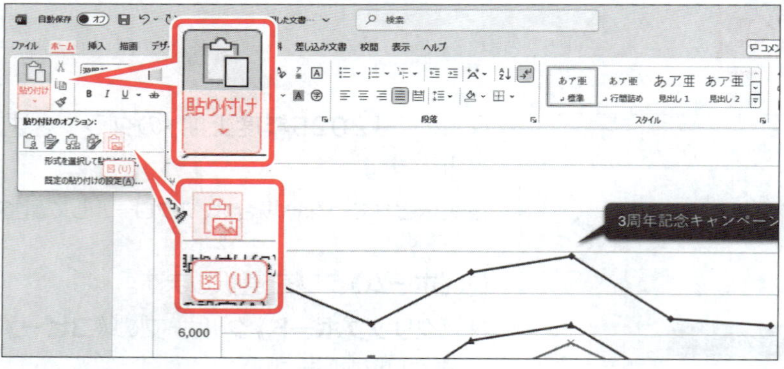

⑦**《ホーム》**タブを選択します。

⑧**《クリップボード》**グループの**《貼り付け》**の▼をクリックします。

⑨**《図》**をクリックします。

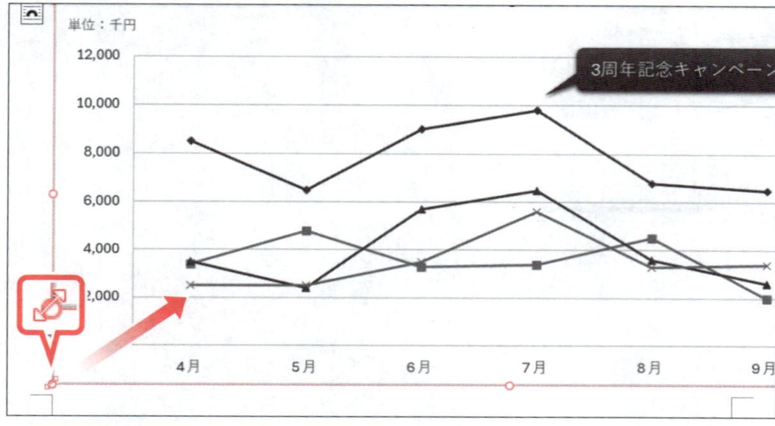

ExcelのグラフがWordの文書に図として貼り付けられます。
グラフの図のサイズを変更します。

⑩グラフの図を選択します。

⑪グラフの図の左下の○（ハンドル）を図のようにドラッグします。

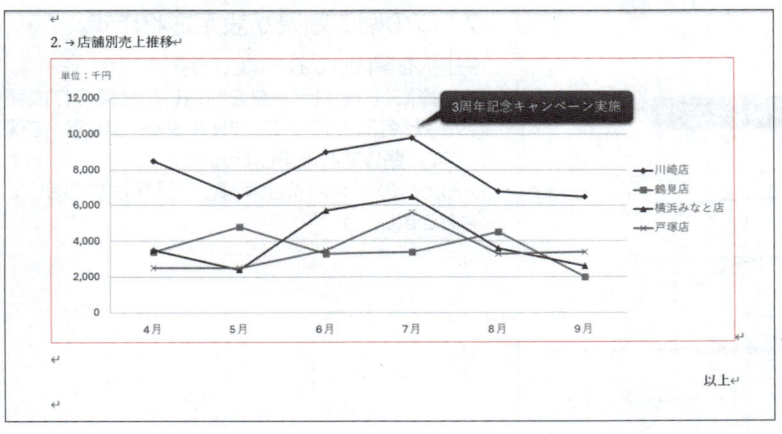

グラフの図のサイズが変更されます。

※選択を解除しておきましょう。

2 図の書式の変更

ExcelのグラフをWordに図として貼り付けると、Wordの図として扱うことができます。
貼り付けたグラフの図に、図の効果**「影　オフセット：下」**を設定しましょう。

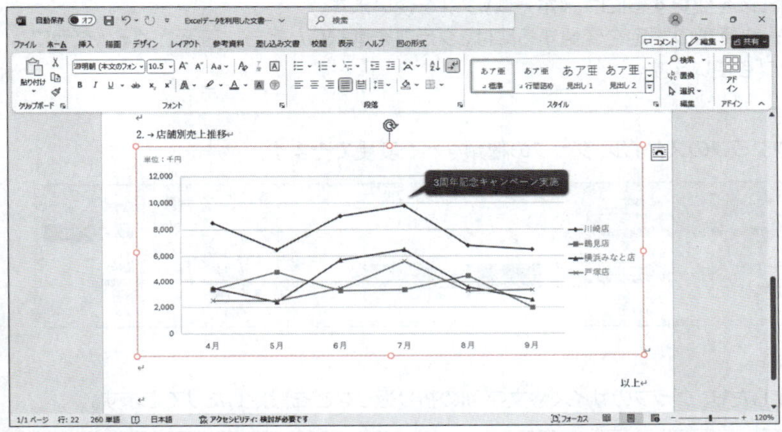

①グラフの図を選択します。

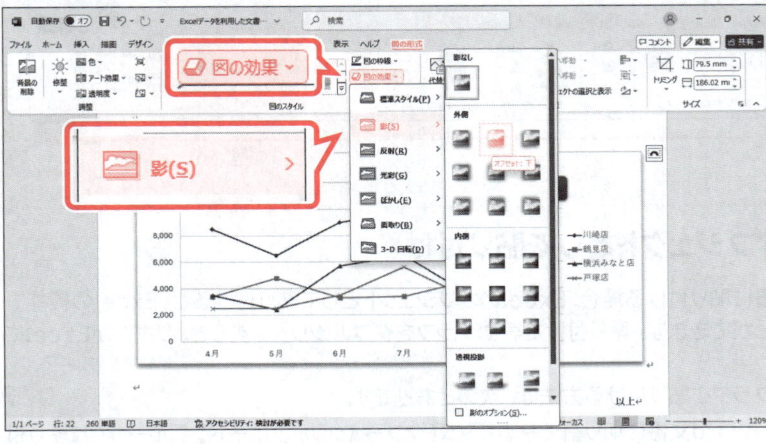

②**《図の形式》**タブを選択します。

③**《図のスタイル》**グループの**《図の効果》**をクリックします。

④**《影》**をポイントします。

⑤**《外側》**の**《オフセット：下》**をクリックします。

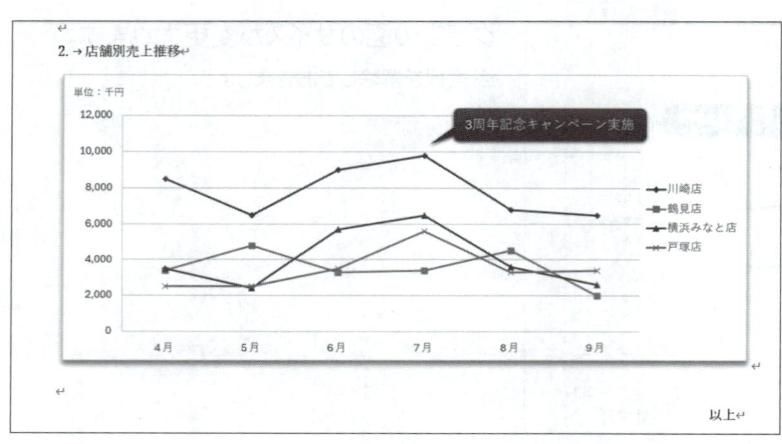

グラフの図に効果が設定されます。

※選択を解除しておきましょう。

※文書に「Excelデータを利用した文書の作成完成」と名前を付けて、フォルダー「第6章」に保存し、閉じておきましょう。

※Excelのブック「売上実績」を保存せずに閉じておきましょう。

POINT グラフの編集

《貼り付け先のテーマを使用しブックを埋め込む》または《元の書式を保持しブックを埋め込む》を使ってWord文書に貼り付けたグラフは、Excelで操作するのと同じように、Wordでグラフを編集できます。
グラフのフォントやフォントサイズを変更するには、《ホーム》タブを使います。
グラフの種類やスタイル、データ要素の設定を変更するには、グラフを選択したときに表示される《グラフのデザイン》タブと《書式》タブを使います。

●《グラフのデザイン》タブ

グラフのデータ要素の設定やグラフのスタイル、グラフの種類などを変更できます。

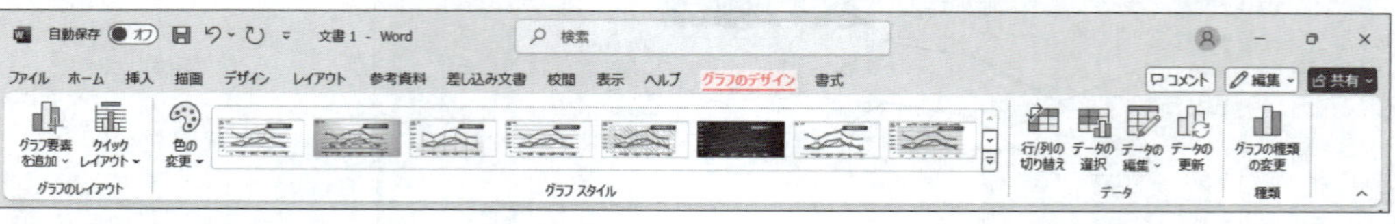

●《書式》タブ

グラフの各要素の詳細を設定したり、グラフのサイズや文字列の折り返しなどを設定したりできます。

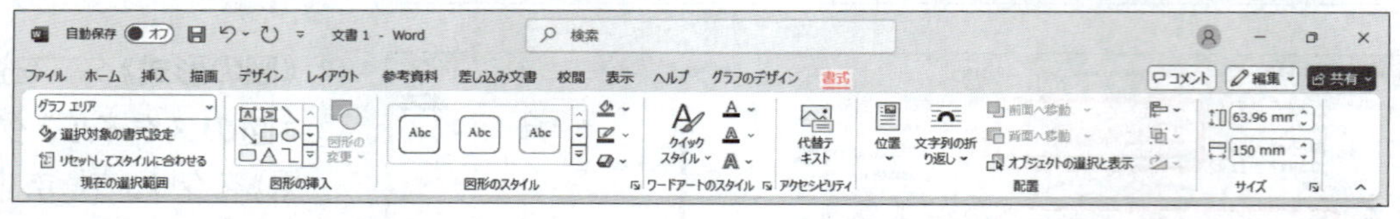

STEP UP Excelのオブジェクトとして貼り付け

Excelの表やグラフをWord文書に貼り付ける場合、Excelのオブジェクトとして貼り付けると、Excelの機能を使って表やグラフを編集することができます。貼り付けた表やグラフをダブルクリックすると、リボンがExcelに切り替わり編集できます。
Excelのオブジェクトとして表やグラフを貼り付ける方法は、次のとおりです。

◆Excelの表やグラフをコピー→Word文書に切り替え→《ホーム》タブ→《クリップボード》グループの《貼り付け》の▼→《形式を選択して貼り付け》→《Microsoft Excelワークシートオブジェクト》／《Microsoft Excelグラフオブジェクト》

練習問題

PDF 標準解答 ▶ P.15

OPEN
W 第6章練習問題
E アンケート集計

あなたは、新しいショッピングモールの顧客満足度を調査したアンケートの集計結果を報告することになりました。
完成図のような文書を作成しましょう。

●完成図

2025年5月12日

関係者各位

マーケティング部

FOMモール来場者アンケート集計結果

平素は、売上拡大にご尽力いただきまして、ありがとうございます。
先月オープンしたFOMモールにご来場されたお客様の満足度について、アンケートを実施いたしました。
アンケートの集計結果につきまして、下記のとおりご報告いたします。

記

- 実施時期：2025年4月1日（火）～2025年4月30日（水）
- 実施人数：935人
- 集計結果：

単位：人

	大変満足	満足	普通	やや不満足	不満足	合計
スタッフの対応	282	293	157	115	88	935
店内の雰囲気	285	272	222	110	46	935
商品ラインアップ	342	233	210	85	65	935
清潔感	285	254	223	113	60	935
総合評価	291	248	223	117	56	935
合計	1,485	1,300	1,035	540	315	4,675

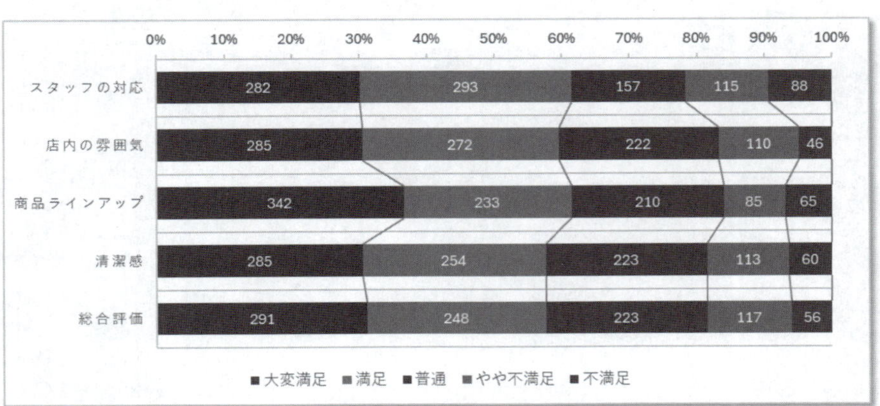

以上

担当：大野

① **「集計結果：」**の2行下に、Excelのブック**「アンケート集計」**のシート**「アンケート結果」**の表を貼り付け先のスタイルを使用して貼り付けましょう。

② ①で貼り付けた表に、次のように書式を設定しましょう。

表のスタイル　：グリッド（表）4-アクセント1

③ ①で貼り付けた表のセル内の文字列の配置を、次のように変更しましょう。

2行2列目～7行7列目	：中央揃え（右）
1行目	：中央揃え
1列目	：中央揃え（左）

④ ①で貼り付けた表の2行下に、Excelのブック**「アンケート集計」**のシート**「アンケート結果」**のグラフを図として貼り付けましょう。

⑤ ④で貼り付けたグラフの図に、次のように図の効果を設定しましょう。
次に、完成図を参考に、グラフの図のサイズを変更しましょう。

図の効果：影　オフセット：右下

※文書に「第6章練習問題完成」と名前を付けて、フォルダー「第6章」に保存し、閉じておきましょう。
※Excelのブック「アンケート集計」を保存せずに閉じておきましょう。

第7章

文書の検査と保護

この章で学ぶこと

学習前に習得すべきポイントを理解しておき、
学習後には確実に習得できたかどうかを振り返りましょう。

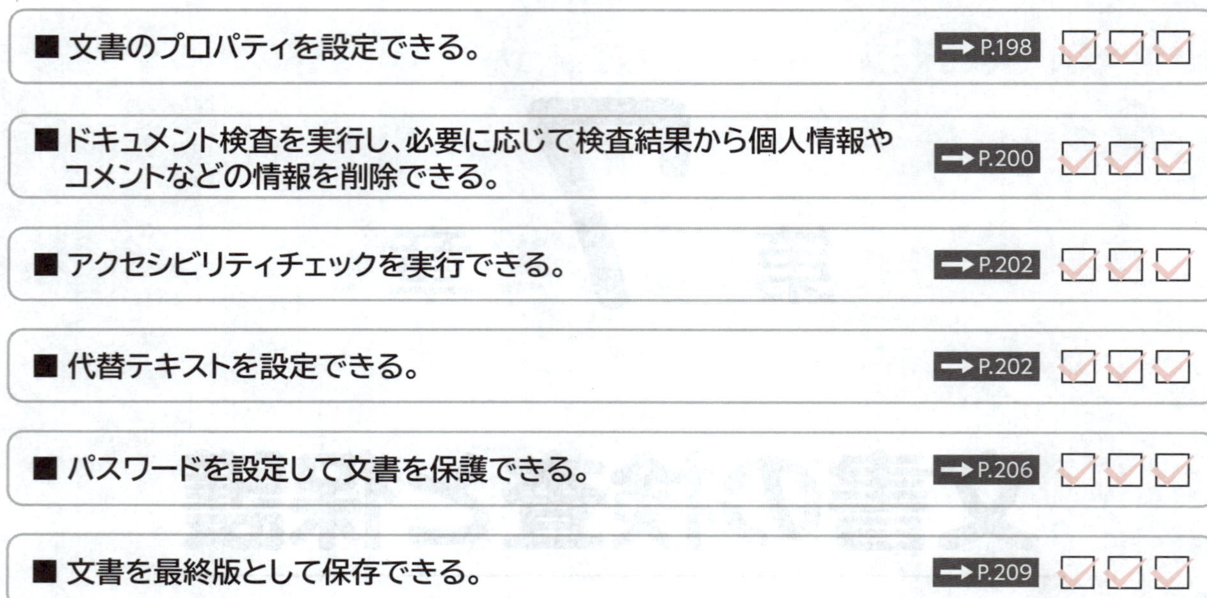

- ■文書のプロパティを設定できる。 → P.198 ☐☐☐
- ■ドキュメント検査を実行し、必要に応じて検査結果から個人情報やコメントなどの情報を削除できる。 → P.200 ☐☐☐
- ■アクセシビリティチェックを実行できる。 → P.202 ☐☐☐
- ■代替テキストを設定できる。 → P.202 ☐☐☐
- ■パスワードを設定して文書を保護できる。 → P.206 ☐☐☐
- ■文書を最終版として保存できる。 → P.209 ☐☐☐

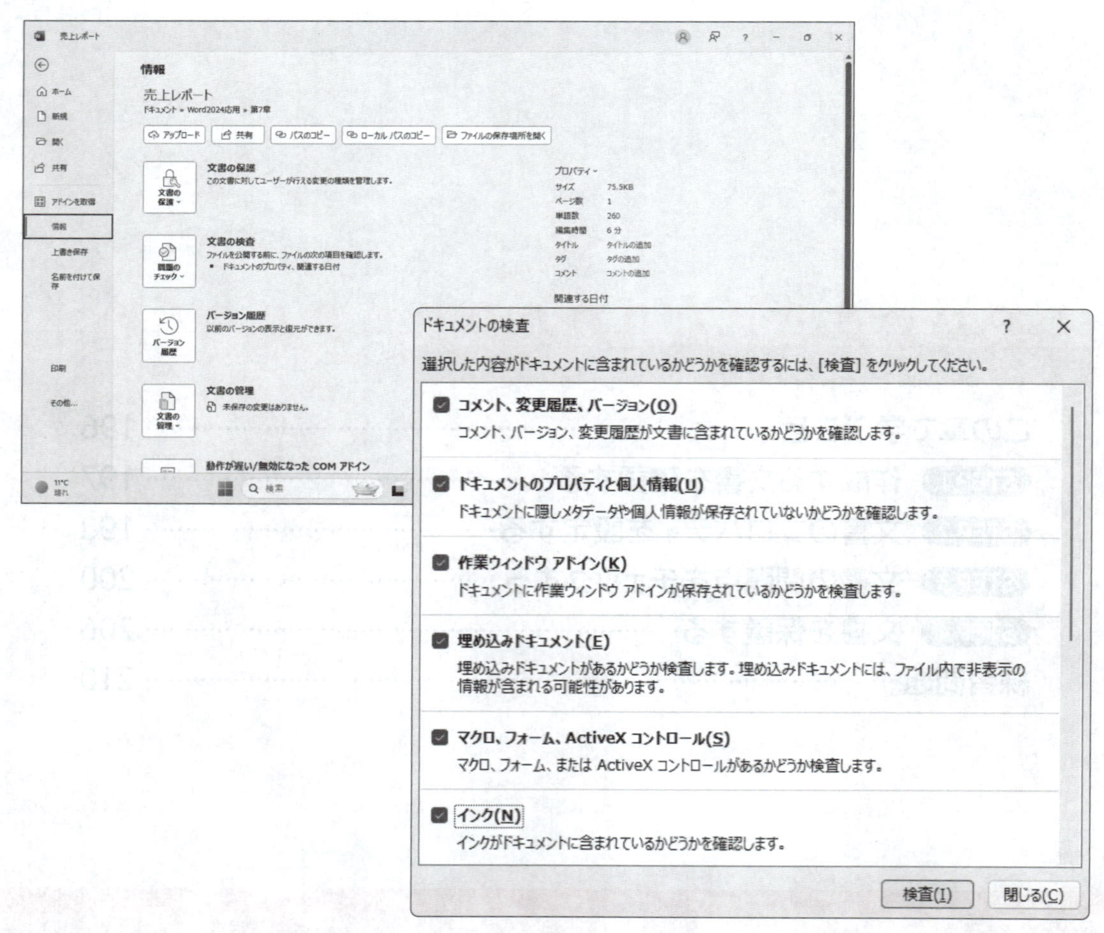

Step 1 作成する文書を確認する

1 作成する文書の確認

文書の検査や保護を行って、文書を配布する準備をしましょう。

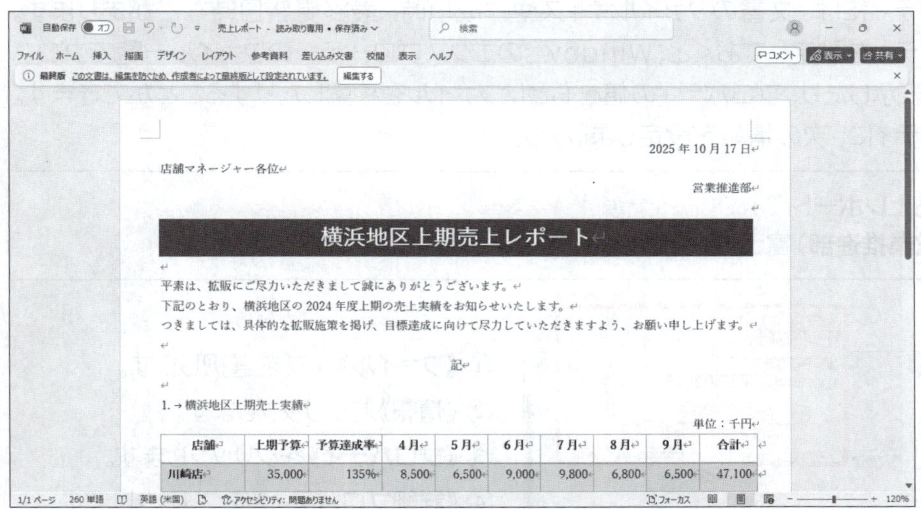
2025年10月17日
店舗マネージャー各位
営業推進部
横浜地区上期売上レポート
平素は、拡販にご尽力いただきまして誠にありがとうございます。
下記のとおり、横浜地区の2024年度上期の売上実績をお知らせいたします。
つきましては、具体的な拡販施策を掲げ、目標達成に向けて尽力していただきますよう、お願い申し上げます。
記
1. 横浜地区上期売上実績
単位：千円

店舗	上期予算	予算達成率	4月	5月	6月	7月	8月	9月	合計
川崎店	35,000	135%	8,500	6,500	9,000	9,800	6,800	6,500	47,100

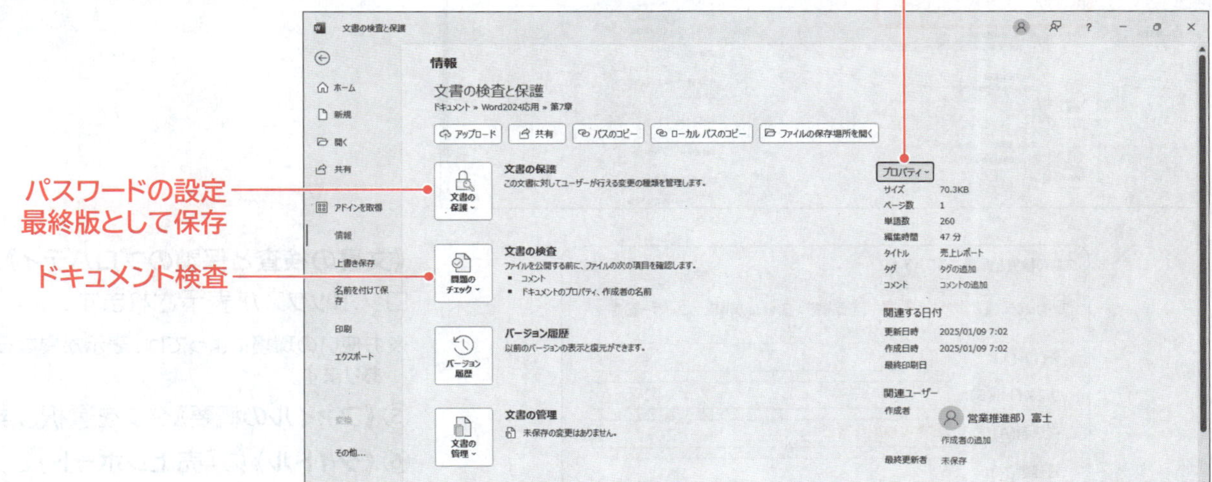

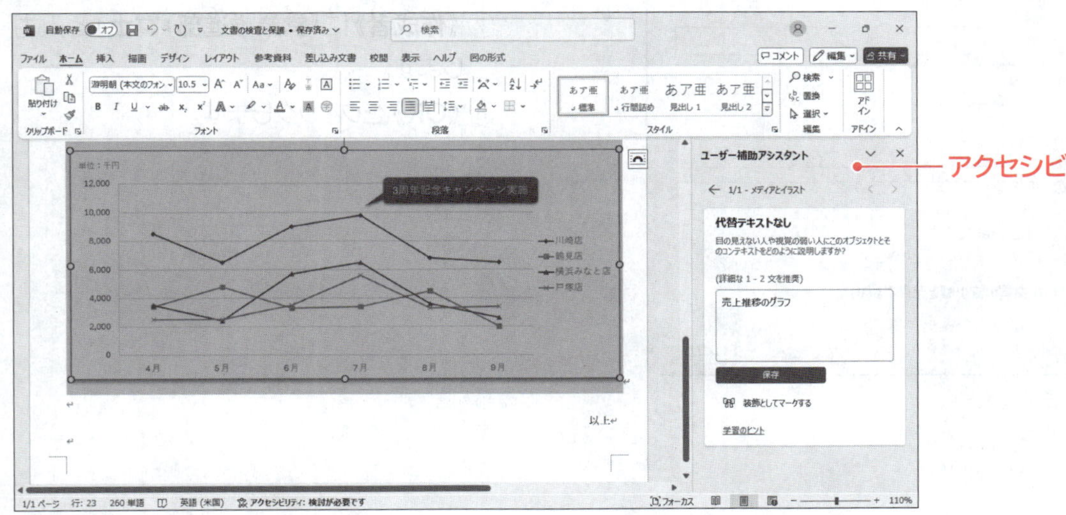

STEP 2 文書のプロパティを設定する

1 文書のプロパティの設定

文書の検査と保護

「プロパティ」とは、一般に**「属性」**と呼ばれるもので、性質や特性を表す言葉です。
文書のプロパティには、文書のファイルサイズや作成日時、最終更新日時などがあります。
文書にプロパティを設定しておくと、Windowsのエクスプローラーのファイル一覧でプロパティの内容を表示したり、プロパティの値をもとにファイルを検索したりすることができます。
文書のプロパティに、次の情報を設定しましょう。

タイトル：売上レポート
作成者　：営業推進部）富士

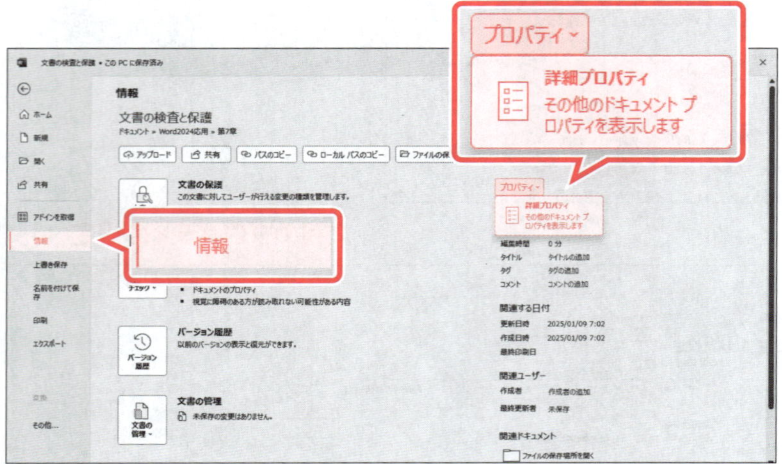

①**《ファイル》**タブを選択します。
②**《情報》**をクリックします。
③**《プロパティ》**をクリックします。
④**《詳細プロパティ》**をクリックします。

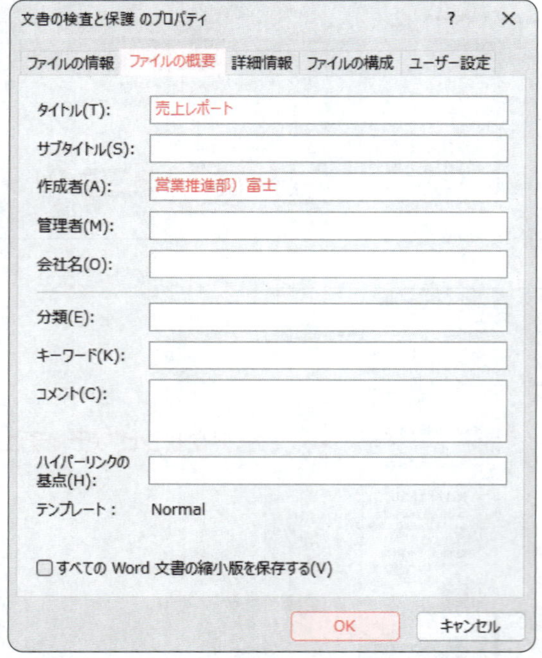

《文書の検査と保護のプロパティ》ダイアログボックスが表示されます。
※お使いの環境によっては、表示が異なる場合があります。
⑤**《ファイルの概要》**タブを選択します。
⑥**《タイトル》**に**「売上レポート」**と入力します。
⑦**《作成者》**に**「営業推進部）富士」**と入力します。
⑧**《OK》**をクリックします。

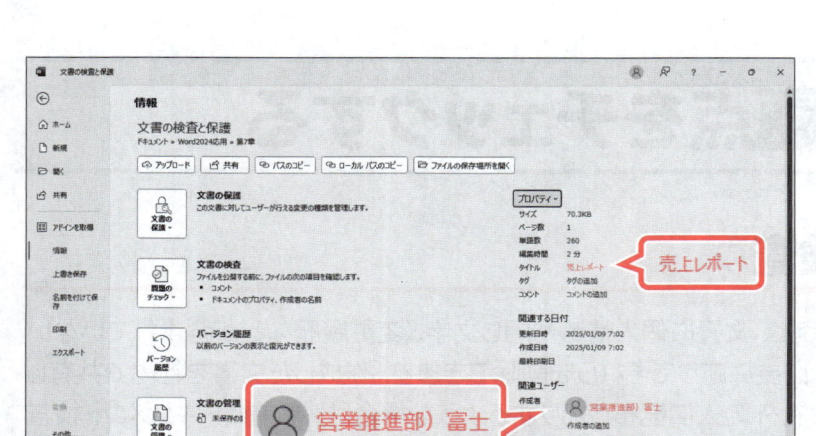

文書のプロパティに情報が設定されます。
※プロパティが更新されたことを確認し、Esc を押して、文書を表示しておきましょう。

STEP UP ファイル一覧でのプロパティ表示

Windowsのエクスプローラーのファイル一覧で、ファイルの表示方法が《詳細》のとき、ファイルのプロパティを確認できます。ファイル一覧に表示するプロパティの項目は、自由に設定することもできます。
エクスプローラーのファイルの表示方法を変更する方法は、次のとおりです。
◆《レイアウトとビューのオプション》→《詳細》

表示するプロパティの項目を設定する方法は、次のとおりです。
◆列見出しを右クリック→《その他》→表示する項目を☑にする

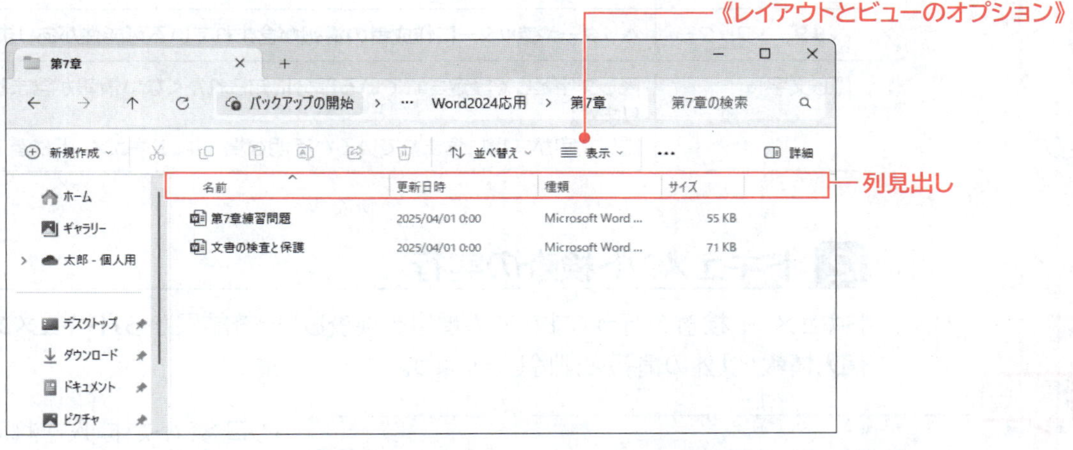

STEP UP プロパティを使ったファイルの検索

作成者やタイトル、キーワードなどファイルに設定したプロパティをもとに、Windowsのエクスプローラーのファイル一覧でファイルを検索できます。
プロパティを使ってファイルを検索する方法は、次のとおりです。
◆検索ボックスに検索する文字を入力

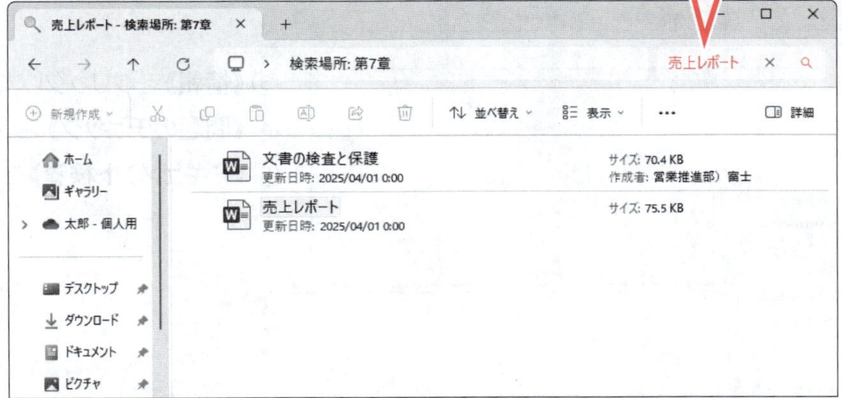

STEP 3 文書の問題点をチェックする

1 ドキュメント検査

「ドキュメント検査」を使うと、文書に個人情報や隠し文字、変更履歴などが含まれていないかどうかをチェックして、必要に応じてそれらを削除できます。作成した文書を社内で共有したり、顧客や取引先など社外の人に配布したりするような場合は、事前にドキュメント検査を行って、文書から個人情報や変更履歴などを削除しておくと、情報の漏えいの防止につながります。

1 ドキュメント検査の対象

ドキュメント検査では、次のような内容をチェックできます。

対象	説明
コメント・変更履歴	コメントや変更履歴には、それを入力したユーザー名や内容そのものが含まれています。
プロパティ	文書のプロパティには、作成者の情報や作成日時などが含まれています。
ヘッダー・フッター	ヘッダーやフッターに作成者の情報が含まれている可能性があります。
隠し文字	隠し文字として設定されている部分に知られたくない情報が含まれている可能性があります。 隠し文字が文書に含まれているか不明な場合は、ドキュメント検査で検索できます。

2 ドキュメント検査の実行

ドキュメント検査を行ってすべての項目を検査し、検査結果から**「ドキュメントのプロパティと個人情報」**以外の情報を削除しましょう。

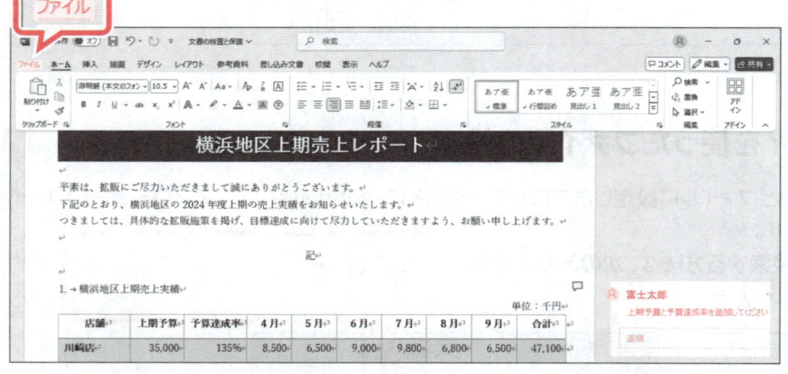

①コメントが挿入されていることを確認します。
②**《ファイル》**タブを選択します。

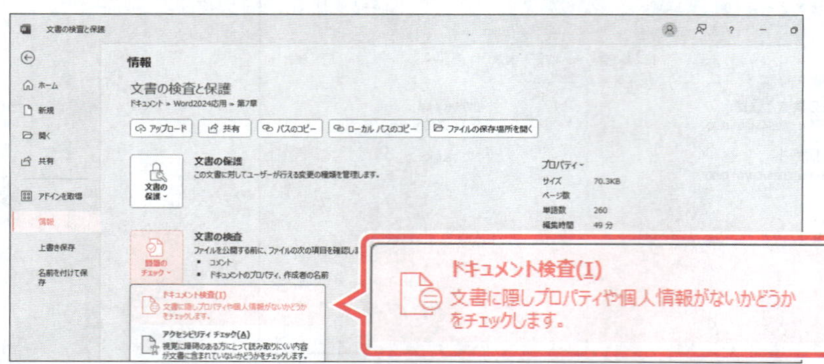

③**《情報》**をクリックします。
④**《問題のチェック》**をクリックします。
⑤**《ドキュメント検査》**をクリックします。

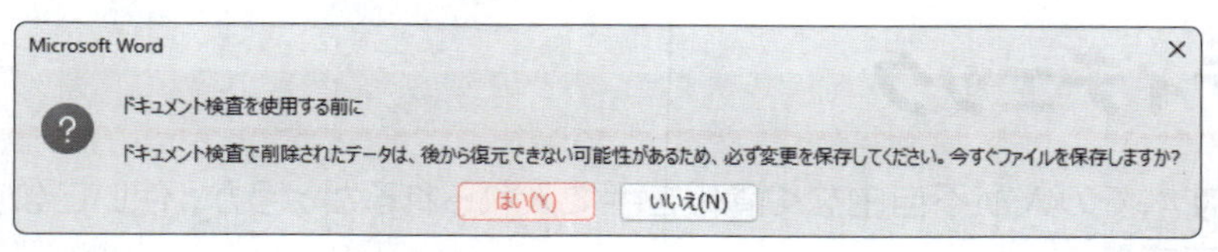

図のようなメッセージが表示されます。

※文書を変更したあと保存していないため、このメッセージが表示されます。

⑥**《はい》**をクリックします。

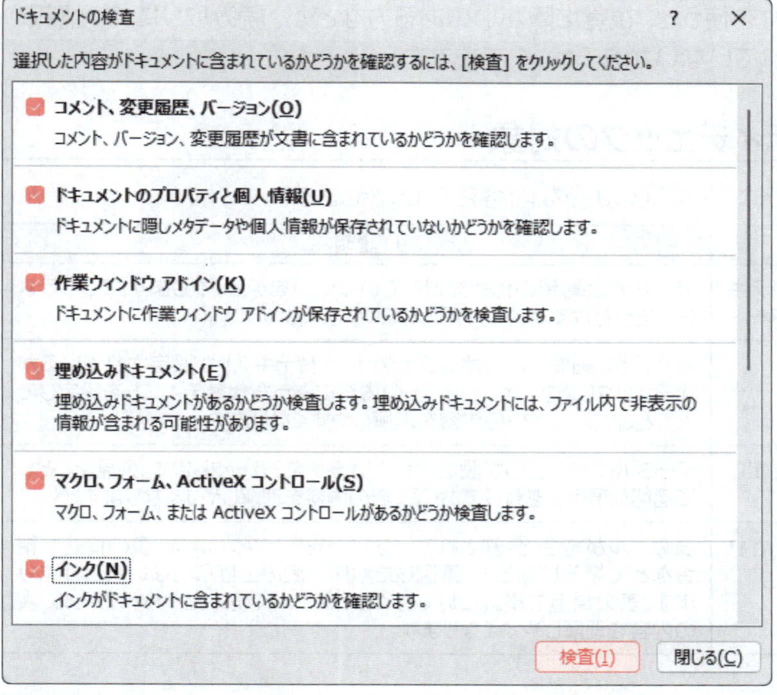

《ドキュメントの検査》ダイアログボックスが表示されます。

⑦すべての検査項目を☑にします。

⑧**《検査》**をクリックします。

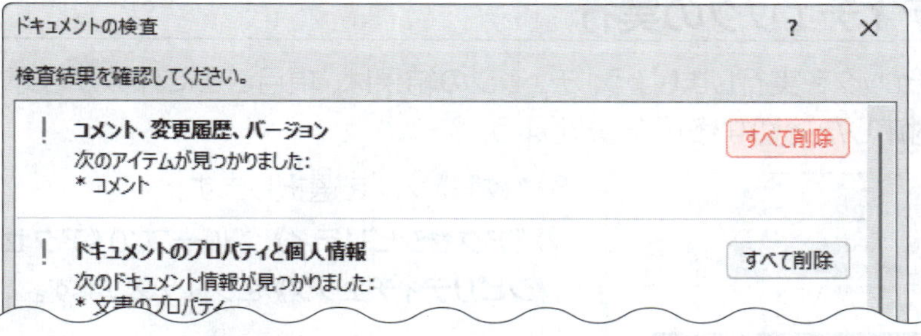

検査結果が表示されます。

個人情報や隠しデータが含まれている可能性のある項目には、**《すべて削除》**が表示されます。

※スクロールして確認しておきましょう。

⑨**《コメント、変更履歴、バージョン》**の**《すべて削除》**をクリックします。

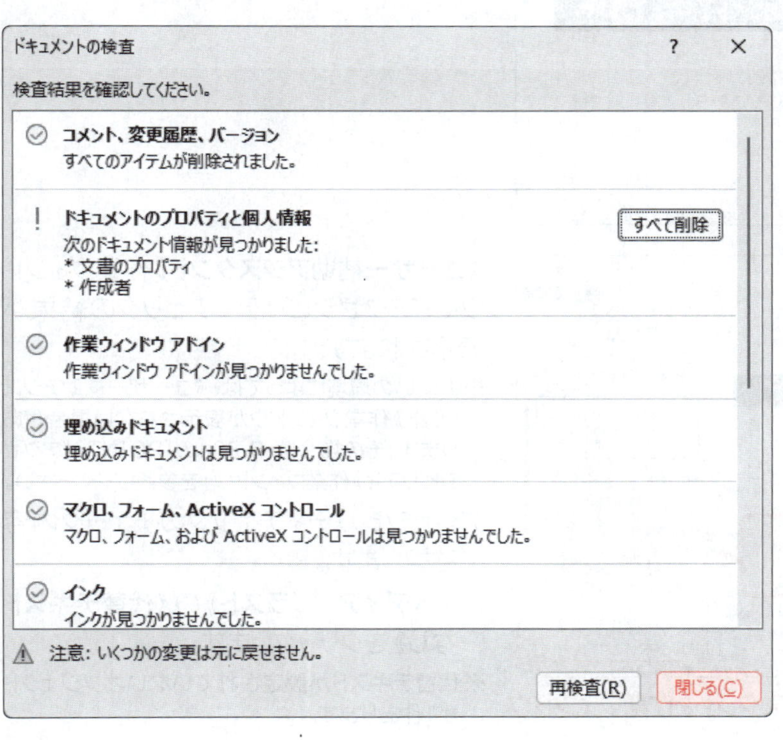

ドキュメント検査を終了します。

⑩**《閉じる》**をクリックします。

※文書内に表示されていたコメントが削除されていることを確認しておきましょう。

2 アクセシビリティチェック

「アクセシビリティ」とは、すべての人が不自由なく情報を手に入れられるかどうか、使いこなせるかどうかを表す言葉です。
「アクセシビリティチェック」を使うと、視覚に障がいのある方などが、読み取りにくい情報や判別しにくい情報が含まれていないかをチェックできます。

1 アクセシビリティチェックの対象

アクセシビリティチェックでは、主に次のような内容をチェックします。

分類	内容	説明
色とコントラスト	読み取りにくいテキストのコントラスト	文字の色と背景の色が酷似していないかをチェックします。コントラストに差を付けると、文字が読み取りやすくなります。
メディアとイラスト	代替テキスト	表や図形、画像などのオブジェクトに代替テキストが設定されているかをチェックします。オブジェクトの内容にあった代替テキストを設定しておくと、オブジェクトの内容を理解しやすくなります。
テーブル	テーブルの列見出し	テーブルに列見出しが設定されているかをチェックします。列見出しとして適切な項目名を付けておくと、表の内容を理解しやすくなります。
	結合または分割されたセル	表のセルが結合、分割されていないかをチェックします。表の構造が結合などで複雑になると、意図した順序で読み上げられない場合があります。表の構造を単純にしておくと、順序よく読み上げられるため、表の内容を理解しやすくなります。

2 アクセシビリティチェックの実行

文書のアクセシビリティチェックを実行しましょう。チェックの結果は、項目ごとに件数が表示されます。次に、結果に対応した適切な修正をしましょう。

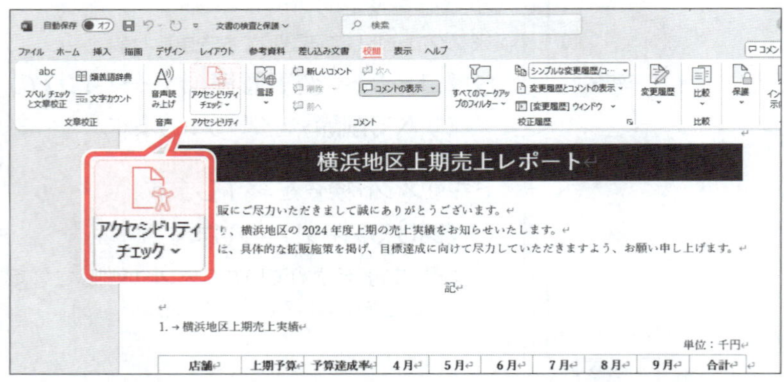

①《校閲》タブを選択します。
②《アクセシビリティ》グループの《アクセシビリティチェック》をクリックします。

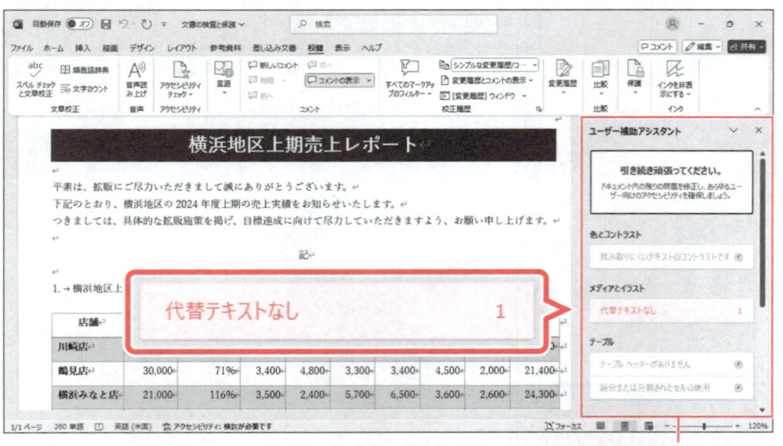

《ユーザー補助アシスタント》作業ウィンドウ

《ユーザー補助アシスタント》作業ウィンドウに、アクセシビリティチェックの結果が表示されます。
※お使いの環境によっては、《ユーザー補助アシスタント》作業ウィンドウが表示されない場合があります。その場合は、P.204の「POINT《アクセシビリティ》作業ウィンドウ」を参照してください。
アクセシビリティチェックのチェック内容を確認します。
③《メディアとイラスト》の《代替テキストなし》をクリックします。
※代替テキストが設定されていないオブジェクトが1件あります。

グラフが選択されます。

グラフに代替テキストを設定します。

④**《代替テキストなし》**の**《画像の説明を入力してください》**にカーソルが表示されていることを確認します。

⑤**「売上推移のグラフ」**と入力します。

⑥**《保存》**をクリックします。

※お使いの環境によっては、《承認》と表示される場合があります。

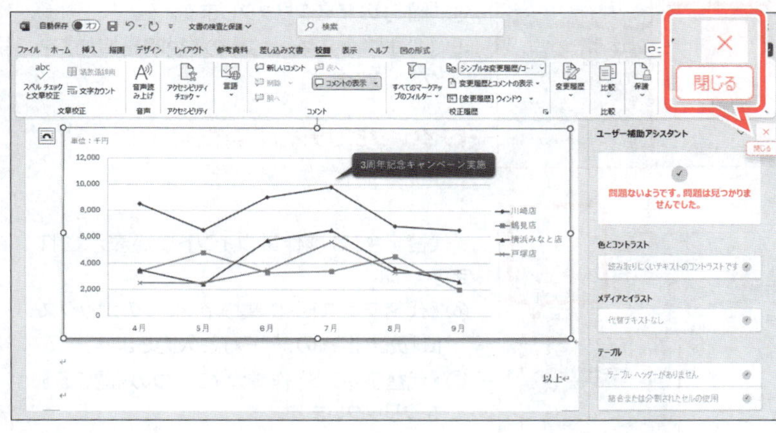

⑦チェック内容が解決し、**「問題ないようです。問題は見つかりませんでした。」**と表示されていることを確認します。

⑧**《ユーザー補助アシスタント》**作業ウィンドウの**《閉じる》**をクリックします。

STEP UP 作業中にアクセシビリティチェックを実行する

アクセシビリティチェックを常に実行し、結果を確認しながら文書を作成することができます。結果はステータスバーに表示されます。結果をクリックすると《ユーザー補助アシスタント》作業ウィンドウが表示され、詳細を確認できます。

常にアクセシビリティチェックを実行する方法は、次のとおりです。

◆ステータスバーを右クリック→《☑アクセシビリティチェック》

◆《ユーザー補助アシスタント》作業ウィンドウの《設定》→《アクセシビリティ》→《ドキュメントのアクセシビリティを高めましょう》の《☑作業中にアクセシビリティチェックを実行し続ける》

※お使いの環境によっては、《アクセシビリティ》作業ウィンドウの《作業中にアクセシビリティチェックを実行し続ける》を☑にします。

◆《ファイル》タブ→《その他》→《オプション》→《アクセシビリティ》→《ドキュメントのアクセシビリティを高めましょう》の《☑作業中にアクセシビリティチェックを実行し続ける》

※初期の設定では、《作業中にアクセシビリティチェックを実行し続ける》が☑になっています。お使いの環境によっては、一度アクセシビリティチェックを実行すると、☑になる場合があります。

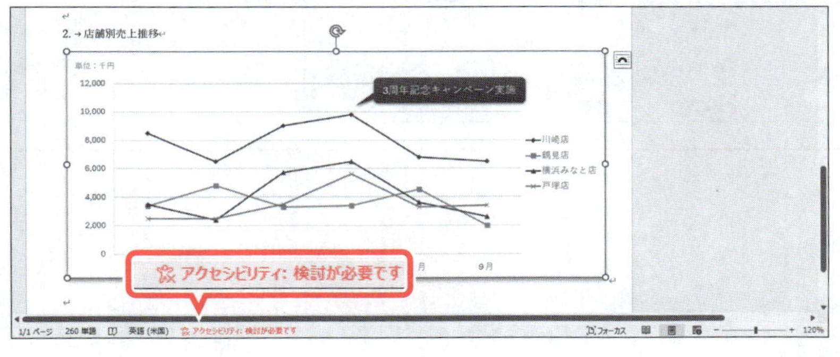

POINT 《アクセシビリティ》作業ウィンドウ

お使いの環境によっては、アクセシビリティチェックを実行すると《アクセシビリティ》作業ウィンドウに結果が表示されます。その場合、次の手順のように結果を確認、修正します。

●Word 2024のLTSC版でアクセシビリティチェックを実行した場合（2025年1月時点）

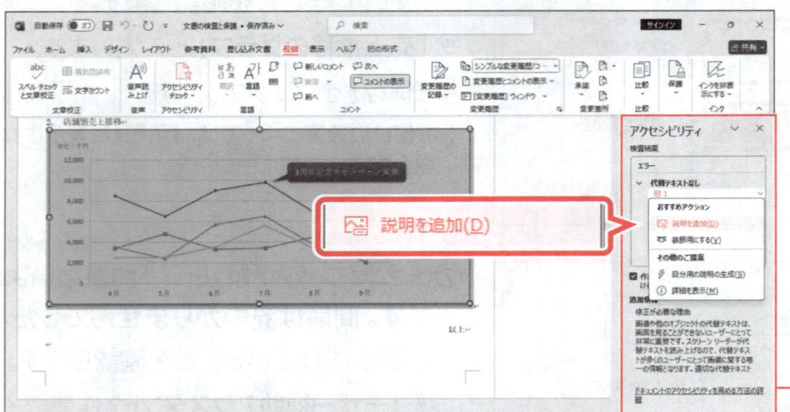

―《アクセシビリティ》作業ウィンドウ

①《校閲》タブを選択します。
②《アクセシビリティ》グループの《アクセシビリティチェック》をクリックします。

《アクセシビリティ》作業ウィンドウが表示されます。

③《エラー》の《代替テキストなし》をクリックします。
④「図1」の▼をクリックします。
⑤《おすすめアクション》の《説明を追加》をクリックします。

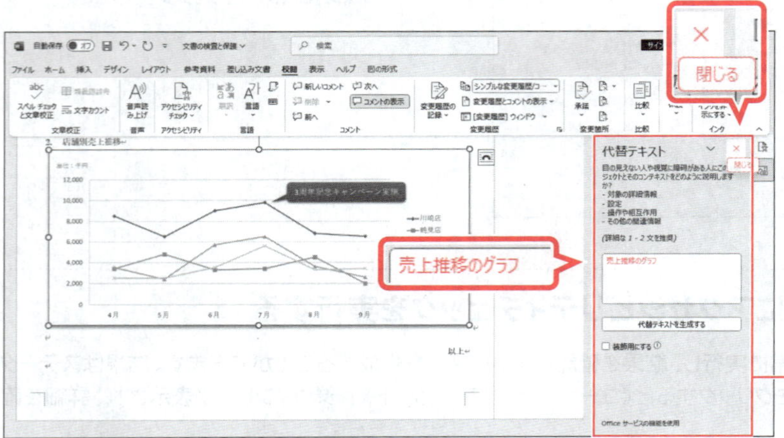

―《代替テキスト》作業ウィンドウ

《代替テキスト》作業ウィンドウが表示されます。

⑥《代替テキスト》作業ウィンドウのボックスに「売上推移のグラフ」と入力します。
⑦《代替テキスト》作業ウィンドウの《閉じる》をクリックします。

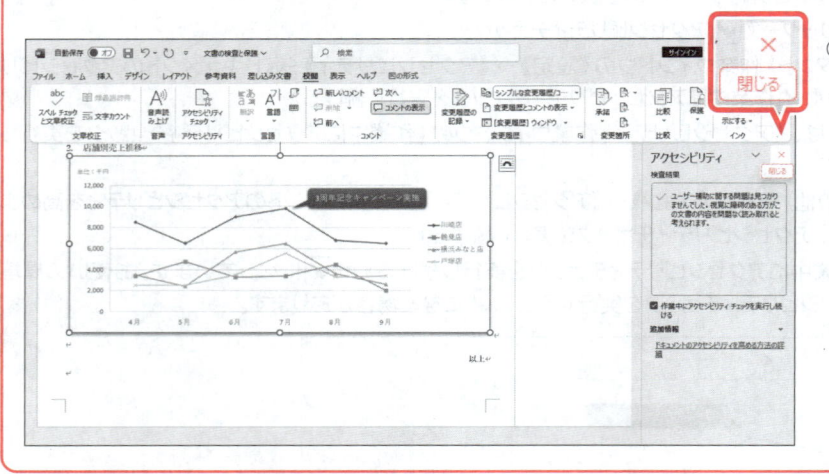

⑧《アクセシビリティ》作業ウィンドウの《閉じる》をクリックします。

POINT 装飾としてマークする

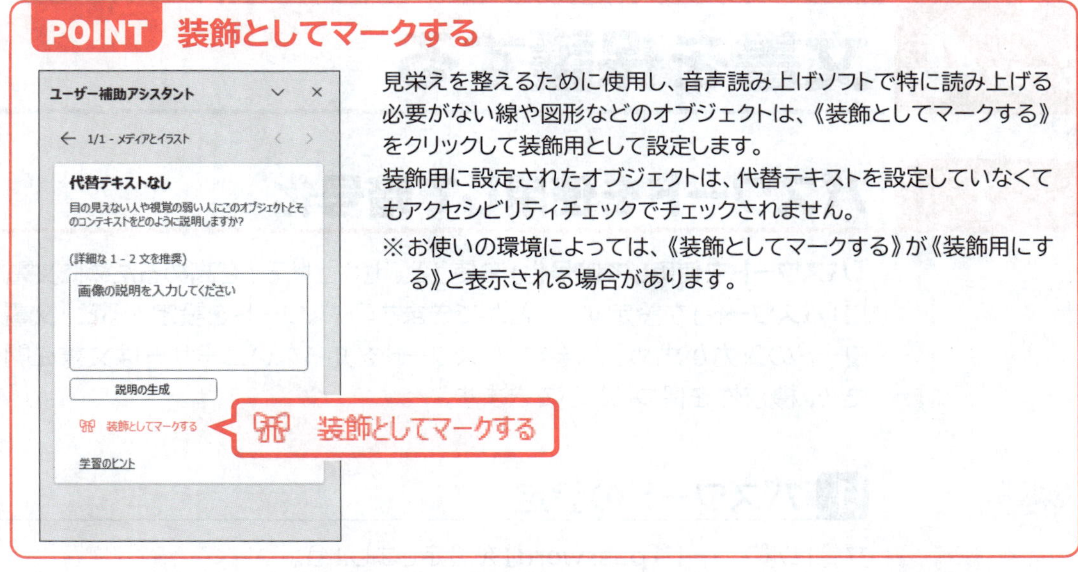

見栄えを整えるために使用し、音声読み上げソフトで特に読み上げる必要がない線や図形などのオブジェクトは、《装飾としてマークする》をクリックして装飾用として設定します。
装飾用に設定されたオブジェクトは、代替テキストを設定していなくてもアクセシビリティチェックでチェックされません。
※お使いの環境によっては、《装飾としてマークする》が《装飾用にする》と表示される場合があります。

STEP UP その他の方法(アクセシビリティチェックの実行)

◆《ファイル》タブ→《情報》→《問題のチェック》→《アクセシビリティチェック》

STEP UP 代替テキストの設定

◆オブジェクトを右クリック→《代替テキストを表示》
◆画像を選択→《図の形式》タブ→《アクセシビリティ》グループの《代替テキストウィンドウを表示します》
※お使いの環境によっては、《代替テキストを表示》が《代替テキストの編集》と表示される場合があります。

STEP UP ハイコントラストのみ

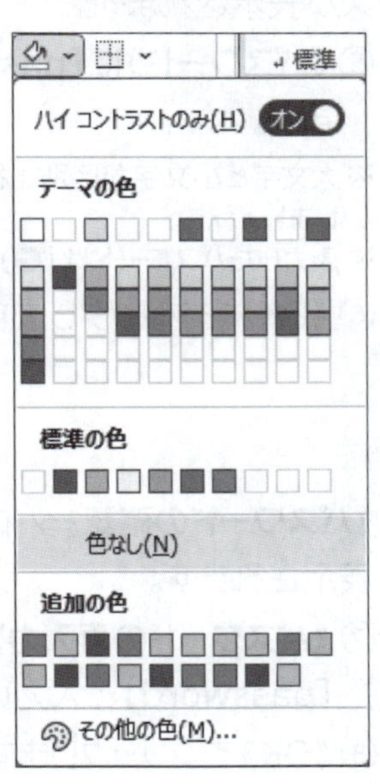

アクセシビリティチェックで「読み取りにくいテキストのコントラスト」が指摘された場合は、背景の色、またはフォントの色を調整するとよいでしょう。
テキストボックスや図形など、文字を入力できるオブジェクトの塗りつぶしの色を設定するときに《ハイコントラストのみ》をオンにすると、文字の色に対してちょうどよいコントラストの塗りつぶしの色のみが一覧に表示されます。色をポイントするとサンプルが表示されるので、読みやすさを確認しながら色を選択できます。
塗りつぶしの色で《ハイコントラストのみ》をオンにすると、フォントの色の一覧も《ハイコントラストのみ》がオンになり、選択している塗りつぶしの色に適したフォントの色を選択できるようになります。
※お使いの環境によっては、表示されない場合があります。

STEP 4 文書を保護する

1 パスワードを使用して暗号化

「パスワードを使用して暗号化」を使うと、セキュリティを高めるために文書を暗号化し、文書に**「パスワード」**を設定することができます。パスワードを設定すると、文書を開くときにパスワードの入力が求められます。パスワードを知らないユーザーは文書を開くことができないため、機密性を保つことができます。

1 パスワードの設定

文書にパスワード**「password」**を設定しましょう。

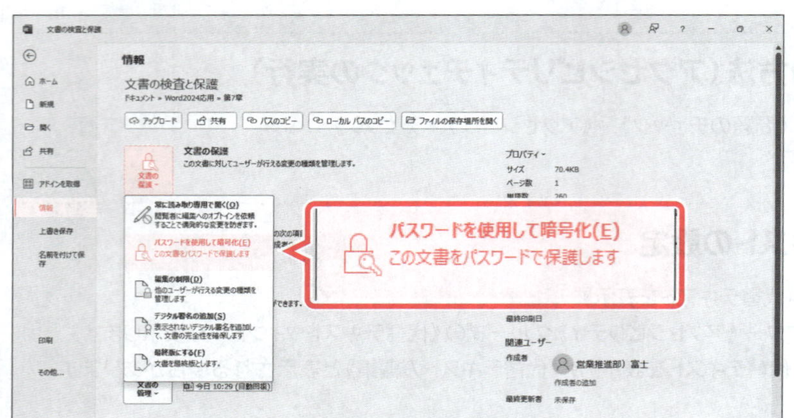

①**《ファイル》**タブを選択します。

②**《情報》**をクリックします。

③**《文書の保護》**をクリックします。

④**《パスワードを使用して暗号化》**をクリックします。

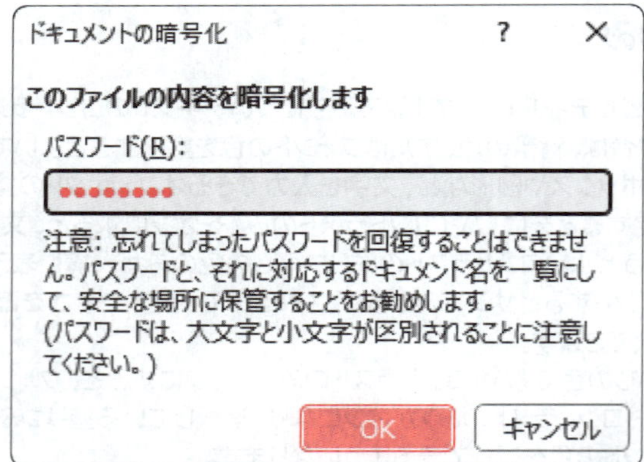

《ドキュメントの暗号化》ダイアログボックスが表示されます。

⑤**《パスワード》**に**「password」**と入力します。

※大文字と小文字が区別されます。注意して入力しましょう。

※入力したパスワードは「●」で表示されます。

⑥**《OK》**をクリックします。

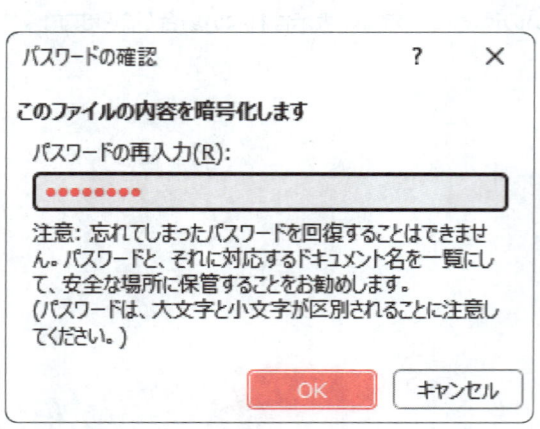

パスワードの確認
このファイルの内容を暗号化します
パスワードの再入力(R):
注意: 忘れてしまったパスワードを回復することはできません。パスワードと、それに対応するドキュメント名を一覧にして、安全な場所に保管することをお勧めします。
(パスワードは、大文字と小文字が区別されることに注意してください。)
OK　キャンセル

《パスワードの確認》ダイアログボックスが表示されます。

⑦**《パスワードの再入力》**に再度**「password」**と入力します。

⑧**《OK》**をクリックします。

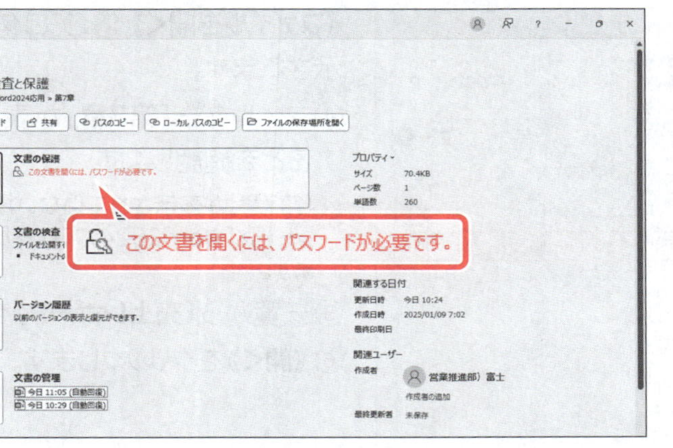

パスワードが設定されます。

※設定したパスワードは、文書を保存すると有効になります。

※文書に「売上レポート」と名前を付けて、フォルダー「第7章」に保存し、閉じておきましょう。

STEP UP パスワード

設定するパスワードは推測されにくいものにしましょう。次のようなパスワードは推測されやすいので、避けた方がよいでしょう。

- **誕生日**
- **従業員番号や会員番号**
- **すべて同じ数字**
- **意味のある英単語**　　　**など**

※本書では、操作をわかりやすくするため意味のある英単語をパスワードにしています。

STEP UP パスワードの解除

文書に設定したパスワードを解除する方法は、次のとおりです。

◆《ファイル》タブ→《情報》→《文書の保護》→《パスワードを使用して暗号化》→《パスワード》のパスワードを削除→《OK》→《上書き保存》

2 パスワードを設定した文書を開く

文書**「売上レポート」**を開くと、パスワードの入力が求められることを確認しましょう。
設定したパスワードを入力して、文書**「売上レポート」**を開きます。

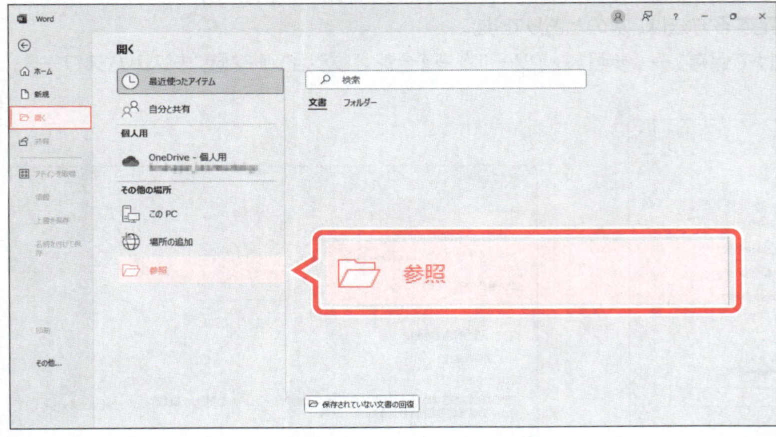

①**《ファイル》**タブを選択します。

②**《開く》**をクリックします。

③**《参照》**をクリックします。

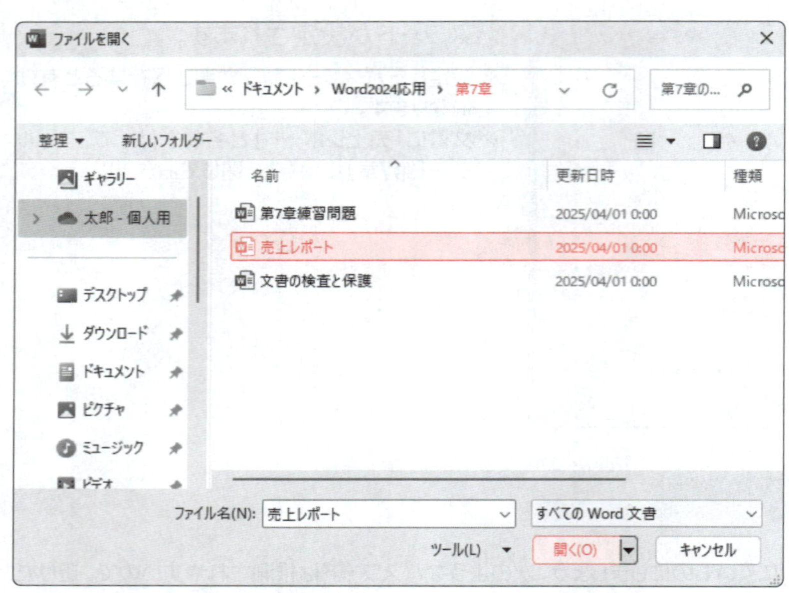

《ファイルを開く》ダイアログボックスが表示されます。

④フォルダー**「第7章」**が表示されていることを確認します。

※「第7章」が表示されていない場合は、《ドキュメント》→「Word2024応用」→「第7章」を選択します。

⑤一覧から**「売上レポート」**を選択します。

⑥**《開く》**をクリックします。

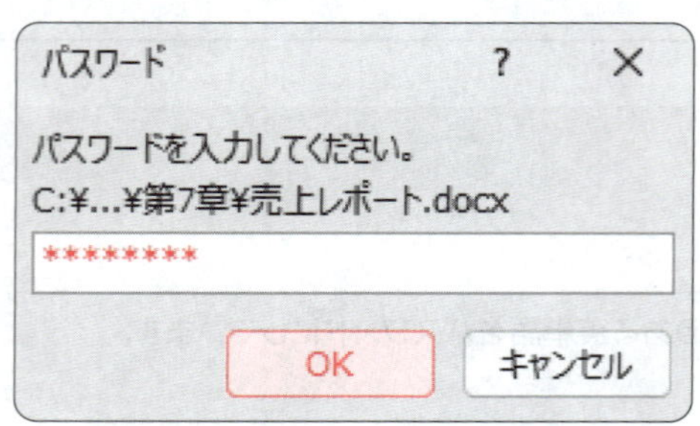

《パスワード》ダイアログボックスが表示されます。

⑦**《パスワードを入力してください。》**に「**password**」と入力します。

※入力したパスワードは「*」で表示されます。

⑧**《OK》**をクリックします。

文書が開かれます。

STEP UP パスワードの種類

文書に設定できるパスワードには、「読み取りパスワード」と「書き込みパスワード」の2種類があります。

種類	説明
読み取りパスワード	パスワードを知っているユーザーだけが文書を開いて編集できます。 パスワードを知らないユーザーは文書を開けません。
書き込みパスワード	パスワードを知っているユーザーだけが文書を開いて編集できます。 パスワードを知らないユーザーは読み取り専用（編集できない状態）で文書を開くことができます。

「パスワードを使用して暗号化」を使って設定したパスワードは、読み取りパスワードになります。
文書に書き込みパスワードを設定する方法は、次のとおりです。

◆《ファイル》タブ→《名前を付けて保存》→《参照》→《ツール》→《全般オプション》→《書き込みパスワード》に設定

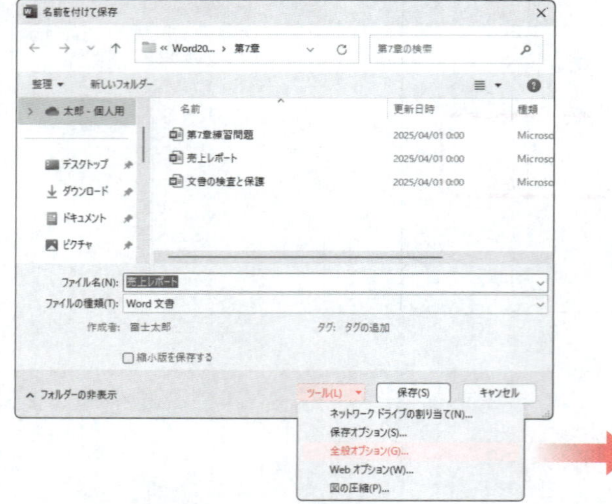

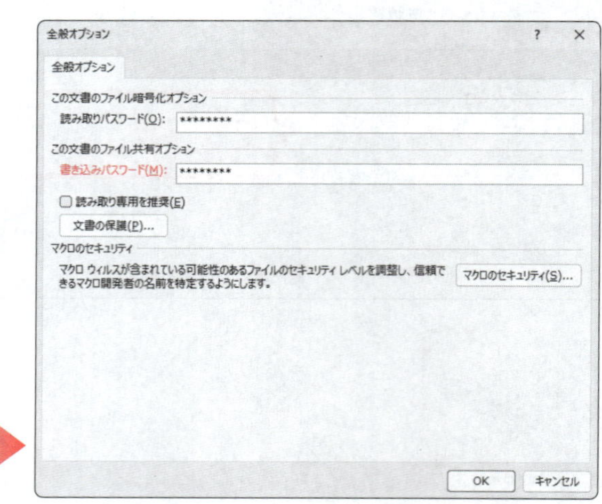

2 最終版として保存

「最終版にする」を使うと、文書が読み取り専用になり、内容を変更できなくなります。
文書が完成してこれ以上変更を加えない場合は、その文書を最終版にしておくと、不用意に内容を書き換えたり文字を削除したりすることを防止できます。
文書を最終版として保存しましょう。

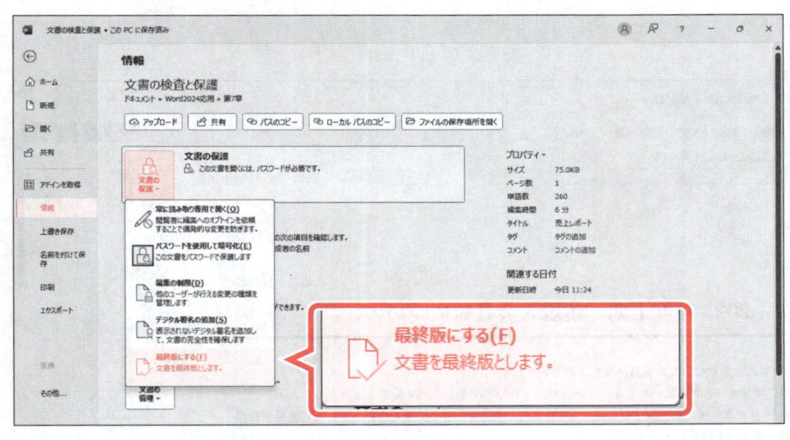

①**《ファイル》**タブを選択します。
②**《情報》**をクリックします。
③**《文書の保護》**をクリックします。
④**《最終版にする》**をクリックします。

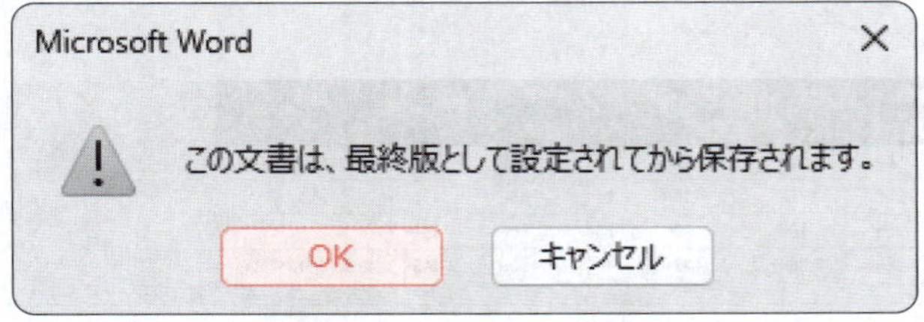

図のようなメッセージが表示されます。
⑤**《OK》**をクリックします。
※最終版に関するメッセージが表示される場合は、《OK》をクリックします。

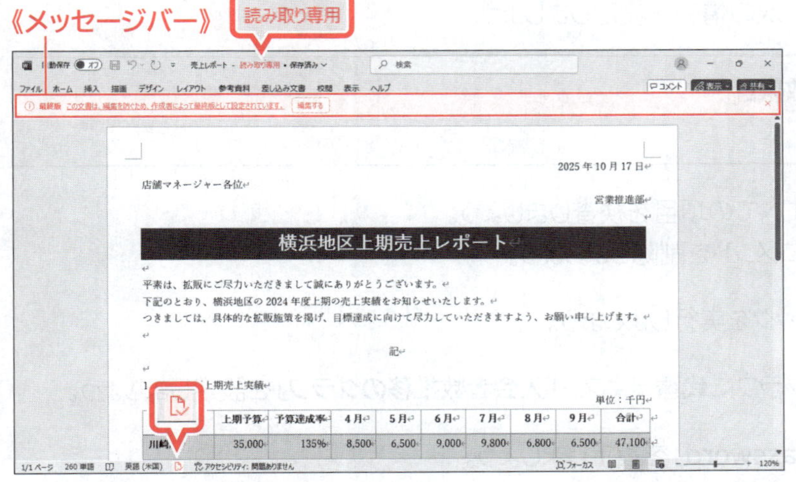

文書が最終版として上書き保存されます。
文書を表示します。
⑥ Esc を押します。
⑦タイトルバーに**《読み取り専用》**、最終版を表すメッセージバー、ステータスバーに (最終版) が表示されていることを確認します。
※文書を閉じておきましょう。

POINT 最終版の文書の編集

最終版として保存した文書を編集できる状態に戻すには、メッセージバーの《編集する》をクリックします。

練習問題

PDF 標準解答 ▶ P.16

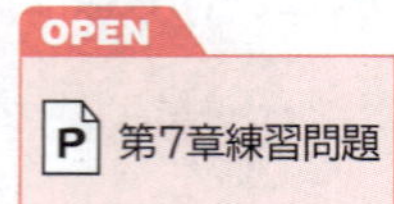

OPEN
第7章練習問題

あなたは、英会話教室のスタッフで、新規入会者数の集計結果の報告書を作成することになりました。
完成図のような文書を作成しましょう。

●完成図

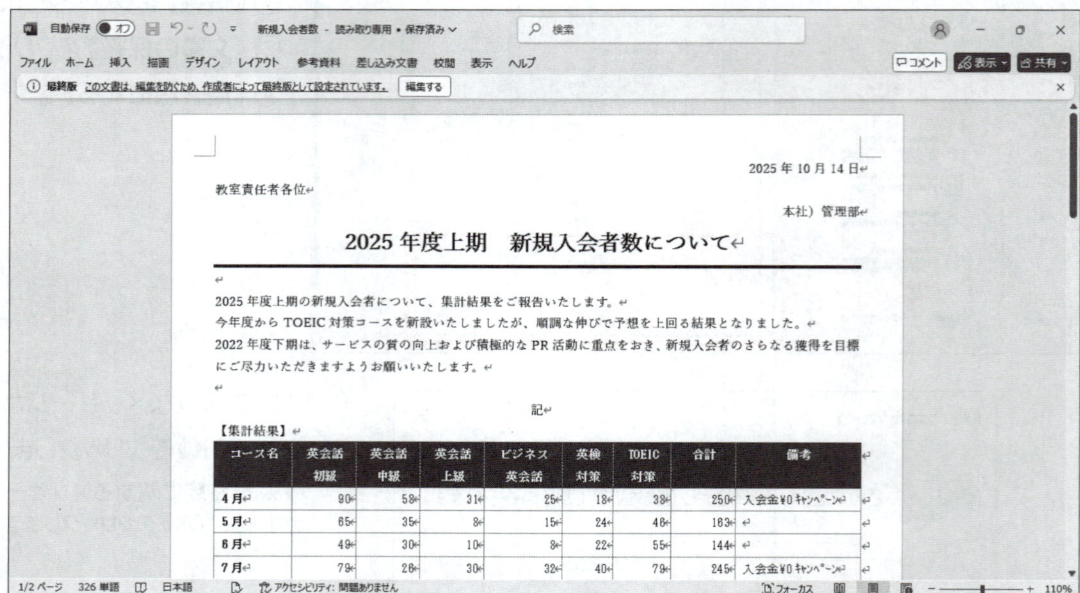

2025年10月14日

教室責任者各位

本社）管理部

2025年度上期　新規入会者数について

2025年度上期の新規入会者について、集計結果をご報告いたします。
今年度からTOEIC対策コースを新設いたしましたが、順調な伸びで予想を上回る結果となりました。
2022年度下期は、サービスの質の向上および積極的なPR活動に重点をおき、新規入会者のさらなる獲得を目標にご尽力いただきますようお願いいたします。

記

【集計結果】

コース名	英会話初級	英会話中級	英会話上級	ビジネス英会話	英検対策	TOEIC対策	合計	備考
4月	90	58	31	25	18	38	250	入会金¥0ｷｬﾝﾍﾟｰﾝ
5月	65	35	8	15	24	46	183	
6月	49	30	10	8	22	55	144	
7月	79	26	30	32	40	79	245	入会金¥0ｷｬﾝﾍﾟｰﾝ

① 文書のプロパティに、次の情報を設定しましょう。

タイトル：新規入会者数集計
作成者　：管理部

② ドキュメント検査ですべての項目を検査しましょう。
次に、検査結果からコメントを削除しましょう。

③ アクセシビリティチェックを実行しましょう。

④ ③でチェックされたグラフに代替テキスト**「入会者数推移のグラフ」**を設定しましょう。

⑤ 文書にパスワード**「password」**を設定しましょう。
次に、文書に**「新規入会者数」**と名前を付けて、フォルダー**「第7章」**に保存し、閉じておきましょう。

⑥ フォルダー**「第7章」**の文書**「新規入会者数」**を開きましょう。
※⑤で設定したパスワードを入力します。

⑦ 文書を最終版として保存しましょう。

※文書「新規入会者数」を閉じておきましょう。

第8章

便利な機能

この章で学ぶこと

学習前に習得すべきポイントを理解しておき、
学習後には確実に習得できたかどうかを振り返りましょう。

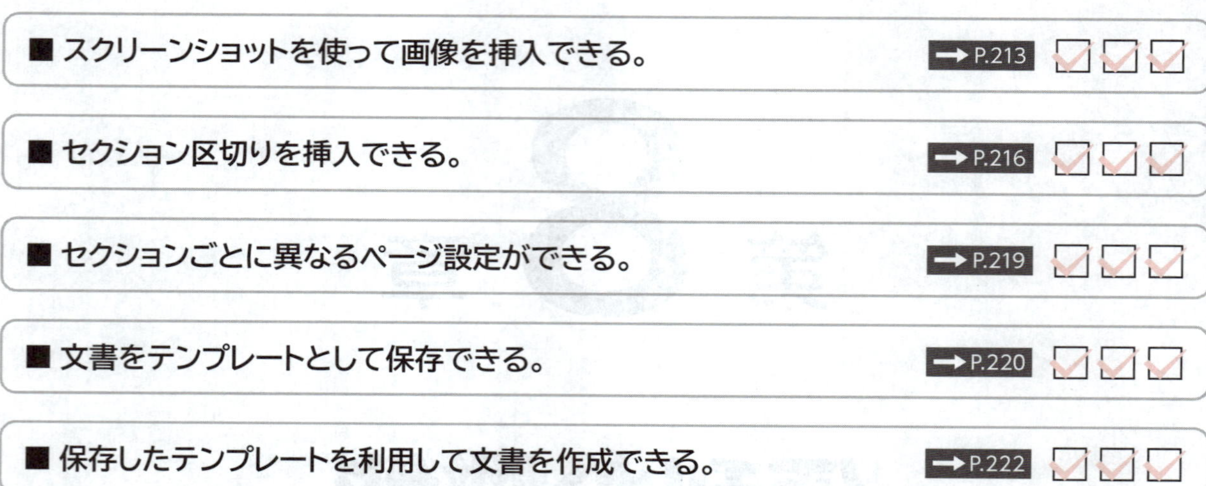

- ■ スクリーンショットを使って画像を挿入できる。 →P.213
- ■ セクション区切りを挿入できる。 →P.216
- ■ セクションごとに異なるページ設定ができる。 →P.219
- ■ 文書をテンプレートとして保存できる。 →P.220
- ■ 保存したテンプレートを利用して文書を作成できる。 →P.222

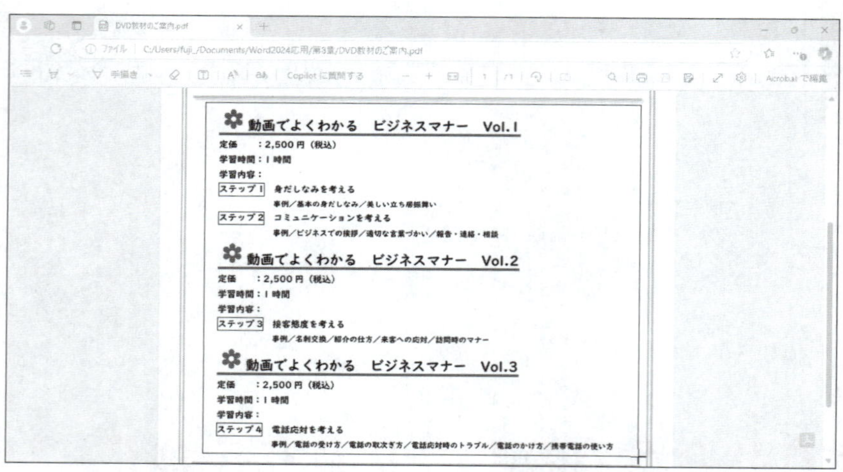

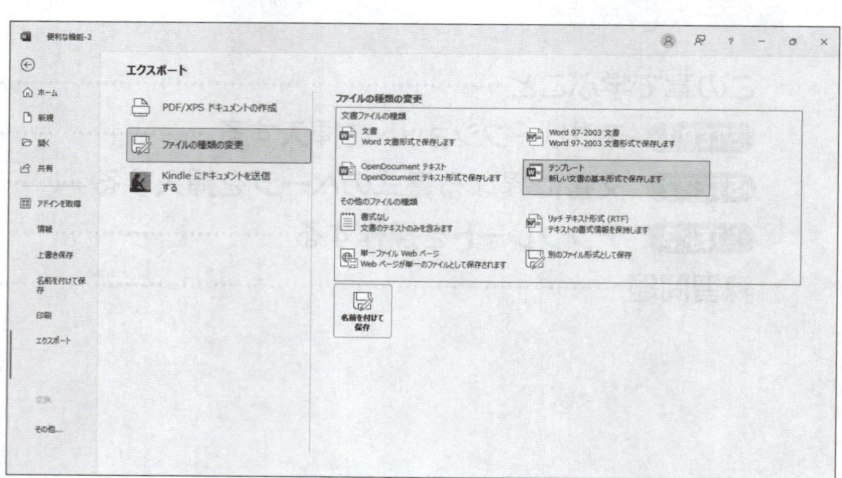

STEP 1 スクリーンショットを挿入する

1 スクリーンショット

「スクリーンショット」とは、ディスプレイに表示されている画面を画像として保存したものです。Wordには、スクリーンショットを取得して、文書に画像として挿入できる機能が用意されています。画像ソフトなどを使わなくても文書に取り入れることができるので便利です。

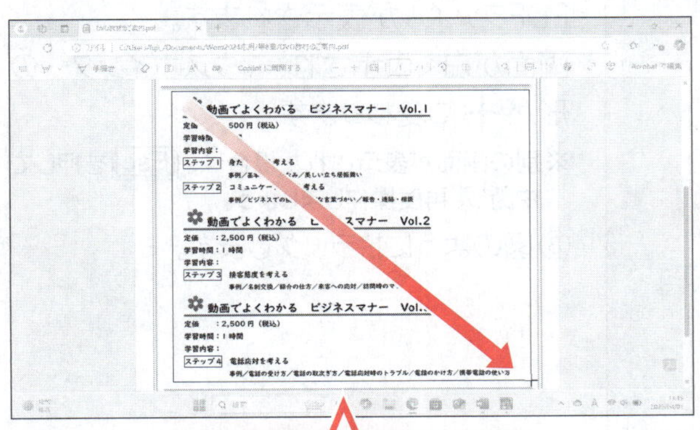

範囲をドラッグすると…

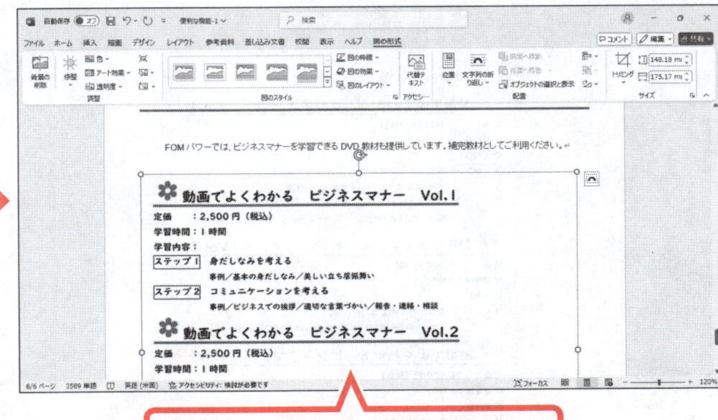

文書に画像として挿入される

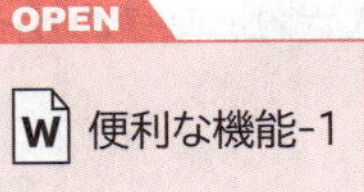

1 スクリーンショットの挿入

6ページ目の**「FOMパワーでは…」**で始まる行の下に、PDFファイル**「DVD教材のご案内」**の商品説明部分のスクリーンショットを挿入しましょう。

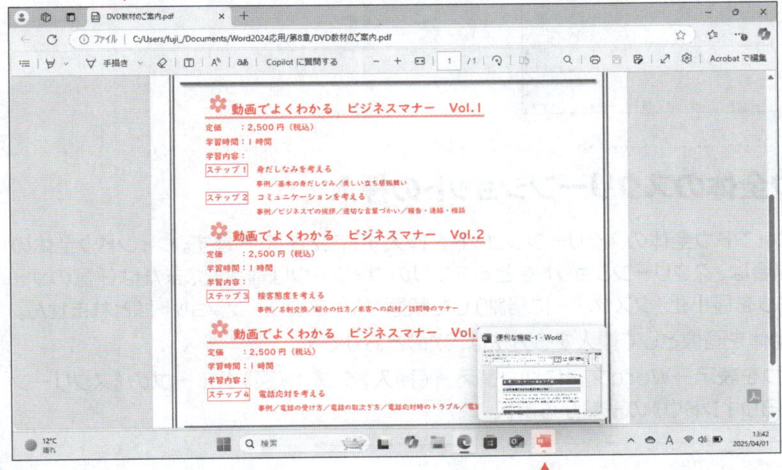

①PDFファイル**「DVD教材のご案内」**を開きます。

②図のように、PDFファイルの商品説明部分を表示します。

※スクリーンショットの取得中は画面のスクロールや表示倍率の調整などができないため、スクリーンショットをとる範囲が見えるように調整しておきましょう。

③タスクバーのWordのアイコンをクリックしてWord文書**「便利な機能-1」**に切り替えます。

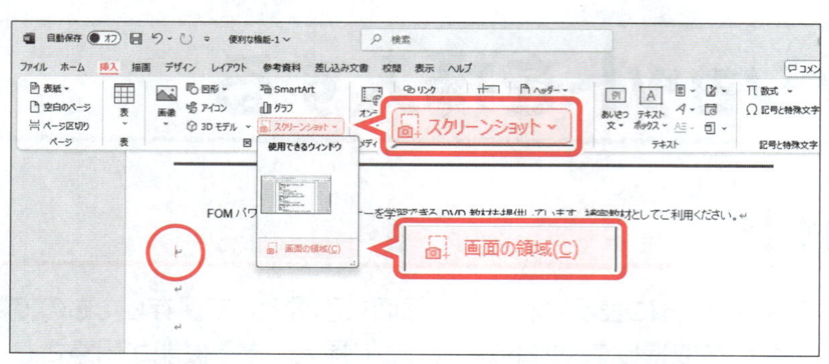

④6ページ目の**「FOMパワーでは…」**で始まる行の下にカーソルを移動します。

※文書の最後の2行上です。Ctrl + End を押して文書の最後を表示すると、効率よく移動できます。

⑤**《挿入》**タブを選択します。

⑥**《図》**グループの**《スクリーンショットをとる》**をクリックします。

⑦**《画面の領域》**をクリックします。

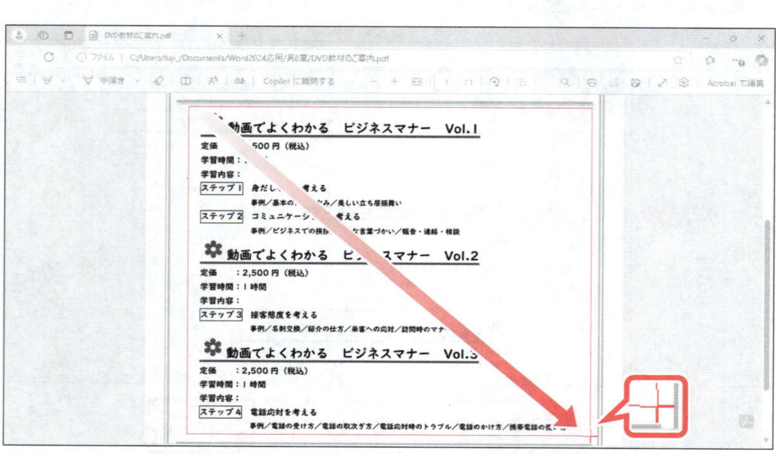

PDFファイルが表示されます。

画面が白く表示され、マウスポインターの形が＋に変わります。

※別の画面が表示された場合は、Esc を押して中断し、再度操作しましょう。

⑧図のようにドラッグします。

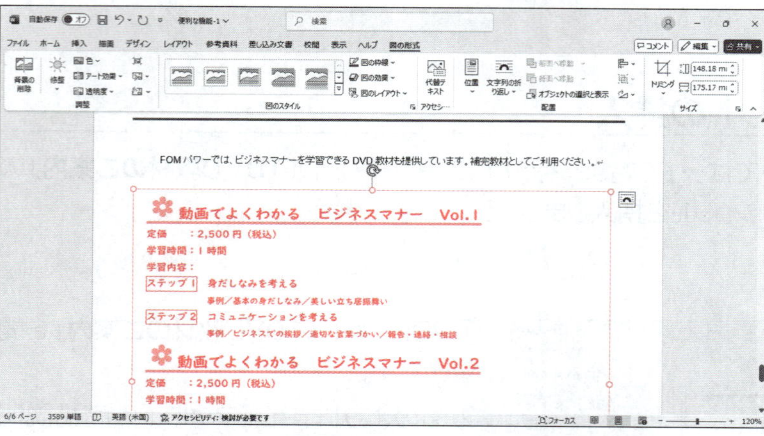

Word文書が表示され、ドラッグした範囲が画像として挿入されます。

※お使いの環境によって、挿入される画像のサイズが異なります。

STEP UP ウィンドウ全体のスクリーンショットの挿入

ウィンドウの一部分ではなく、ウィンドウ全体のスクリーンショットを挿入することもできます。ウィンドウ全体のスクリーンショットを挿入する場合は、スクリーンショットをとるアプリのウィンドウは最大化、または任意のサイズで表示しておきます。ウィンドウを最小化（タスクバーに格納）した状態では、スクリーンショットはとれません。

スクリーンショットでウィンドウ全体を画像として挿入する方法は、次のとおりです。

◆画像として挿入するウィンドウを表示→Word文書に切り替え→《挿入》タブ→《図》グループの《スクリーンショットをとる》→《使用できるウィンドウ》の一覧から選択

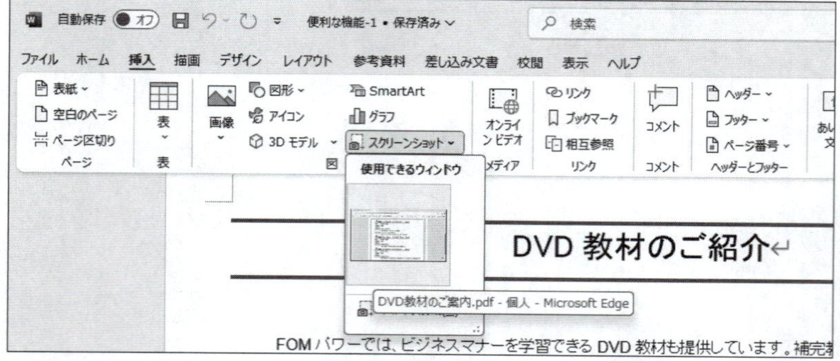

2 画像の書式設定

Word文書に挿入された画像は、ほかの画像と同様に、枠線や効果、文字列の折り返しなどの書式を設定できます。

画像に、次のように書式を設定しましょう。

図の枠線　：濃い青、テキスト2
図の効果　：影　オフセット：右下

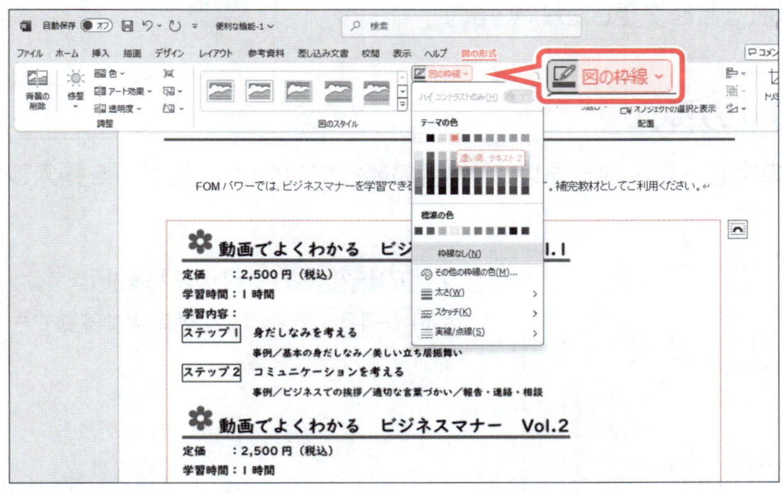

枠線を設定します。

①画像が選択されていることを確認します。

②**《図の形式》**タブを選択します。

③**《図のスタイル》**グループの**《図の枠線》**の▼をクリックします。

④**《テーマの色》**の**《濃い青、テキスト2》**をクリックします。

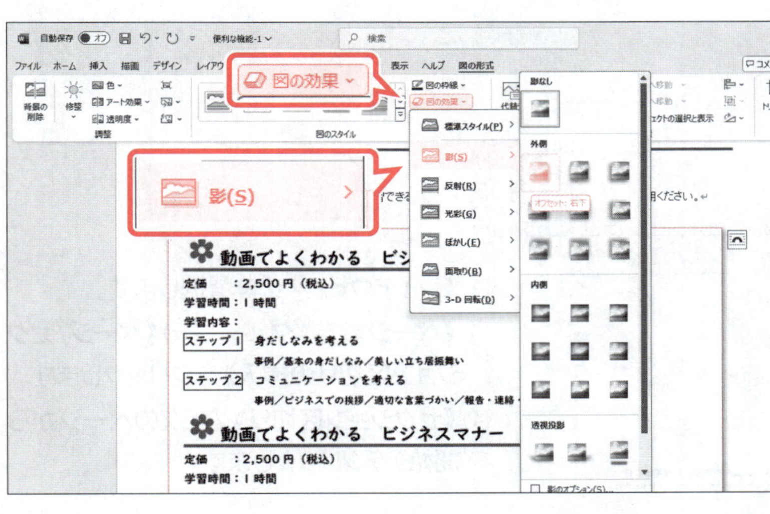

画像に枠線が設定されます。

影の効果を設定します。

⑤**《図のスタイル》**グループの**《図の効果》**をクリックします。

⑥**《影》**をポイントします。

⑦**《外側》**の**《オフセット：右下》**をクリックします。

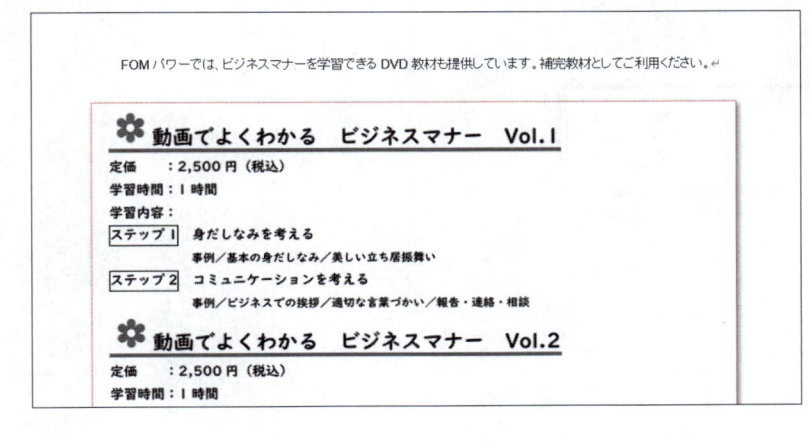

FOM パワーでは、ビジネスマナーを学習できる DVD 教材も提供しています。補完教材としてご利用ください。

動画でよくわかる　ビジネスマナー　Vol.1
定価　：2,500 円（税込）
学習時間：1 時間
学習内容：
ステップ1　身だしなみを考える
事例／基本の身だしなみ／美しい立ち居振舞い
ステップ2　コミュニケーションを考える
事例／ビジネスでの挨拶／適切な言葉づかい／報告・連絡・相談

動画でよくわかる　ビジネスマナー　Vol.2
定価　：2,500 円（税込）
学習時間：1 時間

画像に影が設定されます。

※画像の選択を解除しておきましょう。

※PDFファイル「DVD教材のご案内」を閉じておきましょう。

STEP 2 文書に異なる書式のページを挿入する

1 セクション区切り

「セクション区切り」を使うと、1つの文書の中に異なる書式を持つページを混在させることができます。印刷の向きが縦に設定されている文書の中で、あるページだけを横に変更したり、あるページの余白や行数などを変更したりできます。

1 セクション区切りの挿入

次のページから別の書式の文書を挿入するために、文書の最後にセクション区切りを挿入しましょう。

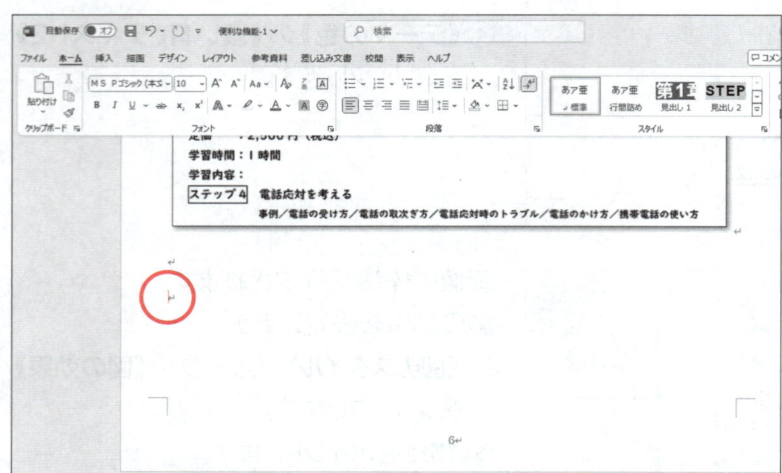

①文書の最後にカーソルを移動します。

※ Ctrl ＋ End を押すと、効率よく移動できます。

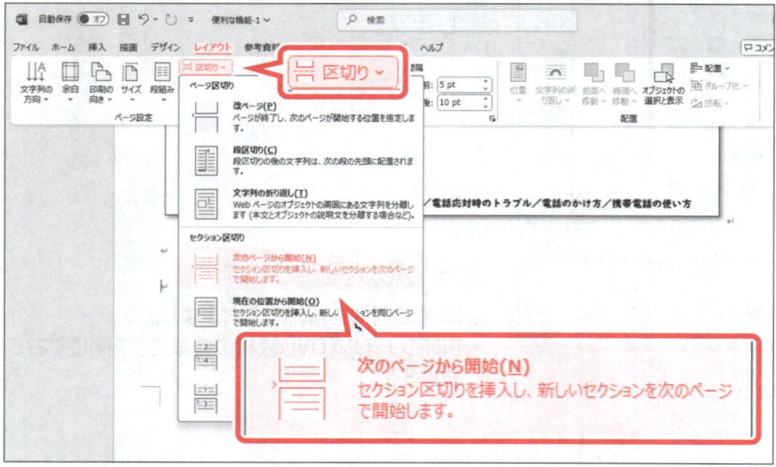

②**《レイアウト》**タブを選択します。

③**《ページ設定》**グループの**《ページ/セクション区切りの挿入》**をクリックします。

④**《セクション区切り》**の**《次のページから開始》**をクリックします。

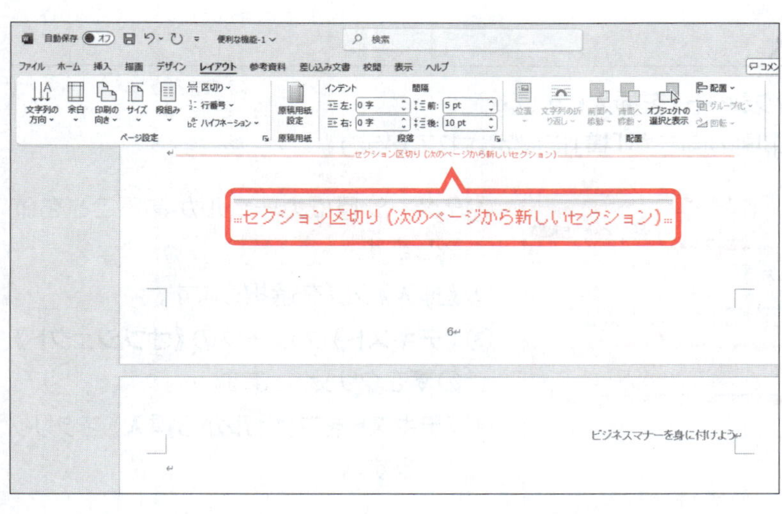

セクション区切りが挿入され、改ページされます。

※セクション区切りが表示されていない場合は、《ホーム》タブ→《段落》グループの《編集記号の表示/非表示》をクリックしておきましょう。

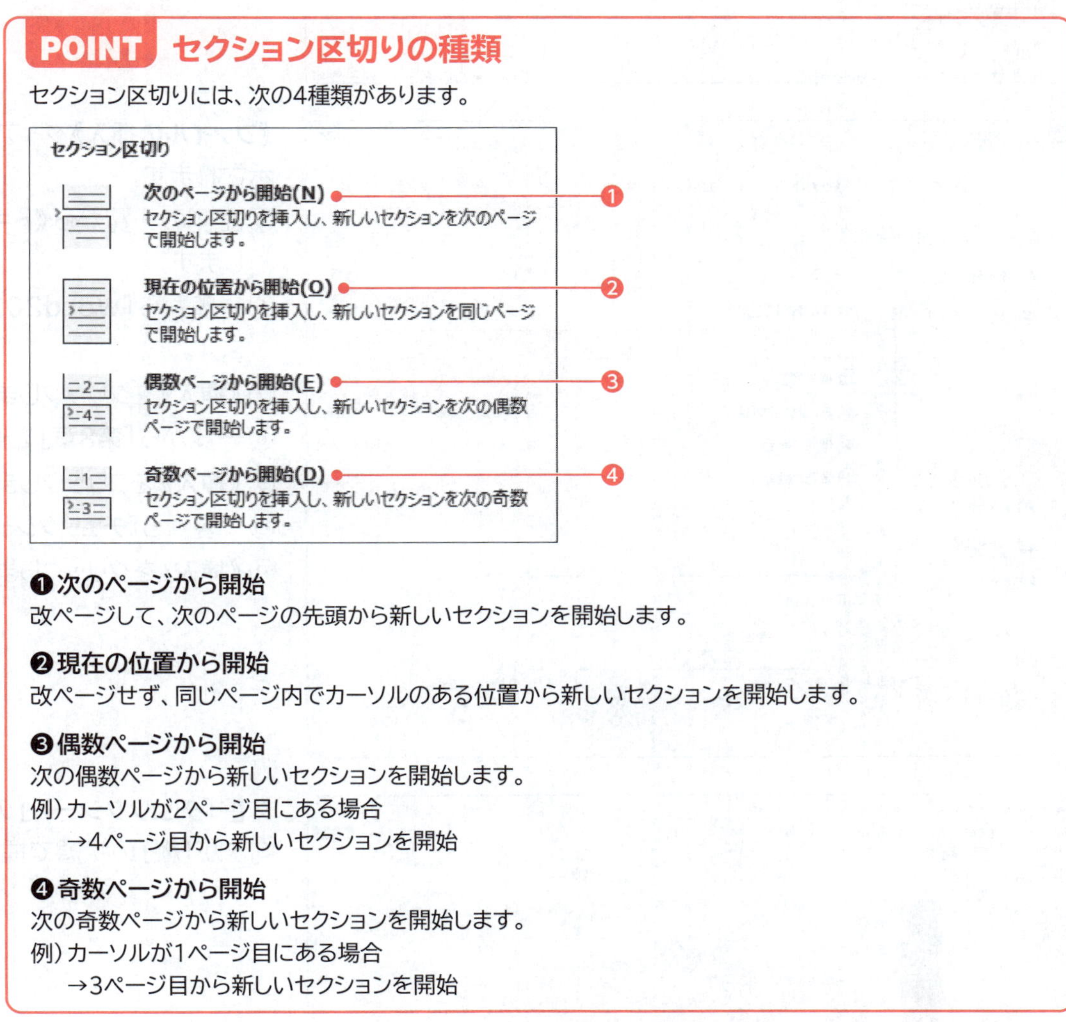

POINT セクション区切りの種類

セクション区切りには、次の4種類があります。

❶次のページから開始

改ページして、次のページの先頭から新しいセクションを開始します。

❷現在の位置から開始

改ページせず、同じページ内でカーソルのある位置から新しいセクションを開始します。

❸偶数ページから開始

次の偶数ページから新しいセクションを開始します。

例）カーソルが2ページ目にある場合
　→4ページ目から新しいセクションを開始

❹奇数ページから開始

次の奇数ページから新しいセクションを開始します。

例）カーソルが1ページ目にある場合
　→3ページ目から新しいセクションを開始

STEP UP セクションごとに設定できる書式

セクション単位で設定できる書式には、次のようなものがあります。

- 文字数
- 行数
- 縦書き／横書き
- 余白
- 印刷の向き
- 用紙サイズ
- プリンターの用紙トレイ
- 文字列の垂直方向の配置
- 行番号
- ページ罫線
- 段組み
- ヘッダーとフッター
- ページ番号
- 脚注番号と文末脚注番号

2 ファイルの挿入

7ページ目に、文書**「チェックシート」**を挿入しましょう。
文書**「チェックシート」**は、印刷の向きが**「横」**に設定されています。

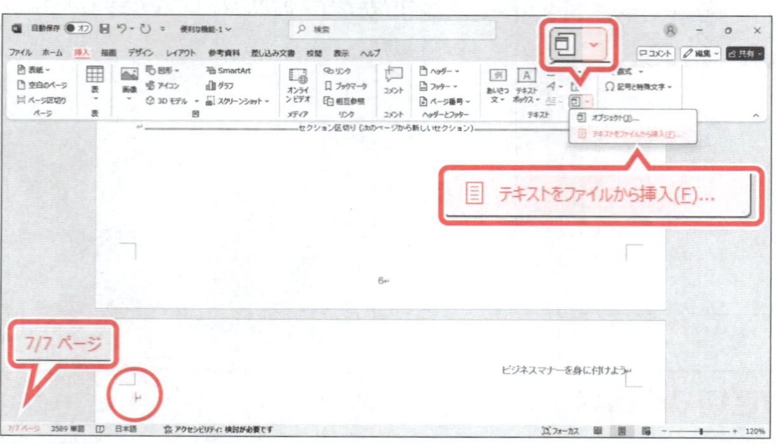

①7ページ目にカーソルがあることを確認します。
②**《挿入》**タブを選択します。
③**《テキスト》**グループの**《オブジェクト》**の▼をクリックします。
④**《テキストをファイルから挿入》**をクリックします。

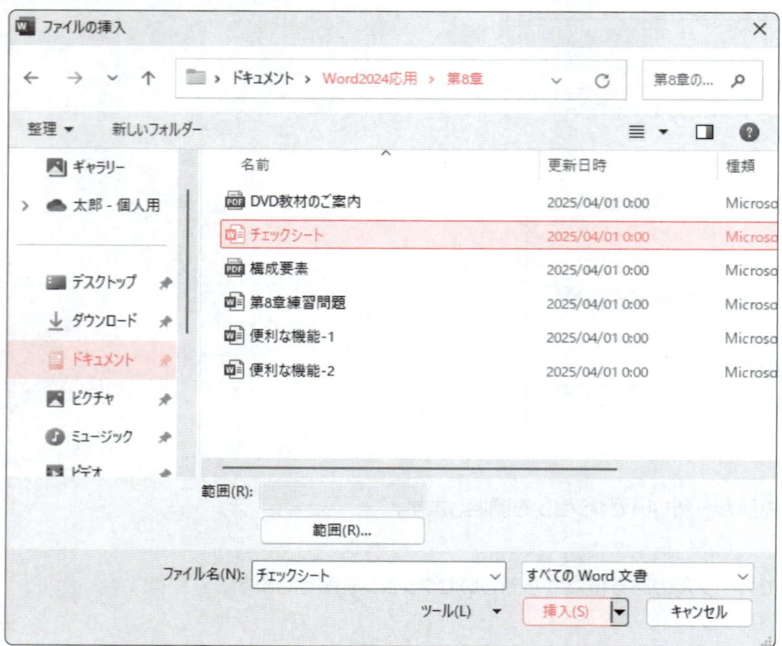

《ファイルの挿入》ダイアログボックスが表示されます。
⑤左側の一覧から**《ドキュメント》**を選択します。
⑥一覧から**「Word2024応用」**を選択します。
⑦**《挿入》**をクリックします。
⑧一覧から**「第8章」**を選択します。
⑨**《挿入》**をクリックします。
⑩一覧から**「チェックシート」**を選択します。
⑪**《挿入》**をクリックします。

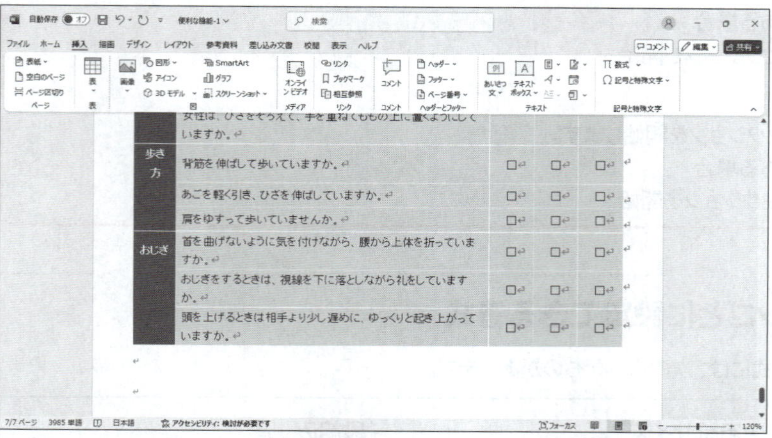

文書**「チェックシート」**の内容が、印刷の向きが**「縦」**の状態で挿入されます。

3 ページ設定の変更

挿入した文書が正しく表示されるように、7ページ目のページ設定を変更します。
7ページ目の印刷の向きを**「横」**に設定しましょう。

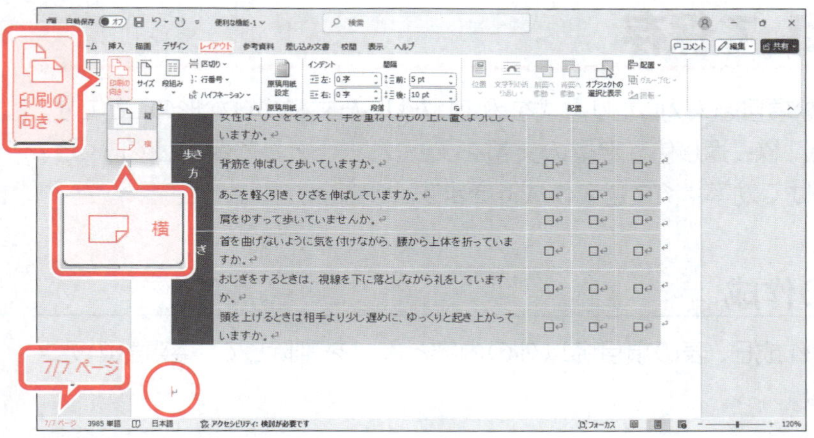

①新しいセクション内（7ページ目）にカーソルがあることを確認します。

②**《レイアウト》**タブを選択します。

③**《ページ設定》**グループの**《ページの向きを変更》**をクリックします。

④**《横》**をクリックします。

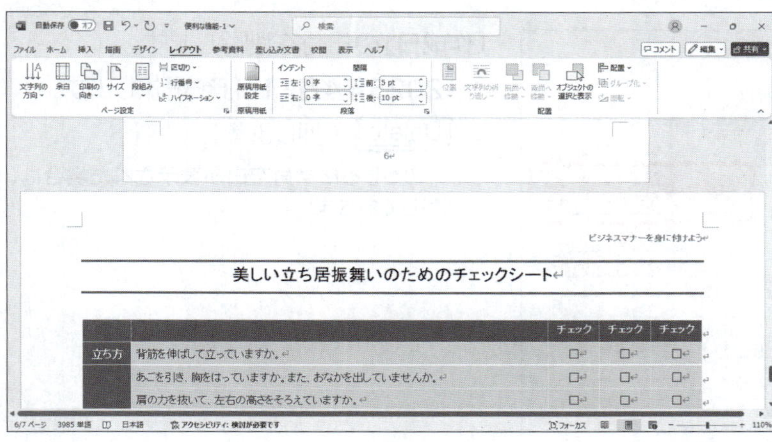

7ページ目の印刷の向きが**「横」**に設定されます。

※スクロールして確認しておきましょう。

※文書に「便利な機能-1完成」と名前を付けて、フォルダー「第8章」に保存し、閉じておきましょう。

STEP UP ステータスバーにセクション番号を表示

ステータスバーにセクション番号を表示すると、カーソルのある位置のセクション番号を確認できます。
ステータスバーにセクション番号を表示する方法は、次のとおりです。

◆ステータスバーを右クリック→《セクション》

※《セクション》に ✔ が付いている状態にします。

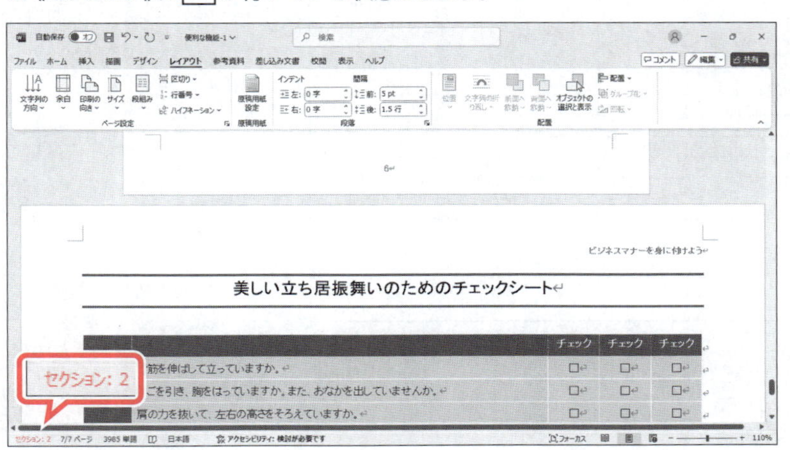

STEP 3 テンプレートを操作する

1 テンプレートとして保存

「テンプレート」とは、必要な項目を入力したり書式を設定したりした文書のひな形のことです。月次報告書や議事録など、繰り返し使う定型の文書をテンプレートとして保存しておくと、一部の内容を入力するだけで効率よく文書を作成できます。

1 テンプレートの作成

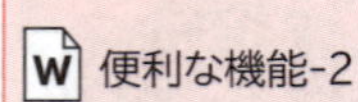

文書内に入力されている作成日、表の項目名以外の内容と本文を削除して、議事録のテンプレートを作成しましょう。

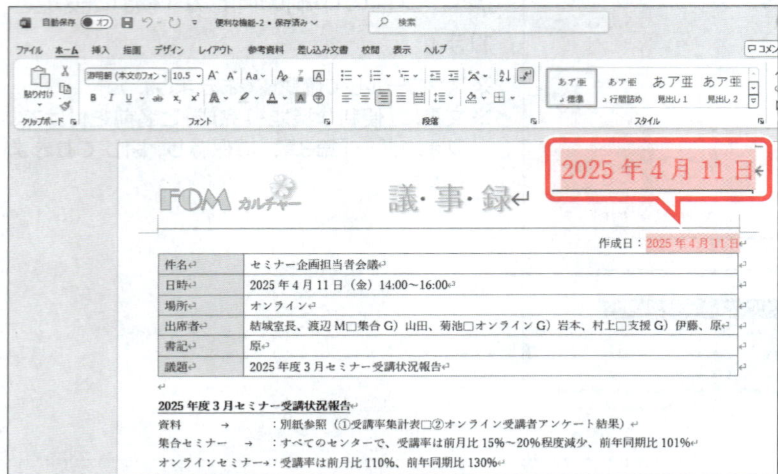

「作成日」の日付を削除します。

①**「2025年4月11日」**を選択します。

②【Delete】を押します。

※「：」のうしろに半角空白が表示された場合は、削除しておきましょう。

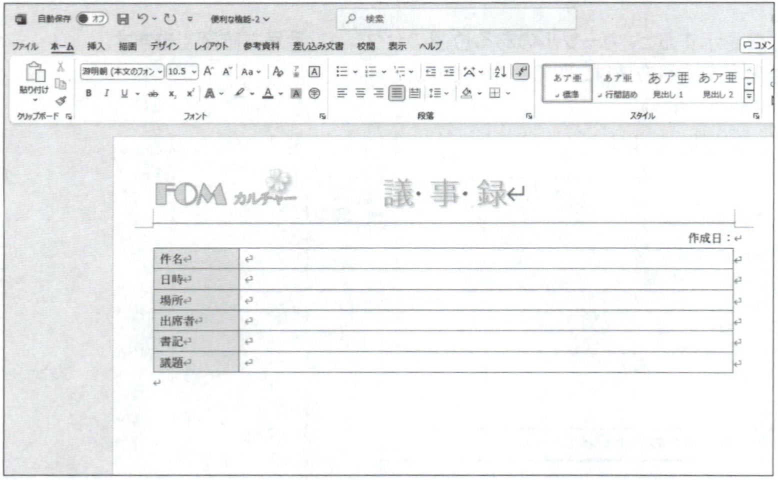

日付が削除されます。

③同様に、表の項目名以外の内容と本文を削除します。

2 テンプレートとして保存

作成した議事録のひな形に**「議事録フォーマット」**と名前を付けて、Wordテンプレートとして保存しましょう。

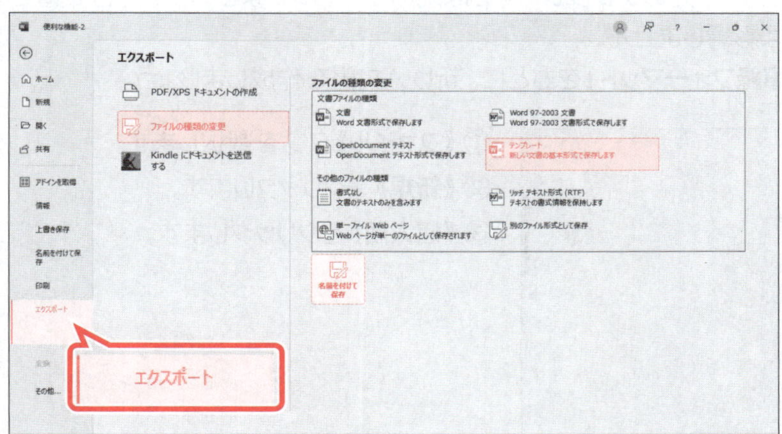

①**《ファイル》**タブを選択します。

②**《エクスポート》**をクリックします。

※お使いの環境によっては、《エクスポート》が表示されていない場合があります。その場合は、《その他》→《エクスポート》をクリックします。

③**《ファイルの種類の変更》**をクリックします。

④**《文書ファイルの種類》**の**《テンプレート》**をクリックします。

⑤**《名前を付けて保存》**をクリックします。

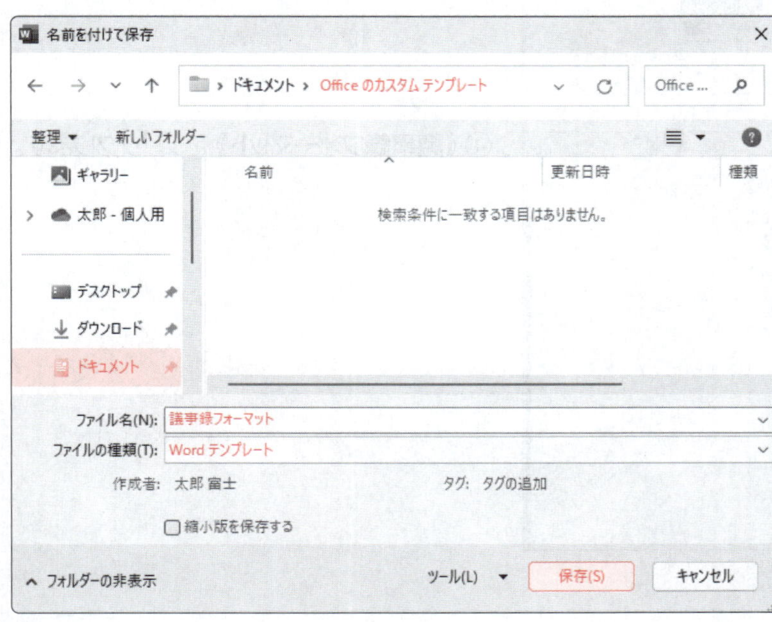

《名前を付けて保存》ダイアログボックスが表示されます。

保存先を指定します。

⑥左側の一覧から**《ドキュメント》**を選択します。

⑦一覧から**《Officeのカスタムテンプレート》**を選択します。

⑧**《開く》**をクリックします。

⑨**《ファイル名》**に**「議事録フォーマット」**と入力します。

⑩**《ファイルの種類》**が**《Wordテンプレート》**になっていることを確認します。

⑪**《保存》**をクリックします。

※テンプレート「議事録フォーマット」を閉じておきましょう。

STEP UP その他の方法（テンプレートとして保存）

◆《ファイル》タブ→《名前を付けて保存》→《参照》→保存先を選択→《ファイル名》を入力→《ファイルの種類》の▼→《Wordテンプレート》→《保存》

POINT テンプレートの保存先

作成したテンプレートは、任意のフォルダーに保存できますが、《ドキュメント》内の《Officeのカスタムテンプレート》に保存すると、Wordのスタート画面から利用できるようになります。

2 テンプレートの利用

テンプレートをもとに新しい文書を作成すると、テンプレートの内容がコピーされた文書が表示されます。作成した文書は、元のテンプレートとは別のファイルになるので、内容を書き換えても、テンプレートには影響しません。

保存したテンプレート**「議事録フォーマット」**をもとに、新しい文書を作成しましょう。

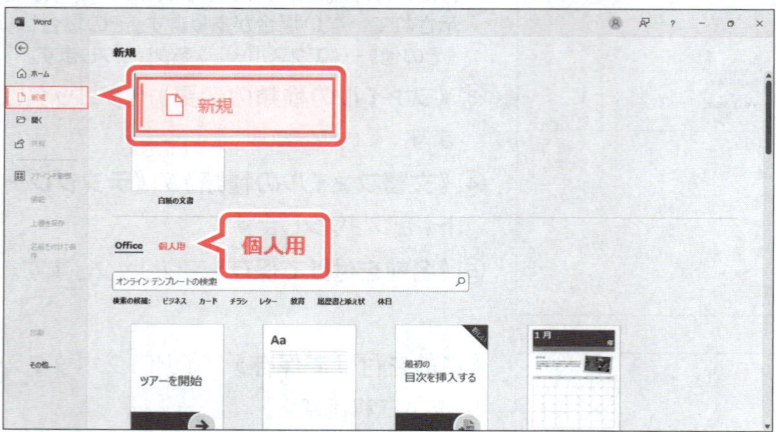

①**《ファイル》**タブを選択します。

②**《新規》**をクリックします。

③**《個人用》**をクリックします。

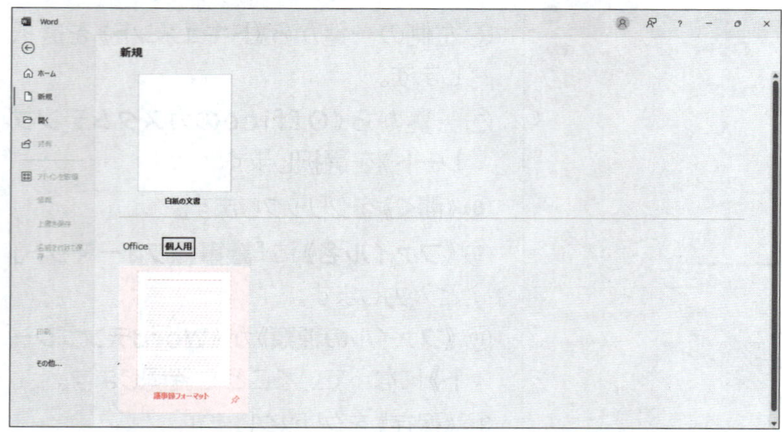

④**《議事録フォーマット》**をクリックします。

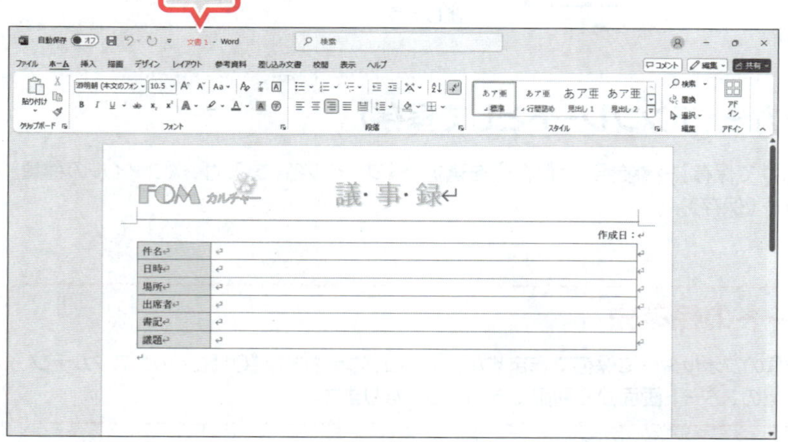

テンプレート**「議事録フォーマット」**の内容がコピーされ、新しい文書が作成されます。

※文書を保存せずに閉じておきましょう。

POINT テンプレートの削除

自分で作成したテンプレートは削除することができます。
作成したテンプレートを削除する方法は、次のとおりです。

◆タスクバーの《エクスプローラー》→《ドキュメント》→《Officeのカスタムテンプレート》→作成したテンプレートを選択→ Delete

STEP UP オンラインテンプレートを使った文書の作成

インターネットに接続できる環境では、Microsoftがインターネット上に公開している「オンラインテンプレート」を利用して文書を作成することができます。
オンラインテンプレートを利用して文書を作成する方法は、次のとおりです。

◆《ファイル》タブ→《新規》→一覧から選択→《作成》

また、オンラインテンプレートはキーワードを入力して検索できます。
オンラインテンプレートを検索して文書を作成する方法は、次のとおりです。

◆《ファイル》タブ→《新規》→《オンラインテンプレートの検索》にキーワードを入力→《検索の開始》→一覧から選択→《作成》

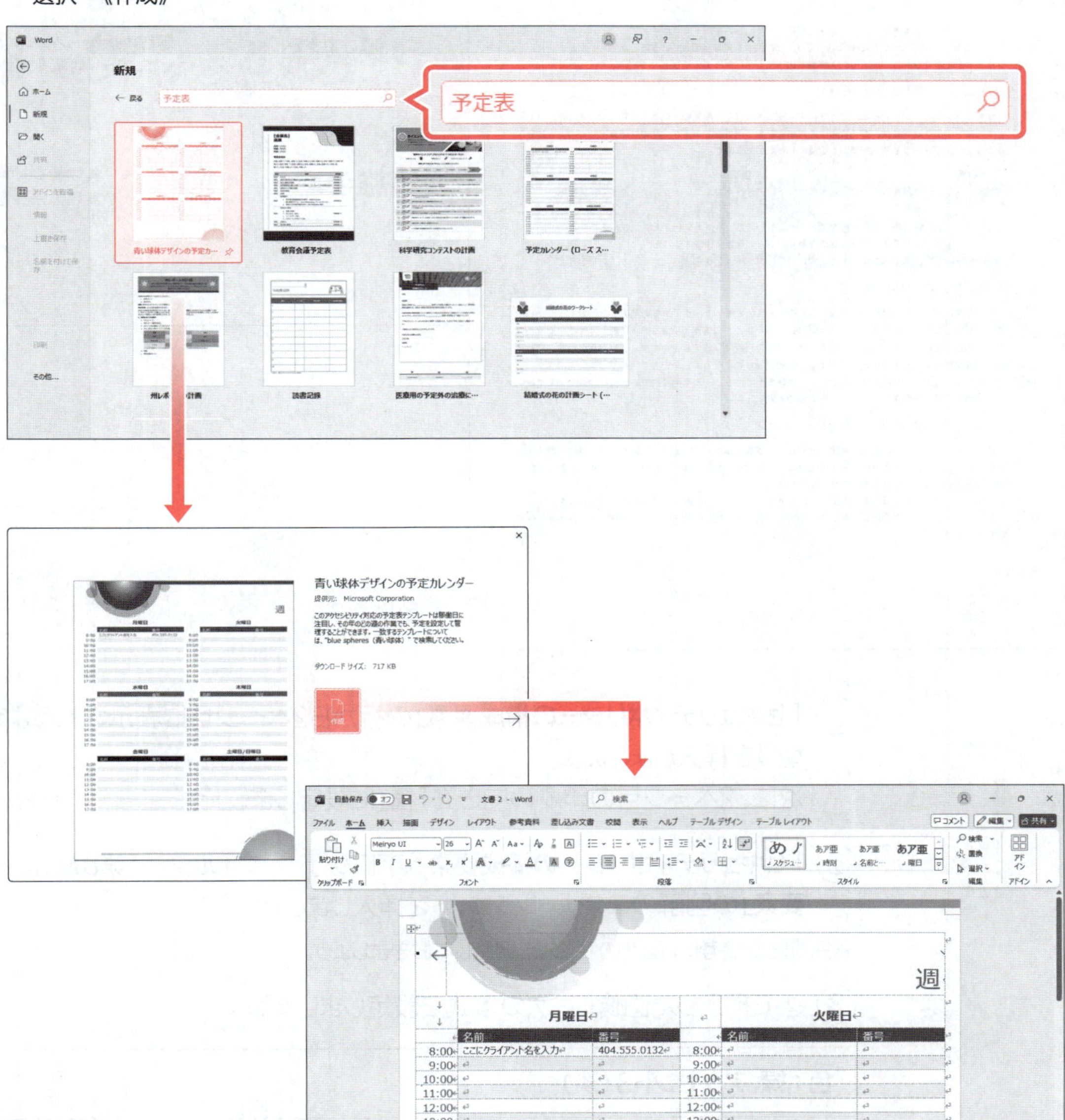

練習問題

PDF 標準解答 ▶ P.18

OPEN 第8章練習問題

あなたは、人材育成部に所属しており、社内研修用の資料を作成することになりました。
完成図のような文書を作成しましょう。

●完成図

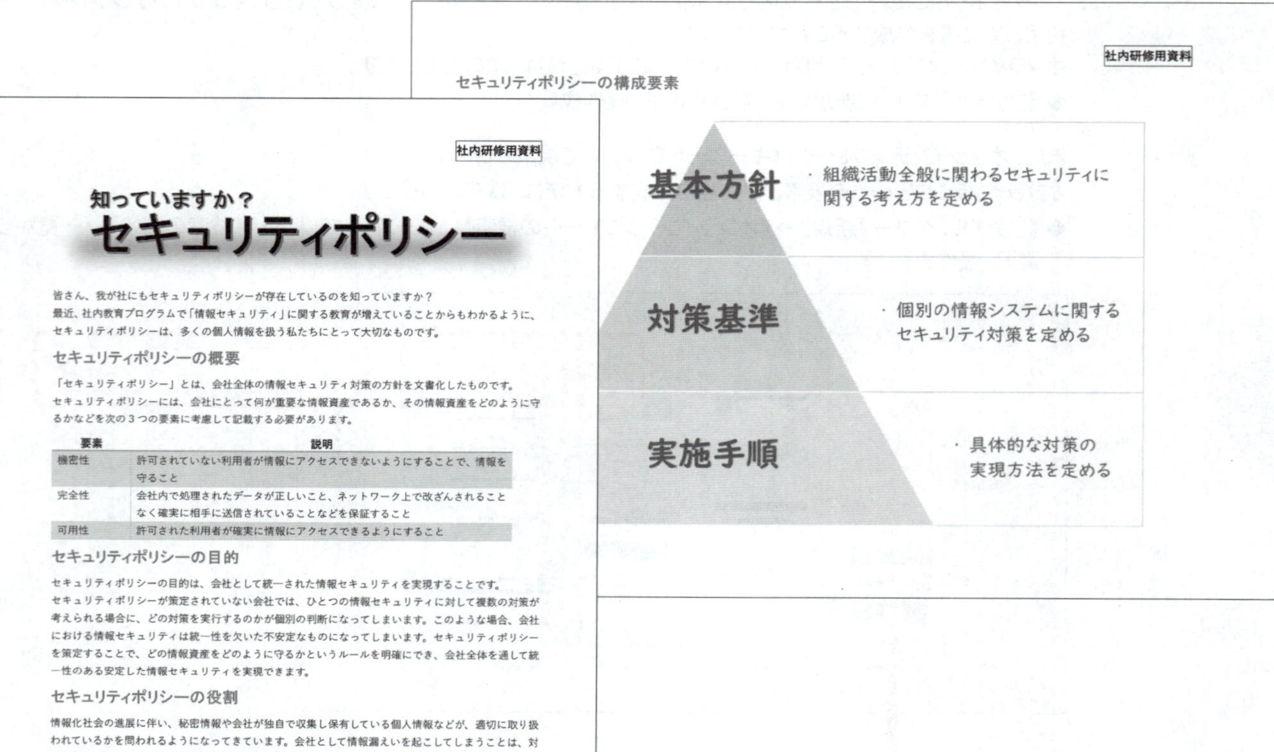

社内研修用資料

知っていますか？
セキュリティポリシー

皆さん、我が社にもセキュリティポリシーが存在しているのを知っていますか？
最近、社内教育プログラムで「情報セキュリティ」に関する教育が増えていることからもわかるように、セキュリティポリシーは、多くの個人情報を扱う私たちにとって大切なものです。

セキュリティポリシーの概要

「セキュリティポリシー」とは、会社全体の情報セキュリティ対策の方針を文書化したものです。
セキュリティポリシーには、会社にとって何が重要な情報資産であるか、その情報資産をどのように守るかなどを次の３つの要素に考慮して記載する必要があります。

要素	説明
機密性	許可されていない利用者が情報にアクセスできないようにすることで、情報を守ること
完全性	会社内で処理されたデータが正しいこと、ネットワーク上で改ざんされることなく確実に相手に送信されていることなどを保証すること
可用性	許可された利用者が確実に情報にアクセスできるようにすること

セキュリティポリシーの目的

セキュリティポリシーの目的は、会社として統一された情報セキュリティを実現することです。
セキュリティポリシーが策定されていない会社では、ひとつの情報セキュリティに対して複数の対策が考えられる場合に、どの対策を実行するのかが個別の判断になってしまいます。このような場合、会社における情報セキュリティは統一性を欠いた不安定なものになってしまいます。セキュリティポリシーを策定することで、どの情報資産をどのように守るかというルールを明確にでき、会社全体を通して統一性のある安定した情報セキュリティを実現できます。

セキュリティポリシーの役割

情報化社会の進展に伴い、秘密情報や会社が独自で収集し保有している個人情報などが、適切に取り扱われているかを問われるようになってきています。会社として情報漏えいを起こしてしまうことは、対外的な信頼をなくしてしまう事態になりかねません。
セキュリティポリシーには、会社内部における情報セキュリティ対策の方針を示し、情報資産をしっかりと守るだけでなく、積極的に情報セキュリティ対策に取り組んでいることを対外的にアピールする役割もあります。

社内研修用資料

セキュリティポリシーの構成要素

①「**セキュリティポリシーの構成要素**」の行から2ページ目に表示されるように、セクション区切りを挿入しましょう。
次に、2ページ目の印刷の向きを「**横**」に設定しましょう。

②「**セキュリティポリシーの構成要素**」の下の行に、フォルダー「**第8章**」のPDFファイル「**構成要素**」の図解のスクリーンショットを挿入しましょう。

※完成図を参考に、画像のサイズを調整しておきましょう。

③ ②で挿入した画像に、次の書式を設定しましょう。

色：緑、アクセント3（淡）

※文書に「第8章練習問題完成」と名前を付けて、フォルダー「第8章」に保存し、閉じておきましょう。
※PDFファイル「構成要素」を閉じておきましょう。

総合問題

総合問題1

PDF 標準解答 ▶ P.19

OPEN

総合問題1

あなたは、カスタマーサービス部に勤務しており、お客様相談窓口をご案内する文書を作成することになりました。
完成図のような文書を作成しましょう。

※標準解答は、FOM出版のホームページで提供しています。P.5「5 学習ファイルと標準解答のご提供について」を参照してください。

●完成図

お客様相談窓口のご案内

エフオーエム電機販売株式会社では、お客様の生の声を直接現場に伝えられるように、専門のスタッフを配置した「お客様相談窓口」をご用意しています。
お客様相談窓口では、お客様と当社の懸け橋となるよう、お客様の立場に立った対応を心掛け、商品に関する質問や要望、あるいは従業員に関するご指摘など、すべてのご意見を承ります。
お客様からいただきましたご意見は、商品や従業員に対する改善事項として当社内に設置した各委員会で検討される仕組みになっております。ご遠慮なく、お客様相談窓口をご利用ください。

お客様相談窓口では、次のような方法でお客様からのご意見を承ります。

お客様相談窓口

電話

メール

Webチャット

0120-888-XXX
受付：月～土 9 時～17 時

お電話の内容につきましては、確認のため録音させていただいております。

soudan@fom.xx.xx

17 時までに受け付けたメールにつきましては、翌々日までに返信いたします。

https://fom.xx.xx
受付：自動応答：24 時間

当社ホームページの「チャットで相談」から、相談事項をご入力ください。

① テーマの色を**「青Ⅱ」**に変更しましょう。

② **「お客様相談窓口では、次のような方法で…」**の2行下に、SmartArtグラフィック**「積み木型の階層」**を挿入しましょう。

③ 完成図を参考に、テキストウィンドウを使って、SmartArtグラフィックに文字を入力しましょう。

お客様相談窓口
　電話
　メール
　Webチャット

④ 完成図を参考に、SmartArtグラフィックのサイズを調整しましょう。

⑤ SmartArtグラフィックのスタイルを**「グラデーション」**に変更しましょう。

HINT SmartArtグラフィックのスタイルを変更するには、《SmartArtのデザイン》タブ→《SmartArtのスタイル》グループの▽を使います。

⑥ SmartArtグラフィックの色を**「カラフル-全アクセント」**に変更しましょう。

⑦ SmartArtグラフィックに、文字の効果**「塗りつぶし：黒、文字色1；影」**を設定しましょう。

⑧ 文書の最後にある文末の3つの図形を上下中央揃えに配置しましょう。

⑨ 文書の最後にある3つの図形をグループ化しましょう。

※完成図を参考に、図形の位置を調整しておきましょう。

⑩ 文書のプロパティに、次の情報を設定しましょう。

タイトル　：案内文
作成者　　：カスタマーサービス部）原田
キーワード：お客様相談窓口

⑪ 文書を最終版として保存しましょう。

※文書を閉じておきましょう。

総合問題2

総合問題2

あなたは、小学校の保健室に勤務しており、保健だよりを発行することになりました。
完成図のような文書を作成しましょう。

●完成図

保健だより No.15

わかば小学校保健室
2025年3月16日発行
発行責任者　三井　裕子

今年度も早いものでもうすぐ終わりです。新しい学年に進級する人も卒業する人もいますが、この1年間を健康に過ごすことができましたか？自分の1年間を振り返って来年度にいかしていきましょう。

保健室来室状況

新学年での疲れが出てくる5月～6月の体調不良、9月の運動会練習のためのケガなどにより、その時期は保健室の来室者が増えました。それ以外は来室者も少なく、ケガや病気に気を付けて過ごせている人が多かったようです。3月の来室者はとても少なく、よい締めくくりができました。

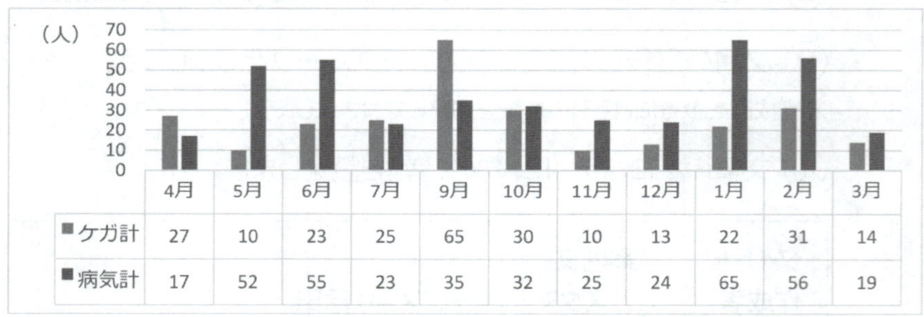

	4月	5月	6月	7月	9月	10月	11月	12月	1月	2月	3月
■ケガ計	27	10	23	25	65	30	10	13	22	31	14
■病気計	17	52	55	23	35	32	25	24	65	56	19

病気などによる欠席者数（出席停止含む）

インフルエンザの流行により1～2月は欠席者が増えましたが、全体的には欠席が少なく元気に過ごせた1年間でした。引き続き、春休みも規則正しい生活習慣を心掛けましょう。

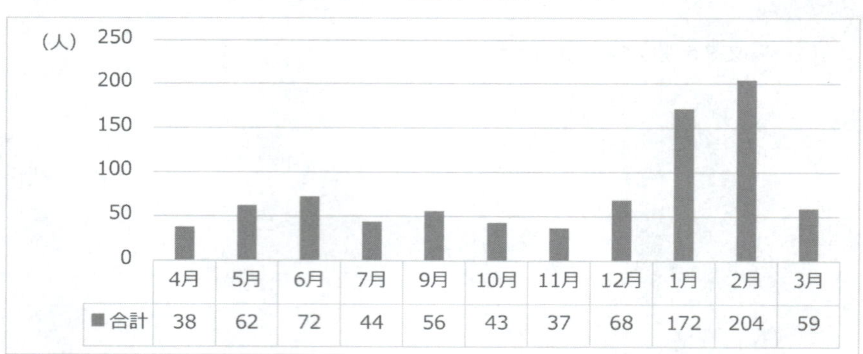

	4月	5月	6月	7月	9月	10月	11月	12月	1月	2月	3月
■合計	38	62	72	44	56	43	37	68	172	204	59

①次のようにページを設定しましょう。

テーマ：インテグラル 余白　：上　40mm

②**「保健だより…」**の図形と**「わかば小学校保健室…」**の図形をグループ化しましょう。

③②でグループ化した図形の文字列の折り返しを**「前面」**に変更し、ページ上で位置を固定しましょう。

※完成図を参考に、図形の位置を調整しておきましょう。

④フォルダー**「総合問題2」**のExcelのブック**「保健情報」**のシート**「保健室来室者数」**にあるグラフを、**「…よい締めくくりができました。」**の下の行に貼り付け先のテーマを使用して埋め込みましょう。

⑤④で貼り付けたグラフのフォントサイズを**「11」**に変更しましょう。

⑥Excelのブック**「保健情報」**のシート**「欠席者数」**にあるグラフを、**「…規則正しい生活習慣を心掛けましょう。」**の下の行に元の書式を保持して埋め込みましょう。

⑦⑥で貼り付けたグラフに、次のように書式を設定しましょう。

フォント　　　：メイリオ フォントサイズ：11

⑧⑥で貼り付けたグラフに凡例マーカーありのデータテーブルを追加しましょう。

HINT グラフにデータテーブルを追加するには、《グラフのデザイン》タブ→《グラフのレイアウト》グループの《グラフ要素を追加》を使います。

⑨⑥で貼り付けたグラフの色を**「モノクロ パレット4」**に変更しましょう。

HINT グラフの色を変更するには、《グラフのデザイン》タブ→《グラフスタイル》グループの《グラフクイックカラー》を使います。

※完成図を参考に、グラフのサイズと位置を調整しておきましょう。

※文書に「総合問題2完成」と名前を付けて、フォルダー「総合問題2」に保存し、閉じておきましょう。
※Excelのブック「保健情報」を保存せずに閉じておきましょう。

総合問題3

▶ P.22

総合問題3

あなたは、旅行会社に勤務しており、バスツアーのチラシを作成することになりました。
完成図のような文書を作成しましょう。

●完成図

東京夜景案内

東京タワーにレインボーブリッジ、そして新宿の高層ビル群…
東京は夜も見どころ満載です。

「どの夜景も見たいけど、時間がなくて全部はムリ。」
「昼間のショッピングでヘトヘト。夜はできるだけ歩きたくない…。」
「はじめての東京で、夜に電車で動くのはちょっと不安。」

東京夜景案内は、バスで夜景スポットを巡ります。
所要時間はおよそ3時間。
おひとり様でも、グループでもお楽しみいただけます。

■Time Schedule
17:30　集合（東京駅丸の内北口改札前）
18:15　新宿都庁前
　　　※新宿の夜景スポットは歩いてご案内します。
19:30　東京タワー
20:00　レインボーブリッジ
20:30　解散（東京駅丸の内北口改札前）

■お問い合わせ先
株式会社　山の手バス
03-8888-XXXX

YAMA
noTE
バス

① 次のようにページを設定しましょう。

テーマの色 ：青
ページの色 ：濃い青、テキスト2、黒+基本色50%
余白 ：上 5mm 右 10mm

② **「東京夜景案内」**の2行下に、フォルダー**「総合問題3」**のテキストファイル**「案内文」**を挿入し、書式をクリアしましょう。

③ **「■Time Schedule」**から**「03-8888-XXXX」**までの行に16字分の左インデントを設定しましょう。

④ **「東京夜景案内」**の行に、次のように書式を設定しましょう。

ワードアートのスタイル	**：塗りつぶし：白；輪郭：青、アクセントカラー1；光彩：青、アクセントカラー1**
フォント	**：MSゴシック**
フォントサイズ	**：80**
図形の塗りつぶし	**：濃い青、テキスト2、白+基本色40%**
図形の効果	**：ぼかし 50ポイント**
文字の輪郭	**：オレンジ**
文字列の折り返し	**：上下**
位置	**：ページ上の位置を固定**

※完成図を参考に、ワードアートの位置とサイズを調整しておきましょう。

⑤ 文書の最後に、フォルダー**「総合問題3」**の画像**「東京夜景」**を挿入し、コントラストを**「+40%」**に設定しましょう。

⑥ 完成図を参考に、挿入した画像の上下をトリミングしましょう。次に、画像の空の部分の背景を削除し、挿入した画像の文字列の折り返しを**「背面」**に設定しましょう。

※完成図を参考に、画像の位置とサイズを調整しておきましょう。

⑦ **「■Time Schedule」**の左側に、次のように図形を作成し、書式を設定しましょう。

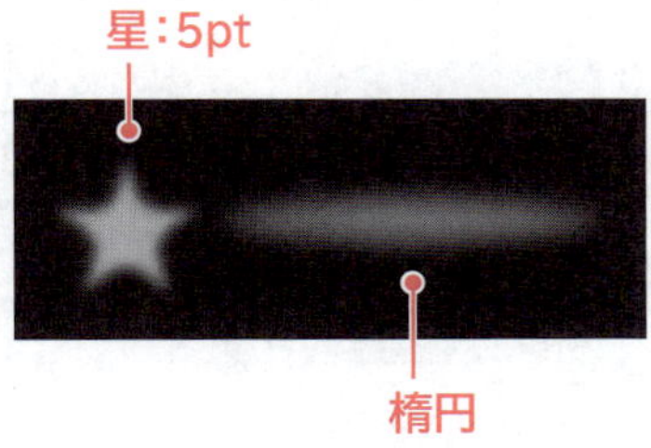

●星：5pt

図形の塗りつぶし	**：オレンジ**
図形の効果	**：ぼかし 5ポイント**

●楕円

図形の塗りつぶし	**：青、アクセント1、白+基本色40%**
図形の効果	**：ぼかし 10ポイント**

⑧ 作成した星と楕円の図形をグループ化し、完成図を参考に回転しましょう。

※完成図を参考に、図形の位置とサイズを調整しておきましょう。

⑨ フォルダー**「総合問題3」**の文書**「会社ロゴ」**にあるロゴマークの図形をコピーして、文書に図として貼り付けましょう。次に、貼り付けた図の文字列の折り返しを**「前面」**に設定しましょう。

※完成図を参考に、図の位置とサイズを調整しておきましょう。

※文書に「総合問題3完成」と名前を付けて、フォルダー「総合問題3」に保存し、閉じておきましょう。
※文書「会社ロゴ」を保存せずに閉じておきましょう。

総合問題4

PDF 標準解答 ▶ P.26

あなたは、子ども向けスイミングスクールのスタッフで、保護者向けに料金改定に関する通知状を作成することになりました。
完成図のような文書を作成しましょう。

●完成図

2025 年 2 月 25 日

富田　高志様の保護者様

大田南スイミングスクール
代表取締役　海野　洋

レッスン料金改定のお知らせ

日頃より大田南スイミングスクールをご利用いただき、心より御礼申し上げます。

さて、このたび当スクールでは、昨今のエネルギーコストの増加、感染症対策費用の増加などにより、レッスン料金を 2025 年 4 月より下記のとおり改定させていただくことになりました。

皆様のご負担を増やしてしまうことは大変心苦しい限りですが、スタッフ一同、「水泳でこどもたちの夢と身体を育てる」をスローガンに、これまで以上、鋭意努力してまいりますので、ご理解とご協力を賜りますようお願い申し上げます。

記

会員番号	1201
会員氏名	富田　高志
クラス名	初心者コース
レッスン料	7,100 円（税込）　➡　改定後）7,800 円（税込）
口座引き落し日	2025 年 3 月 31 日

以上

<料金改定に関するお問い合わせ>
担当：事務局　斉木・藤田
電話：03-XXXX-XXXX

〒146-0082 東京都大田区池上 X-X-X 富田　高志　様	〒145-0061 東京都大田区石川町 X-X-X 羽田　陽介　様
〒144-0052 東京都大田区蒲田 X-X-X 並木　美香　様	〒143-0023 東京都大田区山王 X-X-X 新井　京香　様
〒146-0082 東京都大田区池上 X-X-X 山口　結衣　様	〒144-0051 東京都大田区西蒲田 X-X-X 桜田　健　様
〒143-0022 東京都大田区東馬込 X-X-X 金子　ゆかり　様	〒143-0025 東京都大田区南馬込 X-X-X 井上　悠馬　様
〒146-0082 東京都大田区池上 X-X-X 大川　浩司　様	〒146-0093 東京都大田区矢口 X-X-X 松井　若菜　様
〒146-0082 東京都大田区池上 X-X-X 青木　由美　様	〒146-0082 東京都大田区池上 X-X-X 加藤　翔　様

〒143-0022 東京都大田区東馬込 X-X-X 福田　詩織　様	〒143-0025 東京都大田区南馬込 X-X-X 本郷　玲奈　様
〒146-0102 東京都大田区矢口 X-X-X 井沢　絵里　様	

① 文書**「総合問題4」**を差し込み印刷のひな形の文書として指定しましょう。

② フォルダー**「総合問題4」**のExcelのブック**「レッスン料」**のシート**「会員一覧」**を宛先リストとして設定しましょう。

③ ひな形の文書に、次のように差し込みフィールドを挿入しましょう。

会員氏名　：2行目の行頭、表の2行2列目
会員番号　：表の1行2列目
クラス名　：表の3行2列目
改定前料金：表の4行2列目のセルの先頭
改定後料金：表の4行2列目の「改定後）」のうしろ

④ ひな形の文書に宛先リストのデータを差し込んで表示しましょう。

※文書に「総合問題4完成」と名前を付けて、フォルダー「総合問題4」に保存し、閉じておきましょう。

OPEN
新しい文書

⑤ 新しい文書をひな形の文書として設定し、次のように宛名ラベルを作成しましょう。

プリンター　　　：ページプリンター
ラベルの製造元：Hisago
製品番号　　　　：Hisago ELM007

⑥ フォルダー**「総合問題4」**のExcelのブック**「レッスン料」**のシート**「会員一覧」**を宛先リストとして設定しましょう。

⑦ ひな形の文書に、次のように差し込みフィールドを挿入しましょう。

〒《郵便番号》
《住所》↵
↵
↵
《会員氏名》□様

※「〒」は「ゆうびん」と入力して変換します。
※↵で[Enter]を押して改行します。
※□は全角空白を表します。

⑧ ひな形の文書の**「《会員氏名》□様」**に下線を設定し、すべてのラベルに反映させましょう。

⑨ ひな形の文書に宛先リストのデータを差し込んで表示しましょう。

⑩ すべての宛先リストのデータを差し込んで編集用の文書を作成しましょう。
次に、新しい文書の2ページ目の余分な**「〒」**と**「□様」**を削除しましょう。

HINT すべての宛先リストのデータを差し込んで新しい文書を作成するには、《完了》グループの《完了と差し込み》→《個々のドキュメントの編集》を使います。

※ひな形の文書に「総合問題4宛名ラベル完成」と名前を付けて、フォルダー「総合問題4」に保存し、閉じておきましょう。
※編集用の文書に「総合問題4宛名ラベル（編集用）」と名前を付けて、フォルダー「総合問題4」に保存し、閉じておきましょう。

総合問題5

PDF
標準解答 ▶ P.28

OPEN

総合問題5

あなたは、デジタルカメラの拡販担当をしており、カメラの使い方セミナー用の資料を作成することになりました。
完成図のような文書を作成しましょう。

●完成図

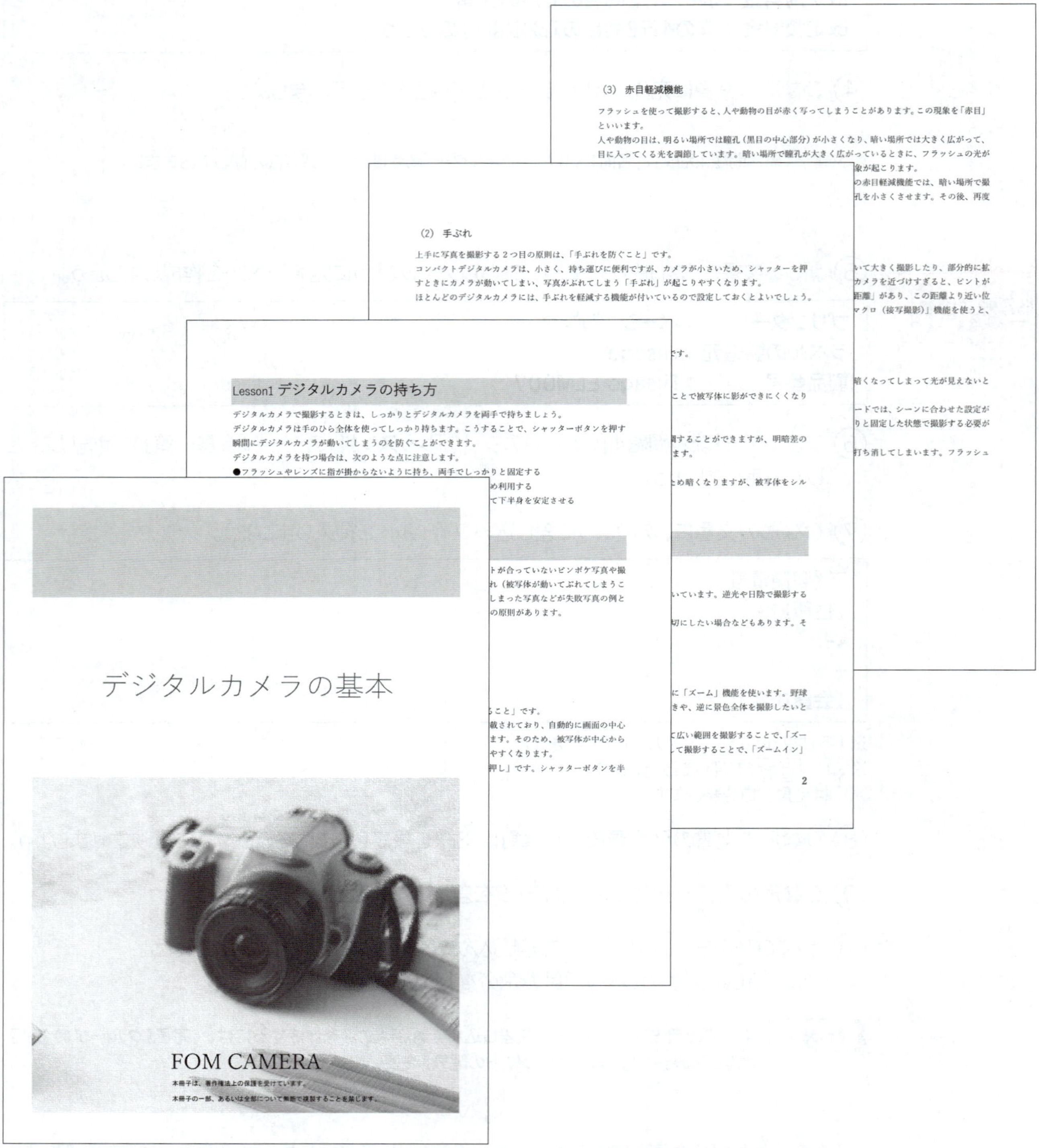

(3) 赤目軽減機能

フラッシュを使って撮影すると、人や動物の目が赤く写ってしまうことがあります。この現象を「赤目」といいます。
人や動物の目は、明るい場所では瞳孔（黒目の中心部分）が小さくなり、暗い場所では大きく広がって、目に入ってくる光を調節しています。暗い場所で瞳孔が大きく広がっているときに、フラッシュの光が

(2) 手ぶれ

上手に写真を撮影する２つ目の原則は、「手ぶれを防ぐこと」です。
コンパクトデジタルカメラは、小さく、持ち運びに便利ですが、カメラが小さいため、シャッターを押すときにカメラが動いてしまい、写真がぶれてしまう「手ぶれ」が起こりやすくなります。
ほとんどのデジタルカメラには、手ぶれを軽減する機能が付いているので設定しておくとよいでしょう。

2

Lesson1 デジタルカメラの持ち方

デジタルカメラで撮影するときは、しっかりとデジタルカメラを両手で持ちましょう。
デジタルカメラは手のひら全体を使ってしっかり持ちます。こうすることで、シャッターボタンを押す瞬間にデジタルカメラが動いてしまうのを防ぐことができます。
デジタルカメラを持つ場合は、次のような点に注意します。
●フラッシュやレンズに指が掛からないように持ち、両手でしっかりと固定する

デジタルカメラの基本

FOM CAMERA

本冊子は、著作権法上の保護を受けています。
本冊子の一部、あるいは全部について無断で複製することを禁じます。

① 文書の禁則文字の設定を**「高レベル」**にしましょう。

HINT 禁則文字を設定するには、《ファイル》タブ→《オプション》→《文字体裁》を使います。

② 次のように見出しを設定しましょう。

ページ	行番号	内容	見出しレベル
1ページ	1行目	デジタルカメラの持ち方	見出し1
	10行目	写真撮影の3原則	見出し2
	19行目	ピント	見出し3
2ページ	2行目	手ぶれ	見出し3
	8行目	光の向き	
	21行目	デジタルカメラの機能	見出し1
	22行目	フラッシュ機能	見出し2
	28行目	ズーム機能	
3ページ	6行目	赤目軽減機能	見出し2
	16行目	露出補正	
	26行目	マクロ機能	
	33行目	夜景モード	

※行番号を確認する場合は、ステータスバーに行番号を表示します。

③ ナビゲーションウィンドウを使って、見出し**「写真撮影の3原則」**の見出しのレベルを1段階上げましょう。レベルの変更は、下位のレベルを含めて行います。

④ ナビゲーションウィンドウを使って、見出し**「露出補正」**を本文ごと削除しましょう。

HINT 本文ごと見出しを削除するには、ナビゲーションウィンドウの見出しを右クリック→《削除》を使います。

⑤ 見出し1と見出し2に、次のようにアウトライン番号と書式を設定しましょう。

●見出し1

アウトライン番号　　　：Lesson1
太字
フォントサイズ　　　　：14
フォントの色　　　　　：濃い青緑、アクセント1、黒+基本色50%
番号に続く空白の扱い　：スペース

●見出し2

アウトライン番号　　　：(1)
太字
フォントの色　　　　　：濃い青緑、アクセント1、黒+基本色25%
左インデントからの距離：0mm
番号に続く空白の扱い　：スペース

⑥ 見出し1と見出し2のスタイルを、次のように更新しましょう。

●見出し1

フォントサイズ ：18
太字
段落の網かけ ：濃い青緑、アクセント1、
白+基本色80%

●見出し2

フォントサイズ ：12
太字
段落前の間隔 ：0行
段落後の間隔 ：0行

⑦ 組み込みスタイル**「縞模様」**を使って表紙を挿入し、次のように編集しましょう。

タイトル ：デジタルカメラの基本
作成者 ：削除
会社 ：FOM␣CAMERA
住所 ：削除

※␣は半角空白を表します。

⑧ **《会社》**のコンテンツコントロールのフォントサイズを**「26」**、フォントの色を**「黒、テキスト1」**に変更しましょう。

⑨ **《会社》**のコンテンツコントロールの下側に横書きテキストボックスを作成し、フォルダー**「総合問題5」**のテキストファイル**「禁止事項」**を挿入しましょう。余分な行は削除し、挿入した文字はフォントサイズを**「8」**に変更します。
次に、テキストボックスを**「塗りつぶしなし」「枠線なし」**に設定しましょう。

※完成図を参考に、テキストボックスの位置とサイズを調整しておきましょう。

⑩ 表紙の上下の青い図形に、次のように書式を設定しましょう。

●上側

図形の塗りつぶし：濃い青緑、アクセント1、白+基本色80%

●下側

画像を挿入 ：フォルダー「総合問題5」の画像「カメラ」
画像の色 ：濃い青緑、アクセント1（淡）
アート効果 ：パステル：滑らか

HINT 図形に画像を挿入するには、図形を右クリック→《オブジェクトの書式設定》を使います。

⑪ 組み込みスタイル**「縞模様」**を使ってフッターを挿入し、次のように書式を設定しましょう。
余分な行は削除します。

●奇数ページ

フォントサイズ：12
太字
フォントの色 ：濃い青緑、アクセント1、
黒+基本色25%
左揃え

●偶数ページ

フォントサイズ：12
太字
フォントの色 ：濃い青緑、アクセント1、
黒+基本色25%
右揃え

※文書に「総合問題5完成」と名前を付けて、フォルダー「総合問題5」に保存し、閉じておきましょう。

総合問題6

PDF 標準解答 ▶ P.33

OPEN
総合問題6

あなたは、セミナー講師をしており、セミナーで使用する資料を作成することになりました。
完成図のような文書を作成しましょう。

●完成図

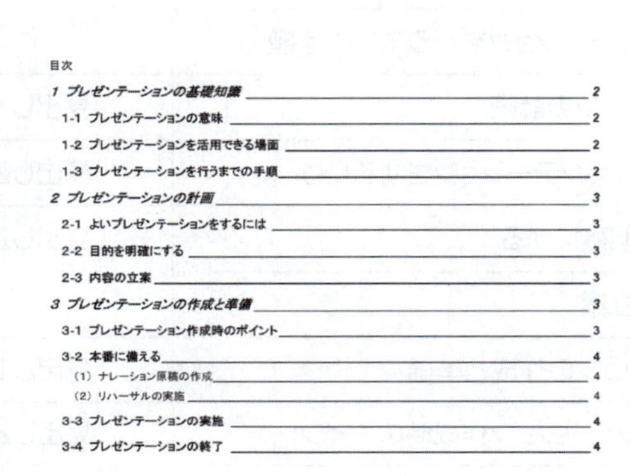

目次

プレゼンテーションの基礎知識

株式会社 FOM パワー

3-2 本番に備える

プレゼンテーションの本番に備え、ナレーション原稿を作成したり、リハーサルを行ったりします。

(1) ナレーション原稿の作成

ナレーション原稿を作成し、実際に声を出して読み上げて話の展開を覚えます。文章は連文にせず、一文を短くしたほうがわかりやすく、また一息に話せるため自然とはきはきした話し方になります。

(2) リハーサルの実施

リハーサルを行うことで、プレゼンテーション資料のミスを発見でき、論理展開の矛盾なども修正できます。さらにリハーサルで失敗を体験することで、本番に向けての心の準備が整います。自信にあふれたプレゼンテーションを行うためにも、リハーサルを行います。

3-3 プレゼンテーションの実施

プレゼンテーションの実施前に、機器の設置状況や実施場所の環境を十分確認します。
また、プレゼンテーションの最後には質疑応答の時間を取ります。質問はプレゼンテーションの内容の

2 プレゼンテーションの計画

2-1 よいプレゼンテーションをするには

よい講演やスピーチ、プレゼンテーションをするには、準備や練習の時間を考慮する必要があります。プレゼンテーションに慣れている人でも、限られた時間内で特定の対象者に対してその場の思い付きで話してしまうと、満足してもらえるような話はできません。準備と練習さえ積めば自信にあふれたプレゼンテーションが行えます。

2-2 目的を明確にする

効果的なプレゼンテーションを行うには、プレゼンテーションの目的を明確にしておく必要があります。「誰が」「いつ」「何を」「どのように」行動してもらいたいかを明確にします。また、この目的は必ず文章にし、プレゼンテーションの内容を作成するときにこの目的に沿っているかを確認します。

2-3 内容の立案

1 プレゼンテーションの基礎知識

1-1 プレゼンテーションの意味

プレゼンテーション（Presentation）は、一方的に情報を主張するものではなく、相手が望んでいるニーズを把握し、自分が持っている情報をわかりやすい表現で伝達する手段です。
また、ただ情報を伝えるのではなく、いかに相手に印象深く自分の情報を正確に伝え、提案を理解してもらうかを目的に行い、相手の判断や意思決定を促す役割を果たします。

1-2 プレゼンテーションを活用できる場面

次の例のように、プレゼンテーションは様々な場面で活用できます。
商談・説明会・発表会・報告会・研修会・会議　など

1-3 プレゼンテーションを行うまでの手順

プレゼンテーションを計画し、実行するまでの作業の流れは次のとおりです。

①プレゼンテーションを計画する

プレゼンテーション実施の目的を明確にし、無理のない計画を立てます。

②プレゼンテーションの準備をする

わかりやすさを念頭において、ストーリーを作成します。

③リハーサルをする

プレゼンテーションの内容を再確認するために必ずリハーサルを行います。個人練習や全体リハーサルなどが必要です。

④本番

プレゼンテーターに選出された理由を再確認し、自信と責任を持ってプレゼンテーションを行います。

2 / 4

① 次のようにページを設定しましょう。

テーマの色	：オレンジがかった赤
テーマのフォント	：Arial　MSPゴシック　MSPゴシック
余白	：やや狭い

② 文書の禁則文字の設定を**「高レベル」**にしましょう。

HINT 禁則文字を設定するには、《ファイル》タブ→《オプション》→《文字体裁》を使います。

③ 次のように見出しを設定しましょう。

ページ	行番号	内容	見出しレベル
1ページ	1行目	プレゼンテーションの基礎知識	見出し1
	2行目	プレゼンテーションの意味	見出し2
	8行目	プレゼンテーションを活用できる場面	
	12行目	プレゼンテーションを行うまでの手順	
	24行目	プレゼンテーションの計画	見出し1
	25行目	よいプレゼンテーションをするには	見出し2
2ページ	3行目	目的を明確にする	見出し2
	8行目	内容の立案	
	14行目	プレゼンテーションの作成と準備	見出し1
	15行目	プレゼンテーション作成時のポイント	見出し2
	23行目	本番に備える	
	25行目	ナレーション原稿の作成	見出し3
	28行目	リハーサルの実施	
3ページ	4行目	プレゼンテーションの実施	見出し2
	9行目	プレゼンテーションの終了	

※行番号を確認する場合は、ステータスバーに行番号を表示します。

④ 見出し1から見出し3のスタイルを次のように更新しましょう。

●見出し1

フォントサイズ	：18
フォントの色	：オレンジ、アクセント1、黒+基本色50%
段落罫線	：左側と下側
罫線の色	：オレンジ、アクセント1、黒+基本色50%
罫線の太さ	：左側　6pt 　下側　1.5pt
段落前の間隔	：0行
段落後の間隔	：0.5行

●見出し2

フォントサイズ	：16
フォントの色	：オレンジ、アクセント1、黒+基本色25%

●見出し3

フォントサイズ：14 フォントの色　：オレンジ、アクセント1、黒+基本色25% 段落前の間隔：0.5行

⑤ 見出し1から見出し3に、次のようにアウトライン番号を設定しましょう。それぞれの番号に続く空白の扱いはスペースにします。

見出し1：1 見出し2：1-1 見出し3：(1)

HINT 《ホーム》タブ→《段落》グループの《アウトライン》→《リストライブラリ》の《1　1-1　1-1-1》を設定し、「見出し3」を修正すると効率よく設定できます。

⑥ 1ページ14行目の「**①プレゼンテーションを計画する**」に、次のように書式を設定しましょう。次に、設定した書式を1ページ16行目「**②プレゼンテーションの準備をする**」、18行目「**③リハーサルをする**」、21行目「**④本番**」にコピーしましょう。

段落罫線　：囲む 罫線の種類：═══════ 罫線の色　：灰色、アクセント5 罫線の太さ：0.5pt

⑦ 組み込みスタイル「**レトロスペクト**」を使って表紙を挿入し、次のように編集しましょう。次に、「**会社**」と「**住所**」の間の区切り文字「**|**」と半角空白を削除しましょう。

タイトル　　：プレゼンテーションの基礎知識 サブタイトル：削除 作成者　　　：株式会社FOMパワー 会社　　　　：削除 住所　　　　：削除

⑧ **《タイトル》**のコンテンツコントロールのフォントサイズを「**28**」に変更しましょう。

⑨ 組み込みスタイル「**セマフォ**」を使ってフッターにページ番号を挿入し、次のように書式を設定しましょう。余分な行は削除します。

フォントサイズ　　　　：12 太字 フォントの色　　　　　：オレンジ、アクセント1、黒+基本色50% 下からのフッター位置：12mm

⑩ 「**1 プレゼンテーションの基礎知識**」と「**2 プレゼンテーションの計画**」が次のページから表示されるように改ページを挿入しましょう。次に、表紙の次のページの1行目に「**目次**」と入力し、改行しましょう。

⑪ ⑩で入力した「**目次**」の下の行に、次のような目次を挿入しましょう。

書式　　　　　　：エレガント アウトラインレベル：3

※文書に「総合問題6完成」と名前を付けて、フォルダー「総合問題6」に保存し、閉じておきましょう。

総合問題7

PDF 標準解答 ▶ P.37

あなたは、ほかの人が作成したプレゼンテーションに関する資料を校閲することになりました。完成図のような文書を作成しましょう。

●完成図

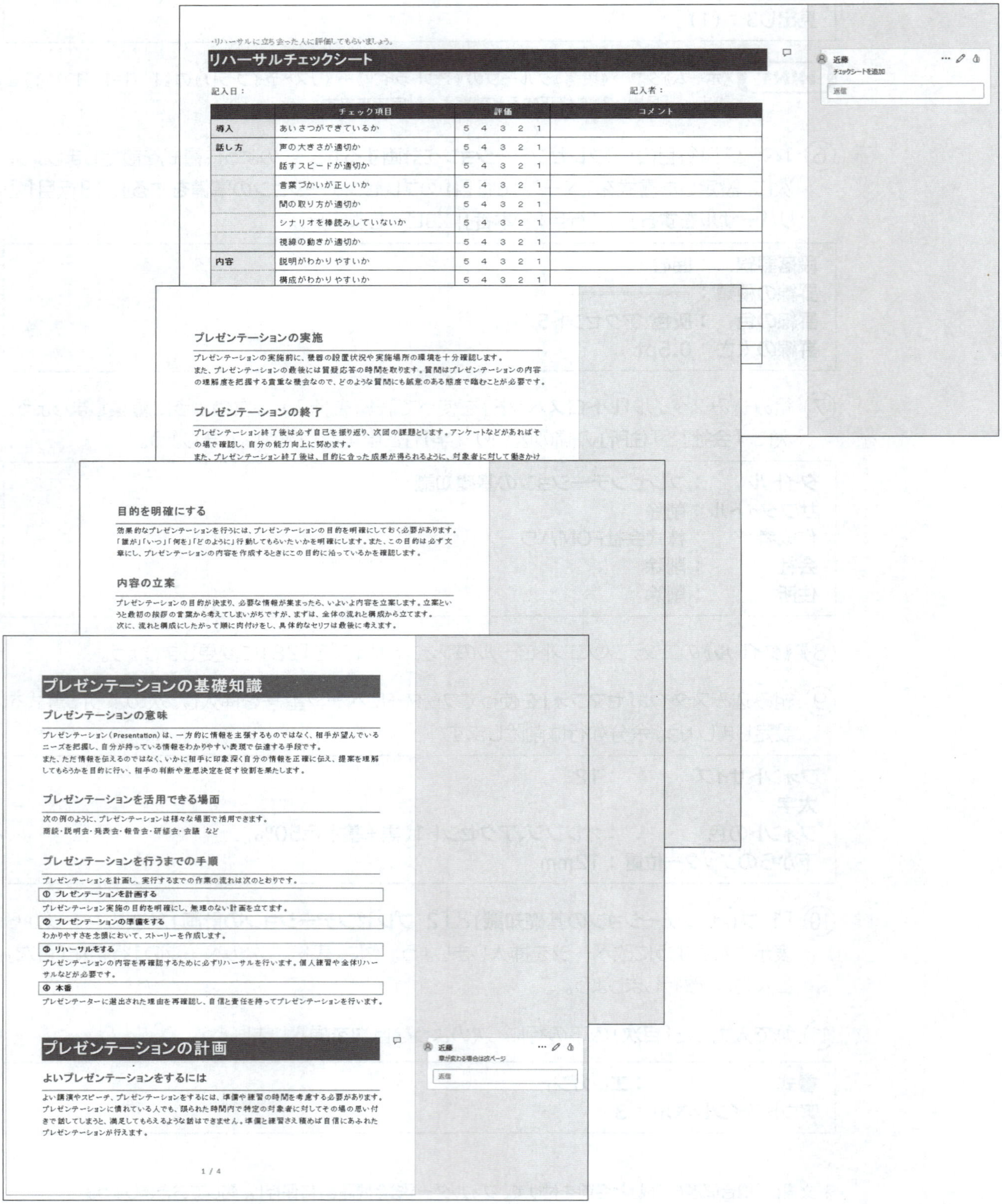

・リハーサルに立ち会った人に評価してもらいましょう。

リハーサルチェックシート

記入日：　　　　　　　　　　　　　　記入者：

	チェック項目	評価	コメント
導入	あいさつができているか	5　4　3　2　1	
話し方	声の大きさが適切か	5　4　3　2　1	
	話すスピードが適切か	5　4　3　2　1	
	言葉づかいが正しいか	5　4　3　2　1	
	間の取り方が適切か	5　4　3　2　1	
	シナリオを棒読みしていないか	5　4　3　2　1	
	視線の動きが適切か	5　4　3　2　1	
内容	説明がわかりやすいか	5　4　3　2　1	
	構成がわかりやすいか	5　4　3　2　1	

近藤
チェックシートを追加
返信

プレゼンテーションの実施

プレゼンテーションの実施前に、機器の設置状況や実施場所の環境を十分確認します。
また、プレゼンテーションの最後には質疑応答の時間を取ります。質問はプレゼンテーションの内容の理解度を把握する貴重な機会なので、どのような質問にも誠意のある態度で臨むことが必要です。

プレゼンテーションの終了

プレゼンテーション終了後は必ず自己を振り返り、次回の課題とします。アンケートなどがあればその場で確認し、自分の能力向上に努めます。
また、プレゼンテーション終了後は、目的に合った成果が得られるように、対象者に対して働きかけ

目的を明確にする

効果的なプレゼンテーションを行うには、プレゼンテーションの目的を明確にしておく必要があります。「誰が」「いつ」「何を」「どのように」行動してもらいたいかを明確にします。また、この目的は必ず文章にし、プレゼンテーションの内容を作成するときにこの目的に沿っているかを確認します。

内容の立案

プレゼンテーションの目的が決まり、必要な情報が集まったら、いよいよ内容を立案します。立案というと最初の挨拶の言葉から考えてしまいがちですが、まずは、全体の流れと構成から立てます。
次に、流れと構成にしたがって順に肉付けをし、具体的なセリフは最後に考えます。

プレゼンテーションの基礎知識

プレゼンテーションの意味

プレゼンテーション（Presentation）は、一方的に情報を主張するものではなく、相手が望んでいるニーズを把握し、自分が持っている情報をわかりやすい表現で伝達する手段です。
また、ただ情報を伝えるのではなく、いかに相手に印象深く自分の情報を正確に伝え、提案を理解してもらうかを目的に行い、相手の判断や意思決定を促す役割を果たします。

プレゼンテーションを活用できる場面

次の例のように、プレゼンテーションは様々な場面で活用できます。
商談・説明会・発表会・報告会・研修会・会議　など

プレゼンテーションを行うまでの手順

プレゼンテーションを計画し、実行するまでの作業の流れは次のとおりです。

① プレゼンテーションを計画する
プレゼンテーション実施の目的を明確にし、無理のない計画を立てます。

② プレゼンテーションの準備をする
わかりやすさを念頭において、ストーリーを作成します。

③ リハーサルをする
プレゼンテーションの内容を再確認するために必ずリハーサルを行います。個人練習や全体リハーサルなどが必要です。

④ 本番
プレゼンテーターに選出された理由を再確認し、自信と責任を持ってプレゼンテーションを行います。

プレゼンテーションの計画

よいプレゼンテーションをするには

よい講演やスピーチ、プレゼンテーションをするには、準備や練習の時間を考慮する必要があります。プレゼンテーションに慣れている人でも、限られた時間内で特定の対象者に対してその場の思い付きで話してしまうと、満足してもらえるような話はできません。準備と練習さえ積めば自信にあふれたプレゼンテーションが行えます。

近藤
章が変わる場合は改ページ
返信

1 / 4

①文章校正のレベルが**「通常の文」**になっていることを確認しましょう。

②スペルチェックにより、チェックされている**「Presentasion」**を**「Presentation」**に修正しましょう。

③文章校正により、チェックされている**「とうり」**を**「とおり」**に修正しましょう。

④文章校正により、チェックされている**「沿ってるかを」**を**「沿っているかを」**に修正しましょう。

⑤表記ゆれチェックを使って、カタカナの表記ゆれを全角のカタカナに修正しましょう。

⑥ユーザー名を**「近藤」**、頭文字を**「K」**に変更しましょう。Officeへのサインイン状態にかかわらず、常にこれらの設定を使用するようにします。

※⑩で設定を元に戻します。変更する前の設定を確認しておきましょう。

⑦変更履歴の記録を開始し、次のように文書を変更しましょう。変更後、変更履歴の記録を終了しましょう。

2ページ8行目　　　：「考えたりしてしまいがち」を「考えてしまいがち」に修正
2ページ9行目　　　：「校正」を「構成」に修正
2ページ16～19行目：箇条書きとして「◆」の行頭文字を設定

※行番号を確認する場合は、ステータスバーに行番号を表示します。

⑧変更履歴を表示して、すべての変更内容を確認しながら承諾しましょう。

⑨文書の最後に、次のページから始まるセクション区切りを挿入し、4ページ目にフォルダー**「総合問題7」**の文書**「リハーサルチェックシート」**を挿入しましょう。
次に、挿入した**「リハーサルチェックシート」**の印刷の向きを**「横」**に設定しましょう。

⑩次のようにコメントを挿入しましょう。
次に、ユーザー名を元の設定に戻しておきましょう。

1ページ25行目：章が変わる場合は改ページ
4ページ1行目　：チェックシートを追加

※文書に「総合問題7完成」と名前を付けて、フォルダー「総合問題7」に保存し、閉じておきましょう。

総合問題8

PDF 標準解答 ▶ P.40

あなたは、チアリーディングスクールのスタッフで、メンバー募集のチラシを作成することになりました。
完成図のような文書を作成しましょう。

●完成図

Red★Stars

ジュニアメンバー
募集中！

チアリーディングは、見る人も自分も元気になれるスポーツです。
チームで踊るので、仲間を気づかう優しさや協調性も身に付きます。
音楽に合わせ、全身を使って、楽しくdancing！
たくさんの仲間たちが、皆さんの参加を心待ちにしています。

School Information

- 練習日　　：毎週日曜日
- 練習時間　：15時～17時
- 練習場所　：港市民スポーツセンター

※大会前は練習日、練習時間が増えることもあります。
※体験教室は随時受け付けております。お気軽にお電話ください。

- お問い合わせ先
  レッドスターズ・チアリーディングスクール
  スクール運営事務局（03-6666-XXXX）

はじめてでも
大丈夫だよ！

① 文書のプロパティに次の情報を設定しましょう。

タイトル：メンバー募集 **作成者　：スクール運営事務局** **会社名　：レッドスターズ・チアリーディングスクール**

② スペルチェックにより、チェックされている**「Imformation」**を**「Information」**に修正しましょう。

③ フォルダー**「総合問題8」**のPDFファイル**「チラシ用イラスト」**を開いて、右側のチアリーダーのスクリーンショットを文書の最後に挿入しましょう。
次に、挿入した画像の文字列の折り返しを**「前面」**に設定し、左右反転しましょう。

④ 挿入した画像の背景を削除しましょう。

⑤ 挿入した画像に図の効果**「影　オフセット：右下」**を設定しましょう。
次に、完成図を参考に、画像を回転しましょう。

※完成図を参考に、画像のサイズと位置を調整しておきましょう。

⑥ 完成図を参考に、文書の右上角に**「星：5pt」**の図形を作成しましょう。
次に、作成した図形のスタイルを**「光沢-赤、アクセント6」**に設定しましょう。

⑦ 作成した星の図形を5つコピーし、それぞれ次のように書式を設定しましょう。

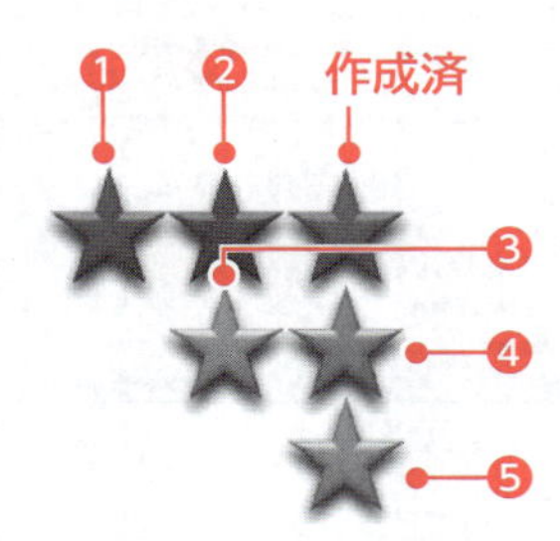

❶光沢-濃い青、アクセント1
❷光沢-濃い紫、アクセント2
❸光沢-濃い緑、アクセント3
❹光沢-濃い緑、アクセント4
❺光沢-オレンジ、アクセント5

⑧ 作成した6つの星の図形をグループ化しましょう。

⑨ グループ化した星の図形をコピーしましょう。
次に、完成図を参考に、文書の左下角に回転して配置しましょう。

⑩ ページの色に塗りつぶし効果の**「テクスチャ（コルク）」**を設定しましょう。

HINT ページの色にテクスチャを設定するには、《デザイン》タブ→《ページの背景》グループの《ページの色》→《塗りつぶし効果》→《テクスチャ》タブを使います。

⑪ 完成図を参考に、**「正方形/長方形」**の図形を作成し、次のように書式を設定しましょう。
次に、作成した図形を入力されている文字や図形の背面に表示しましょう。

図形の塗りつぶし：白、背景1、黒+基本色5% **図形の枠線　　　：枠線なし**

※完成図を参考に、図形の位置とサイズを調整しておきましょう。

※文書に「総合問題8完成」と名前を付けて、フォルダー「総合問題8」に保存し、閉じておきましょう。
※PDFファイル「チラシ用イラスト」を閉じておきましょう。

総合問題9

PDF 標準解答 ▶ P.43

OPEN
総合問題9

あなたは、デジタルカメラの拡販担当をしており、カメラの使い方セミナー用の資料を作成することになりました。
完成図のような文書を作成しましょう。

●完成図

デジタルカメラの基本

＜レッスン内容＞

レッスン1 デジタルカメラの持ち方

デジタルカメラで撮影するときは、しっかりとデジタルカメラを両手で持ちましょう。
デジタルカメラは手のひら全体を使ってしっかり持ちます。こうすることで、シャッターボタンを押す瞬間にデジタルカメラが動いてしまうのを防ぐことができます。
デジタルカメラを持つ場合は、次のような点に注意します。

●フラッシュやレンズに指が掛からないように持つ
●両手でしっかりと固定する
●デジタルカメラの付属品にストラップがある場合は落下防止のため利用する
●足を肩幅程度に開き、少しひざを曲げたり足を前後に開いたりして下半身を安定させる

レッスン2 写真撮影の3原則

失敗写真とはどのような写真のことでしょう。被写体にうまくピントが合っていないピンボケ写真や撮影時に手ぶれ[1]や被写体ぶれ[2]で、いい表情が撮影できなかった写真、逆光で顔が暗くなってしまった写真などが失敗写真の例といえます。そのような失敗を防ぎ、上手に写真を撮影するには3つの原則があります。

●ピントを合わせる
●手ぶれを防ぐ
●光の向きを考える

(1) ピント

上手に写真を撮影する1つ目の原則は、「被写体にピントを合わせること」です。
ほとんどのデジタルカメラには、オートフォーカス（AF）機能が搭載されており、自動的に画面の中心にあるもの、または手前にあるものにピントが合うようになっています。そのため、被写体が中心から外れていたり、後方にあったりする状態で撮影すると、ピンボケしやすくなります。
ピント合わせのコツは、シャッターボタンを途中まで軽く押す「半押し」です。シャッターボタンを半押しすると、合わせたピントを固定しておくことができます。半押しを覚えると、画面の端にピントを合わせた写真も撮れるようになります。
ピントを合わせて撮影する手順は次のとおりです。

1 被写体を液晶画面の中心に合わせる
↓
2 シャッターボタンを途中まで軽く半押ししてピントを固定する
↓
3 デジタルカメラの向きをずらして構図を変える
↓
4 シャッターボタンをしっかり最後まで押す

[1] 手ぶれ：撮影者の手が動いてぶれてしまうこと。
[2] 被写体ぶれ：被写体が動いてぶれてしまうこと。

3

(2) 手ぶれ

上手に写真を撮影する2つ目の原則は、「手ぶれを防ぐこと」です。
コンパクトデジタルカメラは、小さく、持ち運びに便利ですが、カメラが小さいため、シャッターを押すときにカメラが動いてしまい、写真がぶれてしまう「手ぶれ」が起こりやすくなります。
ほとんどのデジタルカメラには、手ぶれを軽減する機能が付いているので設定しておくとよいでしょう。

(3) 光の向き

上手に写真を撮影する3つ目の原則は、「光の向きを考えること」です。
光の向きには次のようなものがあります。

表1 光の向きの種類

光の向き	説明
順光	被写体の正面から光が当たる状態です。正面から全体に光を当てることで被

レッスン3 デジタルカメラの機能

(1) フラッシュ機能

ほとんどのデジタルカメラには光を補うための「フラッシュ」が付いています。逆光や日陰で撮影するときなど、被写体に光が足りないときにとても役に立つ機能です。
ただし、撮影するシーンによっては、光が被写体に当たる質感を大切にしたい場合などもあります。その場合は、フラッシュを発光禁止にして撮影します。

(2) ズーム機能

(4) マクロ機能

花や昆虫や鳥など小さい被写体を撮影する場合に、できるだけ近づいて大きく撮影したり、部分的に拡大して撮影したりすることがあります。しかし、被写体にデジタルカメラを近づけすぎると、ピントが合わずに被写体がぼけてしまいます。これは、レンズに「最短撮影距離」があり、この距離より近い位置から撮影しようとすると起こる現象です。このような場合は、「マクロ（接写撮影）」機能を使うと、接写撮影してもピントが合って、きれいに撮影できます。

① テーマの色を**「オレンジ」**に変更しましょう。

② フォルダー**「総合問題9」**の文書**「撮影手順」**にあるSmartArtグラフィックをコピーし、2ページ目の**「ピントを合わせて撮影する手順は次のとおりです。」**の下の行に図として貼り付けましょう。貼り付けた図は行の中央に配置します。

③ 1ページ目の表紙にフッターが表示されないように設定しましょう。

HINT 表紙にフッターが表示されないようにするには、《ヘッダーとフッター》タブ→《オプション》グループの《先頭ページのみ別指定》を使います。

④ 見出し1に設定されているアウトライン番号が**「レッスン1」**と表示されるように変更しましょう。

⑤ 1ページ目の**「<レッスン内容>」**の下の行に、次のような目次を挿入しましょう。

書式　　　　　　：ファンシー
アウトラインレベル：1

⑥ 次の見出しから、次のページに表示されるように改ページを挿入しましょう。

レッスン2　写真撮影の3原則
レッスン3　デジタルカメラの機能

⑦ 目次のページ番号を更新しましょう。

⑧ 次のように脚注を挿入しましょう。

3ページ3行目「手ぶれ」のうしろ
　脚注内容：「手ぶれ：撮影者の手が動いてぶれてしまうこと。」

3ページ3行目「被写体ぶれ」のうしろ
　脚注内容：「被写体ぶれ：被写体が動いてぶれてしまうこと。」

5ページ22行目「瞳孔」のうしろ
　脚注内容：「瞳孔：黒目の中心部分のこと。」

※行番号を確認する場合は、ステータスバーに行番号を表示します。

⑨ 文書内の表に、次のように図表番号を挿入しましょう。
次に、図表番号の行に1文字分の左インデントを設定し、図表番号のスタイルを更新しましょう。

4ページ目の表の上：「表1□光の向きの種類」と表示
5ページ目の表の上：「表2□ズームの種類」と表示

※□は全角空白を表します。

※文書に「総合問題9完成」と名前を付けて、フォルダー「総合問題9」に保存し、閉じておきましょう。
※文書「撮影手順」を保存せずに閉じておきましょう。

総合問題10

PDF 標準解答 ▶ P.45

あなたは、デザイン会社の危機管理委員会のメンバーで、社員向けに著作権侵害の危険性を訴えるポスターを作成することになりました。
完成図のような文書を作成しましょう。

●完成図

STOP！著作権侵害

写真集の写真をもとにイラストを作成して、納品してもOK？

いいえ、それも立派な著作権侵害です！

著作権侵害は犯罪です。
知らなかったではすまされません。
ひとりの無知が、会社の品位を落とします。
まずは著作権を知ることからはじめましょう。

著作権
講演
音楽
映画
美術品
プログラム
Webページ
文章

株式会社FOMデザイン　危機管理委員会

① ワードアートを使って、文書の先頭に**「STOP！著作権侵害」**というタイトルを挿入しましょう。ワードアートのスタイルは**「塗りつぶし：黒、文字色1；輪郭：白、背景色1；影（ぼかしなし）：白、背景色1」**にします。

② 挿入したワードアートに、次のように書式を設定しましょう。

フォント	**：メイリオ**
フォントサイズ	**：54**
文字の塗りつぶし	**：オレンジ、アクセント2、黒+基本色25%**

※完成図を参考に、ワードアートの位置とサイズを調整しておきましょう。

③ 完成図を参考に**「吹き出し：角を丸めた四角形」**の図形を作成し、**「写真集の写真をもとにイラストを作成して、納品してもOK？」**と入力しましょう。

④ 作成した吹き出しの図形に次のように書式を設定し、完成図を参考に吹き出しの先端を移動しましょう。

図形のスタイル	**：パステル-プラム、アクセント5**
図形の効果	**：影　オフセット：右下**
フォント	**：メイリオ**
フォントサイズ	**：14**

HINT 吹き出しの先端を移動するには、黄色の○（調整ハンドル）をドラッグします。

※完成図を参考に、吹き出しの位置とサイズを調整しておきましょう。

⑤ 吹き出しの左側に**「人」**で検索されるアイコンを挿入し、次のように書式を設定しましょう。

スタイル	**：塗りつぶし-アクセント5、枠線なし**
効果	**：影　オフセット：右下**
文字列の折り返し	**：前面**

※インターネットに接続できる環境が必要です。
※完成図を参考に、アイコンの位置とサイズを調整しておきましょう。

⑥ 吹き出しの図形をコピーし、次のように変更しましょう。

入力する文字	**：いいえ、それも立派な著作権侵害です！**
オブジェクトの回転	**：左右反転**
図形のスタイル	**：パステル-緑、アクセント6**
フォントサイズ	**：18**

※完成図を参考に、吹き出しの位置とサイズを調整しておきましょう。

⑦ コピーした吹き出しの右側に**「教育」**で検索されるアイコンを挿入し、次のように書式を設定しましょう。

スタイル	**：塗りつぶし-アクセント6、枠線なし**
効果	**：影　オフセット：右下**
文字列の折り返し	**：前面**

※完成図を参考に、アイコンの位置とサイズを調整しておきましょう。

⑧ **「著作権侵害は犯罪です。」**から**「まずは著作権を知ることからはじめましょう。」**までの行間隔を次のように設定しましょう。

行間 ：固定値　20pt

⑨ 文書の最後に、SmartArtグラフィック**「基本放射」**を挿入し、テキストウィンドウを使って次のように入力しましょう。

著作権
　　講演
　　音楽
　　美術品
　　Webページ

⑩ 完成図を参考に、SmartArtグラフィックに図形を追加し、文字を入力しましょう。

⑪ SmartArtグラフィックのスタイルを**「パステル」**に変更しましょう。

HINT SmartArtグラフィックのスタイルを設定するには、《SmartArtのデザイン》タブ→《SmartArtのスタイル》グループの▽を使います。

⑫ SmartArtグラフィックの色を**「カラフル-アクセント5から6」**に変更しましょう。

⑬ SmartArtグラフィックに、次のように書式を設定しましょう。

文字列の折り返し：前面
フォント　　　　：メイリオ
フォントサイズ　：14
太字

⑭ SmartArtグラフィックの**「著作権」**のフォントサイズを**「20」**に設定しましょう。

※完成図を参考に、SmartArtグラフィックの位置とサイズを調整しておきましょう。

⑮ 完成図を参考に、横書きテキストボックスを作成し、**「株式会社FOMデザイン□危機管理委員会」**と入力しましょう。

※□は全角空白を表します。

⑯ 作成したテキストボックスに、次のように書式を設定しましょう。

図形の塗りつぶし：塗りつぶしなし
図形の枠線　　　：枠線なし
フォント　　　　：メイリオ
フォントサイズ　：14
太字
フォントの色　　：オレンジ、アクセント2、黒+基本色50%

※完成図を参考に、テキストボックスの位置とサイズを調整しておきましょう。

※文書に「総合問題10完成」と名前を付けて、フォルダー「総合問題10」に保存し、閉じておきましょう。

実践問題

実践問題をはじめる前に

本書の学習の仕上げに、実践問題にチャレンジしてみましょう。
実践問題は、ビジネスシーンにおける上司や先輩からの指示・アドバイスをもとに、求められる結果を導き出すためのWordの操作方法を自ら考えて解く問題です。
次の流れを参考に、自分に合ったやり方で、実践問題に挑戦してみましょう。

1 状況や指示・アドバイスを把握する

まずは、ビジネスシーンの状況と、上司や先輩からの指示・アドバイスを確認しましょう。

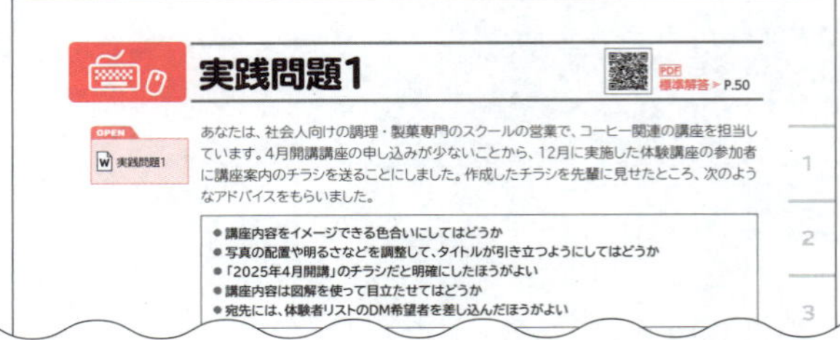

実践問題1

PDF 標準解答 ▶ P.50

OPEN 実践問題1

あなたは、社会人向けの調理・製菓専門のスクールの営業で、コーヒー関連の講座を担当しています。4月開講講座の申し込みが少ないことから、12月に実施した体験講座の参加者に講座案内のチラシを送ることにしました。作成したチラシを先輩に見せたところ、次のようなアドバイスをもらいました。

- 講座内容をイメージできる色合いにしてはどうか
- 写真の配置や明るさなどを調整して、タイトルが引き立つようにしてはどうか
- 「2025年4月開講」のチラシだと明確にしたほうがよい
- 講座内容は図解を使って目立たせてはどうか
- 宛先には、体験者リストのDM希望者を差し込んだほうがよい

2 条件を確認する

問題文だけでは判断しにくい内容や、補足する内容を「条件」として記載しています。この条件に従って、操作をはじめましょう。
完成例と同じに仕上げる必要はありません。自分で最適と思える方法で操作してみましょう。

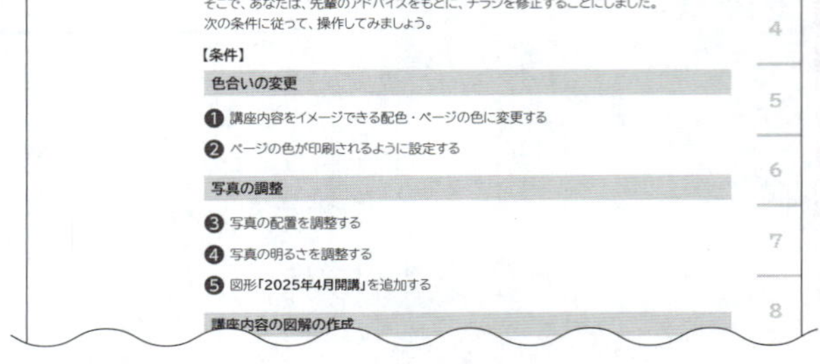

そこで、あなたは、先輩のアドバイスをもとに、チラシを修正することにしました。
次の条件に従って、操作してみましょう。

【条件】

色合いの変更

❶ 講座内容をイメージできる配色・ページの色に変更する
❷ ページの色が印刷されるように設定する

写真の調整

❸ 写真の配置を調整する
❹ 写真の明るさを調整する
❺ 図形「2025年4月開講」を追加する

講座内容の図解の作成

3 完成例・アドバイス・操作手順を確認する

最後に、標準解答で、完成例とアドバイスを確認しましょう。アドバイスには、完成例のとおりに作成する場合の効率的な操作方法や、操作するときに気を付けたい点などを記載しています。
自力で操作できなかった部分は、操作手順もしっかり確認しましょう。
※標準解答は、FOM出版のホームページで提供しています。P.5「5 学習ファイルと標準解答のご提供について」を参照してください。

実践問題 標準解答

- 解答は、標準的な完成例、完成例を仕上げるためのアドバイスと操作手順を記載しています。完成例と同じに仕上げる必要はありません。自分で最適と思える方法で操作してみましょう。
- 設定する項目名が一覧にない場合は、任意の項目を選択してください。

実践問題1

完成例とアドバイス

−50−

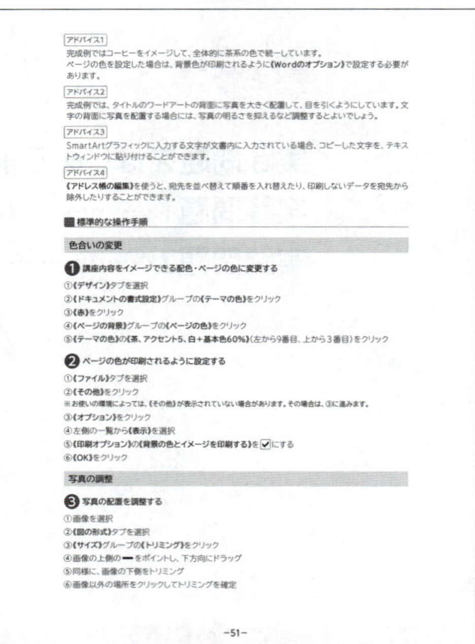

アドバイス1
完成例ではコーヒーをイメージして、全体的に茶系の色で統一しています。
ページの色を設定した場合は、背景色が印刷されるように《Wordのオプション》で設定する必要があります。

アドバイス2
完成例では、タイトルのワードアートの背面に写真を大きく配置して、目を引くようにしています。文字の背面に写真を配置する場合には、写真の明るさを抑えるなど調整するとよいでしょう。

アドバイス3
SmartArtグラフィックに入力する文字が文書内に入力されている場合、コピーした文字を、テキストウィンドウに貼り付けることができます。

アドバイス4
《アドレス帳の編集》を使うと、宛先を並べ替えて順番を入れ替えたり、印刷しないデータを宛先から除外したりすることができます。

標準的な操作手順

色合いの変更

❶ 講座内容をイメージできる配色・ページの色に変更する
①《デザイン》タブを選択
②《ドキュメントの書式設定》グループの《テーマの色》をクリック
③《赤》をクリック
④《ページの背景》グループの《ページの色》をクリック
⑤《テーマの色》の《茶、アクセント5、白+基本色60%》(左から9番目、上から3番目)をクリック

❷ ページの色が印刷されるように設定する
①《ファイル》タブを選択
②《その他》をクリック
※お使いの環境によっては、《その他》が表示されていない場合があります。その場合は、③に進みます。
③《オプション》をクリック
④左側の一覧から《表示》を選択
⑤《印刷オプション》の《背景の色とイメージを印刷する》を☑にする
⑥《OK》をクリック

写真の調整

❸ 写真の配置を調整する
①画像を選択
②《図の形式》タブを選択
③《サイズ》グループの《トリミング》をクリック
④画像の上側の ━ をポイントし、下方向にドラッグ
⑤同様に、画像の下側をトリミング
⑥画像以外の場所をクリックしてトリミングを確定

−51−

実践問題1

PDF 標準解答 ▶ P.50

OPEN
実践問題1

あなたは、社会人向けの調理・製菓専門のスクールの営業で、コーヒー関連の講座を担当しています。4月開講講座の申し込みが少ないことから、12月に実施した体験講座の参加者に講座案内のチラシを送ることにしました。作成したチラシを先輩に見せたところ、次のようなアドバイスをもらいました。

- **講座内容をイメージできる色合いにしてはどうか**
- **写真の配置や明るさなどを調整して、タイトルが引き立つようにしてはどうか**
- **「2025年4月開講」のチラシだと明確にしたほうがよい**
- **講座内容は図解を使って目立たせてはどうか**
- **宛先には、体験者リストのDM希望者を差し込んだほうがよい**

そこで、あなたは、先輩のアドバイスをもとに、チラシを修正することにしました。
次の条件に従って、操作してみましょう。

【条件】

色合いの変更

❶ 講座内容をイメージできる配色・ページの色に変更する

❷ ページの色が印刷されるように設定する

写真の調整

❸ 写真の配置を調整する

❹ 写真の明るさを調整する

❺ 図形**「2025年4月開講」**を追加する

講座内容の図解の作成

❻ テキストボックスの内容をもとに図解を作成する

差し込み印刷の設定

❼ 宛先にExcelブック**「体験者リスト」**のシート**「体験者リスト」**の**「氏名」**を設定する
Excelブックの場所：フォルダー**「実践問題」**

❽ 宛先をDM希望者だけに絞り込んで表示する

HINT 差し込む宛先を絞り込むには、《差し込み文書》タブ→《差し込み印刷の開始》グループの《アドレス帳の編集》を使います。

※文書に「実践問題1完成」と名前を付けて、フォルダー「実践問題」に保存し、閉じておきましょう。

実践問題2

PDF 標準解答 ▶ P.55

OPEN

実践問題2

あなたは、食品会社の情報システム部に所属しており、新たに社内で導入する勤怠管理システムを担当しています。システムの開発は協力会社へ発注するため、システムの概要をまとめた資料をチーム内で作成しており、上司から、次のように資料のチェックと修正を指示されました。

- **必要な箇所は適宜修正し、変更履歴を残しておくこと**
- **不明点や確認が必要な箇所に、コメントを残しておくこと**
- **発注先の協力会社が理解しやすいように、資料を整えること**
- **表紙と目次を追加すること**

そこで、あなたは、文章の正しさや理解しやすさを含めて資料を修正することにしました。
次の条件に従って、操作してみましょう。

【条件】

文書の校閲

❶ 変更履歴の記録を開始する

❷ 文法的な間違いや表記ゆれを修正する

HINT 《校閲》タブ→《文章校正》グループの《スペルチェックと文章校正》を使うと、文法的な間違いや表記ゆれのチェックを一括して行えます。

❸ コメントを挿入する

挿入場所　　：「ユーザー検索機能」
コメント内容：「従業員番号での検索を追加する必要はありませんか？」

❹ コメントと変更した結果だけを表示して、変更履歴の記録を終了する

資料の整備

❺ 見出しに応じたアウトライン番号を設定する

番号書式：　見出し1「1」　　見出し2「1.1」　　見出し3「①」
左インデントからの距離　：「0mm」
番号に続く空白の扱い　：スペース

※文書内の見出し部分には、見出し1～3のスタイルが設定されています。

❻ 脚注を挿入する

挿入場所：「ペイプロフェッショナル」
脚注内容：「当社で使用している給与計算システム」

❼ 表の途中で改ページしている場合は、見出しから改ページする

❽ フッターにページ番号と総ページ数を挿入する

表紙と目次の作成

❾ 1ページ目に文書**「表紙」**を挿入し、表紙にはページ番号が表示されないようにする
文書の場所：フォルダー**「実践問題」**

❿ 2ページ目に見出し2までの目次を作成する

※文書に「実践問題2完成」と名前を付けて、フォルダー「実践問題」に保存し、閉じておきましょう。

索引

INDEX 索引

英数字

あ

い

う

お

か

き

く

け

こ

さ

し

す

せ

そ

た

て

と

な

に

は

ひ

ふ

おわりに

最後まで学習を進めていただき、ありがとうございました。Wordの学習はいかがでしたか？図形や図表、写真を使ったポスターや社内報を作成する方法、Excelのデータを差し込んでレターや宛名ラベルを作成する方法、スタイルを利用して見栄えのする長文に仕上げる方法、コメントや変更履歴などを使って文書を校閲する方法など、ビジネス文書だけでは終わらないWordの多彩な機能をご紹介しました。
「Wordで、ここまでできるんだ！」「この機能は仕事で使えるかも！」など、学習の中に新しい発見があったら、うれしいです。
もし、難しいなと思った部分があったら、練習問題を活用して、学習内容を振り返ってみてください。繰り返すことで、より理解が深まり、操作が身に付くはずです。さらに、実践問題に取り組めば、最適な操作や資料のまとめ方を自ら考えることで、すぐに実務に役立つ力が身に付くことでしょう。
本書での学習を終了された方には、「よくわかる」シリーズの次の書籍をおすすめします。
「よくわかる Excel 2024基礎」「よくわかる Excel 2024応用」では、関数を使った効率的な計算、グラフ作成、並べ替えや抽出といったデータベース機能などを学習します。Wordとは違った発見があるはずです。Let's Challenge!!

FOM出版

FOM出版テキスト
最新情報のご案内

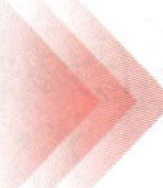

FOM出版では、お客様の利用シーンに合わせて、最適なテキストをご提供するために、様々なシリーズをご用意しています。

FOM出版

https://www.fom.fujitsu.com/goods/

［テキストに関するよくあるご質問］

FOM出版テキストのお客様Q&A窓口に皆様から多く寄せられたご質問に回答を付けて掲載しています。

FOM出版　FAQ

https://www.fom.fujitsu.com/goods/faq/

よくわかる

Microsoft® Word 2024 応用

Office 2024／Microsoft 365 対応

(FPT2417)

2025年４月１日　初版発行

著作／制作：株式会社富士通ラーニングメディア

発行者：佐竹　秀彦

発行所：FOM出版（株式会社富士通ラーニングメディア）
〒212-0014 神奈川県川崎市幸区大宮町１番地５ JR川崎タワー
https://www.fom.fujitsu.com/goods/

印刷／製本：アベイズム株式会社

●本書に関するご質問は、ホームページまたはメールにてお寄せください。
<ホームページ>
上記ホームページ内の「FOM出版」から「QAサポート」にアクセスし、「QAフォームのご案内」からQAフォームを選択して、必要事項をご記入の上、送信してください。
<メール>
FOM-shuppan-QA@cs.jp.fujitsu.com
なお、次の点に関しては、あらかじめご了承ください。
・ご質問の内容によっては、回答に日数を要する場合があります。
・本書の範囲を超えるご質問にはお答えできません。　・電話やFAXによるご質問には一切応じておりません。

●本製品に起因してご使用者に直接または間接的損害が生じても、株式会社富士通ラーニングメディアはいかなる責任も負わないものとし、一切の賠償などは行わないものとします。

●本書に記載された内容などは、予告なく変更される場合があります。

●落丁・乱丁はお取り替えいたします。

Printed in Japan
ISBN978-4-86775-145-9